U0269241

AI驱动下的
量化策略构建
微课视频版

江建武 季枫 梁举 ◎ 编著

跟我一起学 人工智能

清华大学出版社

北京

内 容 简 介

本书主要利用 AI 发现和构建有效的量化策略,旨在使读者掌握 AI 在量化策略中的应用。随着 2023 年大模型的崛起,投资者需要学会与 AI 共生,建立个人知识库和灵活应用提示词工程(Prompt Engineering),让 AI 协助寻找论文、理解论文、编写代码、构建模型、训练模型、生成信号、特征识别、投资组合优化和参数优化等。AI 在高质量人群的量化行业中将得到广泛应用和发展,让更多读者能掌握编程和量化技能,从而在 AI 的帮助下快速开发出适应市场的量化策略。

本书共 10 章,涵盖量化投资中 AI 的历史演进、投研平台的构建、量化策略的开发流程、策略分类和介绍、市场主流策略开发、策略回测和实盘准备等内容。书中提供了丰富的示例代码,具有较强的实践性和系统性,并配有高等数学、金融工程和计算机科学技术等前置知识,以帮助读者深入理解量化投资策略。

本书适合量化进阶者,也对有经验的策略研究员有参考价值,同时可作为高等院校和培训机构相关专业的教学参考书。

图书在版编目(CIP)数据

AI 驱动下的量化策略构建:微课视频版 / 江建武,
季枫,梁举编著. -- 北京:清华大学出版社,2024. 9.(2025.3重印)
(跟我一起学人工智能). -- ISBN 978-7-302-67194-7

Ⅰ. TP18

中国国家版本馆 CIP 数据核字第 2024AE9024 号

责任编辑: 赵佳霓
封面设计: 吴 刚
责任校对: 时翠兰
责任印制: 刘 菲

出版发行: 清华大学出版社
   网 址: https://www.tup.com.cn,https://www.wqxuetang.com
   地 址: 北京清华大学学研大厦 A 座 **邮 编:** 100084
   社 总 机: 010-83470000 **邮 购:** 010-62786544
   投稿与读者服务: 010-62776969,c-service@tup.tsinghua.edu.cn
   质量反馈: 010-62772015,zhiliang@tup.tsinghua.edu.cn
   课件下载: https://www.tup.com.cn,010-83470236
印 装 者: 北京同文印刷有限责任公司
经 销: 全国新华书店
开 本: 186mm×240mm **印 张:** 29 **字 数:** 650 千字
版 次: 2024 年 9 月第 1 版 **印 次:** 2025 年 3 月第 2 次印刷
印 数: 2001~3200
定 价: 109.00 元

产品编号:103337-01

赞 誉
PRAISE

在 AI 技术与量化投资的交汇点上,金融业迎来了一场技术变革。作为金融科技的研究者,我强烈推荐本书给希望探索量化领域新境界的专业人士和学者。本书不仅为理解和应用强大的 AI 工具铺设了道路,而且为量化策略的开发和应用提供了极富洞见的角度。本书深入浅出地展现了 AI 如何在大数据时代协助量化策略的拓展、实施和精细化优化。书中不仅阐述了 AI 在策略驱动上的理论根基,更实操性地供给了丰富的编程实例和操作细节,确保学以致用,加快量化策略在现实市场中的部署。每章内容都按照由基本概念到实际运用的条理递进,保障读者全面、系统地掌握 AI 在量化投资中的多功能运用。特别是在策略回测和实战准备的实际建议上,本书提供的指引无疑会为读者未来量化业务的成功建立扎实的基础。此外,书中提倡的关于 AI 的理智运用和人类直觉与算法平衡的观点,对于投资者在决策过程中具有珍贵的启迪作用。

本书不但解锁了投资策略的新境界,也助力读者深刻洞察 AI 在金融决策中的重要角色,相信其将激励读者在技术和市场洞察力的平衡中迈向成功。

——**王洪伟**　同济大学经济与管理学院副院长、教授、博士生导师

量化投资毫无疑问是学术界与业界在相互启发和学习中共同浇灌出的硕果。几代金融学术人历经半个多世纪持续地对各类资产的收益动态进行统计建模和研究深挖,已经形成完善的理论体系,积累了丰硕的研究成果,并在实践中得到灵活多变的运用。伴随着颗粒度更细的数据变得易得且易处理,而算力也不再是瓶颈,量化投资必将大放异彩,大有其用武之地。本书作者由浅入深地展示了量化投资从基本概念到学术研究并最终落实到实践前沿的全过程。打开本书,既有对理论建模抽丝剥茧的解读,也有对指标构建和统计方法进行鞭辟入里的论述,更有针对中国市场而给出的独具特色且可复制的策略分析,着实是一本不可多得的可操作、易上手的量化投资手册。

——**沈吉**　博士、北京大学金融学副教授

量化投资是基于统计学、经济学、金融学等系统理论学科的科学应用,是人类透过现象看本质的体现,是伴随计算机技术等先进生产力发展的必然产物。AI 技术的全面发展,进一步推动了量化策略的研究效率,作为先进生产力的进一步升级,AI 在量化理论研究、数据清洗、模型构建和训练、组合优化等各个流程中都将发挥巨大的作用和价值。本书系统地介

绍了量化策略的投研搭建、量化常见策略的分类并附以实战章节,阐述了 AI 的历史演进并探讨了人工智能时代下 AI 如何与量化策略开发相结合。对于想系统了解量化研究的人士和有经验的量化研究员都有很高的阅读价值。拥抱未来,拥抱量化和 AI。

——**王黎** 博士、杭州理博基金创始人

量化交易策略从 20 世纪被提出发展至今已有数十年之久,交易方法也从早期对少量特定投资标的配对交易、统计套利及技术分析等简易策略,一步步发展至如今几乎可以覆盖全品类全市场的多维度策略。量化交易策略近些年的高速发展,无疑是计算机科学技术发展背景下的必然产物,而如今 AI 技术的全面发展,又为量化注入了新的活力。可以说 AI 驱动下的量化与传统量化策略,就如同传统量化策略与早期的技术分析,都是技术变革带来的必然结果。本书将系统介绍目前主流的量化交易策略,也会详解 AI 在量化策略构建的各个环节中的应用,从回测系统搭建到数据清洗、因子筛选再到组合优化都有专门的讲解,还有完整交易策略构建和实盘交易的章节。可见,无论是想了解量化交易逻辑的散户,还是正在从事量化相关工作的研究员,甚至是作为量化交易对手方的主观投资经理,在阅读本书后都会受益匪浅。相信在 AI 时代下,量化策略一定会绽放更耀眼的光芒!

——**白宇川** 私募量化工程师、数学奥赛金牌获得者、最强大脑百强选手

伴随着量化投资在中国的蓬勃发展,不断有新的量化投资技术突破传统的框架,为投资者带来前所未有的机遇和挑战。《AI 驱动下的量化策略构建》正是在这样的背景下应运而生,它不仅探讨了 AI 在量化投资中的应用,还提供了一系列创新的策略和方法,使读者能够在这个迅速发展的领域中找到自己的立足点。本书作者凭借其丰富的实战经验和深厚的理论基础,详细阐述了量化投资从概念到实操的全过程。书中不仅包含了大量的案例分析,还提供了实用的代码示例,使理论与实践结合得天衣无缝,极大地增加了内容的可操作性和实用价值。对于希望深入了解 AI 如何改变量化投资领域的专业人士而言,本书是一份宝贵的资源。知行合一,期待您将 AI 的智慧应用于量化实践。

——**刘树全** 博士、启林投资合伙人

相信绝大多数量化从业者,刚开始接触量化交易时都经历过一头雾水的状态。《AI 驱动下的量化策略构建》正是一本针对 AI 时代量化研究交易的提纲挈领的指南。本书从介绍不同的策略类型入手,顺着策略研究到实盘的流程逐步延伸,并结合基于 AI 的研究方法,从不同维度不同层次向读者全面地介绍了量化策略的各类研究方法和研究工具。作者根据其丰富的实盘经验,结合贴近实盘的案例和代码,对不同的知识点深入浅出地进行了分析,让读者可以更加高效和准确地理解作者的观点,同时也极大地提高了本书的参考价值和实用价值。无论是刚入门的量化新人,还是已经从业多年的资深从业者都能够从本书中找到宝贵信息。相信本书一定能够助你推开通向 AI 时代的量化领域的大门!

——**刘伟** 私募 CTO、开源量化交易平台 WonderTrader 作者

本书深度剖析了人工智能在量化投资领域的应用与价值,是一部集权威性与实用性于一体的大作。依托前沿 AI 技术,本书详尽阐述了量化投资中众多热门领域的具体实现步骤,涵盖策略创新、数据深度挖掘、投研平台构建、策略精准回测以及实战操作等多维度内容,构建了一座从理论基础到实际操作的桥梁。此外,书中还巧妙融合了如 ChatPDF、LangChain 等 AI 工具,这些工具不仅可助力读者高效筛选和吸收专业文献,还能加深理解并快速实现学术成果,提高研究的效率与质量。无论是对量化投资领域充满好奇的初学者,还是在该领域深耕多年的资深专家,抑或是渴望紧跟时代步伐、捕捉行业机遇的金融界精英,本书都提供了丰富的知识宝库和实战操作指南,助力不同领域的读者都有新的收获。

——**丁鲁明** 同济大学博士、中信建投证券金融工程与大类资产配置基金研究首席分析师

本书从最常见的做市、套利、CTA 和多因子 Alpha 策略入手,剖析了各类量化策略背后的基本原理,实践中的变化,常用的建模方法,同时也展示了基于 Python 代码的实现方法,是量化初学者和进阶者非常不错的读物。本书也是难得的量化和 AI 结合的读物,其中的做市和套利策略详细地介绍了基于深度学习和强化学习的建模方法,给传统量化开启了新的思路。

——**周小华** 博士、DolphinDB 创始人

前言
PREFACE

党的二十大报告指出：教育、科技、人才是全面建设社会主义现代化国家的基础性、战略性支撑。必须坚持科技是第一生产力、人才是第一资源、创新是第一动力，深入实施科教兴国战略、人才强国战略、创新驱动发展战略，这三大战略共同服务于创新型国家的建设。高等教育与经济社会发展紧密相连，对促进就业创业、助力经济社会发展、增进人民福祉具有重要意义。

在大数据和大模型的推动下，量化领域发生了深刻的变革，尤其在策略研究方面。AI随着算力爆炸性增长和智能的提升，它可以驱动量化策略研发全流程，可协助寻找论文、理解论文、编写代码、构建模型、训练模型、生成信号、特征识别、投资组合优化和参数优化等。本书旨在阐述 AI 如何应用在量化策略构建全流程，特别是在具体量化策略中应用前沿的算法，达到降本增效及提高投资业绩的目的。

阅读高质量的论文是策略研发者的必备技能，但专业英语阅读、数学公式理解和论文价值判断的难度常使量化爱好者望而却步。有时，他们可能花费大量时间复现论文，却发现该模型收益有限，泛化能力或在其他数据集中表现不佳。面对每天数百篇的国内外论文，如何利用人工智能和各种技术手段识别出经典、开创性和集大成的论文成为关键。笔者根据 CTA 策略、多因子选股、套利策略、高频策略和机器学习策略进行分类，通过 AI 寻找高质量的论文，借助 ChatGPT 等工具辅助阅读专业文献、理解数学公式，然后通过 Python 实现论文算法、策略回测和实盘操作来详述 AI 在量化策略研发全流程的应用。

本书主要内容

第 1 章 AI 量化投资简介与本书导读。本章论述量化投资的定义、特点、优势和发展演进历程，对 AI 技术的发展和应用现状进行了阐述，特别是对 LLM 的发展演进历程和金融领域的应用进行了详细论述。介绍本书的研究背景和意义，强调 AI 在量化交易中具有理论与实践双重价值，并将投资者以本金、学习能力、投资心态三个维度进行划分，明确投资者重点学习的策略。

第 2 章量化投研平台搭建。本章介绍了投研平台的搭建，包括数据库、数据获取、策略构建模块、策略回测模块、交易执行模块等，以及常见的投研平台和开源框架。

第 3 章人工智能时代下的量化策略开发。探讨了人工智能时代下的量化策略开发模式对比，并介绍了如何搭建 LangChain＋ChatGLM 平台开启私人知识库的论文阅读体系。

第 4 章常见量化策略的分类与介绍。本章主要介绍了市场主流策略的分类和来源，包括高频交易、做市策略、CTA 策略、多因子选股策略和套利策略等。

第 5 章做市策略。本章介绍了两种经典的做市策略,即 AS 模型和 GP 模型;利用订单簿泊松过程建模的方法挖掘订单簿信号,订单簿的机器学习模型;介绍了强化学习的基本概念和贝尔曼最优方程,利用 A2C 算法对订单簿进行建模。

第 6 章套利策略。系统地介绍套利标的筛选和预测择时,包含近 20 年来主流的套利策略和学术前沿的套利方法。标的筛选包括距离法、协整法、收益率相关性、风格暴露、聚类、PCA。预测择时有时间序列法和强化学习法。章节最后介绍了 Copula 法和风险管理。

第 7 章 CTA 策略。本章全面阐述了主流的 CTA 策略,从策略简介、定义、重要性、业绩表现等方面概述 CTA 策略;具体介绍趋势跟随策略、期货截面多因子策略、网格策略;配套 TA-Lib、风险管理和资金分配模块;最后讲解 Optuna+Vectorbt 参数优选案例。

第 8 章多因子选股策略。本章介绍资产定价模型、三因子模型和 Barra 因子模型,随后介绍经典的单因子选股和因子组合方法。最后给出选股案例和因子评价方法,系统阐述多因子选股的实战流程。

第 9 章量化回测。本章具体介绍如何使用 BigQuant 进行回测,主要介绍回测引擎的使用、回测结果分析并给出大量回测案例和回测过程中的细节控制。

第 10 章实盘准备。本章为实盘准备提供了指导,包括股票交易、期货交易的规则,如何选择标的、交易柜台、交易平台、交易网络、经纪商、服务器等。本章提醒投资者注意风险控制和仓位控制;了解自己和采用的策略。最后本章对全书进行总结和展望,展望量化发展方向。

阅读建议

本书是量化进阶的书籍,既有理论知识和数学公式推导,又有丰富的代码示例,包括详细的策略实施流程,实操性强。由于量化投资是一个多学科交叉的职业,需要掌握高等数学、金融工程和计算机科学技术,建议读者在阅读本书前,对上述前置知识进行充分复习,本书提供了相应的配套视频。此外,量化策略章节配套了相关的代码示例,全部以 Jupyter Notebook 格式提供,以便读者复现和验证。

投资涉及风险。本书所有代码与示例仅限于教育用途,并不代表任何投资建议。本书不代表将来的交易会产生与示例同样的回报或亏损。

投资者在做出交易决策之前必须评估风险,确认自身可以承受风险方可投资。

资源下载提示

素材(源码)等资源:扫描目录上方的二维码下载。

视频等资源:扫描封底的文泉云盘防盗码,再扫描书中相应章节的二维码,可以在线学习。

致谢

本书撰稿过程得到 Dragon 量化社区和 BigQuant(宽邦科技)的鼎力支持,社区成员近 20 多位业界精英贡献内容和进行统稿工作,他们大部分毕业于国内 985 顶尖院校或全球 QS Top 100 强院校。本书的主要撰稿人员包括江建武(负责第 1~5 章、第 10 章的框架安排和主要撰稿任务)、季枫(负责第 6 章框架安排及第 7 章主要撰稿任务和统筹安排)、梁举(负责第 8 章和第 9 章的主要撰稿任务)等。

本书撰稿过程中,感谢 Dragon 社区成员贡献相关内容,具体章节和参编人员按照章节顺序如下。

第 1 章刘钟秦补充介绍 AI 发展历程及调整章节架构和改稿工作。

第 2～4 章李树毅博士、洛云七对章节逻辑和架构进行了调整,其中 4.2.3 节内容由做市策略 PM 王者风提供内容。

第 5 章 GP 模型和强化学习由 CQF 持证人 Galois 明昊撰稿,江建武进行改稿并提供相应代码。基于随机过程和深度学习模型的订单簿建模部分由 CFA 持证人熊元康撰稿,他拥有美国及新加坡双硕士、工程学及金融学双学士学位,曾任美国道富银行量化研究员,现任头部券商自营量化交易员。

第 6 章套利策略章节由唐承治和季枫进行统稿校对,时间序列法章节由钟睿撰稿,协整法章节由张英发撰稿,随机控制章节由张南怡撰稿,Copula 章节由钟宪庆撰稿,强化学习章节由梁栋撰稿,综述和机器学习由季枫撰稿。

第 7 章 CTA 策略前 4 节由 Rich、Alex 和 Ray 撰稿,策略实施流程和相关案例由张辛宁、张若琦、季枫撰稿。7.5 节由邵守田带队完成,7.6 节由同济大学吴卓远撰稿,网格策略和后续节由季枫带队完成撰稿。

第 8 章选股策略概述和选股因子由 BigQuant 首席执行官梁举、Ray 撰稿,因子的组合方法由吴卓远撰稿,多因子选股实践与案例由北京大学金融系周伟伦撰稿,选股案例的代码由熊元康提供,章节统稿由 BigQuant 首席策略官邵守田完成。

第 9 章回测由梁举撰稿,宽邦科技陈旭团队、范天旭进行统稿和校对。

第 10 章实盘前的准备,资深期货人熊震先生提供期货相关资料和部分章节撰稿,刘钟秦进行了统稿。

写一本科技类的图书力求做到用词准确、行文逻辑清晰、代码规范、符合出版要求,而且参与编纂和统稿的大部分人员有主业,为了高质量地完成图书编辑工作,本书主创团队委托浙江大学李树毅博士带队,Dragon 量化社区腾龙一期的学员范天旭、江林昊等进行全书的校对和润色工作。此外,要感谢 BigQuant 在撰稿期间提供算力平台、数据和各种资料,特别感谢邵守田、何惠琳、陈志杰校稿人员的鼎力支持,感谢资深互联网专家从业者临风先生参与书籍修订工作。尤其感谢徐江平提供的内容质量评价体系。由于参与人员较多,可能遗漏部分参编人员,在此对所有参与编辑的人员表示衷心感谢。

由于时间仓促,书中难免存在不妥之处,请读者见谅,并提宝贵意见。

江建武　季枫　梁举

2024 年 6 月

图书简介

目 录

CONTENTS

教学课件(PPT)　　　　　　　　本书源码

第 1 章

AI 量化投资简介与本书导读

1.1 量化投资简介

1.1.1 量化投资定义

量化投资并没有一个精确的定义,广义上可以认为,凡是借助于数据模型和计算机实现的投资方式都可以称为量化投资。量化投资借助现代金融学、统计学、数学、计算机科学,以及现在新兴起的强大的人工智能(Artificial Intelligence,AI)的方法,将投资理念和研究成果量化为客观的数理模型,同时利用计算机技术对海量的历史数据及实时数据进行建模和分析,通过科学的模型和算法发现并利用市场中的规律和趋势,以实现更稳定的超额收益。可以说,量化投资的目标是通过程序化和自动化的方式提高投资组合的收益并降低风险。

相比于传统的投资方法,量化投资更加强调数据驱动的决策,减少了人为情绪和主观判断的干扰,有效地规避了人性的弱点,如贪婪、恐惧心理等,构建了更为系统、纪律性强的投资策略。例如,传统投资方法中的基本面分析法和技术分析法,主要依靠投资者的经验判断与分析,而量化投资则是一种投资方法,其交易策略主要通过计算机技术的辅助实现自动化生成和执行。通过建立经过验证的数学模型实现交易理念,评估标准更为客观系统。沃伦 • 巴菲特可视为传统主观投资分析方法的典型代表,而詹姆斯 • 西蒙斯则是量化投资领域的先驱者。量化投资和传统投资对比,如图 1-1 所示。

总体而言,量化投资方法不依赖个人经验,而是运用程序化模型进行市场分析,可以有效地规避人为失误,实现更稳定的投资收益。随着数据技术的发展,量化投资必将在金融市场中发挥越来越重要的作用。

1.1.2 量化投资特点

量化投资相较于传统投资方法,具有以下显著特点。

(1)客观:客观执行,避免情绪因素。量化投资运用数学模型对市场历史数据进行分析检测。模型一经检验合格便投入正式运行,投资决策交由计算机处理,一般情况下拒绝人为的干预。

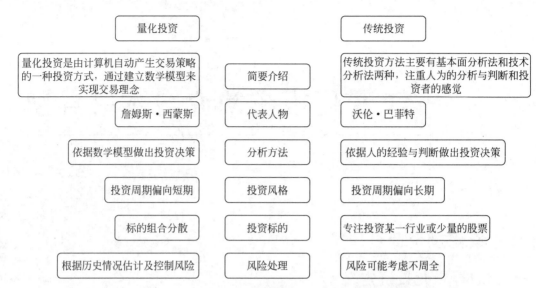

图 1-1　量化投资和传统投资对比(图片来源于网络)

(2) 高效:信息数据高速处理,提高决策效率。量化投资运用计算机技术及强大的人工智能算法快速高效地处理大量数据,对其进行分析,找出数据之间的关联,做出投资决策,大大减少了人工分析时间,提高了投资决策效率。

(3) 精确:计算机精确计算,更稳定获利。在进行套利等高频交易中,量化投资可以精确地抓住短暂的获利机会进行交易。计算机的精确计算能力使这种高效套利成为可能。

(4) 迅速:程序化交易,缩短决策与交易时滞。量化投资往往使用高速计算机进行程序化交易,能够迅速分析及处理市场的新信息,并抓住市场稍纵即逝的机会,在极端的时间内完成交易。

(5) 分散:投资标的分散(多样化),靠概率取胜。量化投资运用数学模型筛选出多只股票,有时甚至持有几百只甚至几千只股票,构建充分分散的投资组合。通过分散降低个股风险,量化投资依靠概率优势获得稳定收益。

综上,量化投资克服了人工分析的局限,能够更快速、更精确地做出投资决策,具有决策客观、效率高、计算精确、响应迅速及投资分散的显著优势。这使其成为一种越来越重要的投资方法。

1.1.3　量化投资优势

相对于主观投资,量化投资具有明显的优势。

(1) 基于数据统计:量化投资依赖于大量的历史和实时数据,并利用统计分析方法来识别市场规律和趋势。这使决策更加客观、准确,并能够捕捉到隐藏的市场信号。

(2) 消除情绪和个人偏见:量化投资通过计算机模型和算法进行决策,消除了人类投资者的情绪和个人偏见对投资决策的影响。这使决策更为客观、稳定,减少了冲动性和情绪性的投资行为。

（3）系统化和纪律性：量化投资采用系统化的方法进行交易，依据预先设定的规则和算法执行交易决策。这种纪律性使投资决策更加一致和可靠，避免了主观判断和随意决策带来的不确定性。

（4）高效性和快速性：量化投资利用计算机模型和算法进行交易决策和执行，能够在瞬间分析大量数据并做出相应的交易决策。相比之下，主观投资需要更多的时间和精力进行研究和决策，效率和执行速度较低。

（5）风险控制：量化投资注重风险控制，通过设定风险限制、止损机制和风险管理模型来保护投资组合。这使投资者能够更好地控制风险，并避免大幅损失。

（6）可追溯性和反馈机制：量化投资的决策过程是可追溯的，可以对每笔交易进行记录和分析。这使投资者能够及时评估和改进投资策略，通过反馈机制不断地优化投资决策。

总体来讲，量化投资相对于主观投资具有更为客观、准确、系统化、纪律性强、高效快速、风险可控和可追溯等优势。这些优势使量化投资成为一种越来越受欢迎的投资方法。

1.1.4　量化投资发展历程

量化投资的发展历程可以追溯到 20 世纪 50 年代。量化投资的发展经历了以下几个重要阶段。

（1）起步阶段（20 世纪 50—70 年代）：量化投资的起源可以追溯到 20 世纪 50 年代，当时投资者开始使用统计学方法和数学模型来分析市场数据，标志着量化投资的萌芽。这一阶段的重点是构建股票价格的数学模型，并尝试通过模型预测未来的市场走势。

（2）基于计算机的量化投资（20 世纪 80—90 年代）：随着计算机技术的发展，量化投资进入了一个新的阶段。投资者开始使用计算机来处理和分析大量的市场数据，并利用算法进行交易决策。这种基于计算机的量化投资使交易速度更快、决策更准确，大幅提升了决策和交易效率。

（3）高频交易的兴起（21 世纪初期）：随着技术的进步和市场的变化，高频交易成了量化投资的一个重要特点。高频交易利用快速的计算机算法和高速网络进行大量交易，以追逐微小的市场波动。这种交易策略要求具有快速的数据分析和执行能力，成为量化投资的一个重要发展方向。

（4）机器学习和人工智能的应用（2010 年至今）：近年来，随着机器学习和人工智能技术的发展，量化投资进入了一个新的阶段。投资者开始利用机器学习算法和深度学习模型来处理和分析大量的市场数据，以挖掘更多的交易机会和优化投资组合。这种基于机器学习和人工智能的量化投资能够更好地适应市场变化和捕捉市场的非线性特征。

总体来讲，量化投资经历了从早期的统计学方法到基于计算机的量化投资，再到高频交易和机器学习的应用的发展历程。随着技术的不断进步和投资者对数据驱动决策的需求增加，推动量化投资实现更智能化和自动化，在金融市场中持续发挥关键作用。

从全球前十大资产管理公司的变迁可看出这一二十年间量化投资的迅猛发展，见表 1-1。

表 1-1　全球前十大资产管理公司变迁

2004			2021			
公　司	AUM/亿美元	分类	公　司	AUM/亿美元	分类	更新日期
Caxton Associates	115	主动	Bridgewater Associates	1501	量化	2021/12/31
GLG Partners	110	主动	Quantative Management Associates	1192	量化	2021/12/31
Citi Alternative	99	主动	Man Group	935	量化＋主动	2021/6/30
Farallon Capital Management	99	主动	Magellan Financial Group	821	主动	2021/9/30
Citadel Advisors	95	主动为主	Blackstone Alternative Asset Management	790	另类	2021/6/30
Angelo，Gordon&Co	90	主动	AQR Capital Management	700	量化	2021/3/31
Vega Asset Mgmt	85	主动	Marshall Wace	597	量化	2021/10/10
Andor Capital Mgmt	83	主动	RenAIssance Technologies	589	量化	2021/11/30
Aoros Fund Mgmt	83	主动	Two Sigma	580	量化	2021/3/31
Bridgewater Associates	81	量化	BlackRock	560	主动＋量化	2021/9/30

　　2016 年,Two Sigma 开始使用人工智能算法做量化投资策略研究,随后盛行华尔街。目前,国内外知名量化机构均已使用 AI 算法进行量化策略开发。IDEA 最新研究报告 *Quant 4.0: Engineering Quantitative Investment with Automated, Explainable and Knowledge-driven Artificial Intelligence* 提出了 Quant 4.0 的研究流程,将量化研究模式分为 4 个模式。

　　Quant 1.0,出现在量化投资的早期,当然也是当前较为流行的量化研究模式。Quant 1.0 的特点包括规模小而精的团队,使用数学与统计的工具分析市场构建策略,交易信号和交易策略通常是简单、可理解和可解释的,以减少建模中样本内过拟合的风险。一个 Quant 1.0 团队的成功过于依赖特定的研究人员或交易员,这样的团队可能会随着人才的离开而迅速衰落甚至破产。

　　Quant 2.0,将量化的研究模式建设为工业化、标准化的阿尔法工厂。传统量化研究的流程,其中包括数据预处理、因子挖掘、建模、组合优化、执行及风险分析。投资研究人员使用标准化的评估标准、标准化的回测流程和标准化的参数配置,在同一条流水线上工作,从大量的数据中挖掘有效的 Alpha 因子。Alpha 研究者专注于挖掘因子,提交的许多 Alpha 因子被组合到投资组合经理的统计模型或机器学习模型中,考虑适当的风险后确定最优的权重。

　　Quant 3.0,更注重深度学习建模,使用相对简单的因子,使用深度学习算法强大的端到端学习能力和灵活的模型拟合能力。因子挖掘工作从 Quant 2.0 投入较多的研究精力和人力挖掘复杂的 Alpha 因子上,转移到大型机器及算力成本上,特别是昂贵的 GPU 服务器,但此模式也存在局限性,深度学习模型参数调优非常耗时耗力;模型黑盒,缺乏可解释性;

深度学习需要大量的数据，只适用于高频交易或至少具有大广度的中等频率的横截面Alpha 策略，难以应用于低频率投资场景中。

Quant 4.0，融合了最先进的自动化 AI、可解释 AI、知识驱动 AI，正在践行"端到端全流程 AI"和"AI creates AI"的理念，勾勒量化行业的新前景。旨在为量化研究和交易构建端到端的自动化，以大幅降低量化研究的劳动力和时间成本，包括数据预处理、特征工程、模型构建和模型部署，并大幅提高研发的效率和可持续性。

综上，从量化投资已发展到现在人工智能（AI）驱动策略研究的时代，同时人工智能的发展对量化投资的研究模式也正产生着巨大影响。1.2 节回顾介绍 AI 算法的发展历史。

1.2　AI 简介

如同蒸汽时代的蒸汽机、电气时代的发电机、信息时代的计算机和互联网，现时代人工智能是新一轮科技革命和产业变革的重要驱动力量。人工智能正赋能各个产业，推动着人类进入智能时代。人工智能 AI 作为当前前沿交叉学科，又存在着诸多研究方向，其定义一直存在不同观点。首次提出人工智能这个概念的约翰・麦卡锡在 1955 年的定义为人工智能是制造智能机器的科学与工程。后来安德烈亚斯・卡普兰和迈克尔・海恩莱因提出了一个较为经典的 AI 定义是"系统可以正确理解外部数据，从这些数据中学习，并利用学到的知识灵活适应实现特定目标和任务的能力"（A system's ability to correctly interpret external data, to learn from such data, and to use those learnings to achieve specific goals and tasks through flexible adaptation）。

维基百科中的定义为人工智能指由人制造出来的机器所展现出的智能，通常指通过普通计算机程序所呈现出的人类智能的技术。百度百科的定义为人工智能是研究、开发用于模拟、延伸和扩展人的智能的理论、方法、技术及应用系统的一门新的技术科学，它企图了解智能的实际，并生产出一种新的能以人类智能相似的方式做出反应的智能机器，该领域的研究包括机器人、语言识别、图像识别、自然语言处理和专家系统等。根据国家标准化管理委员会和中国电子技术标准化研究院编写的《人工智能标准化白皮书》（2018 版）的定义，人工智能是利用数字计算机或者数字计算机控制的机器模拟、延伸和扩展人的智能，感知环境、获取知识并使用知识获得最佳结果的理论、方法、技术及应用系统。

强人工智能和弱人工智能是人工智能领域的两个重要概念。强人工智能可简单地想象为经常在科幻电影、动画、小说里所想象出的那种人工智能。强人工智能是指能够像人类一样进行复杂思考、具备自我学习和创造能力的人工智能系统。强人工智能的目标是实现类似于人类智能的综合性能，包括理解语言、推理、学习、认知并解决问题、进行创新等方面。

弱人工智能是指不能制造出真正的推理和解决问题的智能机器，这些机器只不过看起来像是智能的，但是并不真正拥有智能，也不会有自主意识。简单来讲弱人工智能是只能帮助我们解决特定领域的一些问题的人工智能，某一领域的人工智能只用于那一领域。目前人类所研究的人工智能大部分属于弱人工智能,例如语言识别、图像识别、无人驾驶等。

1.2.1 AI发展简介

人工智能的起源可以追溯到20世纪50年代的达特茅斯会议。1956年8月,在美国汉诺斯小镇宁静的达特茅斯学院中,约翰·麦卡锡、马文·闵斯基(人工智能与认知学专家)、克劳德·香农(信息论的创始人)、艾伦·纽厄尔(计算机科学家)、赫伯特·西蒙(诺贝尔经济学奖得主)等科学家聚在一起,讨论着一个完全不食人间烟火的主题:用机器来模仿人类学习及其他方面的智能。会议足足开了两个月的时间,虽然大家没有达成普遍的共识,但是为会议讨论的内容起了一个名字:人工智能,因此,1956年也就成为人工智能的元年。

1960年:专家系统的出现。专家系统是一种基于规则的人工智能系统,它可以模拟人类专家的知识和经验,用于解决特定领域的问题。这个时期的代表性专家系统包括DENDRAL和MYCIN。

1970年:机器学习的兴起。机器学习是一种人工智能技术,它可以让计算机从数据中学习,并自动改进算法,以提高性能。这个时期的代表性机器学习算法包括决策树、神经网络和遗传算法。

1980年:神经网络的发展。神经网络是一种模拟人脑的计算模型,它可以学习和识别,用于图像识别、语音识别等领域。这个时期的代表性神经网络包括感知器、反向传播神经网络和Hopfield神经网络。

1990年:深度学习的出现,深度学习成为人工智能领域的主要研究方向。深度学习是一种基于神经网络的机器学习技术,它可以处理大量的数据,并自动提取特征,用于图像识别、自然语言处理等领域。这个时期的代表性的深度学习算法包括卷积神经网络、循环神经网络和深度信念网络。

2000年:云计算和大数据的兴起。21世纪初期云计算和大数据技术的发展为人工智能的应用提供了更多的数据和计算资源,促进了人工智能的发展。这个时期的代表性云计算和大数据技术包括Hadoop、Spark和TensorFlow等。

2010年:人工智能的广泛应用。人工智能技术被广泛地应用于各个领域,如自动驾驶、智能家居、医疗健康等。这个时期的代表性人工智能应用包括谷歌的AlphaGo、苹果的Siri和亚马逊的Alexa等。2017年提出了基于自注意力机制的神经网络Transformer架构模型等技术,随后自然语言处理和计算机视觉的技术得到了进一步的发展。随后在自然语言处理领域出现了一系列新的技术,如BERT、GPT和T5等预训练模型。

2020年:人工智能的爆发,自然语言处理方面,提出GPT-3、ChatGPT、GPT-4等大语言模型,各行业提出其行业大模型。文字生成、图像生成、视频生成的生成式大模型及应用频出。计算机视觉方面,出现了一系列新的技术,如目标检测、图像分割和图像生成等。

在人工智能的发展过程中,不同时代、学科背景的人对于智慧的理解及其实现方法有着不同的思想主张,衍生了不同的学派,影响较大的学派及其代表方法,见表1-2。

表 1-2　人工智能学派

人工智能学派	主要思想	代表方法
联结主义	利用数学模型来研究人类认知的方法,用神经元的连接机制实现人工智能	神经网络、SVM 等
符号主义	认知就是通过对有意义的标示符号进行推导计算,并将学习视为逆向演绎,主张用显式的公理和逻辑推理搭建人工智能系统	专家系统、知识图谱、决策树等
演化主义	对生物进化进行模拟,使用遗传算法和遗传编程	遗传算法等
贝叶斯主义	使用概率规则及其依赖关系进行推理	朴素贝叶斯等
行为主义	以控制论及感知-动作型控制系统原理模拟行为以复现人类智能	强化学习等

2022 年是大规模预训练语言模型(Generative Pre-trained Transformer)大规模应用的元年,多家 IT 巨头扎堆进入该领域,争先恐后地推出自己的大语言模型(Large Language Model),LLM 大语言模型迅速出圈,特别是 OpenAI 公司推出的 ChatGPT,再次加速推动 AI 深刻影响每个行业。自 2019 年起截至 2023 年 5 月,涌现出多个参数规模达到百亿级的 LLM,如图 1-2 所示。

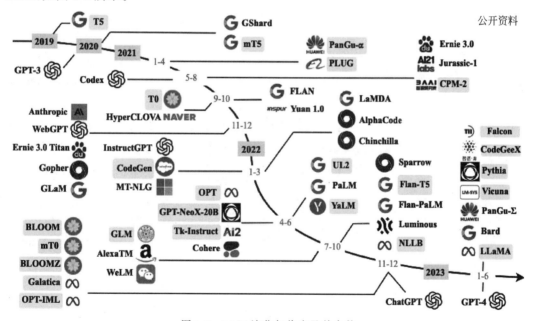

图 1-2　LLM 演化年代表及其参数

在学术界和工业界的研究中,把大规模的语料库当作训练数据,使用 Transformer 模型进行预训练,在解决各种自然语言处理(NLP)任务中表现出强大的能力,后续研究人员研究发现通过加大模型的规模(参数)可以提升模型能力,并且当模型参数超过一定水平时,还表现出一些小规模语言模型(例如 BERT)所不具备的能力,例如上下文学习能力、推理能力,其中一些大模型的参数数量见表 1-3。

表 1-3　大模型参数数量

提出年份	模型名称	模型参数数量/亿个
2019	GPT-2(OpenAI)	150
2020	Turing-NLG(微软)	170
2021	GPT-3(OpenAI)	1750
2022	PaLM(谷歌)	540
2022	Lambda(谷歌)	137
2022	Bloom(谷歌)	176
2022	Gopher(DeepMind)	280
2023	ChatGPT(OpenAI)	2000
2023	BARD(谷歌)	1750

LLM 模型不断庞大化,标志着该领域技术和应用双双突飞猛进。语言模型正加速渗透到各个领域,使 AI 对整个社会产生深远影响。

1.2.2　人工智能算法简介

人工智能 AI 的三大核心要素:数据、算法和算力,如图 1-3 所示。数据是指人工智能系统所需要的各种信息,包括文字、图像、声音等。在人工智能应用中,数据质量和数量在一定程度上会决定算法的效果和性能。算力是指计算机设备通过处理数据,实现特定结果输出的计算能力。算力实现的核心是 CPU、GPU、FPGA、ASIC 等各类计算芯片,并由计算机、服务器、高性能计算集群和各类智能终端等承载。AI 芯片的出现极大地提升了数据处理的能力,弥补了 CPU 在计算能力上的不足。目前主流的 AI 芯片有 3 类:以 GPU 为代表的通用芯片、以 FPGA 为代表的半定制化芯片和以 ASIC 定制化专用芯片,其中 GPU 是市场上最成熟应用最广的 AI 芯片。在人工智能的发展过程中,算力一直是神经网络算法发展的瓶颈,得益于 GPU 的发展,才有现在人工智能大模型(例如 ChatGPT)等产品的出现。

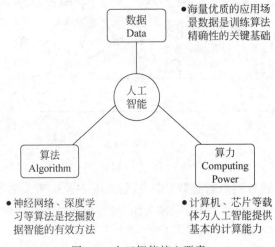

图 1-3　人工智能核心要素

算法是指实现某种特定功能的计算步骤。在人工智能领域中,需要系统正确地理解外部数据,从这些数据中学习。算法决定了机器如何处理数据,并做出相应的决策。要训练真正智能的人工智能系统,这三大核心要素需相辅相成,缺一不可,但也可以看出,数据和算力,仅作为"原材料"和"动力工具",其中人工智能算法才是其真正产生智能的原因。随着机器学习和深度学习等技术的发展,针对不同的任务场景,提出了许多挖掘数据规律的人工智能算法。

各种人工智能算法其工作原理和应用领域不尽相同,以下对部分人工智能算法进行简单介绍。

(1)基于规则的算法:这类算法基于预先定义的规则和逻辑进行推理和决策。它们通过条件语句和规则库来处理输入数据,并根据规则相应地进行输出。典型的例子是专家系统和推理引擎。

(2)机器学习算法:机器学习算法通过从数据中学习模式和规律进行决策和预测。可以分为监督学习、无监督学习和强化学习三类。

① 监督学习算法:这类算法使用带有标签的训练数据来构建模型,然后根据模型对新数据进行分类或回归预测。常见的监督学习算法包括决策树、随机森林、GBDT、XGBoost、支持向量机、神经网络等。机器学习的监督学习算法具有强大的拟合非线性特征的能力,在量化选股策略中,可采用机器学习算法挖掘因子间的非线性关系。

② 无监督学习算法:这类算法使用无标签的训练数据,从中发现数据的内在结构和模式。常见的无监督学习算法包括聚类、关联规则挖掘和降维等。

③ 强化学习算法:这类算法通过与环境的交互学习最优行为策略。它们基于奖励信号来调整决策,以最大化长期累积奖励。未结合深度学习的传统的强化学习方法有策略梯度法、蒙特卡洛强化学习、时序差分学习。经典的时序差分学习算法有 Sarsa 算法和Q-Learning 算法。研究人员将深度学习与强化学习结合,提出深度强化学习算法,例如DQN、DDPG、PPO、A2C 等。第一个战胜围棋世界冠军的人工智能机器人 AlphaGo 及后续的 AlphaZero 其核心算法就是深度强化学习算法。目前刚提出的 ChatGPT,在训练完后,使用人类反馈强化学习(RLHF)进行微调,其核心算法即是近端策略优化(Proximal Policy Optimization,PPO)算法。现由于强化学习具有强大的决策能力,投资者积极地将强化学习部署到策略开发之中。例如使用强化学习进行套利策略开发等。

(3)深度学习算法:深度学习算法是一种特殊的机器学习算法,其核心是人工神经网络。人工智能、机器学习和深度学习的从属关系如图 1-4 所示。深度学习算法通过多层次的神经网络结构来模拟人脑的工作原理,从而实现对复杂数据的学习和理解。典型的深度学习算法包括卷积神经网络(CNN)、循环神经网络(RNN)和生成对抗网络(GAN)等。

(4)自然语言处理算法:这类算法用于处理和理解自然语言文本。它们可以用于文

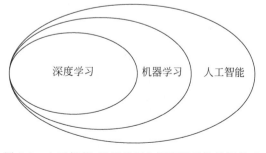

图 1-4　人工智能、机器学习和深度学习的从属关系

本分类、命名实体识别、情感分析、机器翻译等任务。常见的自然语言处理算法包括词袋模型、递归神经网络(RNN)和注意力机制等。

（5）计算机视觉算法：这类算法用于处理和理解图像和视频数据。它们可以用于图像分类、目标检测、图像分割等任务。常见的计算机视觉算法包括卷积神经网络(CNN)、特征提取和目标跟踪等。

这些分类只是人工智能算法的一部分，随着技术的不断发展，新的算法和方法也在不断涌现。不同的算法适用于不同的问题和应用领域，选择合适的算法对于解决特定问题非常重要。

另外值得一提的是运筹优化技术，运筹学与人工智能相辅相成，关系密切。运筹学(Operations Research)是自20世纪30—40年代发展起来的一门新兴交叉学科。它主要研究人类对各种有限资源的运用及筹划活动，以期通过发现其中的数学问题和规律，提出相应的求解方法，并应用于实际活动中，以发挥资源的最大效益，达到总体最优的目标，包括线性规划、整数规划、二次规划、非线性规划、动态规划、网络流和图论等方法。它用于解决各种优化问题，从而提高决策质量。

运筹学可以有效地优化决策，从而提高业务效率和盈利能力，然而，它只能处理结构化数据，而且只能解决特定类型的问题。同时，它需要精确的参数和变量。这意味着当数据不完整或不准确时，它的效果会大大降低。人工智能则可解决非结构化数据和自然语言处理的问题，因为它可以从大量的未加工数据中提取有用的信息。同时，它也可以通过机器学习分析历史数据，从而预测未来趋势。这种能力使它成为优化决策的强大工具。运筹学和人工智能互补，可以在许多领域中实现更好的决策。例如，运筹学可以补充人工智能的缺陷，处理结构化数据并确定最优解。人工智能则可以提供有关非结构化数据的信息，并同时预测未来趋势。两种技术可以联合使用，例如将人工智能用于动态数据的处理和自适应系统设计，而运筹学则可以提供在遇到未知情况时的最优策略。在多因子选股的量化策略构建中，先使用人工智能算法进行因子的挖掘、因子的合成、股票预测收益率的估计，选出持仓标的股票，然后使用运筹优化模型，充分考虑收益目标、风险目标、行业权重约束、风险因子暴露约束、个股权重上下约束等，求解出最优的股票组合权重比例，从而做出最优投资决策。

1.2.3　AI应用现状

各行各业的公司正在积极进行企业数字化改造，并且利用人工智能算法进行赋能。尤其是互联网行业，使用大量的人工智能算法进行赋能支撑，大大提升了运营效率，提升了企业价值。下面以国内几家较大的互联网大厂为例，介绍应用人工智能算法的现状。

京东是中国最大的电子商务平台之一，它在多个领域使用人工智能技术来提升用户体验、提高运营效率和增强商业竞争力，以下是京东使用人工智能的一些案例。

（1）智能客服：京东利用自然语言处理和机器学习算法开发了智能客服系统。该系统可以自动回答常见问题，提供实时的在线客服支持，减少了人工客服的工作量，提高了客户满意度。

（2）商品推荐：京东使用推荐算法和个性化推荐引擎来为用户提供个性化的商品推荐

服务。通过分析用户的购买历史、浏览行为和兴趣偏好,京东能够向用户展示他们可能感兴趣的商品,提高购物体验和销售转化率。

(3)智能物流:京东运用人工智能技术来优化物流和配送系统。通过分析订单数据和交通状况,京东可以预测出最优的配送路线和时间,提高配送效率,减少配送成本。

(4)欺诈检测:京东利用机器学习和数据分析技术来检测和预防欺诈行为。通过分析用户的购买行为、支付模式和交易数据,京东能够识别潜在的欺诈风险,保护用户的利益和平台的安全。

(5)图像搜索:京东开发了基于图像识别和搜索技术的图像搜索功能。用户可以通过拍照或上传图片来搜索相关的商品,无须输入文字描述。这种技术使用户可以更方便地找到他们感兴趣的商品。

上述这些案例只是京东使用人工智能的一部分,京东在人工智能领域持续创新,不断探索新的应用场景。通过利用人工智能技术,京东致力于提供更智能、便捷和个性化的电子商务服务。

另外,例如腾讯公司开发了腾讯 AI Lab 的智能对话机器人,能够理解和回答用户的自然语言问题。此外,腾讯公司还在图像识别、语音识别和机器翻译等领域进行了深入研究和应用。百度通过深度学习和计算机视觉技术,开发了自动驾驶平台 Apollo,能够实现自动驾驶车辆的感知、决策和控制。该技术已经在多个城市进行了路测和应用。阿里巴巴公司利用深度学习和推荐算法,开发了个性化推荐系统,能够根据用户的兴趣和行为,为用户提供个性化的商品推荐,从而提高购物体验。字节跳动其短视频平台抖音利用机器学习和深度学习技术,对用户的行为和喜好进行分析,为用户提供个性化的短视频推荐,提升用户体验和留存率。

这些互联网大厂在人工智能算法方面的实践案例展示了它们在自然语言处理、图像识别、语音识别、推荐系统等领域的技术创新和应用。通过不断地进行研究和实践,它们致力于提升用户体验,推动人工智能技术的发展和应用,如图 1-5 所示。

现如今大火的 AIGC 应用,各互联网大厂纷纷入局,同时也诞生了很多 AI 创业公司。AIGC 即生成式人工智能,是一种面向文字、音视频、图像等内容自主创作场景的 AI 技术。基于自然语言处理大模型技术的文字创作工具 ChatGPT 快速成长为火爆全球的现象级应用,引爆了本轮 AIGC 浪潮。随后,基于对图像、视频、音频等进行处理的多模态大模型的应用也快速推广起来;AIGC 可以直接提升现有各类型办公软件的产品力,从而推动办公软件的迭代升级。

生成式人工智能(Generative Artificial Intelligence)旨在让机器能够生成新的内容,如文本、图像、音频等,而不仅是对已有数据的学习和重复。与传统的机器学习方法不同,生成式人工智能可以创造新的、原创的内容,具有一定的创造性。生成式人工智能通常基于深度学习模型,如早期的生成对抗网络(GAN)、变分自编码器(VAE),以及 2022 年提出的文生图大模型 DALL-E2 和 Stable Diffusion 等。这些模型通过学习大量的训练数据,从中提取并学习数据的潜在分布,然后利用这些学习到的分布生成新的数据。生成式人工智能在包括自然语言处理、计算机视觉、音频合成等多个领域有广泛的应用。例如,它可以用于自动生成文章、对话、图像创作和音乐等。

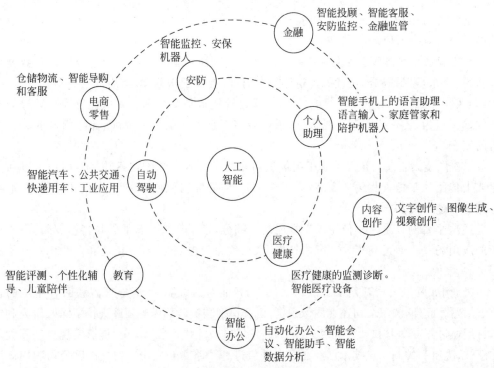

图 1-5 人工智能企业的主要应用领域

ChatGPT 等大语音模型便是生成式人工智能应用中的一种。现各行各业结合通用预训练大语言模型,使用该行业的专业知识库进行微调,提出该行业的大语音模型,提升人员工作效率。行业大模型应用开发技术的技术架构如图 1-6 所示。

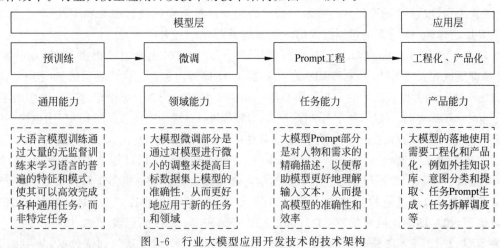

图 1-6 行业大模型应用开发技术的技术架构

(图片信息参考了智谱 AI 在 SMP 2023 ChatGLM 金融大模型挑战赛的公开分享会的材料。)

截至 2023 年 8 月,金融领域也提出了两个较为出名的大语音模型,即 BloombergGPT 和 FinGPT,FinGPT 技术架构如图 1-7 所示。

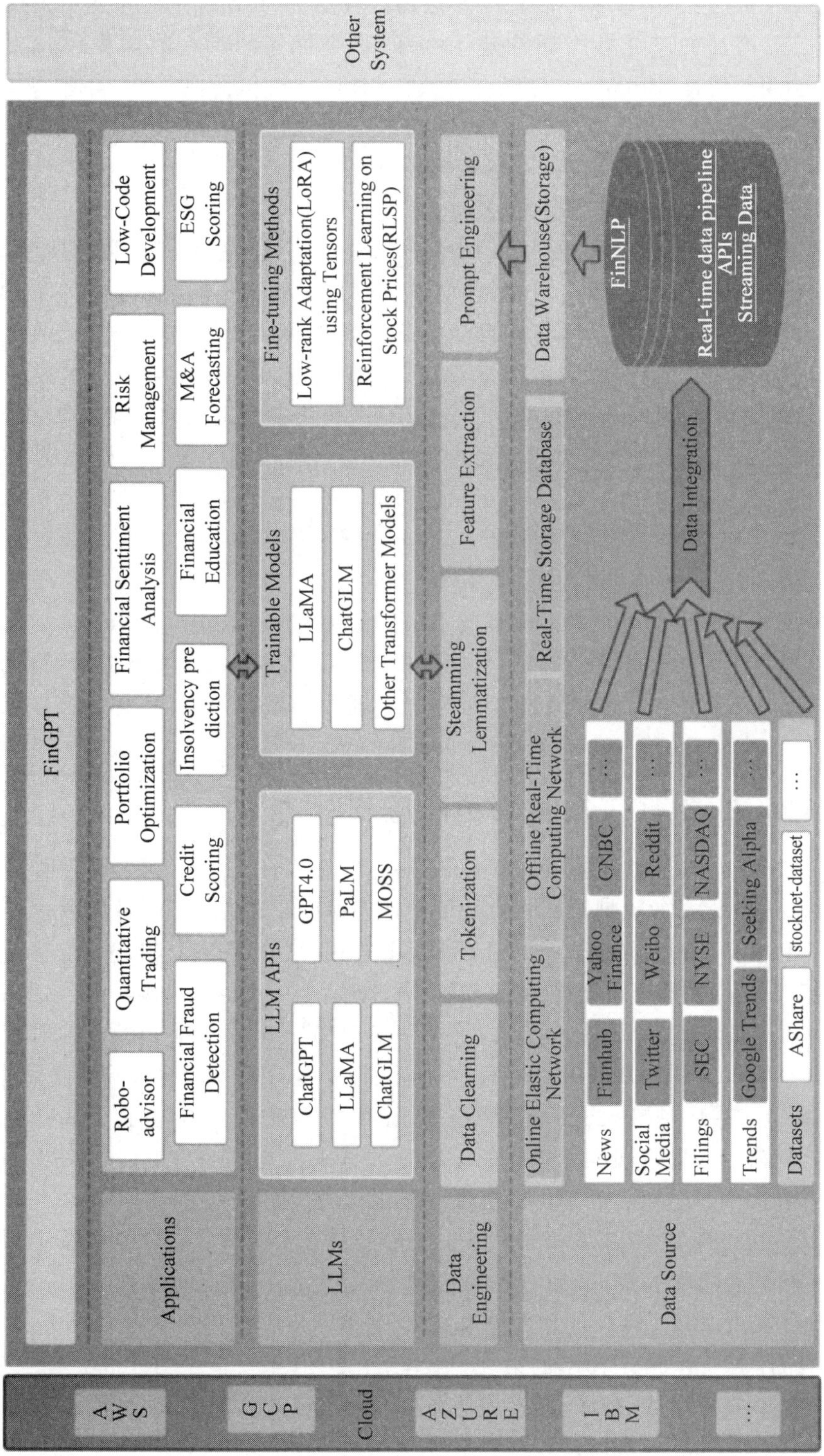

图1-7　FinGPT 技术架构

（图片资料来源：Hongyang（Bruce）Yang，Xiao-Yang Liu，Christina Dan Wang。FinGPT：Open-Source Financial Large Language Models）

BloombergGPT,这是一个涉及 500 亿个参数的语言模型,其训练主要是使用大规模的财务数据,即基于彭博社的广泛数据源构建了 3630 亿个标签的特有数据集(363 billion token dataset),利用彭博社(Bloomberg)现有的数据创建、收集和管理资源,构建了迄今为止最大的特定领域数据集,并增加了 3450 亿个标签的通用数据集的数据。BloombergGPT 将协助彭博改进现有的金融 NLP 任务,如情感分析、命名实体识别、新闻分类和问答等,以支持金融行业内各种各样的自然语言处理(NLP)任务。

FinGPT 是一个专用于金融领域的开源大语言模型,它通过互联网海量数据训练得到,可以产生符合金融语境的内容生成。同时,它可以实时采集动态金融数据,并实现定期微调。目前,FinGPT 实现了端到端的全流程自动投资框架、机器人投顾、情绪分析、量化交易等功能。FinGPT 的底层技术为预训练 Transformer。它通过在大规模金融文本数据上进行训练,学习丰富的金融知识和语言模式。首先,FinGPT 从多渠道获取金融文本和数据,经过数据清理和标记后,对预训练模型进行微调训练。最后利用训练好的大模型或 API 实时输出观点。

基于 FinGPT,可以实现投资建议、量化交易、金融研究等方面的智能化。这有助于提高工作效率与效果,实现业务的规模化运作,降低业务成本。投资领域,FinGPT 在未来可能被看作智能投研发展的里程碑。它首次集成了从信息获取投资决策全流程的自动化投资框架。虽然该框架当前的功能还比较基础,仅能提供比较简单的自动化投资决策与建议,但是它首次真正地将人工智能技术应用于投资策略与管理的全流程,实现了端到端自动投资的构想。

1.2.4　ChatGPT 演进历程与金融应用

ChatGPT 的全称为 Chat Generative Pre-trained Transformer,是 2022 年底由美国人工智能实验室 OpenAI 发布的大型对话式自然语言处理模型 3.5 版本。通过深度学习和训练互联网数据,它以文字的形式模拟人类的对话方式并与用户进行交互。ChatGPT 目前有七大主要功能,包括文本生成、聊天机器人、语言问答、语言翻译、自动文摘、绘画功能、编程功能。

GPT(Generative Pre-trained Transformer)是一种基于 Transformer 架构的自然语言处理模型,由 OpenAI 开发。GPT 版本进化图如图 1-8 所示,以下是 GPT 模型的发展历史简介。

(1) GPT-1:GPT-1 是于 2018 年发布的第 1 个 GPT 版本。它是一个基于 Transformer 的语言模型,通过训练大规模的无监督数据来预测下一个单词。GPT-1 具有 1.5 亿个参数,并在多个自然语言处理任务上展示了出色的性能。

(2) GPT-2:GPT-2 于 2019 年发布,是 GPT 模型的第 2 个版本。GPT-2 相较于 GPT-1 有着更大的规模和更高的参数数量,拥有 1.5 亿到 15 亿个参数的不同配置。GPT-2 在各种自然语言处理任务上取得了令人印象深刻的结果,并展示出了出色的文本生成能力。

(3) GPT-3:GPT-3 是 GPT 模型的第 3 个版本,于 2020 年发布。GPT-3 拥有 1.75 万亿个参数。GPT-3 在文本生成、翻译、问答等任务上展示了惊人的能力,并且能够通过示例和提示进行多种任务的学习。

（4）GPT-3.5：GPT-3.5 继承并发展了 GPT-3 的基础应用。与 GPT-3 相比，GPT-3.5在诸多方面都有了显著的提升。从对话的连贯性和逻辑性，到创建内容的个性化和满足特定需求，GPT-3.5 都表现出了更强的性能。

（5）GPT-4：2023 年 3 月 15 日，Open AI 发布了 GPT-4。GPT-4 拥有 1.8 万亿个参数。GPT-4 能够生成比之前版本更加符合事实的准确陈述，从而确保了更高的可靠性和可信度。它还是多模态的，意味着它可以接收图像作为输入并生成标题、分类和分析。同时GPT-4 还具备了一定的创造力。正如在官方产品更新中所介绍的，"它可以生成、编辑并与用户一起迭代创意和技术写作任务，例如创作歌曲、编写剧本或学习用户的写作风格"。

2022 年是大规模预训练语言模型（LLM）进入关键应用阶段的一年。多家 IT 巨头陆续推出了自己的 LLM 产品，掀起了该领域的研发热潮，其中，OpenAI 推出的 ChatGPT 成为最大亮点，它的火爆程度再次引发公众对语言模型能力的极大兴趣和讨论，推动了 LLM 向各行各业渗透和应用。ChatGPT 的出现预示着基于语言模型的 AI 技术将对整个社会及各产业领域产生深远影响。2022 年可以视为语言模型应用盛行的元年，它加速了 LLM 技术成果向实际场景转化，并持续推动着 AI 技术完成各种创意和技术性的写作任务，例如创作歌曲、编写剧本或学习用户的写作风格。ChatGPT 模型演进历程如图 1-9 所示。

在金融领域，ChatGPT 已经开始被部分券商应用于研报撰写和信息整理。国金证券在其"Alpha 掘金"系列报告第 5 篇《如何利用 ChatGPT 挖掘高频选股因子》中，使用ChatGPT 构建并检验了一个基于买卖盘力量差异的股票选股因子。研究发现，在日频调仓的情况下，该因子的多头组合年化超额收益率可达 17.29%，最大回撤可达 4.88%。考虑到实盘交易的频率限制，报告将因子调仓频率降至周频，年化超额收益率仍可达到 10% 左右，收益曲线如图 1-10 所示。报告还构建了基于该因子的中证 1000 指数增强策略，在 2016 年1 月至 2022 年 8 月，即使考虑千分之二的双边手续费，该策略的年化超额收益率仍达到7.17%，信息比率为 0.57。由于该因子利用了 ChatGPT 独特的数据来源，可为多因子策略提供增强。本研究表明，ChatGPT 在股票策略开发和信息整理方面具有广阔的应用前景。

根据国金证券的研究报告，研究人员还测试了 ChatGPT 编写代码的能力。对于一些不太熟悉的函数和模型，ChatGPT 可以快速地给出其基本用法和思路的代码示例。研究人员在 ChatGPT 提供的代码的基础上进行了修正和优化，大大提高了研究效率。报告发现，ChatGPT 基本掌握了量化研究常用的框架和函数，但在细节处理上仍需要人工调整。

方正证券在 ChatGPT 应用探讨系列中，探索介绍了 ChatGPT 在量化投资研究中提高研究人员效率的诸多应用场景。ChatGPT 可以用于文本生成、对话、翻译等多种场景，非常适合需要处理大量自然语言数据的应用。在日常工作中的应用，包括文本和表格交互，通过简单的使用技巧，可以让 ChatGPT 帮忙整理文本信息、生成文字点评等。一方面可以替代日常重复劳动，另一方面能拓展投研人员的能力圈。也介绍了使用 ChatGPT 生成 Python代码，完成数据库接口读取等方法获取数据，并进行批量处理和策略分析，并且探索了ChatGPT 在择时、风格、行业、选股中的应用实践，其中在选股因子挖掘方面，ChatGPT 存在

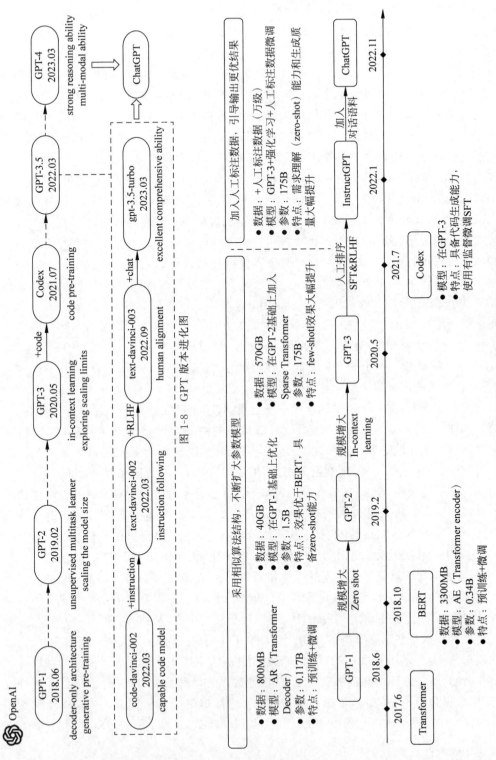

图 1-8 GPT 版本进化图

图 1-9 ChatGPT 模型演进历程（资料来源国金证券研报）

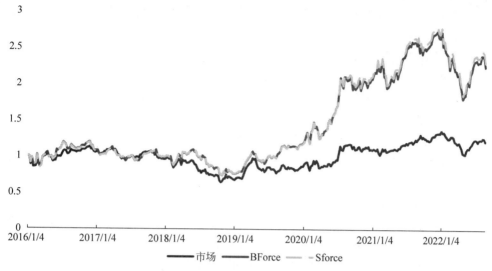

图 1-10　ChatGPT 买卖盘力量因子多头组合净值（周频）

较强的优势,在给定一个相对复杂的高频量价因子构建思路之后,其能够快速实现因子构建过程,使用 ChatGPT 复现了"适度冒险"因子,经测试,该因子也有不错的表现。

2023 年 7 月 9 日,OpenAI 向 Plus 用户推出了新的内部插件——Code Interpreter。可以通过 Code Interpreter 来执行 Python 代码、进行数据分析、运行数学计算、处理文件及获得可视化结果。用户甚至并不必懂编码过程,只需将任务需求告知 ChatGPT,便可得到相应的结果。Code Interpreter 的上线大幅提升了 ChatGPT 在数据分析方面的能力,可以进一步提升用户的工作效率。金融投研尤其是量化投资领域涉及大量的数据分析与处理,而 GPT-4 的 Code Interpreter 在数据处理方面拥有强大的优势,方正证券、华泰证券等研究所测试了 GPT-4 最新的 Code Interpreter 功能,用 GPT 进行自动化金融数据分析。

综上所述,ChatGPT 在帮助投资者快速复现策略、编辑研报咨询及编写代码框架等方面都可以极大地提高工作效率,但仍需要人工识别以确保结果的准确性。ChatGPT 为量化投资研究提供了强大的辅助,其应用前景广阔。

1.3　研究背景及意义

1.3.1　普通投资者业绩现状

央视《经济半小时》报道称,2022 年 92.5% 的股民亏损。此外,中国证券登记结算有限公司披露的数据显示[1],截至 2020 年 6 月,中国 A 股散户共 1.67 亿人,持有 13.07 万亿元市值,占比 28%。上海证券交易所资本市场研究所所长施东晖、清华大学五道口金融学院副院长张晓燕、哥伦比亚大学商学院教授 Charles Jones 等联合撰写了一篇论文 *Wealth Redistribution in the Chinese Stock Market：the Role of Bubbles and Crashes*,该论文基于上交所在 2016 年至 2019 年间所有账户的交易和持仓数据,全景式地揭示了中国散户投资者的交易行为特征。数据显示,账户市值 10 万元以下的散户亏损最多,平均亏 20.53%;账户市值 1000 万元以上的散户平均亏损最少,为 1.62%。同时,机构投资者的平均收益为 11.22%,公司账户的平均收益为 6.68%。

从提供的信息中可以得出以下解读。

(1) 2022 年股民亏损比例高:根据报道,2022 年有 93% 的股民亏损。这表明在这一年,大多数投资者在股市中遭受了损失。

(2) 散户持股占比较高:据中国证券登记结算有限公司披露的数据,截至 2020 年 6 月,散户持有中国 A 股市值的 28%,共计 1.67 亿人。这意味着散户在中国股市中的投资规模相当庞大。

(3) 散户亏损情况:数据显示,账户市值在 10 万元以下的散户平均亏损最多,达到 20.53%,而账户市值在 1000 万元以上的散户平均亏损最少,为 1.62%。这说明小额散户在投资中面临更高的亏损风险,而较大额的散户则相对更能稳健地管理投资。

(4) 机构投资者和公司账户的收益:相比散户,机构投资者的平均收益为 11.22%,公司账户的平均收益为 6.68%。这表明机构投资者和公司在股市中获得了相对较好的收益。

综上所述,在 2022 年多数股民遭受了亏损,其中小额散户的亏损比例尤为显著。相比之下,机构投资者和公司账户的投资表现相对较好,平均收益率高于散户。这些数据反映了股市中普通散户面临的挑战,以及机构投资者在投资上的优势。投资者应该谨慎地对待股市风险,增加投资知识和经验,以便更好地管理自己的投资组合。

而期货市场,缺乏权威机构发布的数据,根据资深从业人员估计,普通期民亏损率达 98%,相反,专业机构(如私募基金量化 CTA 策略)2022 年实现 10% 左右收益,见表 1-4。可见,机构投资者具备专业性及风险控制能力,普通投资者应审慎对待期货交易。

表 1-4　2022 年网红私募基金量化 CTA 策略业绩产品排名(表格内容来源于网络)

基 金 简 称	策　　略	管 理 人	今年收益/%
均成 CTA1 号	量化 CTA	均成	27.08
思勰投资-思新四十七号	量化 CTA	思勰	20.91
宏锡基金 2 号	量化 CTA	宏锡	17.87
思博量道十五号	量化 CTA	思勰	12.71
冲和小奖章一号	量化 CTA	冲和	10.24
黑翼 CTA 二号	量化 CTA	黑翼	10.01
千象 3 期	量化 CTA	千象	9.50
远澜红枫 1 号	量化 CTA	远澜	8.21
白鹭量化 CTA 一号	量化 CTA	白鹭	7.48
会世泰和 CTA1 号	量化 CTA	会世	6.42
蒙玺纯达二期	量化 CTA	蒙玺	6.35
安胜 CTA 优选 1 号	量化 CTA	土马	6.03
固禾翡翠一号	量化 CTA	固禾	5.98
宏量优选 1 号	量化 CTA	英仕曼 AHL	5.50

续表

基 金 简 称	策　　略	管　理　人	今年收益/%
涵德盈冲量化 CTA1 号	量化 CTA	涵德	4.98
致远 CTA 陆家嘴精选 1 期	量化 CTA	富善	4.22
众壹量合一号	量化 CTA	众壹	3.50
远澜云杉 2 号	量化 CTA	远澜	1.79
元盛量化 CTA 优选 1 号	量化 CTA	元盛	−0.33
九坤量化 CTA1 号	量化 CTA	九坤	−0.80
洛书尊享 CTA 拾壹号	量化 CTA	洛书	−1.73
明得浩伦 CTA 一号	量化 CTA	明得浩伦	−1.84
量道 CTA 精选 1 号	量化 CTA	量道	−4.30
博普 CTA 趋势 1 号	量化 CTA	博普	−7.02
宽德卓越	量化 CTA	宽德	−7.38
君拙倚天一号	量化 CTA	君拙	−8.59
盛冠达 CTA 基本面量化 1 号	量化 CTA	盛冠达	−8.99
华澄二号	量化 CTA	华澄	−12.20
盛冠达 CTA 基本面进取 2 号	量化 CTA	盛冠达	−18.05

1.3.2　普通投资者如何改变现状

学习量化投资的主要目的就是通过投机获取财富增值,每个人获取财富增值的方式和手段不一样,需要发挥每个人的优势。本书按照投资本金、学习能力、心态三个维度划分投资者,见表 1-5。

在中国,根据《金融从业规范财富管理》行业标准,高净值人士被定义为在金融机构的金融资产规模达 600 万元(含)至 3000 万元人民币的自然人。超高净值人士则被定义为在财富管理从业人员所在金融机构的金融资产规模达 3000 万元(含)人民币以上或个人名下金融资产规模达 2 亿元(含)人民币以上的自然人。超高净值人士多以家族为单位进行财富管理,成为金融机构的家族客户。

按照私募基金发行的产品的规则,需要 100 万人民币起投,笔者把投资者按照本金进行划分。

个人散户:投机本金小于 100 万元,月收入小于 2 万元的人群。

个人中户:投机本金 100 万～600 万元,月收入介于 2 万～10 万元。

个人大户:投机本金 600 万～3000 万元,月收入介于 10 万～50 万元。

超高净值人士:不必要研究本书策略的具体的操盘方法,只需研究如何评价基金收益、基金策略排名及评价基金经理历史业绩,购买他们发行的产品。

学习能力的高低,也决定了我们是自己亲自下场做投资还是把财富增值的任务交给专业机构,按照笔者个人主观划分,把学习能力定义为以下几种。

高学习能力:本科 985 大学以上学历,在初中和高中属于学霸的存在,常年霸榜年级 Top 10。

中等学习能力：双一流大学毕业，在初中和高中领先同龄人，在班级属于名列前茅。

较低学习能力：毕业于双非本科或大专，属于班级普通人。

投资的心态和承担的风险相对应，我们把心态定义如下。

暴富心态：持仓不能太久，最好几分钟不涨就要换股；想每月翻倍。必然承担高风险，但是总想一直赚钱，从不亏损。

平常心态：持仓从几天到数月，每年预期年化30%～50%的收益，承认投资有赚有赔，是概率游戏。

现实心态：持仓可以半年，跑赢通胀就是赚钱，每年有10%左右稳定收益即可，承认投资就吃GDP增长或者股票指数增长的红利。

把本金M、学习能力S、心态A进行组合，得到27个组合条件，ChatGPT给出的建议见表1-5。

表 1-5　投资者划分维度

序号	本金 M	学习能力 S	心态 A	投资建议与学习策略
1	个人散户	高学习能力	暴富心态	谨慎投资，争取平稳长期收益，重点研究高频交易
2	个人散户	高学习能力	平常心态	谨慎投资，争取平稳长期收益，重点研究CTA策略
3	个人散户	高学习能力	现实心态	谨慎投资，争取平稳长期收益，重点研究套利策略
4	个人散户	中等学习能力	暴富心态	谨慎投资，避免盲目追求高回报，重点研究CTA和多因子策略
5	个人散户	中等学习能力	平常心态	谨慎投资，避免盲目追求高回报，重点研究CTA策略
6	个人散户	中等学习能力	现实心态	谨慎投资，避免盲目追求高回报，重点研究套利策略
7	个人散户	低学习能力	暴富心态	谨慎投资，建议学习并提高投资知识，认识自己的短处，改变心态
8	个人散户	低学习能力	平常心态	谨慎投资，建议学习并提高投资知识，重点研究CTA策略
9	个人散户	低学习能力	现实心态	谨慎投资，建议学习并提高投资知识，重点研究套利策略或购买公募基金及指数基金
10	个人中户	高学习能力	暴富心态	冷静投资，注重风险控制，重点研究高频交易和CTA策略
11	个人中户	高学习能力	平常心态	冷静投资，注重风险控制，CTA策略和多因子策略
12	个人中户	高学习能力	现实心态	冷静投资，注重风险控制，CTA策略和多因子策略、高频套利，注重资产配置的权重
13	个人中户	中等学习能力	暴富心态	冷静投资，追求稳定长期增长，CTA策略和多因子策略
14	个人中户	中等学习能力	平常心态	冷静投资，追求稳定长期增长，指增策略与多因子投资
15	个人中户	中等学习能力	现实心态	冷静投资，追求稳定长期增长，指增策略与套利策略
16	个人中户	低学习能力	暴富心态	冷静投资，学习提高投资技巧，技术分析与CTA策略
17	个人中户	低学习能力	平常心态	冷静投资，学习提高投资技巧，指增策略与多因子投资
18	个人中户	低学习能力	现实心态	冷静投资，学习提高投资技巧，指增策略与多因子投资与套利策略

续表

序号	本金 M	学习能力 S	心态 A	投资建议与学习策略
19	个人大户	高学习能力	暴富心态	稳健投资,避免过度冒险,高频交易、技术分析、多因子、高频套利、基金,注意资产组合的权重
20	个人大户	高学习能力	平常心态	稳健投资,避免过度冒险,技术分析、多因子、购买私募
21	个人大户	高学习能力	现实心态	稳健投资,避免过度冒险,多因子、高频套利、购买私募
22	个人大户	中等学习能力	暴富心态	现实投资,注重长期投资收益,动量策略和高频交易、技术分析
23	个人大户	中等学习能力	平常心态	现实投资,注重长期投资收益,指增策略与多因子投资与套利策略
24	个人大户	中等学习能力	现实心态	现实投资,注重长期投资收益,指增策略与套利策略
25	个人大户	低学习能力	暴富心态	稳健投资,不过度追求高回报,技术分析
26	个人大户	低学习能力	平常心态	稳健投资,不过度追求高回报,购买私募,CTA 策略
27	个人大户	低学习能力	现实心态	稳健投资,不过度追求高回报,购买基金为主,稳中求胜

上述的投资者分类表格,可以帮助读者根据自身情况,匹配适合的投资风格和策略。不同类别的投资者,应该有针对性地选择研究方向,而不是泛泛地浅尝辄止。例如,个人散户可以专注研究稳定收益的策略,中户可以追求长期稳定增长的策略组合,大户可以重点学习多因子策略等。

在策略学习上,要做到有的放矢,对准自身认知范围内的具体策略深入地进行专注学习与研究,这样才能真正掌握投资技能,取得成功。

1.3.3　AI 驱动加速量化策略研发

ChatGPT 只是 AI 技术中的一种,可以利用其强大的语言处理能力,在金融领域中获取广泛应用。本书将重点介绍 ChatGPT 在量化投资策略研发过程中的具体应用。

在策略研发过程的不同阶段,ChatGPT 可提供以下帮助。

论文阅读:高效率地总结论文所采用的研究方法、研究结论、创新点等。

策略讨论:讨论量化投资策略、技术指标、金融市场情况等。

模型优化:寻求策略和模型的优化建议,提高投资效益。

数据分析:分析金融数据、市场行情、宏观经济形势等。

编程辅助:获取编程帮助,解决编程问题,提高代码质量。

除 ChatGPT 外,本书还将介绍其他 AI 技术在量化投资策略研发过程中的应用,如数据获取、论文搜索、数学公式理解、策略回测、参数优化、预测股价、情感分析等。

构建完整的量化策略研发平台是成为职业量化交易员的必经之路。BigQuant 量化平台包括数据获取、数据分析、因子挖掘、策略研究、AI 建模、组合构建、回测、模拟交易到实盘交易等全链路功能。个人投资者购买或者自建一套投研平台要面对费用昂贵或者实施周期较长的问题。借助开源社区和 SaaS 平台的迅速发展,个人投资者也可以快速地搭建量化投资系统。例如 BigQuant 量化平台针对 ChatGPT-3.5 和 ChatGPT-4 进行了 Prompt 提示优化，形成了量化用户专用的 QuantChat，实现了从数据分析、因子挖掘、策略研究、AI 建模、组合构建、回测、模拟到实盘交易的全流程 AI 赋能。

下面概述 BigQuant 平台的具体功能及这些功能如何结合 LLM 提升效率。

(1) 数据获取：BigQuant 平台内置了多源高质量金融数据，包括股票、期货、外汇、债券、基金、数字货币等数据。利用 LLM 的自然语言理解能力，可以快速地从报告、公告等非结构化文本中提取结构化数据，增强数据获取的广度。

(2) 策略回测：BigQuant 提供了灵活可配置的回测环境，支持 Python 编程。LLM 可以辅助策略开发，自动地将策略思路转换为代码，提高开发效率。

(3) 因子挖掘：BigQuant 内置了多因子库和因子测试环境。LLM 可以理解学术论文，从论文等文献中发掘潜在的有效因子。

(4) 策略研究：BigQuant 开发环境 AI Studio 支持各类多因子、多学习算法快速模块化及代码开发，LLM 可以辅助快速地提出新的策略思路。

(5) AI 建模：BigQuant 可一键连接 Google Vertex AI 等平台，进行回归/分类建模。LLM 可以帮助描述问题，选择合适的模型。

(6) 自动交易：BigQuant 支持一键连接交易接口，并内置量化交易组件库。

(7) 模拟复盘：BigQuant 提供仿真交易系统，支持多账户模拟交易。LLM 可以生成交易报告，分析交易表现。

综上，LLM 与 BigQuant 的深度融合，可以提升策略研发、交易的效率与准确性，使量化投资更智能化。

学习高质量论文并运用 AI 辅助工具进行策略研发与实盘，是入门职业量化的重要一步。高质量的论文是产生策略的源泉，如何用 AI 进行论文搜集、理解、策略复现、回测、实盘，成为每个量化人的必修课程。本书按照高频策略、多因子选股、CTA 策略、套利策略、机器学习策略进行分类，通过 AI 手段寻找高质量的论文，通过 ChatGPT 各种工具帮助阅读专业文献和理解数学公式，借助 BigQuant 平台进行回测与实盘验证。

LLM 与量化投资的结合对推动该领域的发展具有重要意义。本书论述 LLM 在 BigQuant 平台上应用量化策略的具体案例，具有理论与实践双重价值。

1.4　量化人的知识结构

量化投资作为一门交叉学科，需要运用计算机科学、数学、统计学、经济学等多学科知识，如图 1-11 所示。新时代对量化人的要求是既通晓金融理论，又掌握大数据、人工智能、计算机等核心技术，对新金融业务场景具有深刻理解，具有跨界创新能力的复合型金融精英。

要成为一名出色的量化交易员，仅掌握某一方面的知识是不够的，需要构建完整的量化策略研发体系。一个科学系统的策略研发流程通常包括数据采集、数据清洗、特征工程、策略生成、策略评估、模拟交易、实盘验证等步骤,其中,机器学习和人工智能技术的应用贯穿全流程,从而显著提升研发效率。

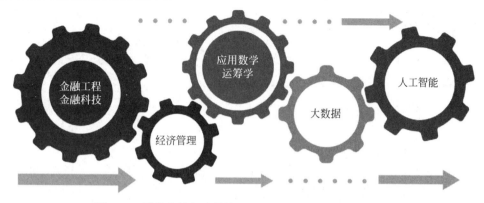

图 1-11　量化人的知识结构(来源 Dragon 社区 TJQF 项目)

例如,在数据采集阶段,自然语言处理技术可实现从非结构化文本中提取结构化数据。在特征工程中,自动机器学习系统可高效筛选特征。在策略生成中,强化学习可快速迭代找到最优参数组合。在回测中,多任务学习可评估多个指标并进行权衡。在模拟交易中,元学习可让策略适应不同的市场环境。在实盘中,自适应技术可实现策略的持续优化。

总体来讲,人工智能为量化投资策略的研发带来了巨大便利。不断涌现的新兴算法也为量化交易员提供了丰富的工具选择。如果能善于利用先进的人工智能技术,必将大幅提升研发效率和策略表现。立志成为一流量化交易员,就必须跟上人工智能技术的发展步伐,并将其有效地应用于策略研发的全链路。

1.5　配套的资料

本书配套了部分教学视频,就是为了让读者无障碍阅读本书,假定读者是一名刚刚高中毕业的学生,阅读本书会遇到困难,我们从多方面来解决所遇到的问题。第一就是编程困难问题,本书配套基础 Python 课程,从数据类型、列表、字典、函数、循环体等进行介绍及配套相关代码;第二,在科学计算上配备 NumPy、Pandas、Scipy、Matplotlib 等库的使用方法;第三,在数学上设置了线性代数、概率论、随机过程、微积分等介绍;第四,在金融工程方面,我们针对时间序列分析、市场投资组合理论进行了介绍;第五,为了让读者熟悉 AI 在量化交易的中的应用,Dragon 社区会陆续推出相关的视频和代码,不断地完善和更新相关学习资料。

14min

第 2 章

量化投研平台搭建

量化投研平台是实现量化交易全流程的重要组成部分。本章以"如何搭建量化投研平台"为主题,首先概述平台的架构,然后详细介绍平台中的核心模块及其实现要点。

为了便于理解,本章将以人工智能量化平台 BigQuant 为例,阐释每个模块在实际应用中的具体实现和使用方式。考虑到个人投资者时间和资源有限,难以完整地搭建自己的量化平台,本章的最后推荐了部分常用的在线量化平台和开源框架。

通过本章的学习,读者可以对量化平台的整体架构有初步认知,了解从数据采集到策略回测再到实盘交易的大致流程。这部分内容将为后续章节中各类量化策略的介绍和应用奠定基础,这些知识也有助于读者搭建自己的量化投研平台或者更好地使用现有的在线平台和开源工具。

2.1 量化投研平台简介

搭建一个量化投研平台涉及多方面,包括数据获取、数据处理、策略开发和回测、交易执行及风险控制等。在一个完整的量化系统中,数据是基础,量化策略是交易的核心和研究的结果,AI 算法建模是策略的灵魂和加速器,如图 2-1 所示,此图展示了量化投研平台的基本功能,仅供参考。

(1) 确定需求:首先确定量化投研平台的具体需求,包括所需的功能、预期的规模和数据要求等。这有助于明确整体架构和技术选择。

(2) 数据获取与处理:建立一个数据管道,用于获取市场数据,如股票行情、财务数据等。可以选择使用第三方数据提供商提供的数据或自己开发爬虫程序获取数据。获取的数据需要进行清洗、整理和存储,以备后续使用。

(3) 策略开发与回测:根据投资策略,使用编程语言(如 Python)开发相应的量化交易策略。这包括制定买入卖出规则、风险控制规则等。开发完成后,使用历史数据进行回测,评估策略的效果和风险。

(4) 交易执行:将开发好的策略连接到实际的交易执行接口,实现自动化交易。可以选择连接到券商提供的交易接口或使用第三方的交易执行平台。

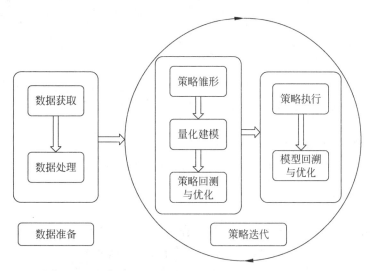

图 2-1　量化投研平台的基本功能

（5）风险控制与监控：建立风险控制系统，监控交易风险和投资组合的表现。该系统需要包括设置止损点、监测交易执行情况、跟踪投资组合的回报和监测市场波动性等功能。

（6）用户界面开发：根据需求，开发一个用户界面，用于交互、显示投资组合的信息和结果。用户界面可以是一个网站、移动应用或者桌面应用。

平台的基本搭建完成后，在运营维护过程中还需要注重以下几点。

（1）后续评估和优化：定期进行策略回测和优化，评估策略的有效性，并根据实际情况进行调整和改进。

（2）安全性和稳定性：确保平台的安全性和稳定性，包括数据的安全存储和传输、系统的容错和监控机制等。

（3）持续改进：量化投研是一个不断演进的过程，持续改进非常重要，开发者应当根据市场情况、策略表现和用户反馈等，不断地优化和改进平台。

以上是量化平台搭建的基本流程和要点。考虑到构建完整量化系统涉及多领域复杂技术，如果个人时间和精力有限，则可以考虑寻求专业支持或直接使用成熟的量化平台进行投研投资。

2.2　投研平台常用模块简介

本节将会对量化投研平台中较为核心的模块进行简要介绍。

2.2.1　数据库模块简介

数据库模块负责获取、存储和管理量化策略所需的各类数据，是量化平台的基础。数据库中的数据将用于策略研发、回测、模拟交易等多个环节。

量化数据源主要分四类,具体如下。

(1) 开源数据平台提供的数据:如 TuShare、BaoStock、Pandas-Datareader、Yfinance、Quandl。

(2) 券商/量化平台的数据接口:如 BigQuant、Joinquant、RiceQuant、同花顺等。

(3) 专业数据服务公司的数据产品:如通联、Wind 信息、东方财富、腾讯财经、中金在线等。

(4) 通过网络爬虫自主采集的数据等。

个人用户可优先选择免费开源数据,机构用户可考虑使用收费但质量更高的专业数据。

2.2.2　常用在线数据库

本节将介绍几个常用的 Python 开源数据库,使用方法可参考官方网站。

TuShare Pro:中文财经数据接口包,有积分限制,特点如下。

(1) 拥有丰富的数据内容,如股票、基金、期货、数字货币等行情数据、公司财务、基金经理等基本面数据。

(2) 提供多种数据存储方式,如 Oracle、MySQL、MongoDB、HDF5、CSV 等,为数据获取提供性能保证。

(3) 数据的广度与深度持续提升,Pro 版在原有版本上做了更大的改进。数据内容将扩大到包含股票、基金、期货、债券、外汇、行业大数据,同时包括了数字货币行情等区块链数据的全数据品类的金融大数据平台,为各类金融投资和研究人员提供适用的数据和工具。

BaoStock:与 TuShare 类似,主要提供国内股票行情数据、公司基本面和宏观数据。证券宝是一个免费、开源的证券数据平台(无须注册),详细介绍见表 2-1。

表 2-1　BaoStock 平台介绍(表格内容来源于 BaoStock)

特点	内　容
数据类型	证券历史行情数据、上市公司财务数据等
数据获取方式	通过 Python API 获取证券数据信息,满足量化交易投资者、数量金融爱好者、计量经济从业者的数据需求
返回数据格式	Pandas DataFrame 类型,便于使用 Pandas、NumPy、Matplotlib 进行数据分析和可视化
数据存储支持	支持使用 BaoStock 的数据存储功能,将数据保存到本地后进行分析
支持的编程语言	目前版本 BaoStock.com 仅支持 Python 3.5 及以上(暂不支持 Python 2.x)
持续更新	BaoStock.com 将持续完善和优化,后续将逐步增加港股、期货、外汇和基金等方面的金融数据,力争成为一个免费金融数据平台
分享和反馈	通过微信、网站博客或者知乎文章等方式分享给大家,以便在使用过程中逐步改进和提升,为大家提供更好的免费服务

BigQuant:BigQuant 是一个覆盖多类金融数据的 AI 驱动的量化投资平台。它提供股票、债券、基金、期货、期权、指数、量化因子等全面的金融市场数据。这些数据不仅可用于传统量化策略研发,也可用于构建 AI 预测模型。BigQuant 以 AI 赋能投资研究为目标,为用

户提供企业级的 AI 平台、丰富的量化投资大数据、多种 AI 辅助投研工具,以及完善的学习体系和社区支持。它致力于构建从数据、研究到回测交易的一站式量化投资解决方案。

BigQuant 作为新一代 AI 与数据驱动的量化投资平台,为投资者提供了专业可靠的量化研究工具,是进行量化策略研发的理想平台之一。它拥有优质的数据基础、强大的 AI 能力和完整的研发工具链,值得量化从业者重点关注和使用。

2.2.3 常用本地数据库

目前互联网上有多款金融时序数据库可供本地部署使用,如 InfluxDB、ClickHouse、OpenTSDB 等,各有优劣。下面以 DolphinDB 为例进行介绍。

DolphinDB 是一个高性能分布式时序数据库,由国内智臾科技研发,专为大规模时序数据存储、查询、分析而设计。它支持每秒百万级数据写入,毫秒级查询响应,秒级计算,可处理万亿量级历史和实时流数据。DolphinDB 内置流式处理计算引擎,支持并行分布式计算,可通过集群扩展。它是一款针对时间序列进行优化的分析型数据库,功能全面,性能卓越。

DolphinDB 提供了完整的时序数据处理解决方案,包括数据采集、存储、处理、分析、可视化等功能,可以有效地解决金融大数据处理难题。感兴趣的读者可以访问中文官网了解更多信息。

2.2.4 策略构建模块简介

策略构建模块是量化投资中用于构建交易策略的模块化工具。它包括数据处理、信号生成和风险管理等子模块,帮助投资者将市场数据转换为可执行的交易策略。策略构建模块的设计目标是提供一个灵活、易用且高效的工具,使用户能够根据自己的需求和投资理念构建个性化的策略。

2.2.5 策略回测模块简介

量化策略回测是策略验证的关键环节,该部分内容将在本书第 9 章详细介绍,因此在本节只做简单介绍。

常见的量化策略回测模块按照回测的实现方式,大体可以分为两类:向量化回测模块和事件驱动回测模块。

向量化回测指通过向量化操作来执行回测。它使用数值数组或矩阵来表示交易数据,并通过高效的数值计算库(如 NumPy)进行处理。它具有性能高效、简单易用、对大规模数据支持良好等特点,适用于大部分简单的回测。

事件驱动回测指基于事件驱动的思想实现回测策略。它通过模拟市场的事件流来驱动策略的执行。它拥有较高的灵活性,提供了丰富的机制来定义和处理各种市场事件,可以根据实际需要自定义事件处理逻辑,适应不同的策略需求。同时事件驱动回测具备更接近真实交易场景的回测环境,考虑交易环境中的诸多细节,避免未来函数或者偷价。

总结而言,向量化回测注重高效的数值计算和简单易用性,适用于处理大规模数据集和简单的回测需求,而事件驱动回测则侧重于灵活性和实时性能,适用于处理复杂的策略和模拟真实交易环境。两类回测方法各有优势,选择何种回测方法应根据具体需求和策略特点来决定。

2.3 投研平台实例：BigQuant

2.3.1 量化数据库模块实例

BigQuant 数据库存储了多种类型的金融市场数据,主要包括以下数据。

（1）股票数据：包含 A 股、美股、港股等股票的日线行情数据、分钟线行情数据、财务指标、公司公告信息等。

（2）指数数据：涵盖主要股票指数、债券指数、商品指数的历史行情数据。

（3）期货数据：提供国内外主要期货品种的历史行情和交易数据。

（4）外汇数据：覆盖主要货币对的历史行情及交易数据。

（5）基金数据：包含开放式基金和封闭式基金的净值、分红送配等数据。

（6）宏观经济数据：GDP、CPI、PPI 等重要宏观经济指标的历史时间序列数据。

在 BigQuant 平台上,可以通过 import BigQuant.dataset 的方式直接调用并加载这些数据集,BigQuant.dataset 可以获取 Pandas DataFrame 格式的数据,可以灵活地进行策略研发、分析、回测等操作。请使用 AIStudio 2.0 运行,获取股票日线行情,代码如下：

```
#第 2 章//获取股票日线行情.ipynb
#获取股票日线行情示例代码
import pandas as pd
import numpy as np
from bigdatasource.api import DataSource
stock_list=["002155.SZA","600150.SHA"]
df=DataSource('bar1d_CN_STOCK_A').read(instruments=stock_list,start_date=
'2022-06-01', end_date='2023-07-10')
df
```

输出结果如图 2-2 所示。

	turn	adjust_factor	instrument	date	open	volume	low	deal_number	close	high	amount
0	1.738847	2.689619	002155.SZA	2022-06-01	24.448637	20898227.0	24.072090	20809.0	24.341051	24.556221	1.891764e+08
1	2.920923	3.305954	600150.SHA	2022-06-01	61.622982	71367134.0	61.160149	83120.0	64.466103	65.821541	1.363917e+09
2	2.071094	2.689619	002155.SZA	2022-06-02	24.341051	24891321.0	24.287260	21018.0	24.717598	24.825184	2.273449e+08
3	2.282422	3.305954	600150.SHA	2022-06-02	64.135506	55766603.0	62.482533	69418.0	63.342079	64.399986	1.065447e+09
4	2.144703	2.689619	002155.SZA	2022-06-06	24.717598	25775987.0	24.583118	25927.0	25.094145	25.121042	2.385167e+08
...	...	...	...	...	...	...	...	...	...	...	...
535	1.264788	3.309958	600150.SHA	2023-07-06	102.277702	56566760.0	102.079102	95083.0	102.608696	103.800285	1.757592e+09
536	3.637735	2.726913	002155.SZA	2023-07-07	33.595570	43722583.0	32.722958	43795.0	34.222759	34.522720	5.388519e+08
537	1.375526	3.309958	600150.SHA	2023-07-07	102.310797	61519413.0	101.615707	99383.0	102.443199	103.932678	1.912648e+09
538	4.717375	2.726913	002155.SZA	2023-07-10	34.359104	56698966.0	34.222759	55064.0	34.822678	35.940712	7.338687e+08
539	1.209714	3.309958	600150.SHA	2023-07-10	103.072090	54103598.0	101.317818	80418.0	102.741096	104.362976	1.677278e+09

540 rows × 11 columns

图 2-2　股票日线行情

返回的 dataframe 数据列名和含义的对应关系如下：

```
turn:换手率
adjust_factor:复权因子
instrument:股票代码
date:日期
open:开盘价
volume:成交量
low:最低价
deal_number:成交笔数
close:收盘价
high:最高价
amount:成交额
```

通过列名和含义的对应关系，可以更好地理解和分析 BigQuant 提供的股票日线行情数据，进行量化策略开发、回测等工作。BigQuant 为我们预处理了清洗后的结构化数据，使用简单方便。

2.3.2　策略构建模块实例

BigQuant 是一个基于策略构建模块的量化投资平台，提供了一整套策略构建工具，帮助用户构建和验证交易策略。下面以一个实例介绍 BigQuant 的策略构建流程。

首先，用户可以通过导入市场数据开始构建策略。BigQuant 提供了丰富的数据源，用户可以选择导入股票、期货、指数等市场数据。导入后，用户可以使用数据处理模块对数据进行清洗、预处理、获取特征等操作，以准备好用于策略构建的数据。

其次，用户可以使用信号生成模块定义交易信号。信号生成模块可以根据市场数据和用户设定的规则，生成买入、卖出或持有等交易信号。用户可以根据自己的交易策略和理念，灵活地定义信号生成规则。

最后，用户可以使用风险管理模块控制交易风险。风险管理模块可以帮助用户设置止损、止盈等风险控制参数，以保护投资资金并降低交易风险。

完成策略构建后，用户可以使用 BigQuant 提供的回测功能对策略进行评估。回测功能可以模拟历史市场环境下的交易情况，帮助用户了解策略的盈亏情况和风险指标。用户还可以使用实盘交易功能将策略应用到实际交易中，实现真正的投资操作。

通过策略构建模块，BigQuant 为用户提供了一个全面的量化投资解决方案，帮助投资者实现更好的投资回报。无论是新手还是经验丰富的投资者都可以利用 BigQuant 的策略构建模块，构建出适合自己的交易策略，并在实践中不断优化和改进。

2.4　常见投研平台与开源框架介绍

目前互联网上正在运营的在线量化投资交易平台有许多共通之处，当然也有部分平台会具备其他平台不具备的特色和优势。如何选取和分辨这些平台是一个相对主观的问题，对于量化分析师或者个人投资者来讲，最主要的是关心数据质量、上手速度、回测速度、是否支持模拟盘和实盘,特别是回测业绩和实盘业绩之间的差异。如果回测盘和实盘业绩差异较大或下单精度有差异,导致实盘和回测有较大出入,则实盘必须另找方案。

本节将介绍一些国内外市场占有率较高的量化交易研究、回测平台,读者可以选取自己感兴趣的进行尝试。同时本节也会介绍一些相对知名的开源量化交易、研究、回测框架,供读者学习、尝试。

2.4.1　常见投研平台

WindQuant 万矿:Wind 旗下唯一一个面向互联网的量化平台。内嵌 Wind Python API 数据接口。提供全市场股票、债券、基金、商品、指数、外汇、期权等 7 个品种的历史日线、Tick、分钟和实时行情数据,以及中国市场所有品种的专题统计报表和股票板块数据、宏观数据等。Wind 学院推出的 WQFA 培训计划具有一定的行业影响力,有初级、中级量化工程师的完整课程与考试,但高级课程只有 1 节课就停办了,整个平台目前已经处于停滞状态,令人惋惜。

JoinQuant 聚宽:聚宽是一家专注于提供量化投研相关 IT 解决方案的公司,它为量化爱好者(宽客)量身打造了聚宽量化投研平台,提供全面的投研数据、易用的策略研究环境、精准的回测/模拟交易引擎、活跃的量化交流社区,便于用户快速实现、使用自己的量化策略。JoinQuant 平台经过多年深耕,已积累数十万量化投研注册用户,在国内量化投研平台领域处于领先位置。公司为国内多家券商提供投研系统、交易算法及 T0 服务,为数千家量化机构提供量化数据(JQData)服务。目前聚宽发展成为一家私募机构,通过社区挖掘人才、招募人才,通过资产管理来解决盈利来源的问题。可以访问 JoinQuant 官网了解更多关于 JoinQuant 的信息。

RiceQuant 米筐:米筐是一家专注于为用户提供快速便捷、功能强大的量化交易和分析工具的公司。用户可以使用基于浏览器(网上回测平台)或本地化(RQAlpha 等项目)的米筐科技产品,随时、随地开发自己的交易策略,验证自己的投资思路。涵盖金融数据、投资组合管理与风险分析、量化投研交易模块。

UQER 优矿:特色是深度报告、量化学堂和量化社区。UQER 优矿是一个大数据时代的智能量化投资平台,为量化研究者提供华尔街专业机构的装备。它提供各类资产的财务、因子、主题、宏观行业特色大数据,以及量化场景下的 PIT 数据,保障量化过程不引入未来数据。

掘金量化:面向量化投研和实战设计,追求安全、快速、可靠的极限。提供数据、研究、回测、仿真、实盘、风控、绩效等专业量化服务。

WonderTrader:是一个基于 C++核心模块的适应全市场全品种交易的高效率、高可用的开源量化交易开发框架。面向于专业机构的整体架构,拥有数十亿级的实盘管理规模,从数据落地清洗到回测分析,再到实盘交易、运营调度,量化交易所有环节全覆盖。WonderTrader 依托于高速的 C++核心框架,高效易用的应用层框架(wtpy),致力于打造一个从研发、交易到运营、调度,全部环节全自动一站式的量化研发交易场景。

下面介绍一些国外量化平台,有的平台可能需要科学上网才可以访问。

Quantopian:官网已经关闭了,但留下的 Python 库还可以继续使用。Quantopian 是一个知名的量化研究平台,它成立于 2011 年,但在 2020 年宣告关闭。旗下有量化三大件:PyFolio、Zipline、Alphalens。

PyFolio:是一个开源的投资组合和风险分析库,它提供了一系列工具来帮助量化投资者分析投资组合的表现和风险。它可以生成各种统计报告和可视化图表,帮助投资者更好地理解投资组合的表现。

Zipline:是一个开源的量化交易回测引擎,它由 Quantopian 开发并维护。它提供了一套简单易用的 API,帮助量化投资者快速编写、测试和执行交易策略。

Alphalens:是一个开源的 Python 库,它可以帮助量化投资者分析金融市场中的预测因子。它提供了一系列工具来帮助投资者评估预测因子的质量,并确定最佳的交易策略。

这 3 个库都由 Quantopian 开发并维护,它们可以结合使用,为量化投资者提供了一整套完整的量化交易解决方案。

QuantStart:是一个专注于算法交易、量化交易、交易策略、回测和实现的网站。它提供了大量的教程和文章,帮助用户学习如何使用算法和量化方法进行交易。QuantStart 的目标是帮助用户通过算法交易实现财务独立。QuantStart 网站上的内容涵盖了量化交易、金融数学、编程和软件开发及职业教育等多个主题。它提供了丰富的学习资源,帮助用户从零开始学习量化交易,并不断地提高自己的技能。

TradingView:是一个在线金融图表和分析工具,它提供了实时的全球金融市场数据和图表,帮助用户跟踪市场动态并进行技术分析。它支持多种金融产品,包括股票、外汇、加密货币、期货和债券等。TradingView 还提供了丰富的交易工具和指标,帮助用户制定交易策略并进行回测。此外,它还拥有一个活跃的交易社区,用户可以在其中分享交易想法、获取投资建议并与其他交易者交流。

2.4.2 常见开源框架

常见的开源框架一般是直接在终端(cmd)上使用 pip install xxx(库名)命令进行安装,有些可能需要下载安装包进行离线安装。

QUANTAXIS:是一个量化金融策略框架,它提供了一套面向中小型策略团队的量化分析解决方案。它采用高度解耦的模块化设计,支持标准化协议,可以快速地实现面向场景的定制化解决方案。QUANTAXIS 是一个渐进式的开放式框架,用户可以根据自己的需要引入自己的数据、分析方案和可视化过程等。QUANTAXIS 提供了丰富的功能,包括数据下载、策略回测、实时交易数据、自定义数据结构、指标计算等。它支持多种金融产品,包括股票、期货、期权、港美股和数字货币等。

VNPY:是一家专注于为金融市场提供开源量化交易解决方案的软件技术企业。公司的核心产品 VeighNa 是一个开源量化交易平台,自 2015 年正式发布以来已经积累了众多来自金融机构或相关领域的用户,包括私募基金、证券公司、期货公司等。

Easytrader：是一个开源的 Python 库，它可以帮助用户实现自动化股票交易。它支持多家券商的交易接口，包括同花顺、华泰证券、国金证券等。用户可以使用 Easytrader 编写自动化交易脚本，实现自动下单、撤单、查询持仓等操作。Easytrader 的目标是为用户提供一个简单易用的自动化股票交易工具，帮助用户更好地管理自己的投资组合。

PyAlgoTrade：是一个用 Python 编写的事件驱动算法交易库。它支持回测和实盘交易，并提供了丰富的技术指标和交易策略。PyAlgoTrade 的目标是帮助量化投资者快速地开发、测试和执行交易策略。PyAlgoTrade 支持多种金融产品，包括股票、期货、外汇和加密货币等。它提供了丰富的数据源接口，可以从 Yahoo Finance、Google Finance、Bitstamp 等获取历史数据和实时行情。

Quantmod：是一个用于量化交易建模的 R 语言包。它提供了一系列工具，帮助用户获取金融数据、绘制金融图表、构建交易模型并进行回测。Quantmod 支持从多种数据源获取金融数据，包括 Yahoo Finance、Google Finance、FRED 等。它还提供了丰富的图表绘制工具，帮助用户可视化金融数据并进行技术分析。

Backtrader：是一个用 Python 编写的开源回测框架。它提供了一套简单易用的 API，帮助量化投资者快速编写、测试和执行交易策略。Backtrader 支持多种金融产品，包括股票、期货、外汇和加密货币等。它提供了丰富的数据源接口，可以从 Yahoo Finance、Quandl 等获取历史数据。此外，Backtrader 还支持实盘交易，可以与 Interactive Brokers、Oanda 等券商接口对接。

第 3 章

人工智能时代下的量化策略开发

25min

　　证券交易是一个历史悠久而又与时俱进的行业,从 17 世纪最早的证券交易所建立开始,证券交易就一直有着从纯粹的主观交易向着科学化理论化交易发展的趋势。20 世纪 60 年代到 80 年代,随着金融理论的发展和计算机的诞生,量化交易渐渐在金融领域得到广泛应用。

　　进入 21 世纪以来,随着人类社会与科技的进一步发展,证券交易所可以使用的工具越来越丰富,涉及的技术也越来越复杂而多样。人工智能技术正是这些技术中的重要一环。各种各样的人工智能技术为证券交易行业带来了新的变革。

　　时至今日,已有诸多知名私募建立了自己的 AI 研究部门或是 AI 策略开发部门,甚至部分私募曾对外宣称已将 AI 技术大规模应用于实盘,与 AI 相关的策略占比超过 50%。无论这是私募用于宣传的噱头还是确有其事都无法否认 AI 技术已经大范围进入证券交易从业者的视野,并有可能为这个行业带来一场革新。

　　AI 技术对于证券交易的帮助也显而易见:

　　(1) AI 能够通过强大的计算能力和复杂的算法分析海量的交易数据。它可以迅速地识别和发现隐藏在数据中的模式、趋势和关联性,帮助投资者做出更准确、更有依据的决策。与传统的人工分析相比,AI 能够更快、更全面地理解市场动态,并提供更可靠的预测能力。

　　(2) AI 在风险控制方面也发挥着重要作用。通过对历史交易数据的分析,AI 可以识别出潜在的风险因素,并进行实时监测和预警,及时调整投资组合,最大程度地降低风险,保护投资者的利益。

　　(3) AI 有助于提高工作效率。以 ChatGPT 为代表的大模型已经在不知不觉中渗透进人们的工作生活。除了常用的代码提示以外,善用自然语言大模型还可以有效地提高人们的信息获取效率。

　　AI 技术应用于证券交易已经成为不可忽视的趋势。它通过深度学习、传统机器学习和大数据分析等技术手段,为投资者提供了更准确、更高效、更可靠的信息获取,以及交易决策支持和风险控制。

　　本章的主要内容包括证券交易的发展历程,AI 时代的量化策略开发与传统量化策略开发的异同及 AI 技术在实际量化开发场景中的应用。

3.1　证券交易发展历程

证券交易自诞生以来,经历了主观投资、理论投资、量化投资、大数据驱动和智能投资5个主要阶段,如图3-1所示。

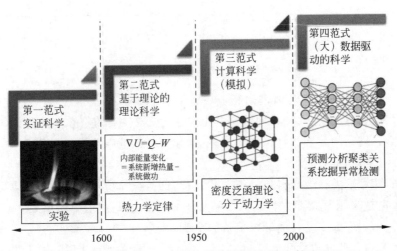

图 3-1　证券交易发展历程(图片来源于 BigQuant)

以下是对主观投资、理论投资、量化投资、大数据驱动和智能投资各阶段的历史和变迁的简要概述,以及一些主要代表人物。

(1)主观投资:主观投资是指基于投资者主观判断和经验的投资方法。这是早期投资方法的主流,依赖于投资者的直觉和分析能力。

历史与变迁:主观投资一直是投资领域的主要方法,直到20世纪中叶。投资者如巴菲特、彼得·林奇和乔治·索罗斯等通过自己的洞察力和经验取得了巨大成功。

(2)理论投资:理论投资是指基于经济学和金融理论的投资方法。投资者利用经济学和金融学的原理和模型进行投资决策。

历史与变迁:20世纪50年代到70年代,随着现代金融理论的发展,理论投资成为主流。马克·约瑟夫和哈里·马科维茨等的资产组合理论和有效市场假说为理论投资奠定了基础。

(3)量化投资:量化投资是指利用数学模型和统计方法进行投资决策的方法。投资者使用大量数据、算法和计算机技术来执行交易策略。量化交易的优势在于纪律性、及时性、系统性、准确性和分散化。量化投资需要经历数据获取、策略回测、模拟交易和实盘交易等流程。回测是量化投资的重要环节,并且需要注意未来函数、过拟合、幸存者偏差、冲击成本和小样本视角等陷阱。评价量化策略常用的指标有夏普比率、不同的盈利和抗风险能力指标。回测结果的资金曲线可以用不同指标来评估策略的表现。

历史与变迁:20世纪80年代以来,随着计算机技术和数据处理能力的提升,量化投资迅速崛起。代表性的量化投资公司包括文艺复兴科技、DE Shaw 和雷曼兄弟的 Alpha 策略。

（4）大数据驱动：大数据为量化投资提供了海量信息、充足的样本量，以便于利用统计模型和机器学习对历史数据进行分析，预测股票、外汇等金融产品的未来价格走势；通过找出数据中的相似模式，将金融资产分类，发现不同类型资产之间的关联性，可以用于资产配置和组合优化；分析不同类型数据之间的关联关系，例如新闻事件和股票价格变动之间的关系，可以发现驱动市场的关键因素；通过识别数据中的异常点，发现例如股票市场中的操纵等异常交易行为，可以防范投资风险。大数据的驱动使投资策略更智能化和模型泛化更健壮化，有助于投资决策的准确性和交易效率的提升。

（5）智能投资：智能投资是指利用人工智能和机器学习等技术进行投资决策和交易的方法。通过训练模型来自动化决策过程，以提高投资的准确性和效率。典型的特征就是从数据密集到智力密集，借助 AI 去探索世界，建立 AI 驱动的 Pipeline。人工智能的基本应用如图 3-2 所示。

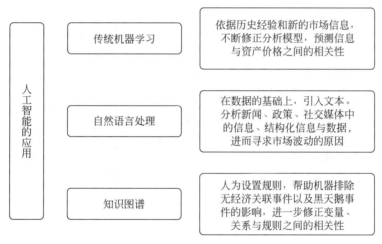

图 3-2　人工智能的基本应用(图片来源于知乎 collin)

历史与变迁：21 世纪以来，随着人工智能技术的发展，智能投资开始兴起。利用机器学习、深度学习和自然语言处理等技术，投资者可以分析大规模数据、发现模式并生成交易信号。代表性的智能投资公司包括 Two Sigma、Bridgewater Associates 和 Renaissance Technologies 的 Medallion 基金。需要注意的是，这些投资方法并非相互排斥，而是随着时间的推移和技术的进步逐渐发展和演变的。许多投资者和公司在实践中会结合不同的方法和技术，以适应不同的市场环境和投资目标。

3.2　AI 时代的量化策略开发与传统量化策略开发比较

3.2.1　传统策略开发的问题

传统策略的开发如图 3-3 所示。

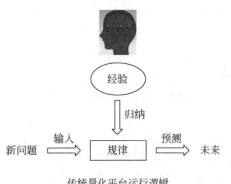

传统量化平台运行逻辑

(1) 有限的人力资源无法处理海量数据

(2) 人脑在策略构建中没有得到充分解放

(3) 仅凭回测功能无法提高投研效率

图 3-3　传统策略的开发(图片来源于网络)

（1）传统量化策略的开发高度依赖经验积累，策略开发周期较长。

在投资领域，一个优秀的投资者能够获得正收益的关键在于他多年来积累的丰富投资经验。通过对这些经验的复用，他可以对未来的情况做出有效的决策。从机器的角度来看，这些经验可以被理解为一系列的数据。人类的精力是有限的，在这个大数据时代，机器可以获取的数据远远超过人类，因此，机器拥有比人类更加丰富的经验。普通投资者可能需要五年甚至十年才能积累到的经验，对机器而言只需几分钟的时间。机器可以利用相关算法从历史海量数据中找出潜在的规律，并生成预测模型，以指导投资者进行投资决策。此外，情绪是投资的一大障碍，而机器能够消除情绪的干扰，通过客观和理性的数据分析进行决策。可以预见，在大数据时代，人工智能在很多场景下能够比人类更好地进行投资决策，也有助于普通投资者在短时间内赶超经验丰富的投资者。

传统的量化策略依赖于行情数据、财务数据和基本面数据进行研究和开发，它依赖于交易员和研究人员的经验和背景知识，对计算资源的要求不高。同样由于对经验的依赖性，传统量化策略在开发过程中，常常面临的一个现实问题是，当一些经典的策略或者因子被挖掘完后，形成一个具备较强创新性的可用的交易策略需要漫长的周期，并且策略验证也需要较长时间。

（2）传统量化策略容易同质化。

尽管传统量化策略在回测时表现良好，但在实际交易中可能出现因子失效或市场风格切换而导致策略业绩回撤的情况。这也是传统量化投资的一个痛点，主要原因在于策略同质化的问题，即使用相同的数据和因子导致策略的同质化程度较高。此外，传统策略存在收益瓶颈，因为使用简单模型来捕捉因子和收益之间的线性关系在收益上存在限制。

3.2.2　AI 驱动量化策略开发的特点

AI 时代的量化策略开发相较于传统量化策略开发有以下特点。

（1）更强大的数据处理和分析能力：在 AI 时代，由于硬件计算能力的提升和更先进的硬件驱动、科学计算库的支持，计算机可以处理更大规模和复杂的数据集。传统量化策略在开发过程中，通常使用统计方法和基于规则的模型进行数据分析，而 AI 时代可以利用机器学习和深度学习等算法来发现更复杂的模式和关联。

（2）更丰富的算法选择和模型构建：在传统量化策略开发中，通常使用经典的统计方法算法，如线性回归、逻辑回归等，而在 AI 时代，可以利用更复杂的深度学习模型，如卷积神经网络、Transformer 和图神经网络等,以此来构建更强大的预测和决策模型。

(3)自动化和智能化:AI 时代的量化策略开发更加注重自动化和智能化。在传统量化策略开发中,许多任务需要手动完成,例如数据清洗、特征选择、参数优化等,而在 AI 时代,可以利用机器学习和自动化技术实现这些任务的自动化,减少人工干预并提高效率。

(4)并行计算和云计算:AI 时代的量化策略开发更加注重并行计算和云计算的应用。传统量化策略开发通常在本地计算机上进行,受限于计算资源的限制,而在 AI 时代,可以利用分布式计算框架和云计算平台,以及高性能的计算实例,来加速策略开发和回测过程。

总体而言,AI 时代的量化策略开发利用了更强大的计算能力、更复杂的算法和更大规模的数据,以实现更精确的预测和更高效的策略。不过,即便如此,传统量化策略开发的经验和知识仍然具有重要价值,因为它们可以提供对市场和策略的深入理解,并为 AI 时代的量化策略开发提供指导和验证。

3.2.3　策略开发流程异同

策略开发流程如图 3-4 所示。

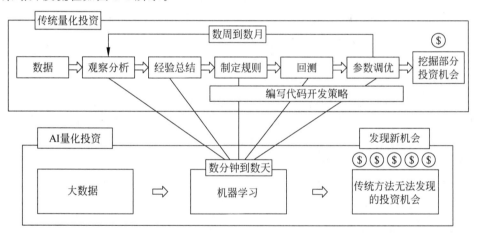

图 3-4　策略开发流程(图片来源于 BigQuant)

1. 传统量化策略开发流程各阶段特点

(1)策略构想:传统量化策略在开发过程中,策略基本构想的形成主要依托于研究人员对于市场细致的观察分析与历史经验总结,涉及对市场、资产类别或特定因素的研究和分析,以及对预期市场行为的假设。可解释性较强,相对开发周期也更长。

(2)数据获取与清洗:在传统量化策略的开发过程中,需要获取相关的市场数据、财务数据和基本面数据,数据量需求相对不严格。很多经典的统计模型对数据本身做出了较多的假设,例如假设自变量和因变量之间存在较强的线性相关性,这对数据本身的性质要求相对较高,因此在数据的选取和预处理时需要更加严谨。

(3)因子构建:高度依赖于量化研究员对市场的认知与灵感,高度依赖数理基础、统计基础。部分研究员可能会陷入随着入行时间增长,挖出有效因子的速度逐渐放缓的困境。

（4）模型构建：传统量化策略在开发过程中，从业者会倾向于使用高稳定性、高可解释性、低复杂度的模型来对因子进行使用，例如线性回归、逻辑回归等。

（5）参数调优：传统量化策略在开发过程中会使用一些较为常见的运筹优化算法，或者根据研究员的统计结果和主观理解来对策略的参数进行调优。

（6）监控与修正：根据市场变化和策略绩效对策略做出相应的调整。

2．AI量化策略开发流程各阶段特点

（1）策略构想：理论上来讲，只要数据与市场未来的走向有一定的关联性，数据的信噪比高于一定值，就能以这一部分数据为基础开始构建AI策略，对人工观察分析和经验总结的需求大大降低。

（2）数据获取与准备：数据获取方面，如策略构想中所言，数据只要与市场未来的走向有一定的关联性即可纳入模型的考虑范围。数据处理方面，AI量化策略开发在传统量化策略开发的基础上，有更多的AI工具可以用于缺失值、异常值的处理。相对而言，AI策略对数据之间关联的形式要求更低，部分算法对于缺失值、异常值、类别特征数据自带了特殊处理，减少了数据处理方面的工作量。同时，AI策略拥有更强的处理大规模数据的能力，将大量高质量的未经处理的原始数据直接输入模型，有时也能起到不错的效果。

（3）因子构建：具有较高的自由度。AI模型中的特征可以是另一个AI模型的输出，也可以选择不构建因子作为模型特征，直接使用原始数据或者原始数据经过简单处理后得到的特征直接进行预测。

（4）模型构建：AI策略在模型构建上具有广泛的选择空间，类似于XGB、LGBM、CAT的树模型，类似于LSTM、GRU、Transformer的时间序列模型，针对图结构数据的图神经网络等，或是某个单独的网络模块，甚至是某个网络的某一层都可以成为模型结构的一部分，AI策略所使用的模型一直在跟随学术界最新研究成果的步伐。

（5）参数调优：可以使用各类先进的AI工具进行自动化的参数调优，也可以使用K-fold等经典算法进行模型效果的验证和参数选择，核心思想是减少模型在数据集上的过拟合，使模型具有更强的泛化性能。

（6）监控与修正：可以专门训练AI模型来应对各种市场突发情况，对异常情况的判断具有更高的敏感性和准确率，对异常情况的处理也更加灵活。

通过对比分析可以看到，AI量化策略开发在许多方面具备传统量化策略开发所不具备的优势，如图3-4所示。尤其是使用AI进行量化策略开发会大大降低策略的生产周期，也降低了对研究员市场经验和数理基础的要求。这种开发方式能够在兼顾策略效益的同时，大大提升新策略开发速度。由此可见，AI助力量化策略开发已经是不可阻挡的时代潮流。

不过，在利用AI进行量化策略开发的同时，需要认识到AI在目前阶段还仅仅是一种工具，神经网络较低的可解释性、对标签的依赖、部分模型较低的可控性、较强的过拟合风险都是AI量化策略在开发过程中可能面临的问题，一味相信AI也是不可取的。

推荐的做法是，可以先尝试着使用一些先进的AI方法，局部应用于传统量化策略在开发过程中的某些环节，经过市场和时间的检验后，再逐步地将各类AI融入策略开发的全流

程，提高策略开发效率。

3.3　AI 技术在量化开发场景下的应用

3.3.1　策略灵感来源

在大模型和大数据的加持下，研发量化策略的思路可以来自以下几个主要方面。

（1）学术研究和文献：学术界和金融研究领域会经常涌现出新的理论和方法。量化策略开发者可以通过阅读学术期刊、金融论文和相关书籍来了解最新的研究成果和思路。

（2）大数据分析：量化策略开发者可以利用大数据分析技术对海量市场数据产生整体的认知，通过统计分析工具和高效的数据可视化工具提取出其中有效的信息，并基于统计和分析的结果构建策略。

（3）数据挖掘：利用数据挖掘技术，量化策略开发者可以从大规模数据中发现潜在的模式和规律，这些技术可以帮助识别趋势、寻找相关性和生成预测模型，为策略的开发提供有力支持。数据挖掘与大数据分析的主要区别在于，大数据分析一般会得到一个或多个统计量，如方差、均值等，这些统计量需要与业务结合进行解读，才能发挥出数据的价值与作用，而数据挖掘则更侧重于通过各类 AI 或者统计学模型直接获取知识。

（4）交叉学科合作：量化策略开发涉及多个领域，如数学、计算机科学、经济学和金融学等。交叉学科合作可以带来更全面和创新的思路，例如金融学家、数据科学家和程序员之间的合作。

（5）社区和论坛：在量化交易领域有许多在线社区和论坛，交易者可以在这些平台上与其他从业者交流经验、分享思路，并获取来自社区的反馈和建议。推荐使用语义搜索定位相关信息，以便快速获取所需知识。

（6）自然语言处理（NLP）：对于一些基于新闻和事件的策略，NLP 技术可以用来从新闻报道和社交媒体等非结构化数据中提取情感、舆论等因素，辅助策略的决策。推荐使用情感分析、观点抽取等算法。

量化研究员可以从以上来源得到新策略研发的启发和支持。与此同时，有条件的机构也可以建立私有知识库和语言模型，以便捕捉研发团队的语义信息，从而帮助新成员快速理解策略的设计思路和历史沉淀。高效利用 AI 工具，量化交易者可以开发出更加复杂和高效的策略，从而在市场中找到更多的投资机会。

3.3.2　策略解读与编码

量化开发者常常遇到的几种情况是：从某个会议或者期刊论文中发现了一篇感兴趣的论文后，由于各类因素的制约，无法快速地进行复现；在网络上发现一个公开代码仓库拥有自己想要学习的内容，但是由于代码风格等问题无法快速阅读；在某论坛上看到一个似乎有效的策略思路，由于语言问题或者表述风格问题，无法快速理解策略的具体内容，无法在短时间内深入策略的本质，无法判断策略是否合理。

以上情况在此前都是非常令人头痛的问题,但是自从以 ChatGPT 为首的自然语言大模型面市以来,此类困境得到了大大缓解。

一些自然语言大模型在训练的过程中,通过学习大量的源码、文档和编程语言规范,建立了对编程语言语法结构、变量、函数等编程概念的理解。当用户向模型提供一些与编程相关的提示、问题或示例时,它可以基于这些先前学习到的知识和模式生成相应的代码。当用户直接输入一段代码时,它也可以快速地对代码进行解读并添加注释,辅助用户对代码进行理解。

下面列举自然语言大模型在策略解读和编码中的部分应用场景:

(1) 输入代码,使用模型解读代码,为代码添加注释,帮助快速理解代码。

(2) 输入代码,使用模型为代码调试。

(3) 输入想要实现的功能,使用模型寻找相应的库。

(4) 输入代码框架,使用模型编写初版代码。

(5) 输入某个代码仓库的文档,使用模型解读仓库的使用。

(6) 输入策略文本和公式,使用模型分析其核心逻辑,并提供简单实现。

需要用户注意的是,自然语言模型的输出是根据上下文生成的,并没有从逻辑上对输出的代码或者知识点进行验证,因此,在使用模型生成的代码时,仍然需要人工审查和测试,以确保其正确性和可靠性。

同时,自然语言模型也受限于其预训练数据的质量和多样性。如果模型在预训练过程中没有充分接触到某些特定编程语言或领域的文本数据,则可能在生成相关代码时表现较差。相应地,如果用户所需的是比较常用的或者逻辑较为简单的代码,例如常见的 NumPy、Pandas 库的操作,则大模型的生成准确率会较高,使用大模型将会大大提高工作效率。

推荐的操作流程是,使用大模型生成所需的内容后,再进行一遍人工校审或试运行。

3.3.3　数据获取

使用 AI 工具可以辅助开发者获取数据,包括但不限于向开发者推荐数据源,帮助完成目标到代码的转义。

下面列举了 AI 在数据库抽取和生成 SQL 语句方面的具体应用案例。

1. 自然语言到 SQL 转换

使用自然语言处理技术,解析表达数据查询意图的自然语言,转换成 SQL 语句。例如用户询问"销量排名前 10 的产品有哪些",可以转换为对应的 SQL 语句。

2. 图形界面 SQL 生成

通过图形化的查询拖曳界面,辅助用户生成 SQL 语句,降低 SQL 语言门槛。用户通过图形化操作指定查询逻辑,转换为 SQL 语句执行。

3. SQL 自动完成功能

IDE 可以根据数据库 Schema、表结构及用户已输入的部分 SQL 语句,使用机器学习技术推测用户意图,提供自动完成功能。

4. SQL 语句优化

分析查询计划,使用启发式算法或强化学习来重新规划查询执行计划,优化 SQL 语句,使其运行更高效。

5. SQL 语句检查

基于规则的方法或机器学习方法自动检查 SQL 语句,发现语法错误、安全漏洞、反模式等问题,给出修改建议。

6. SQL 工作负载管理和监控

使用机器学习技术分析 SQL 查询日志,进行工作负载管理,并主动监控 SQL 语句性能,防止突发问题影响在线服务。

7. 表关系抽取

从数据库或非结构化文档中抽取表名称、列名称、表关系等结构化信息,辅助程序理解数据库 Schema。

由此可见,AI 技术可以辅助开发者更便捷高效地利用 SQL 进行数据查询和管理。

BigQuant 平台利用 ChatGPT 专门训练了一个 AI 因子助手(X2),可以快捷地获取所需要的因子数据。通过该 AI 助手获取数据的案例如图 3-5 所示。

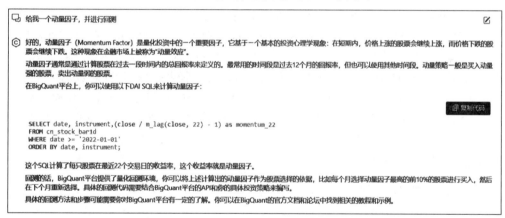

图 3-5 AI 助手获取数据的案例(图片来源于 BigQuant)

3.3.4 数据表征与模型构建

利用 AI 模型进行市场相关信息预测,或将 AI 模型的输出结果作为一种数据特征,是现在很多金融机构在构建量化策略中的常用手段。

深度学习作为一种表示学习的形式,擅长从高维、非结构化的数据中提取层次化的特征。它通过对大量简单但非线性的函数进行复合来学习这种层次化的表示,从输入开始,这些函数将一个层次的表示逐步转换为一个可能包含更抽象信息的新表示。经过足够多的非线性变换,深度学习能够拟合非常复杂的函数。

通过深度学习,可以跳过大部分手工设计信息性特征的工作,直接学习数据的内在结构,更好地捕捉其与结果有关的特征。在理想情况下,这些特征能捕捉到结果的独立驱动因素,提高策略的收益。

下面将会简要介绍常见的深度学习模型在量化领域的应用。

卷积神经网络(CNN):该网络常用于视觉相关的机器学习任务,但根据该网络的原理,只要数据符合模型的关键假设,即局部模式或关系有助于预测结果,该网络就能在时间序列预测问题上起到一定效果。在时间序列的背景下,局部模式可以是相关间隔的自相关或类似的非线性关系。沿着第二和第三维度,局部模式意味着多变量序列的不同组成部分之间的系统关系,或不同股票的这些序列之间的关系。由于局部性很重要,因此如何组织数据是使用CNN进行时间序列预测的重要课题。

循环神经网络(RNN):RNN是一种经典的专门处理序列数据的网络结构,后续的LSTM、GRU、Transformer都受到了该网络的启发。这些时序网络有着千丝万缕的关联,后面的内容将不再一一赘述,只对此类网络的应用做一个笼统的概括。

相比于卷积神经网络,此类网络更加强调输入的时序性,其假设以前的数据点会影响到当前的观察,因此,它们不仅需要学习更加复杂的输入输出关系,也需要保留非常长远的信息,同时还需要对距离较远和距离较近的信息做出取舍。有非常多的金融标的是天然的时间序列数据来源,将此类网络用于价格预测是非常自然的选择。

生成对抗网络(GAN):生成对抗网络是生成模型家族的一分子。它的主要思想很简单,在一个竞争环境中训练两个神经网络,分别称为生成器和判别器。生成器的目标是产生判别器无法从给定的训练数据类别中区分的样本,而判别器的目标是判断数据是生成的还是真实的。最终的目标是获得一个生成模型,能够产生代表某种目标分布的合成样本。

生成对抗网络可以用于生成虚假的金融数据,辅助某些监督学习算法进行训练。也有一些方法尝试直接使用训练好的网络中的一些参数,将其视为金融数据的一部分特征,放入其他模型中进行市场价格的预测。

3.3.5　策略调优

在策略调优和参数搜索上常用的工具和应用方案包括以下几种。

(1) 强化学习(Reinforcement Learning):强化学习是一种通过与环境交互来学习最佳行为策略的机器学习方法。在策略调优中,强化学习可用于通过试错学习找到最优的策略。它可以根据奖励信号对不同的策略进行评估和优化,从而找到最优的策略参数。

(2) 遗传算法(Genetic Algorithms):遗传算法是一种模拟自然进化过程的优化算法。通过模拟基因的交叉、变异和选择,遗传算法可以搜索参数空间中的最优解。在策略调优和参数搜索中,遗传算法可以用来生成候选解并根据适应度函数对其进行排名和选择。

(3) 贝叶斯优化(Bayesian Optimization):贝叶斯优化是一种有效的全局优化方法,适用于黑盒函数和高维参数空间。它通过建立参数的概率模型,并在更新观测数据后不断调整该模型,以此来指导下一次参数采样的选择。贝叶斯优化在策略调优和参数搜索中可以用于高效地探索参数空间并找到最优解。

（4）网格搜索和随机搜索（Grid Search and Random Search）：这是一种简单但常用的参数搜索方法。网格搜索通过指定参数的候选值，并对所有可能的参数组合进行穷举搜索来寻找最佳的参数组合，而随机搜索则在给定的参数范围内随机采样一组参数，并评估其性能，以找到最优解。

（5）自动机器学习（AutoML）：自动机器学习旨在自动化建模过程，包括特征选择、算法选择和超参数调优等。自动机器学习工具可以通过搜索不同的模型架构和参数组合来评估其性能，从而帮助策略调优和参数搜索。

（6）多臂赌博机（Multi-armed Bandit）：多臂赌博机是一种用于在线优化策略的算法。在多臂赌博机问题中，代理需要在多个选择（臂）之间进行权衡，以最大化总体收益。该算法通常包括在探索（Exploration）和利用（Exploitation）之间进行平衡，以在不断试验新选择的同时，优先选择已知更好的选择。多臂赌博机算法常用于在线广告投放、推荐系统等领域。

综合运用上述统计或 AI 技术，可以使策略调优和参数选择更高效、更智能化，但仍需人工判断结果的合理性。

3.3.6　业绩归因分析

业绩归因分析可以运用 AI 技术进行增强：

（1）利用自然语言处理技术分析业绩报告、管理层讨论等非结构化文本，识别影响业绩的关键因素。

（2）应用机器学习算法建模分析各种定量指标对业绩的贡献度和相关性。

（3）使用知识图谱技术分析业绩影响因素之间的关系，进行推理，以此来评估各因素的贡献。

（4）利用强化学习等技术分析管理决策与业绩结果之间的关系，评估决策的价值。

（5）应用文本挖掘技术处理社交平台、新闻等外部文本数据，识别市场反馈与业绩的相关性。

（6）应用数据可视化技术，辅助交互式分析业绩影响因素。

（7）利用仿真技术建立内外部环境模型，模拟评估业绩贡献情况。

（8）AI 技术可以从多个维度辅助业绩归因分析，结合人工判断之后，可以使流程和结果更全面、更准确、更智能化。

3.4　AI 驱动下的知识库搭建

量化策略的来源有很多，高质量的论文是量化策略的重要灵感来源之一。一般来讲，高质量的量化投资论文可以从谷歌学术、arXiv 等平台获取。不过获取论文仅仅是第 1 步，如何在获取论文之后，对论文进行快速阅读、分类、整理，并在之后的过程中快速检索并重新理解和阅读才是具有挑战性的环节。

目前，在 AI 的帮助下，量化研究者已经可以通过一些智能化工具高效地获取论文信息或构建量化投资知识库。

开源项目 ChatPaper,能基于 arXiv 下载最新论文,并使用 ChatGPT 等预训练语言模型对论文进行提炼总结,生成固定式的摘要,辅助读者快速抓住论文要点。

自建企业级的中英文预训练语言模型,如 LangChain ＋ ChatGLM。LangChain 支持基于行业 Embedding 的模型训练,可以更好地理解金融领域知识,构建私有化的知识图谱。

使用集成了论文理解功能的量化平台,如 BigQuant 的 QuantChat 组件。通过设计调整大语言模型的 Prompt,可以实现从论文阅读到策略回测的一体化。

市面上有不少量化平台构建了量化知识库供量化研究者使用,当然研究者也可以选择在本地建立专属于自己的量化知识库。

本节将着重介绍如何着手搭建自己的量化知识库并使用。

3.4.1　LangChain 简介

LangChain 是一个强大的框架,旨在帮助开发人员使用语言模型构建端到端的应用程序。它提供了一套工具、组件和接口,可简化创建由大型语言模型 LLM 和聊天模型提供支持的应用程序的过程。LangChain 可以轻松管理与语言模型的交互,将多个组件链接在一起,并集成额外的资源,例如 API 和数据库。它不仅能实现通过 API 调用语言模型,还具备以下特性。

(1) 数据感知:将语言模型连接到其他数据源。

(2) 具有代理性质:允许语言模型与其环境交互。

LangChain 有很多核心概念,包括组件和链。组件是模块化的构建块,可以组合起来创建强大的应用程序。链是组合在一起以完成特定任务的一系列组件(或其他链)。

(1) 模型(Models):LangChain 支持的各种模型类型和模型集成。

(2) 提示(Prompts):包括提示管理、提示优化和提示序列化。

(3) 内存(Memory):内存是在链/代理调用之间保持状态的概念。LangChain 提供了一个标准的内存接口、一组内存实现及使用内存的链/代理示例。

(4) 索引(Indexes):与自己的文本数据结合使用时,语言模型往往更加强大——此模块涵盖了执行此操作的最佳实践。

(5) 链(Chains):链不仅是单个 LLM 调用,还包括一系列调用(无论是调用 LLM 还是不同的实用工具)。LangChain 提供了一种标准的链接口、许多与其他工具的集成。LangChain 提供了用于常见应用程序的端到端的链调用。

(6) 代理(Agents):代理涉及 LLM 做出行动决策、执行该行动、查看一个观察结果,并重复该过程直到完成。LangChain 提供了一个标准的代理接口,一系列可供选择的代理,以及端到端代理的示例。

具体可参考 LangChain 中文网提供的中文文档,LangChain 还提供了许多其他功能,包括提示模板和值、示例选择器、输出解析器、索引和检索器、聊天消息历史记录、代理和工具包等。

3.4.2 建立向量数据库

对于语言模型的训练和存储，可以选择使用向量数据库。向量数据库是一种专门设计用于存储和查询向量数据的数据库。在语言模型中，文本通常被转换为向量表示，以便进行处理和分析。采用向量数据库可以提供高效的查询和检索功能，特别是对于大规模的语言模型，可以加快处理速度和降低计算资源的需求。

向量数据库通常支持向量之间的相似度计算和基于向量的查询操作，这对于语言模型的应用非常有用。例如，可以通过计算向量之间的余弦相似度来找到与给定文本相似的语句或文档。这在信息检索、自然语言处理和推荐系统等领域有广泛的应用。

需要注意的是，针对具体的不同的 LLM 实现，可能会使用其他类型的数据库或数据存储技术，向量数据库只是其中一种可能的选择。根据具体的需求和系统设计，可以选择不同的存储和查询方案。

LangChain 可以支持的向量数据库如下：AnalyticDB、Annoy、AtlasDB、Chroma、Deep Lake、ElasticSearch、FAISS、LanceDB、Milvus、MyScale、OpenSearch、PGVector、Pinecone、Qdrant、Redis、SupabaseVectorStore、TAIr、Weaviate、Zilliz。

下面简述笔者通过谷歌学术下载论文并存入向量数据库的流程，具体的配套代码可以参考本书配套代码库。

爬取论文的主要难点在于需要频繁地访问谷歌，可能触发反爬虫机制，导致 IP 被封杀，因此一般来讲首先需要用更多的代理 IP 进行爬取操作，其次就是需要提升爬取的效率。笔者采用两步走的爬取方案：

（1）获取论文下载 URL，然后进行集中下载。

（2）下载之后，收集整理空对象或者下载失败的对象，再次进行补爬。爬取论文列表如图 3-6 所示。

Rank	Author	Title	Citations	Year	Publisher	Venue	Source	downloadsource	cit/year
160	Ziegelbaeck, G Breuer	The role of market makers in	3	0	aj.cz		https://www.old-aj.cz/web/agricecon.htr	https://www.old-aj.cz/publ	0
2220	Brogaard, T Moyaert, R Riordan	High Frequency Trading and	3	2014	Citeseer		https://citeseerx.ist.psu.edu/document?r	https://citeseerx.ist.psu.edu	3
150	K Liang	MarketMaker An Innovative I	3	0	global.com		https://www.igi-global.com/chapter/mar	downloadsource not fount	0
1410	Don	Carbon emission market mo	3	2014	benthamopen.com	The Open Cybernetics &鑱鈥?https	https://benthamopen.com/contents/pdf.	3	
1390	Stratmann, JW Welborn	Could not catch title	3	2014	Working paper, Columbia Busine	5&as_ylo=2014&as_yhi=2014"	downloadsource not fount	3	
140	Dud铆k, R Frongillo, JW Vaughan	Market making with decreasi	3	2014	arxiv.org	arXiv preprint arXiv:1407.8161	https://arxiv.org/abs/1407.8161	https://arxiv.org/pdf/1407.	3
2900	Tyc	A technological solution to b	2	2014	finra.org	Quincy Data LLC	https://www.finra.org/sites/default/files/n	https://www.finra.org/sites/	2
3290	Lim	Essays on Market Microstruct	2	2014	core.ac.uk		https://core.ac.uk/download/pdf/289051	https://core.ac.uk/downloa	2
180	Fournier, K Jacobs	Inventory Risk, Market Maker	2	2014	Citeseer		https://citeseerx.ist.psu.edu/document?r	https://citeseerx.ist.psu.edu	2
2800	Onyas, A Ryan	Articulating matters of conce	2	2014	elgaronline.com	Concerned Markets	https://www.elgaronline.com/abstract/ec	downloadsource not fount	2
3730	Schara	Knowledge Is Salvation: Infor	2	2014	HeinOnline	Hofstra L. Rev.	https://heinonline.org/hol-cgi-bin/get_p	downloadsource not fount	2
3790	Cotton, DM Michayluk	Ambiguity in markets: A test	2	2014	opus.lib.uts.edu.au	ACRN Journal of Finance and Risk	https://opus.lib.uts.edu.au/bitstream/10	2	
3150	Anand, R Sengupta	Corporate debt market in Inc	2	0	muenchen.de		https://mpra.ub.uni-muenchen.de/id/ep	https://mpra.ub.uni-muenc	0
850	XUEGUANG, AI YUN	Could not catch title	2	0	The China Quarterly, 2014	Z XUEGUANG	Look manually at: https://scholar.google	downloadsource not fount	0
860	Han, M Khapko, AS Kyle	Could not catch title	2	0	Social Science Research Network.	J Han M Khapko	Look manually at: https://scholar.google	downloadsource not fount	0
1000	B Harris, AS Hyde, RA Wood	The Persistence of Dominant	2	2014	Wiley Online Library	Southern Economic Journal	https://onlinelibrary.wiley.com/doi/abs/1	downloadsource not fount	2
2160	Brigida, J Madura, A Viale	An information-based mode	2	2014	Taylor & Francis	Quantitative Finance	https://www.tandfonline.com/doi/abs/10	downloadsource not fount	2
1160	Wang	Empirical analysis of sequenti	2	2014	cdr.lib.unc.edu		https://cdr.lib.unc.edu/concern/dissertati	https://cdr.lib.unc.edu/dow	2
1140	Flepp, S N鐩esch, EP Franck	The liquidity advantage of th	2	2014	papers.ssrn.com	University of Zurich Department of	https://www.wiwi.uni-muenster.de/uf/site	2	
690	Maker	Could not catch title	2	0	2014		Look manually at: https://scholar.google	downloadsource not fount	0
2010	Nakaso	Could not catch title	2	0	BIS Paper, 2014		Look manually at: https://scholar.google	https://elischolar.library.yal	0
1330	Shin	Making East Asian Consumer	2	2014	digital.lib.washington.edu		https://digital.lib.washington.edu/researc	https://digital.lib.washingto	2
1060	Mizuyama, K Yamamiya	A prototype prediction mark	2	0	researchgate.net		https://www.researchgate.net/profile/Am	https://www.researchgate.r	0
820	O Exchange	Could not catch title	2	0	Accessed from website at https://www. cboe. org鑱鈥? 2014		Look manually at: https://scholar.google	downloadsource not fount	0
1210	Dorsey	Angry Saudi Soccer Clubs Pir	2	2014	mei.org.in	The Turbulent World of Middle East	http://www.mei.org.in/uploads/content/	http://www.mei.org.in/uplc	2
1030	F茅lix, R Kr盲ussl, P Stork	The 2011 European Short Sal	2	2014	bcb.gov.br		https://www.bcb.gov.br/pec/depep/Sem	downloadsource not fount	2
950	Carmona, K Webster	Trading frictions in high frequ	2	2014	dept.math.lsa.umich.edu	Ann Arbor	https://dept.math.lsa.umich.edu/seminar	https://dept.math.lsa.umich	2
940	Fard	Optimal Bid-Ask Spread in Li	2	2014	scholar.archive.org	Review of Economics & Finance	https://scholar.archive.org/work/m2fuoic	https://scholar.archive.org/	2
780	Thompson, G Backes, D Knipe	Could not catch title	2	2014	鈥β费xtension. http://www. mark	Look manually at: https://scholar.go	downloadsource not fount	2	
640	Burr	Making Distribution Markets:	2	2014	Wiley Online Library	American Journal of Economics anc	https://onlinelibrary.wiley.com/doi/abs/1	https://www.researchgate.r	2

图 3-6 爬取论文列表

以下是一个从谷歌学术爬取量化论文并存入向量数据库的简单工作流程。

（1）定义需求：明确需要爬取的量化论文的相关信息，例如标题、摘要、作者、发表日期等。笔者的需求是从 2003 年到 2023 年金融量化论文,所以需要设置谷歌学术爬取的时间范围,可以按照时间年份逐年爬取并存储。搜索结果如图 3-7 所示。

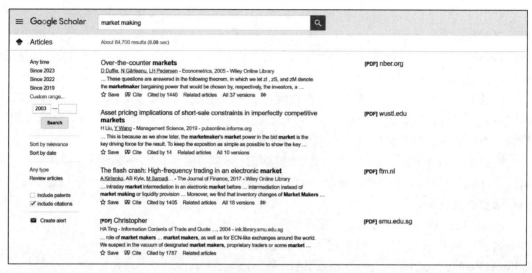

图 3-7　搜索结果(图片来源于谷歌学术)

(2) 确定爬取范围:确定需要爬取的时间范围、关键词或其他过滤条件,以便限定爬取的论文范围。

(3) 设置爬虫:使用适当的爬虫框架或工具(如 Python 中的 Scrapy 或 BeautifulSoup)编写爬虫程序,配置相关参数和规则。

(4) 连接谷歌学术:编写代码以建立与谷歌学术的连接,并发送相应的搜索请求。

(5) 解析搜索结果:解析谷歌学术返回的搜索结果页面,提取每篇论文的标题、摘要、作者等信息。

(6) 下载论文内容:从搜索结果中获取论文的 URL 或其他标识,然后访问对应的网页或 PDF 文件,下载论文的全文内容。

(7) 文本预处理:对于每篇论文的标题、摘要和全文进行文本预处理,如去除停用词、分词、词干化等。

(8) 文本向量化:使用适当的文本向量化技术(如 Word2Vec、TF-IDF、BERT 等)将论文的文本内容转换为向量表示。

(9) 存储到向量数据库:选择合适的向量数据库,将论文的向量表示和其他元数据存储到数据库中。

(10) 建立索引:对存储在向量数据库中的论文数据建立适当的索引,以支持快速的相似度搜索和查询操作。

(11) 查询和检索:使用数据库提供的查询功能,可以基于相似度计算或其他条件进行论文的查询和检索操作。

3.4.3　寻找高质量论文并下载

本节主要由两部分组成,分别是通过传统方法寻找高质量论文和借用 AI 工具寻找一簇高水平论文。

首先介绍如何用传统方法寻找高质量论文,在金融量化领域中寻找高质量论文是一个具有挑战性的任务,因为这需要综合考虑多个因素。以下是一些方法和指南,可以帮助读者在寻找高质量论文和顶级作者方面做出更明智的决策。

(1) 学术期刊和会议:寻找并关注金融量化领域内权威的学术期刊和会议,这些论文通常经过同行评审,确保研究质量较高。

(2) 引用次数和影响因子:考虑通过查看论文的引用次数和期刊的影响因子来评估其影响力和重要性。高引用次数和较高的影响因子可能是论文和作者质量的指标之一。

(3) 学术机构和研究中心:关注在金融量化领域内有声望和专业性的学术机构和研究中心。这些机构通常有顶级研究人员和专家,他们的论文可能是高质量的。

(4) 学术评价指标:了解和使用学术评价指标,如 H 指数、G 指数、引用报告和学术排名。这些指标可以提供关于作者和论文影响力的参考。

(5) 领域专家意见:寻求金融量化领域内的专家和学者的建议和意见,他们对该领域的发展和前沿研究有深入了解。

(6) 学术网络和合作:研究学者的学术网络和合作关系,通过查看他们与其他知名研究人员的合作情况,可以获得关于其研究声誉和质量的线索。

(7) 综合评估:综合考虑上述因素,并结合自身的研究兴趣和需求,进行评估和判断。高质量论文和顶级作者的定义因人而异,所以重要的是根据自己的标准和目标进行判断。

国外有一些网站针对各种文献之间相互引用和影响因子及论文研究领域的聚合研发了一些人工智能的工具,可以帮我们快速找到需要的论文。此处介绍两个工具:

第 1 个工具是网站类工具,可以生产论文链接图谱,如图 3-8 所示,方便我们快速找到中心枢纽的论文及影响因子比较大的论文。该图谱可以非常方便地让我们查看论文之间相互引用的关系及该论文的权重。单击每个节点可以查看详细的引用数、收录机构及下载论文的链接等。

第 2 个工具是 Research Rabbit,如图 3-9 和图 3-10 所示。

3.4.4　利用 ChatGPT 进行批量论文粗读

笔者按照 GitHub 上的托管代码 Chatpaper 在云端服务器自建了一个 LLM 进行论文粗读,也就是进行论文筛选,该模式采用了一个模板结构针对一篇论文进行总结。以下是一篇论文的总结样例。

Summary_Result:

(1) Title:Optimal high frequency trading with limit and market orders(通过限价单和市价单优化高频交易)。

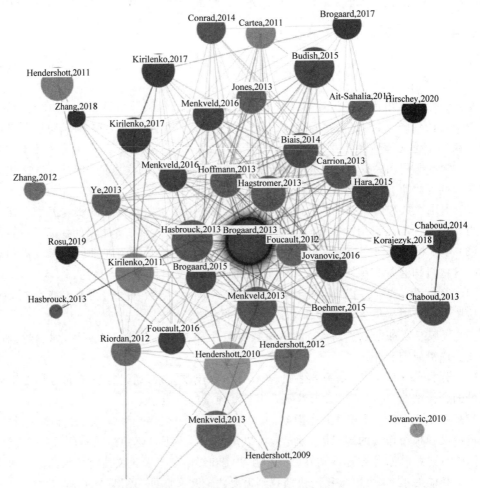

图 3-8 论文链接图谱(图片来源于 connected papers 网站)

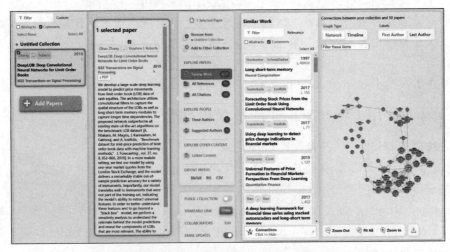

图 3-9 Research Rabbit 界面(图片来源于网络)

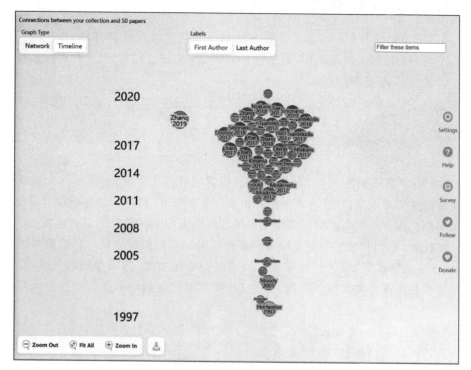

图 3-10 Research Rabbit 论文图谱(图片来源于网络)

（2）Authors：Fabien Guilbaud，Huyên Pham。

（3）Affiliation：EXQIM and Laboratoire de Probabilit'es et Mod'eles Al'eatoires CNRS，UMR 7599 Universit'e Paris 7 Diderot(法比安・吉尔鲍德 and Huyên Pham，巴黎第七大学概率和随机模型实验室）。

（4）Keywords：Market making（市场做市商），limit order book（限价订单簿），inventory risk（库存风险），point process(点过程），stochastic control（随机控制）。

（5）URL：Paper-https://arxiv.org/abs/1106.5040 GitHub-None。

Summary：

（1）本文研究了限价和市价订单下的最优市场做市商（Market making）策略。作者主要研究了市场做市商交易时面临的限价订单执行风险和库存风险对利润的影响。

（2）过去的方法主要集中在执行市价交易，相较之下本文提出了一种新的解决方案，该方案可以在交易量较大时有效地利用限价订单提高执行优先权并减轻市场波动带来的风险。该方法的提出有足够的动机和理论支持。

（3）本文提出了一个框架来研究市场做市商的参与策略。该框架以 Markov Chain 作为限价订单簿中买卖价差的模型，由程序员指定每个时刻可下订单的时间单位，从而得出该单位下一步限价订单簿的状态和各种激活该状态的时间分布。作者定义了一个包括控制策略和交易动机的交易模型，并针对该模型提出了一个动态规划算法，最终构建了混合策略的最优控制问题。

（4）本文建立的交易模型可以产生最小的执行和持仓风险来获得最大的收益，该模型已经在真实数据上得到了广泛应用，但尽管方法具有一定的应用价值，但作者并未给出该方法相对于以前的方法的实验结果。

```
prompt_token_used: 1516 completion_token_used: 674 total_token_used: 2190
response_time: 20.267 s
conclusion_result：
```

Conclusion：

（1）本文对于高频交易中市场做市商的最优策略进行了研究，提出了一个包括控制策略和交易动机的交易模型，并针对该模型提出了一个动态规划算法，最终构建了混合策略的最优控制问题。该方法的提出对于高频交易领域的研究和实践具有一定的意义。

（2）创新点：本文提出了一种在限价和市价订单下实现最优市场做市商策略的模型和算法，相较于以前的研究，该方法能够更好地应对交易量增大、波动加剧时的风险。性能：本文的模型和算法在真实数据上得到了广泛应用，能够产生最小的执行和持仓风险来获得最大的收益。

（3）工作量：本文的工作量较大，涉及较为复杂的数学模型和算法，但是对于高频交易领域的研究和实践来讲具有一定的推动作用。

```
prompt_token_used: 971 completion_token_used: 344 total_token_used: 1315
response_time: 10.454 s
```

3.4.5 利用 ChatPDF 进行论文精读

ChatPDF 是一个人工智能工具，它可以帮助用户快速阅读 PDF 文件。用户只需将 PDF 文件上传到 ChatPDF，然后就可以开始向它提问有关该 PDF 文件的任何问题。

ChatPDF 非常适合快速提取各种论文的摘要，并且支持中文输出。这样，用户就可以快速地了解论文的主要内容，从而提高阅读论文的效率。可以访问 ChatPDF 的官网了解更多信息。

上传一个 PDF 文件，该工具直接给出 3 个 Example Questions，单击小图标，该工具会直接提供答案并给出该答案引用的页码，如图 3-11 所示。

图 3-11　ChatPDF 界面(图片来源于网络)

当然也有很多类似的工具，例如 ChatDoc 也提供了文件和人进行交互的方法。

3.4.6　建立私有知识库并进行交互

根据 GitHub 上开源项目建立的本地化的知识库，项目网址可从目录处二维码扫描获取。该项目可以非常方便地进行私有知识库的交互，该项目 Embedding 默认选用的是 GanymedeNil/text2vec-large-chinese，LLM 默认选用的是 ChatGLM-6B。依托上述模型，本项目可实现全部使用开源模型离线私有部署。过程包括加载文件→读取文本→文本分割→文本向量化→问句向量化→在文本向量中匹配出与问句向量最相似的 Top k 个匹配出的文本作为上下文和问题一起添加到 prompt 中→提交给 LLM 生成回答。流程如图 3-12 所示。

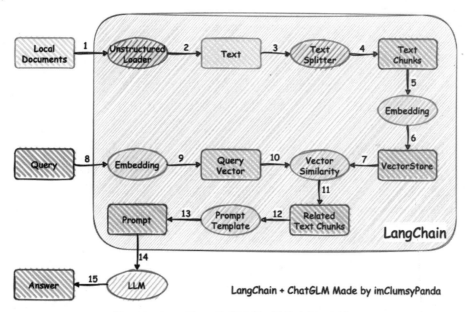

图 3-12　LangChain 处理流程（图片来源于网络）

从文档处理角度来看，实现的流程如图 3-13 所示。

按照 GitHub 项目提示的部署好项目后，可以将需要解读的 PDF 文档上传到一个项目的子目录中，然后就可以针对这一系列的文档进行交互，快速提取文档集合中的知识。实现以上的操作可以在 Webui 的界面下实现。

以下是该项目的部分操作指南：

运行前自动读取 Configs/model_config. py 文件中 LLM 及 Embedding 模型枚举及默认模型设置运行模型，如需重新加载模型，则可在重新选择"模型配置"后单击"重新加载模型"按钮进行模型加载。

可手动调节保留对话历史长度、匹配知识库文段数量，可根据显存大小自行调节。

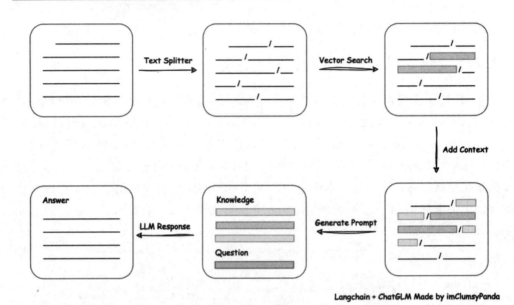

图 3-13　LangChain 回答流程（图片来源于网络）

　　"对话"具备模式选择功能,可选择" LLM 对话"与知识库问答模式进行对话,支持流式对话。

　　添加配置知识库功能,支持选择已有知识库或新建知识库,并可向知识库中新增上传文件/文件夹,使用文件上传组件选择好文件后单击"上传文件并加载知识库"按钮会将所选上传文档数据加载至知识库中,并基于更新后的知识库进行问答。

　　知识库测试 Beta,可用于测试不同文本切分方法与检索相关度阈值设置,暂不支持将测试参数作为"对话"设置参数。

第 4 章

常见量化策略的分类与介绍

交易者在构建自己的量化策略之前,需要对市场中曾经流行的、现在流行的量化策略有一个大体的认知和把握。一般而言,一个新的优秀的量化策略往往都要建立在对原有策略及其所对应市场环境的深刻理解上。对于量化初学者而言,什么是量化策略,有哪些量化策略,从哪里获取量化策略,应该如何学习量化策略始终是避不开的问题。不过,量化行业的性质决定了量化策略相关信息的获取难度要普遍高于其他行业。量化相关资源的获取难度和策略学习的必要性成为几乎每个初学者会面临的问题。

14min

本章由量化策略的分类方式、经典量化策略概述、量化策略获取途径三部分组成,致力于为量化初学者建立一条相对平缓的策略学习路径,其中,对各种量化策略的整理与分类,对量化从业人员也有一定指导意义。

4.1 量化策略分类方式

交易策略可以按照不同的分类方式进行归类,以下是一些分类方式。按照交易策略构建方法分类:

(1) 基于市场分析的分类方式。

① 技术分析策略:基于对市场历史价格和交易量数据的分析,寻找价格模式、趋势和技术指标信号,用于预测未来价格走势。

② 基本面分析策略:基于对经济基本面、公司财务状况和宏观经济数据等的分析,寻找市场估值和潜在投资机会。

③ 量化交易策略:利用算法和统计模型构建策略,自动化执行交易策略,基于大量的历史和实时市场数据进行决策。

(2) 基于交易目标的分类方式。

① 趋势跟随策略:追求捕捉市场趋势的策略,即在价格上涨趋势中买入,在下跌趋势中卖出。

② 套利策略:利用市场中存在的价格差异或套利机会进行交易,以获得无风险或低风险的利润。

③ 市场做市商策略：作为市场的流动性提供者，通过在买卖价之间进行频繁交易来赚取价差和交易费用。

（3）基于交易时间的分类方式。

① 日内交易策略：在同一交易日内完成买卖交易，避免夜间市场风险而持有投资头寸。

② 长期投资策略：持有投资头寸较长时间，通常以月、季度或更长的周期进行交易。

③ 中期交易策略：持有投资头寸数天到数周的时间，旨在捕捉中期市场波动。

（4）其他分类方式。

① 多空策略：同时包含多头和空头头寸，以在上涨和下跌市场中获得收益。

② 统计套利策略：基于统计模型和概率分析，寻找市场中的价格偏离或异常，并利用这些差异进行交易。

③ 事件驱动策略：根据特定事件或消息对市场进行交易，如企业收购、财务报告公布等。

（5）按照标的策略分类。

交易策略可以按照其所涉及的标的资产进行分类。以下是一些常见的分类方式。

① 股票交易策略：这些策略专注于股票市场，涉及对个别股票或股票组合的交易决策。股票交易策略可以包括基于技术分析、基本分析、事件驱动或者量化模型的方法。

② 外汇交易策略：外汇交易策略涉及货币市场，旨在通过对不同货币对的交易来获利。这些策略可能基于技术指标、基本面分析、市场情绪等因素进行决策。

③ 商品交易策略：这些策略专注于商品市场，包括金属、能源、农产品等。商品交易策略可能基于供求因素、季节性趋势、技术指标或者基本面分析等进行交易决策。

④ 期货交易策略：期货交易策略涉及对期货合约的交易，可以涵盖各种标的物，如股指期货、商品期货、利率期货等。这些策略可能包括趋势跟随、套利、统计套利等方法。

⑤ 期权交易策略：期权交易策略涉及对期权合约的交易。这些策略可以包括期权的买入或卖出，利用期权的杠杆和灵活性进行盈利。期权交易策略可能基于波动率、隐含波动率差异、期权定价模型等进行决策。

⑥ 债券交易策略：这些策略专注于债券市场，涉及对各种类型债券的交易决策。债券交易策略可能基于利差、信用评级、宏观经济因素等进行分析和决策。

⑦ 复合交易策略：复合交易策略结合了多个资产类别或市场因素。这些策略可以包括多空组合、跨资产套利、统计套利等。复合交易策略通常需要综合考虑多个市场因素和交易信号。

⑧ 数字货币策略：数字货币交易品种包括币币交易、期货交易、杠杆交易、期权交易、衍生品交易及 DeFi。因数字货币有众多的交易所，而交易标的都有主流的 BTC、ETH 等，所以会衍生出独特的跨所套利。交易所设置各种类型的币币交易，衍生出定价不一致时产生的三角套利。本书对于数字货币交易只做学术探讨，具体交易合法性应遵循法律监管层面。

需要注意，以上分类只是一种常见的方式，实际上交易策略的分类可以更加细分或根据不同的角度进行划分。不同的标的资产可能需要不同的分析方法和策略逻辑。在选择和开发交易策略时,需要考虑到标的资产的特点和市场环境。

(6) 按照频率的策略分类。

交易策略可以按照其交易频率的不同进行分类。以下是一些常见的频率分类方式。

① 长期投资策略(Long-term Investment Strategy):长期投资策略是指持有投资头寸相对较长时间的策略。这类策略通常基于基本面分析和长期趋势,寻找具有潜在增长和价值的资产,并持有它们数月甚至数年。长期投资策略的交易频率相对较低。

② 中期投资策略(Medium-term Investment Strategy):中期投资策略涉及持有投资头寸较短时间的策略。这类策略通常基于技术分析和短期趋势,寻找短期市场波动和价格走势,并持有投资头寸数天到数周。中期投资策略的交易频率较长期投资策略高一些。

③ 短期交易策略(Short-term Trading Strategy):短期交易策略涉及在较短时间内频繁地进行买卖交易。这类策略通常基于技术分析和市场波动,寻找短期的市场机会,并在较短的持有期内进行交易,可能是几分钟、几小时或一天内完成。短期交易策略的交易频率较高。

④ 高频交易策略(High-frequency Trading Strategy):高频交易策略是指以极高的交易频率进行交易的策略。这类策略通常基于算法和计算机化交易系统,利用快速的交易执行和利差捕捉获取微小的市场波动利润。高频交易策略的交易频率非常高,可以是毫秒级交易甚至更快。

需要注意,以上是一种常见的分类方式,不同的交易者和机构可能根据其具体策略和交易目标进行不同的分类。交易策略的频率选择需要考虑到投资者的偏好、可用资金、市场条件、交易成本等因素。不同频率的交易策略在风险和回报上也存在差异,投资者需要根据自己的情况选择适合的策略。

4.2　经典策略类型概述

4.2.1　CTA 策略概述

CTA(Commodity Trading Advisor)策略是一种基于交易期货、期权和其他衍生品的量化交易策略。CTA 策略通常由经验丰富的专业交易员或基金经理实施,旨在通过利用市场趋势和价格波动获取利润。

以下是对 CTA 策略的概述。

(1) 策略目标:CTA 策略的目标是通过买入或卖出期货、期权等衍生品合约,根据市场趋势和价格波动进行交易,并通过赚取价格差异或波动利润来获得回报。

(2) 市场范围:CTA 策略通常应用于多个市场,包括商品、金融期货、外汇和股指期货等。CTA 交易员会根据不同市场的特点和机会,选择最具潜力的交易品种。

(3) 量化模型:CTA 策略依赖于量化模型和算法进行决策和交易执行。这些模型通常基于技术分析指标、统计模型和市场数据分析,以识别市场趋势、价格关系和其他交易机会。

(4) 趋势跟随策略：CTA策略通常是趋势跟随型的，即在市场上涨趋势中建立多头头寸，在下跌趋势中建立空头头寸。这种策略基于观察到的市场趋势，并希望能够捕捉到趋势延续的收益。

(5) 风险管理：CTA策略非常重视风险管理。交易员会采用各种方法来限制风险，如设定止损订单、使用风险管理模型和进行头寸调整等。风险管理对于CTA策略的成功至关重要。

(6) 杠杆和多样化：CTA策略通常利用杠杆来增加交易规模和潜在收益，然而，高杠杆也带来了更大的风险。为了降低风险，CTA策略通常会在不同市场和资产类别之间进行多样化投资。

(7) 市场流动性：CTA策略通常对市场流动性要求较高，因为大部分交易是通过买卖期货合约实现的。在市场流动性不足或价格波动剧烈时，CTA策略可能面临交易执行和成本问题。

CTA策略在全球资本市场中具有一定的影响力，为投资者提供了多样化和规模化的交易机会，然而，与任何投资策略一样，CTA策略也存在风险，投资者在考虑参与其中时应充分了解其特点和风险，并寻求专业的投资建议。

4.2.2　套利策略概述

套利策略是一种利用市场上存在的价格差异或其他套利机会进行交易以获取无风险或低风险利润的策略。套利交易旨在从市场的不完全性和瞬时的价格不平衡中获利。

以下是对套利策略的概述。

(1) 市场不完全性：套利策略基于市场存在的不完全性，这可能是由于信息传递的延迟、交易成本、市场流动性差异或其他因素导致的。这些不完全性为套利交易提供了机会。

(2) 类型和例子：套利策略可以分为多种类型，其中一些常见的类型包括以下几种。

① 空间套利：利用不同市场、不同交易所或不同合约之间的价格差异进行套利。例如，跨市场套利可以利用在不同交易所的同一资产上存在的价格差异进行交易。

② 时间套利：利用同一市场上不同时间点的价格差异进行套利。例如，利用期货合约与现货资产之间的价格差异进行套利。

③ 统计套利：基于统计模型和概率分析，利用价格的短期偏离或回归到长期均衡的机会进行套利。例如，配对交易策略通过同时买入一个资产和卖出另一个高度相关的资产来利用价格回归的机会。

(3) 风险管理：尽管套利策略旨在获取无风险或低风险利润，但仍存在一些风险。例如，市场条件的变化、执行风险、模型错误或技术问题等可能导致套利机会消失或造成亏损，因此，风险管理对于套利策略至关重要，包括设置止损订单、控制头寸规模和监控市场流动性等。

(4) 技术支持：由于套利策略通常需要快速执行复杂的交易操作，所以技术支持非常重要。自动化交易系统、高速数据订阅、执行算法和风险控制工具等可以帮助套利交易员更有效地执行策略。

套利策略需要投资者具备较高的技术和市场理解,并且需要密切监控市场动态。此外,由于市场上的套利机会通常是短暂的,所以快速决策和执行是成功实施套利策略的关键要素。

4.2.3 做市策略概述

做市策略是一种通过提供买卖价格及即时执行交易的方式来为市场中的资产创造流动性的策略。做市商(Market Maker)扮演着关键的角色,他们同时愿意买入和卖出特定的资产,并从买卖价差中获取利润。做市性质分为营利性做市和提供流动性做市,流动性做市主要是由交易所、做市商等提供,例如在盘口中间价上下千一处保持有 5000 手的流动性,为用户和交易者提供良好的交易体验,以及在较远的盘口处放置一些单子,减少出现插针、乌龙指等情况。做市策略包括一些挂撤单算法,最大化自身的盈利,同时减少持仓库存。营利性做市的盈利来源主要就是在高频盘口的结构上出现的很多不合理的对价吃单和无序波动的情况,而抓住这一块利润来源的主要方法是,价格方向预测和盘口附近微观结构上的波动率预测。策略流程如图 4-1 所示。

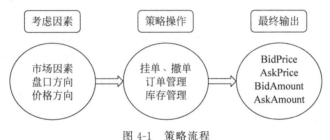

图 4-1 策略流程

决定这 4 个输出结果而需要考虑的有市场因素、价格方向预测、波动率预测、盘口结构、策略本身因素、库存管理、持仓、需要达到的换手率、交易所返点情况等综合因素,得到一个效用最大化的一个做市策略。结合以上本身的因素和市场因素,调整出一个适合当前市场环境的最优解。

不同市场,不同的投资者结构,以及费率等,产生的盘口结构和动量特征都是有差异的,因此,需要最终得到一个较优的值,需要一些测试和参数的配置。当然其中的细节包括各个预测部分会有很多的机器学习算法,以及很多的高频因子的组合。之后的章节会提到一些做市模型。

以下是对做市策略的概述。

(1)市场流动性提供者:做市商作为市场流动性的提供者,承担着买卖双方的对接和交易执行的责任。他们会为某个特定的资产或金融工具提供连续的买卖报价,使市场参与者能够在需要时快速交易。

(2)报价和价差:做市商会同时提供买入和卖出的报价,即买入价和卖出价。他们通过设定买卖价差获取利润,该价差是买入价和卖出价之间的差额。做市商通常会根据市场条件、资产的流动性和风险来确定适当的买卖价差。

（3）快速执行：做市商会尽可能地提供即时执行，以满足市场参与者的需求。他们使用高速交易系统和技术工具实现快速交易执行，以避免错失交易机会。

（4）风险管理：做市商需要管理自己的交易风险，尤其是在市场波动较大或流动性较低时。他们会采取风险控制措施，如设定止损订单、限制头寸规模和监控市场动态，以减少潜在的亏损。

（5）利润来源：做市商的利润主要来自买卖价差，也称为盈利点（Spread）。当市场参与者与做市商进行交易时，他们支付较高的买入价或接受较低的卖出价，从而为做市商创造利润。

（6）做市策略类型：做市策略可以应用于不同的资产类别，包括股票、债券、期货、外汇和数字资产等。不同的市场和资产可能有不同的做市策略要求和规则。

做市策略在市场中起到了重要的作用，提供了流动性和交易机会，然而，做市商也面临着市场风险、流动性风险和技术风险等挑战，需要具备良好的市场理解、风险管理和执行能力来成功实施策略。

4.2.4 多因子策略概述

多因子策略是一种投资策略，基于多个因子来选择和配置投资组合。这些因子可以是基本面数据、技术指标、市场指标等，用于评估和选择投资标的相对优劣。

以下是对多因子策略的概述。

（1）因子选择：多因子策略涉及选择一组影响资产价格和表现的因子。这些因子可以包括价值因子（如低估值、低市盈率）、成长因子（如高盈利增长率）、质量因子（如高盈利能力和稳定性）、动量因子（如市场走势和价格动态）等。因子的选择通常基于经验、研究和数据分析。

（2）因子权重：在多因子策略中，每个因子都会被赋予一定的权重，用于确定其在投资组合中的相对重要性。这些权重可以基于统计分析、历史数据或其他定量方法来确定。

（3）因子组合：通过将不同的因子组合起来，构建一个综合的投资组合。这可以通过等权重、风险平价或优化方法实现。目标是通过充分利用各种因子的优势，实现更好的投资组合表现。

（4）调整和再平衡：多因子策略需要定期进行调整和再平衡，以确保投资组合与选定的因子保持一致。这可能包括添加或减少某些因子的权重，以及更换或调整因子选择。

（5）绩效评估：多因子策略的绩效评估通常基于相对基准的表现，如市场指数。关键指标包括年化回报率、风险指标（如波动率）、Alpha、Beta 等。

（6）风险管理：风险管理在多因子策略中非常重要。投资者需要考虑因子选择和配置对投资组合风险的影响，并采取适当的风险控制措施，如止损订单、分散投资和头寸调整。

多因子策略的优势在于它们能够利用不同的因子获取多样化的投资回报，并避免过度依赖单一因子的风险，然而，多因子策略也面临着数据选择、因子组合和风险管理等挑战，需要投资者有良好的研究能力和风险意识来实施和管理。

第 5 章

做 市 策 略

5.1 做市的基本概念

31min

在一些活跃标的资产的交易活动中,普通的散户类投资者可以轻松地通过提交市价单、直接买卖目标标的资产或者标的资产的衍生品及其相关资产来直接参与市场交易。这样的市场中因为存在较多的投资者,所以资产流动性好。投资者更有可能在自己理想的合理价位出价,并且很快就可以找到与之交易的对手方。通过频繁有效的交易活动,资产的合理价值也可以在市场交易中逐渐被发现,从而使标的资产的价值得到充分体现,同时增强了市场的有效性。一方面推动了标的资产的价格发现,另一方面促进了市场资金的有效分配,通过市场的有效性也直接吸引了投资者的有效参与,为市场注入活力。

但在一些不活跃的交易资产上,由于缺乏足够的交易者,投资者难以实现这些资产的公允价值交易,也难以找到合适的对手方。这降低了市场的有效性。此时,做市商的作用凸显,他们为市场提供合适的交易活动,增加市场流动性。

5.2 高频做市策略

在高频交易策略中,做市策略,又称为市场制造策略,是一种提高市场流动性的关键策略类型。它指的是做市商(或流动性提供者)同时发布买入和卖出报价,以从市场中的买卖价差中获得利润。这种策略在市场中非常重要,既可以由那些被交易所指定为做市商并具有做市义务的机构执行,也可以由其他机构自愿提供流动性来获利。一般来讲,大多数低延迟交易机构没有承担做市义务,本书中主要讨论这一类机构的情况。

做市策略与低延迟交易策略的关系如图 5-1 所示。描述了低延迟交易策略和做市策略的密切关联。图中②部分指的是没有做市义务的低延迟高频做市策略。市场上绝大多数低延迟交易机构没有做市义务,本书的讨论主要基于这个细分类别。

做市商通过同时双向报价,利用成交价格在买卖价差间小幅高频波动来获利。低延迟做市策略的盈利来源是价格小波动的高频率变化,因此必须快速挂单以跟踪市场价格变动。

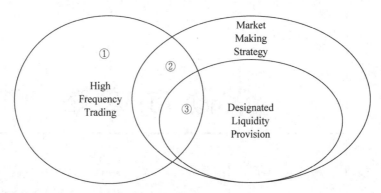

图 5-1   做市策略与低延迟交易策略的关系(图片来源 High-Frequency Trading)

尽管做市商希望他们的双向报价都能立刻成交,但并不总是如此,因为价格匹配需要时间。在市场行情出现明显大幅单边波动时,做市策略很可能由于逆向选择(Adverse Selection)只有与市场趋势相反的报单更有可能成交,从而导致单边净头寸积累而造成巨大的库存风险,从而产生大幅度亏损。

所以,一个优秀的做市策略的核心在于如何解决库存风险,如何根据标的资产的市场状态(流动性、波动率等)进一步地确定最优的买卖报单价格。

5.3   做市策略的收益来源

这种买卖价差是如何形成的?根据 Harold Demsetz 在 1968 年的有关纽约股市交易成本的研究,做市商买卖价差的形成机制被首次提出并定义:投资者对资产供求的不平衡会导致价差产生,"买卖价差是有组织的市场为交易的即时性(Immediacy)支付的加成"。做市策略通常是在双边报价,通过成交价格在价差间的小幅高频波动来获利的。而这里的幅度一般只有交易所最小出价价差的 1～2 倍,而不是单一方向大的趋势性变化。根据市场有效理论,股票价格在市场有效的状态下呈现为"随机漫步",价格的走势有着不可预测的性质,然而长期跟踪研究发现,价格的长期走势具有"均值回归(Mean Reversion)"的特点。均值回归在理论上具有必然性,价格走势不可能只升不降或者只降不升,价格保持正收益率或负收益率称为均值回避(Mean-aversion)。在均值回归理论中,均值回避的现象是暂时的,均值回归是必然的。资产价格偏离其内在价值的程度影响均值回归周期的长短。Chakraborty 和 Kearn(2011)通过推导理论和公式,进一步阐明了做市策略的绝对收益。假设所有的市场事件都在离散的时间点位 $0,1,2,\cdots$,时刻 T 发生,并且在收盘时刻 T,做市策略必须平掉所有的单方向净头寸。研究表明做市策略的理论收益为 $\frac{1}{2}(K-Z^2)$,其中 $K=\sum_{t=1}^{T}|P_{t+1}-P_t|$ 表示价格波动的绝对幅度,$Z=P_T-P_0$ 表示收盘后平掉净头寸产生的净盈亏。此研究也进一步证明在均值回归的条件下,该理论收益的期望为正,即在均值回归的

假设下,做市策略确实可以产生绝对收益。根据这个理论收益公式,对于做市商来讲,一方面捕捉价格的窄幅波动非常重要,另一方面采取清仓操作以减少库存风险会对其绝对收益产生一定的减少效果。

5.4　经典做市策略 AS 模型

Avellaneda 和 Stoikov(2008)在引入库存风险考量的基础上建立了高频做市的 AS 模型。AS 模型的理论基础源于 Ho 和 Stoll(1980;1981)这两篇文章的研究结论,前者分析了在竞争环境中,做市商的报价与所有代理商的无差别报价相关,而后者则研究了一个做市商在考虑了存货风险的前提下,单项标的资产报价中的最优决策,即在资产的"真实价格"两侧创建最优买卖单。AS 模型在此基础上,研究了市场中单个做市商的最优决策行为,并用市场中间价代表所谓的"真实价格"。模型的建立主要分为两个步骤:首先,做市商在给定库存和风险偏好下,计算出自身对资产的无差异估值,即中间价格;其次,根据报价单与中间价之间的距离推算报价单被执行的概率,在此基础上结合市场环境和做市商的风险承受能力建立效用函数,推导出做市商的最优报价。

5.4.1　模型推导

1. 中间价格

做市商对于标的资产的无差异估值由下式给出:

$$\mathrm{d}S_u = \sigma \times \mathrm{d}W_u \tag{5-1}$$

中间价格的初始值 $S_t = s$,上式中 W_u 表示一维标准布朗运动。

2. 效用函数

做市商的目标是为了在时间 T 实现收益最大化,为了研究做市商的效用函数,Avellaneda 和 Stoikov 首先以不活跃的交易者为例考察了做市商的效用函数。不活跃的交易者指的是尚未提交任何报价单,在投资期间标的资产上有一定持仓的投资者。假设该交易者原来持有现金作为其库存时,该投资者的效用函数使用凸函数度量风险,此时交易者的效用函数如下式所示。

$$v(x,s,q,t) = E\left[-\exp(-\gamma(x + q \times S_T))\right] \tag{5-2}$$

$$v(x,s,q,t) = -\exp(-\gamma(x + q \times s)) \times \exp((\gamma^2 \times q^2 \times \sigma^2 (T-t))/2) \tag{5-3}$$

上述公式中变量的含义见 5.4.2 节。对于不活跃的交易者,当以 r^b 的价格买入一单位标的资产,成交后该交易者持有现金 $x - r^b$,库存增加一单位,若此交易行为对该交易者的效用不产生影响,则 r^b 表示该交易者的无差异买价(Reservation Bid Price),即 r^b 应当满足:

$$v(x - r^b, s, q+1, t) = v(x,s,q,t) \tag{5-4}$$

通过同样的方式也可以建立无差异卖价(Reservation Ask Price)r^a 的等量关系式,解得

$$r^a(s,q,t) = s + (1-2q)\frac{\gamma\sigma^2(T-t)}{2}$$

$$r^b(s,q,t) = s + (-1-2q)\frac{\gamma\sigma^2(T-t)}{2} \tag{5-5}$$

$$r(s,q,t) = s - q\gamma\sigma^2(T-t)$$

其中,$r(s,q,t)$表示买卖价的均价。

上述讨论是针对有限的投资期间 $T-t$ 展开的,若从无限的时间长度来讨论,则该投资者的效用函数为

$$v(x,s,q) = E\left[\int_0^\infty v(x,s,q,t)\mathrm{d}t\right]$$

$$\omega = \frac{\gamma^2 q^2 \sigma^2}{2} \tag{5-6}$$

$$\Rightarrow v(x,s,q) = E\left[\int_0^\infty -\exp(-\omega t)\mathrm{d}t\right]$$

其中,ω 将决定投资者允许持有库存量的上界,一般设定为

$$\omega = \frac{1}{2}\gamma^2\sigma^2(q_{\max}+1)^2 \tag{5-7}$$

3. 构建限价单

为了解决最优报价决策问题,模型进一步研究了可以通过限价单交易参与市场投资的做市商的行为。

1) 限价单报价及执行数量

做市商在中间价两端分别以 p^a 和 p^b 的价格报单,假设做市商可以连续无成本报价,报价单与中间价之间的距离 $\delta^a = p^a - s$、$\delta^b = s - p^b$,以及当前限价单的结构决定了该做市商限价单被执行的优先顺序。具体来讲,以限价买单为例,若市价卖单数量为 Q,当这批卖单最深的价位 p^Q 低于做市商限价买单报价 p^b 时,限价单被击穿成交,而实证研究表明市价卖单最深价位与中间价的差价 Δp 与市价卖单数量的对数值成正比,公式如下:

$$\Delta p = p^Q - s \propto \ln(Q) \tag{5-8}$$

经过时间 t 后,做市商分别持有 N_t^a 手空单,N_t^b 手多单。根据研究,假设 N_t^a、N_t^b 分别服从速率为 λ^a 和 λ^b 的泊松过程,λ^a 和 λ^b 表示限价单分别被市价单击穿的概率,当 δ 超出 Δp 时,限价单将不会被击穿,从而得到 $\lambda(\delta) = A\exp(-\kappa\delta)$。

2) 最优化问题

经过时间 t 后,做市商持有现金 X_t,满足:

$$\mathrm{d}X_t = p^a \mathrm{d}N_t^a - p^b \mathrm{d}N_t^b \tag{5-9}$$

净库存为 $q_t = N_t^b - N_t^a$。此时做市商面临的最优化问题是:

$$u(t,x,q,s) = \max_{\delta^a,\delta^b} E[-\exp(-\gamma(X_T + q_T S_T))] \tag{5-10}$$

上述等式也需要同时满足:

$$u(x,s,q,t)=u(x-r^b,s,q+1,t)=u(x+r^a,s,q-1,t) \qquad (5\text{-}11)$$

可以通过求解上述价值函数的 Hamilton-Jacobi-Bellman(HJB)方程解得 r^a 和 r^b 的均值即中间价及 δ^a 和 δ^b 的和:

$$r(s,q,t)=\frac{r^a+r^b}{2}=s-q\gamma\sigma^2(T-t)$$

$$\delta^a+\delta^b=\frac{2}{\gamma}\ln(1+\gamma/\kappa) \qquad (5\text{-}12)$$

3) 带库存惩罚项(ASQ)

根据以上假设建模,经典的 Avellaneda Stoikov 做市模型可以根据自身的净头寸计算出预定价格,然后根据市场的成交概率,围绕这个预定价格做市商得到最优的买卖报价。这个模型虽然能够较好地模拟市价单的成交情况,增加了库存惩罚项,但面对极端行情仍然存在巨大的库存风险,因此为了更好地优化库存管理,Olivier 和 Charles 等提出了根据做市商风险厌恶程度,增加库存的最大值限 $Q_{\max}$。在库存达到最值时,即停止向增加库存方向报价,而只做反方向报价,从而限制库存的进一步增加。

此时,建立目标函数,做市商期望在基准时间 T 内使 PnL 最大化。使用常数绝对风险厌恶效用函数(CARA)进行优化:

$$\sup_{(\delta_t^a),(\delta_t^b)\in A} E[-\exp(-\gamma(X_T+q_T S_T))] \qquad (5\text{-}13)$$

这里 A 是上面定义的可预测过程的集合,γ 是量化做市商风险厌恶程度的绝对风险规避系数,X_T 是在时间 T 处的现金量,q_T、S_T 是在时间 T 的标的资产库存价值。

在求解以上优化问题中,引入 HJB 方程,可以通过求解由以下方程组成的偏微分方程组:

当 $|q|<Q_{\max}$ 时:

$$\partial_t u(t,x,q,s)+\frac{1}{2}\sigma^2\partial_{ss}^2 u(t,x,q,s)+\sup_{\delta^b}\lambda^b(\delta^b)[u(t,x-s+\delta^b,q+1,s)-u(t,x,q,s)]+$$

$$\sup_{\delta^a}\lambda^a(\delta^a)[u(t,x+s+\delta^a,q-1,s)-u(t,x,q,s)]=0 \qquad (5\text{-}14)$$

当 $|q|=Q_{\max}$ 时:

$$\partial_t u(t,x,Q,s)+\frac{1}{2}\sigma^2\partial_{ss}^2 u(t,x,q,Q,s)+\partial_t u(t,x,Q,s)+\frac{1}{2}\sigma^2\partial_{ss}^2 u(t,x,q,Q,s)+$$

$$\sup_{\lambda^b}(\delta^b)\,[u(t,x-s+\delta^b,-Q+1,s)-u(t,x,-Q,s)]=0 \qquad (5\text{-}15)$$

当 $|q|=-Q_{\max}$ 时:

$$\partial_t u(t,x,Q,s)+\frac{1}{2}\sigma^2\partial_{ss}^2 u(t,x,q,Q,s)+\partial_t u(t,x,Q,s)+\frac{1}{2}\sigma^2\partial_{ss}^2 u(t,x,q,Q,s)+$$

$$\sup_{\lambda^b}(\delta^b)\,[u(t,x-s+\delta^b,-Q+1,s)-u(t,x,-Q,s)]=0 \qquad (5\text{-}16)$$

限制条件为

$$q\in\{-Q,\cdots,Q\}\text{for}(t,s,x)\in[0,T]\times R^2$$

$$\forall_q \in \{-Q, \cdots, Q\}, u(T, x, q, s) = -\exp(-\gamma(x + qs)) \tag{5-17}$$

可以得到

$$\delta_t^{b*} \simeq \frac{1}{\gamma} \ln\left(1 + \frac{\gamma}{k}\right) + \frac{1 + 2q}{2} \gamma\sigma^2(T - t) \tag{5-18}$$

$$\delta_t^{a*} \simeq \frac{1}{\gamma} \ln\left(1 + \frac{\gamma}{k}\right) + \frac{1 - 2q}{2} \gamma\sigma^2(T - t) \tag{5-19}$$

做市商围绕参考价格进行最优报价,其中买单报价为 $r - \delta^b$,卖单报价为 $r + \delta^a$。这里会存在几种极端情况,例如当买单最优报价高于市场中标的资产的挂单卖一价时(卖单最优报价同理),做市商可能就会直接使用市价单进行平仓交易。另外,由于 AS 模型中累计库存惩罚项只体现在基准价格 r 中,为优化库存管理,当 $|q| = Q_{\max}$ 时,做市商将不再向库存增加方向报单。

4) 结合趋势项(漂移项)

上面第一部分介绍了经典的 AS 做市模型,并添加了与做市商风险偏好相关的库存优化,然而,我们在研究过程中对参考价格运动服从布朗运动的假设与实际是存在较大偏差的,很多时候,标的资产的市场价格运动时存在一定的趋势,即应有

$$dS_t = \mu d_t + \sigma dW_t \tag{5-20}$$

其中,μ 为价格运动中的趋势强度。与经典 AS 做市模型的最优解解法相似,我们将 S_t 过程假设替换,可以得到做市商的近似最优解为

$$\delta_\infty^{b*}(q) \simeq \frac{1}{\gamma} \ln\left(1 + \frac{\gamma}{k}\right) + \left[-\frac{\mu}{\gamma\sigma^2} + \frac{2q + 1}{2}\right] \sqrt{\frac{\sigma^2\gamma}{2kA}\left(1 + \frac{\gamma}{k}\right)^{1 + \frac{k}{\gamma}}} \tag{5-21}$$

$$\delta_\infty^{a*}(q) \simeq \frac{1}{\gamma} \ln\left(1 + \frac{\gamma}{k}\right) + \left[\frac{\mu}{\gamma\sigma^2} - \frac{2q - 1}{2}\right] \sqrt{\frac{\sigma^2\gamma}{2kA}\left(1 + \frac{\gamma}{k}\right)^{1 + \frac{k}{\gamma}}} \tag{5-22}$$

5.4.2 AS 模型通俗解读与应用

AS 是经典的做市模型,主要是双向报价的同时控制库存风险。一般来讲在震荡行情中,特别是在波动率不高的情况下适合做市,通过 AS 的经典论文得到两个关键公式,下面来解读式(5-23)和式(5-24)的含义。

$$r(s, q, t) = \frac{r^a + r^b}{2} = s - q\gamma\sigma^2(T - t) \tag{5-23}$$

$$\delta^a + \delta^b = \gamma\sigma^2(T - t) + \frac{2}{\gamma} \ln(1 + \gamma/\kappa) \tag{5-24}$$

上述公式的参数含义如下:

$r(s, q, t)$ 即 Reservation Price,翻译为预定价格或无差异价格。它是做市商愿意买入或持有该资产的最高价格,也是做市商愿意卖出该资产的最低价格。它反映了做市商对资产价值的评估。

$s =$ Current Market Mid Price(中间价,也就是(最佳卖价+最佳买价)/2)

$q =$ Quantity of Assets in Inventory of Base Asset（做市商持有多少股票数量）

$\sigma =$ Market Volatility（市场波动率，可以用 std 标准差来表示）

$T =$ Closing Time（测量周期何时结束（标准化为 1））

$t =$ Current Time（T 被标准化为 1，因此 t 是一个分数）

t 是当前时间，T 是结束时间，如果投资标的是 24h 连续交易的品种，则 T 可以被设置为无穷大。如果操作品种是非连续交易的品种，例如商品期货，则需要调整 T 的设置以满足日内交易的设定，例如当日收盘前 5min 清仓离场。

按照通俗的理解就是，AS 策略主要解决两个核心问题。

（1）库存风险（特别是单边行情，如持有较多方向不利的仓位，造成较大损失）。

（2）找到最优的买入价格、卖出价格。

δ^a，$\delta^b =$ bid/ask spread，并有对称性，所以 $\delta^a = \delta^b$；也就是一段时间内，bid/ask 上蹿下跳的幅度计算，大部分报价是按照 Reservation Price $\pm \delta$ 进行对称性报价的，如果 $\delta^a = \delta^b$，实际上做市也就是一种网格交易。在中间价格之下的一定距离设置买单，在中间价之上的一定距离设置卖单，如果买卖单都成交了，则总持仓不变，总盈利为 $\delta^a + \delta^b$（含手续费）。相当于低买高卖。

$\gamma =$ Inventory Risk Aversion Parameter，翻译过来就是规避库存风险的参数，当取值很大时，预定价格就和中间价差距远。

$\kappa =$ Order Book Liquidity Parameter，是评估订单簿的单本订单密度参数。也就是 κ 值越大，参与买卖的人比较多，出价也比较均衡，订单量也比较大。

如果 κ 值很小，则意味着最佳买价（Best Buy）和最佳卖价（Best Sell）挂单比较小。如果市场上出现大额市价单，直接就可能打穿最佳买价和最佳卖价挂单并推动中间价移动。

AS 策略就是围绕 Reservation Price 进行报价的，例如卖价 Reservation Price $+\delta$；买入价 Reservation Price $-\delta$。采用这样报价的方法的弊端就是，如果发生单边下跌行情，你可能就满仓持有资产，产生较大亏损。如果单边上涨，你就无货可卖，俗称卖飞了。

股指期货 IF 震荡下跌图如图 5-2 所示，如果采用类似固定值网格操盘法，交易结果就是持有的 IF 多头仓位不断增加，而且 IF 的点位不断下降导致亏损。

AS 通过 3 方面的因子来规避持仓增加风险：

（1）设定目标持仓量 q_{max}，也就是持有股票数量最大值。

也就是查询当前持仓和目标仓位的差值。例如你有 100 万元人民币，做 IF 做市，可以设定你的合理持仓是 4 手 IF 合约和 50 万元人民币（合约和现金各半，设定 1 手 IF 约 12.5 万元）。策略初始化持有 100 万元人民币和 0 手合约，所以仓位差值 $q = 0 - 4 = -4$，初始化的时候，策略需要尽力去买入 IF 合约，而当持仓 5 手 IF 合约，那么按照 AS 策略，就要平仓 1 手 IF 合约，维持持仓 4 手持仓目标；报价策略如下：

当前持仓小于 q_{max} 值，就要提高预定价格，买单执行概率增大，卖单执行概率减少。

当前持仓大于 q_{max} 值，就要降低预定价格，卖单执行概率增大，买单执行概率减少。

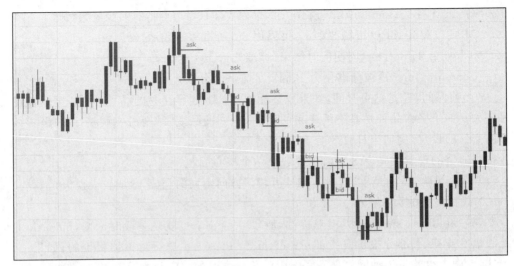

图 5-2　股指期货 IF 震荡下跌图

(2) 持仓风险 γ。

设置 γ 越大,公式后面部分乘积就越大,数字和中间价偏离就大。如果设置得很小就很靠近中间价。当 γ 被设置为 0 时,预定价格 r 非常接近现在的中间价,这就是固定网格值的网格策略,和网格策略一样的收益和风险承担。

交易持续的时间 $(T-t)$,在结束时间 T 目标是最大化其损益的预期指数效用。读者可能已经注意到,笔者没有在主要因素列表中添加波动率 (σ),尽管它是公式的一部分。这是因为波动值取决于市场价格的变动,而不是做市商定义的因素。如果市场波动性增加,则预定价格与市场中间价之间的距离也将增加。

模型公式的第二部分是关于寻找做市商订单在订单簿上的最佳位置,以提高盈利能力。

订单簿流动性/密度是如何计算 κ 的,相关论文中有很多数学细节,解释了他们是如何通过假设指数到达率得出这个因子的,但就目前而言,重要的是要知道,使用较大的 κ 值,是假设订单更加密集,并且最优价差必须更小,因为市场竞争更加激烈(也就是挂单和中间价的偏离度就很小)。另外,使用较小的 κ,假设订单的流动性较低,可以使用的价差就变大(也就是挂单和中间价的偏离度就很大)。结合预定价格和最优价差可以计算出挂单价格,这就是 AS 模型魔术发生的地方。

AS 模型的执行逻辑非常简单。

Step1：根据目标库存计算预订价格。

Step2：计算最优买卖价差。

Step3：使用预定价格作为参考创建市场订单。

Step4：bid_price＝预定价格－最优价差/2。

Step5：ask_price＝预定价格＋最优价差/2。

价格变动如图 5-3 所示。

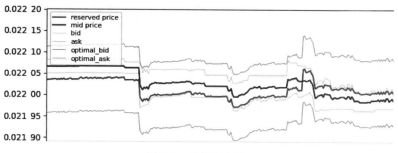

图 5-3　价格变动图

如何动态地计算预定价格,图 5-3 给出了一个直观的概念,也就是前半段预定价格小于中间价,因为做市商是有库存要抛出来的,所以让 ask 的价格贴近中间价,这样就可以增加 ask 订单的成交,从而使做市商持有的股票更容易抛出。后半段,做市商手里存货减少,需要进行补仓操作,所以让预定价格提高,让预定价格 bid price 更接近中间价,这样可以增加买进的概率,从而快速地补仓。

(3)计算输入的参数。

回顾本节,提到过 AS 模型用于计算预定价格和最优价差的 3 个主要因素。

(1)库存状况(q):做市商持有的目标仓位。

(2)交易时段结束前的时间($T-t$):是交易时段结束前剩余的时间。AS 模型被创建用于传统金融市场,在传统金融市场中,交易有开始时间和结束时间。这个参数背后的原因是,随着交易日接近尾声,做市商希望拥有与交易日开始时相似的库存头寸,因此,随着交易日接近尾声,订单价差将更小,而预定价格在重新平衡库存方面将更加"激进"。

(3)风险因子(γ)和深度因子(κ)比较复杂,将在 5.4.3 节介绍。

5.4.3　AS 模型工程化实现

再次回顾公式,这次对于这些公式里面一些希腊字母的取值是如何计算的,如何做工程化并应用到生产环境中进行一些说明。

$$r(s,q,t)=\frac{r^{a}+r^{b}}{2}=s-q\gamma\sigma^{2}(T-t)$$

$$\delta^{a}+\delta^{b}=\gamma\sigma^{2}(T-t)+\frac{2}{\gamma}\ln(1+\gamma/\kappa) \tag{5-25}$$

公式里面有一些重要参数,直观取值的有以下两个。

$s=$Current Market Mid Price(中间价,也就是(最佳卖价＋最佳买价)/2)。

$q=$Quantity of Assets in Inventory of Base Asset(做市商持有多少股票数量)。

当然 $T-t$ 也是可以直接定义的,但是对于连续合约,7×24h 交易的数字货币市场,如何来定义 T,在计算中如何处理是需要一些技巧的,采用的方法是对 T 进行归一化。

需要计算的值有以下几个。

$\sigma=$Market Volatility(市场波动率,可以用 std 标准差来表示)。

$\gamma=$Inventory Risk Aversion Parameter(规避库存风险的参数)。

κ＝Order Book Liquidity Parameter(是一个评估订单簿的订单密度参数。也就是κ值越大,参与买卖的人越多,出价也比较均衡,流动性较好)。

$\delta^a + \delta^b$ 称为最优价差,$\delta^a = \delta^b$,也就是 Bid Spread 和 Ask Spread 是相等的。

所以 AS 模型做决策的价格就是:

$$\text{Bid Price} = 预定价格 - 最优价差 /2$$

$$= s - q\gamma\sigma^2(T-t) - 0.5\gamma\sigma^2(T-t) - \frac{1}{\gamma}\ln\left(1 + \frac{\gamma}{\kappa}\right) \tag{5-26}$$

$$\text{Ask Price} = 预定价格 + 最优价差 /2$$

$$= s - q\gamma\sigma^2(T-t) + 0.5\gamma\sigma^2(T-t) + \frac{1}{\gamma}\ln\left(1 + \frac{\gamma}{\kappa}\right) \tag{5-27}$$

1. 计算 γ

假设用户在配置策略时设置了 Min Spread 和 Max Spread 参数。为了计算最大可能风险因子(γ),作者使用初始价差最优买入/卖出中间价($\delta^a + \delta^b$),其不应小于最小价差,也不应大于最大价差(与中间价相关)。

由于保留价和中间价之间的差值(Δ)和最优价差是$(T-t)$的函数,为了降低 q 的绝对值(接近做市商底仓),可以肯定地说,最优出价和要求中间价的价差将随着时间的推移而减少,因此,以下计算将以 $t=0$ 的时刻为中心,其价差是最宽的(也就是启动策略时,bid/ask报价和中间价偏离最大,以便于成交和持仓,临近 T 时刻,要清理库存,采用这种方式动态地控制仓位)。

库存过剩时的价格水平和价差分布如图 5-4 所示,因此预定价格低于中间价格,价差会相应地调整。

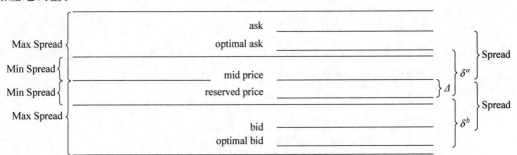

图 5-4　库存过剩时的价格水平和价差分布

$q > 0$(Inventory Needed to be Decreased),持仓超过预期,也就是需要开始减仓:

$$\text{Spread\_optimal\_ask} \leqslant \text{Spread optimal\_bid}$$

要符合最大和最小价差:也就是 Ask 的报价更低一些,Bid 的报价更远离 Reserve Price,这样可以卖掉一些库存,购入库存的概率更低一些。

$$\text{Spread\_optimal\_ask}_{t=0} \geqslant \text{Min Spread}$$

$$\text{Spread\_optimal\_bid}_{t=0} \leqslant \text{Max Spread}$$

现在计算 $t=0$ 时这些价差的表达式。首先计算 ask 价差：

$$\text{Spread\_optimal\_ask}_{t=0} = \text{Optimal\_ask}_{t=0} - s$$

$$\text{Optimal\_ask}_{t=0} = r(s,0) + \frac{(\delta_{t=0}^a + \delta_{t=0}^b)}{2} \tag{5-28}$$

把相关的值代入有

$$\text{Spread\_optimal\_ask}_{t=0} = s - \left[s + q\gamma\sigma^2 + \frac{1}{2}\left[\gamma\sigma^2 + \ln\left(1 + \frac{\gamma}{\kappa}\right) \right] \right] \geqslant \text{Min Spread} \tag{5-29}$$

对上述公式进行整理，因此，得出的表达式为

$$\left(\frac{1}{2} - q\right)\gamma\sigma^2 + \frac{1}{2}\ln\left(1 + \frac{\gamma}{\kappa}\right) \geqslant \text{Min Spread} \tag{5-30}$$

同样，对于 Bid Spread 是用户设置的最大价差：

$$\text{Spread\_optimal\_bid}_{t=0} = s - \text{optimal bid}_{t=0} \tag{5-31}$$

$$\text{Spread\_optimal\_bid}_{t=0} = s - \left[s - q\gamma\sigma^2 - \frac{1}{2}\left(\gamma\sigma^2 + \ln\left(1 + \frac{\gamma}{\kappa}\right) \right) \right] \leqslant \text{Max Spread} \tag{5-32}$$

最后化简整理得到表达式：

$$\left(\frac{1}{2} + q\right)\gamma\sigma^2 + \frac{1}{2}\ln\left(1 + \frac{\gamma}{\kappa}\right) \leqslant \text{Max Spread} \tag{5-33}$$

将两个不等式相加，得出以下结果（可以观察统计 Min Spread 和 Max Spread 进行反推 γ 的值，因为 γ 和 q 值是不变的）：

$$\left(\frac{1}{2} - q\right)\gamma\sigma^2 + \frac{1}{2}\ln\left(1 + \frac{\gamma}{\kappa}\right) \geqslant \text{Min Spread} \tag{5-34}$$

$$-\left(\frac{1}{2} + q\right)\gamma\sigma^2 - \frac{1}{2}\ln\left(1 + \frac{\gamma}{\kappa}\right) \geqslant -\text{Max Spread} \tag{5-35}$$

将式（5-34）和式（5-35）合并化简，得出的表达式为

$$2q\gamma\sigma^2 \leqslant \text{Max Spread} - \text{Min Spread} \tag{5-36}$$

$$q < 0(\text{Inventory Needed to be Increased})$$

同样，对于相反的情况，如果 $q < 0$，则得出的最终表达式为（可以观察统计 Min Spread 和 Max Spread 进行反推 γ 值，因为 γ 和 q 值是不变的，这段时间段是需要增加库存的情况）

$$-2q\gamma\sigma^2 \leqslant \text{Max Spread} - \text{Min Spread} \tag{5-37}$$

由于风险因子 γ 为非负值，通过计算此最大阈值，我们现在有了所有可能的 γ 值的范围。后面提到 Inventory Risk Aversion(IRA)是一个从 0 到 1 的系数，控制仓位的按钮，它将约束 γ 的取值范围。观察统计 Min Spread 和 Max Spread，这样分子不变，然后查看 σ 的最小波动，以及最小持仓的时候，这时 γ 的值就最大了，同理，当波动率最大，库存最大，γ 就取得最小值，然后 $\gamma_{\max}$ 乘以 IRA 系数，这个系数就可以通过 bid ask 发出的报价来调整库存的系数。

最终方程式 γ：

$$\gamma = \gamma_{\max} \times \text{IRA} = \frac{\text{Max Spread} - \text{Min Spread}}{2 \parallel q \parallel \sigma^2} \times \text{IRA} \tag{5-38}$$

2. 计算 $\kappa((\delta_a + \delta_b)_{\max})$

将选择订单簿深度因子(κ),以便算法从 $t=0$ 时的最大可能价差开始。这个决定似乎是任意的,但其背后的论点是通过更大范围的价差实现策略盈利能力的最大化,因此,从计算开始,首先确定 $t=0$ 时的最大波动可能。

$$\text{spread}_{t=0} = \frac{\delta_a + \delta_b}{2} \pm \Delta \tag{5-39}$$

最深度的订单是远离中间价加上 Δ,按照如下公式进行计算:

$$\frac{\delta_a + \delta_b}{2} + \Delta \leqslant \text{Max Spread}$$

$$
\begin{aligned}
(\delta_a + \delta_b)_{\max} &= 2\text{Max Spread} - 2\Delta \\
&= 2\text{Max Spread} - 2 \parallel q \parallel \gamma\sigma^2 \\
&= 2\text{Max Spread} - 2 \parallel q \parallel \sigma^2 \times \frac{\text{Max Spread} - \text{Min Spread}}{2 \parallel q \parallel \sigma^2} \times \text{IRA} \\
&= (2 - \text{IRA}) \times \text{Max Spread} + \text{IRA} \times \text{Min Spread}
\end{aligned}
\tag{5-40}
$$

现在,从 $t=0$ 时的最大最优价差来看,κ 可以用本书的公式推断为该 Spread 的函数:

$$(\delta_a + \delta_b)_{t=0} = (2 - \text{IRA}) \times \text{Max Spread} + \text{IRA} \times \text{Min Spread}\, \kappa((\delta_a + \delta_b)_{t=0})$$

$$= \frac{\gamma}{\exp\left\{\dfrac{(\delta_a + \delta_b)_{t=0}\gamma - \sigma^2\gamma^2}{2}\right\} - 1} \tag{5-41}$$

3. 计算η

还记得 Order Amount Shape Factor(η)是订单金额的形参,借用 2018 年 Fushimi 的论文

$$\phi_t^{\text{bid}} = \begin{cases} \phi_t^{\max} & q_t < 0 \\ \phi_t^{\max} \times \mathrm{e}^{-\eta q t} & q_t > 0 \end{cases}$$

$$\phi_t^{\text{ask}} = \begin{cases} \phi_t^{\max} & q_t < 0 \\ \phi_t^{\max} \times \mathrm{e}^{-\eta q t} & q_t > 0 \end{cases} \tag{5-42}$$

$\phi_t^{\text{bid}}, \phi_t^{\text{ask}}$ 是 t 时刻的 bid, ask 的订单大小。$\phi_t^{\max}$ 是 t 时刻的 bid, ask 的订单最大值。η 是一个形参。基本上,从策略提案中提交的两份订单来看,不利于达到目标库存的订单将根据策略距离目标 q 的距离呈指数级减少。

利用前面定义的 Inventory Risk Aversion(IRA)参数,指数衰减函数中的衰减量将由 IRA 控制:

$$q_{\text{decay}} = \frac{\text{Totalinventoryinbase\_asset}}{\text{IRA}}\, \eta = \frac{1}{q_{\text{decay}}} \tag{5-43}$$

如果 IRA→0⇒γ→0,则会发生什么? 当 IRA→0 也意味着 γ→0,IRA 是设置库存规避的旋钮,当 IRA→0 时,这个旋钮就会失去功能,整个报价变成无库存风险规避。也就是用户的报价就是围绕 Mid Price 进行对称性报价,想象一下 Spread 的值是什么? 做一下数学计算。

$$如果 \quad IRA \to 0 \Rightarrow \gamma \to 0 \, t = 0 \Rightarrow (T - t) = 1 \tag{5-44}$$

$$\lim_{\gamma \to 0} r(s, q, t = 0, \sigma) = s \tag{5-45}$$

$$\lim_{\gamma \to 0} \delta^a + \delta^b (q, t = 0, \sigma) = \lim_{\gamma \to 0} \frac{2}{\gamma} \ln \left(1 + \frac{\gamma}{\kappa}\right) = \lim_{\gamma \to 0} \frac{2}{\gamma} \frac{\gamma}{\kappa} = \frac{2}{\kappa} \tag{5-46}$$

最后,计算 κ 值,这意味着,如果 IRA→0⇒γ→0 波动 Spread r＝Mid Price,则这个值会被固定。

$$r = s \text{ 如果 } \gamma \to 0 \Rightarrow IRA \to 0 (\delta_a + \delta_b) = (\delta_a + \delta_b)_{max}$$

$$= (2 - IRA) \times Max\ Spread + IRA \times Min\ Spread = 2 \times Max\ Spread\ r = s \tag{5-47}$$

因此,在 γ 为 0 的情况下,这与常规的纯做市策略相同,对称价差等于中间价附近的最大价差。这样,纯做市策略就成为 AS 做市策略的特例。关于 AS 策略的复现和回测,详见第 9 章的回测案例。考虑排队模型与成交概率等因素的精细回测的源码,可扫描目录上方二维码下载。

5.5　经典做市策略 GP 模型

5.5.1　马尔可夫链

1. 简介

马尔可夫链(Markov Chain)通常指一类在概率论和数理统计中具有马尔可夫性质且存在于离散的指数集和状态空间内的随机过程。适用于连续指数集的马尔可夫链被称为马尔可夫过程,也被视为连续时间马尔可夫链,与离散时间马尔可夫链相对应,因此马尔可夫链是一个较为宽泛的概念。

马尔可夫链的命名来自俄国数学家安德雷·马尔可夫,以纪念其首次提出马尔可夫链及其对马尔可夫链收敛等性质研究所做出的贡献。

2. 定义

1) 随机过程

将一族无穷多个、相互有关的随机变量叫作随机过程,例如

$$\{x_n, n = 0, 1, 2, \cdots\} = x_0, x_1, x_2, \cdots \tag{5-48}$$

通常将随机过程记作 $X(t)$,随机过程 $X(t)$ 是一组依赖于实参数 t 的随机变量,t 一般具有时间的含义。根据 t 是否连续,随机过程又可分为离散时间随机过程和连续时间随机过程。

2) 马尔可夫性质

当一个随机过程在给定现在状态及所有过去状态的情况下,其未来状态的条件概率分

布仅依赖于当前状态;换句话说,在给定现在状态时,它与过去状态(该过程的历史路径)是条件独立的,那么此随机过程即具有马尔可夫性质,即

$$P(X_{n+1} = x_{n+1} \mid X_n = x_n, X_{n-1} = x_{n-1}, \cdots, X_1 = x_1, X_0 = x_0) = P(X_{n+1} = x_{n+1} \mid X_n = x_n)$$

$$(5\text{-}49)$$

或者说:

$$(X_{n+k}, n \geqslant 0) \stackrel{d}{=} (X_n, n \geqslant 0) \qquad \text{如果 } X_0 = X_k = x \qquad (5\text{-}50)$$

3) 马尔可夫链

马尔可夫链是一组具有马尔可夫性质的随机变量集合(通常是离散的)。具体地,对概率空间 $(\Omega, \mathcal{F}, P)$ 内以一维可数集为指数集的随机变量集合 X,若随机变量的取值都在可数集 S 内,并且随机变量的条件概率满足马尔可夫性质,则 X 被称为马尔可夫链,可数集被称为状态空间,马尔可夫链在状态空间内的取值称为状态。

转移概率:

对于离散的情况,我们将马尔可夫过程中现在处于状态 i,下一步转移至状态 j 的单步转移概率记为 P_{ij}。

$$\boldsymbol{P} = \begin{bmatrix} P_{00} & P_{01} & P_{02} & \cdots \\ P_{10} & P_{11} & P_{12} & \cdots \\ \vdots & \vdots & \vdots & \vdots \\ P_{i0} & P_{i1} & P_{i2} & \cdots \end{bmatrix} \qquad (5\text{-}51)$$

其中

$$P_{ij} \geqslant 0, \quad \forall\, i, j \in S$$

$$\sum_{j=0}^{\infty} P_{ij} = 1, \quad i = 0, 1, 2, \cdots$$

特征向量(以下公式描述的是在给定当前状态 $X_n = x_n$ 的条件下,下一状态 X_{n+1} 转移到状态 x 的概率):

$$P(X_{n+1} = x \mid X_n = x_n) \qquad (5\text{-}52)$$

在马尔可夫链上找一种状态作为起点做随机漫步,做 n 步。之后找到所有状态的对应概率,形成一个概率分布。每种状态的概率就是把每种状态出现的次数除以总步数。

假设马尔可夫链有 3 种状态,n 为 10,最后得出了这样的分布: $\frac{4}{10}, \frac{2}{10}, \frac{4}{10}$。

可以用 Python 写一个模拟 $n = 100\,000$ 的随机漫步程序,会发现这些概率分布会被收敛到 $0.351\,91, 0.212\,45, 0.435\,64$。这种概率分布有一个特别的名字叫作稳态分布。

$$\boldsymbol{A} = \begin{bmatrix} 0.2 & 0.6 & 0.2 \\ 0.3 & 0 & 0.7 \\ 0.5 & 0 & 0.5 \end{bmatrix} \qquad (5\text{-}53)$$

$$\boldsymbol{\pi}_0 = [0\ 1\ 0]$$

把这个行向量与转置概率矩阵相乘，

$$\boldsymbol{\pi}_0 \boldsymbol{A} = [0.3\ 0\ 0.7]$$

就可以得到状态 2 的未来概率，然后把这个结果替换到 $\boldsymbol{\pi}_0$ 的位置，计算 $\boldsymbol{\pi}_1 \boldsymbol{A}$。

$$\boldsymbol{\pi}_1 \boldsymbol{A} = [0.3\ 0\ 0.7] \begin{bmatrix} 0.2 & 0.6 & 0.2 \\ 0.3 & 0 & 0.7 \\ 0.5 & 0 & 0.5 \end{bmatrix} \tag{5-54}$$

这样一直进行下去。

$$\lim_{n \to \infty} \prod_{i=n}^{0} \boldsymbol{\pi}_i \prod_{i=1}^{n} \boldsymbol{A} \tag{5-55}$$

如果存在一个稳态，则在某个点后，输出的行向量应该与输入的行向量完全相同，我们用 $\boldsymbol{\pi}$ 来代表这个特殊的行向量。

$$\boldsymbol{\pi} \boldsymbol{A} = \boldsymbol{\pi}$$

$\boldsymbol{\pi}$ 其实是 $\boldsymbol{A}$ 的左特征向量。现在特征向量还需要满足另一个条件。$\boldsymbol{\pi}$ 的所有元素加起来必须等于 1。因为它代表的是概率分布，因此解完这两个等式之后，就得到了这样的稳态。

$$\boldsymbol{\pi}[1] + \boldsymbol{\pi}[2] + \boldsymbol{\pi}[3] = 1$$

$$\boldsymbol{\pi} = \begin{bmatrix} \dfrac{25}{71} & \dfrac{15}{71} & \dfrac{31}{71} \end{bmatrix}$$

实际上可以计算是否存在多个稳态，只需查看是否存在不止一个特征值等于 1 的特征向量。

状态的态和类：

如果状态 A 到状态 B 之间有箭头，那就说明状态 A 到状态 B 存在非零的转移概率。从任何特定状态出发的转移概率总和为 1。在从某种状态开始的随机漫步中，重新回到这种状态的概率小于 1。无法确切地知道会不会回到这里。在这种情况下，自身返回概率小于 1 的状态，称为"暂态"。

从某种状态开始随机漫步，只需一段时间，肯定能回到这种状态。在这种情况下，回到自身状态的概率是 1，称为"常返态"。有些状态无法从其他状态回到的情况，称这个马尔可夫链为可约的。每种状态都能从其他状态到达，或者说可以从任何一种状态到达其他状态的链，称为不可约链。感兴趣的读者可以去了解赌徒的毁灭马尔可夫链。一个马尔可夫链约出所有不可约链，每个不可约链称为一个通信类。

高阶转置矩阵与平衡状态：

从状态 i 到状态 j 刚好需要 n 步到达的概率是多少？

$$P_{ij}(n) = A_{ij}^n \tag{5-56}$$

例如

$$\boldsymbol{A} = \begin{bmatrix} 0.5 & 0.2 & 0.3 \\ 0.6 & 0.2 & 0.2 \\ 0.1 & 0.8 & 0.1 \end{bmatrix} \tag{5-57}$$

$$P_{02}(2)$$

下面的公式中每个元素代表了一个从 i 到 j 的转移概率：

$$A_{01} \times A_{12} + A_{00} \times A_{02} + A_{02} \times A_{22} \tag{5-58}$$

调整一下这些项：

$$A_{00} \times A_{02} + A_{01} \times A_{12} + A_{02} \times A_{22} \tag{5-59}$$

这样就变成了两个向量的乘积了：

$$[A_{00} \ A_{01} \ A_{02}] \times \begin{bmatrix} A_{02} \\ A_{12} \\ A_{22} \end{bmatrix} \tag{5-60}$$

这类似于矩阵乘法中一个矩阵内元素的计算方式。这就能推广到 n 步了，也就是 n 阶转置矩阵。

这里其实用到了 Chapman-Kolmogrov 定理，之所以能使用它，是因为马尔可夫性质。

$$P_{ij}(n) = \sum_k P_{ik} \times P_{kj}(n-r) \tag{5-61}$$

前面计算从状态 0 到状态 2 的概率时，就使用了这种方法：

$$P_{02}(2) = P_{00}(1) \times P_{02}(1) + P_{01}(1) \times P_{12}(1) + P_{02}(1) \times P_{22}(1)$$

这里的 r 是 1。

定理证明：

$$
\begin{aligned}
P_{ij}(n) &= P(X_n = j \mid X_0 = i) \\
&= \sum_k P(X_n = j, X_r = k \mid X_0 = i) \\
&= \sum_k \frac{P(X_n = j, X_r = k, X_0 = i)}{P(X_0 = i)} \\
&= \sum_k \frac{P(X_n = j, X_r = k, X_0 = i) \times P(X_r = k, X_0 = i)}{P(X_0 = i)} \\
&= \sum_k \frac{P_{kj}(n-r) \times P(X_r = k, X_0 = i)}{P(X_0 = i)} \\
&= \sum_k P_{ik} \times P_{kj}(n-r)
\end{aligned}
\tag{5-62}
$$

简单来讲，稳态分布是长期访问每种状态的概率。除了以上讲的如何从特征向量来找到它，还可以从另一个角度来看到它们。长期来看，意味着无数次的转移。

$$\lim_{n \to \infty} \mathbf{A}^n$$

$$\mathbf{A}^{\infty} = \begin{bmatrix} 0.4444 & 0.3333 & 0.2222 \\ 0.4444 & 0.3333 & 0.2222 \\ 0.4444 & 0.3333 & 0.2222 \end{bmatrix} \tag{5-63}$$

这个矩阵的每行都收敛到同一个行向量，这就是这个马尔可夫链的稳态分布。

$A_{ij}^{\infty}=P_{ij}(\infty)=$ 从状态 i 出发经过无数步后处于状态 j 的概率,对于固定的 j,这个值是一样的。

换句话说,它不依赖于开始的状态,因为稳态分布是整个马尔可夫链的属性,它不依赖于开始的状态。只有在满足一定的条件下,A^{∞} 的行才会收敛。需要满足不可约性和周期性条件。

5.5.2 马尔可夫链的性质

本节对马尔可夫链的 4 个性质(不可约性、常返性、周期性和遍历性)进行简单描述。与马尔可夫性质不同,这 4 个性质在状态转移时有所体现,并非马尔可夫链天然拥有。

1. 不可约性

如果一个马尔可夫链的状态空间只有一个连通类,即状态空间的全体成员在一个连通类中,则该马尔可夫链是不可约的,其具有不可约性,否则马尔可夫链具有可约性。马尔可夫链具有不可约性意味着随机变量可在任意状态间转移。

2. 常返性

若马尔可夫链在到达一种状态后,能在之后的演变中返回该状态,则该状态是常返状态,或该马尔可夫链具有常返性,否则马尔可夫链具有瞬变性。对状态空间的某种状态 i,马尔可夫链对某一给定状态的返回时间是其所有返回时间的下确界:

$$T_i=\inf\{n>0: X_n=s_i \mid X_0=s_i\}, \quad T_i=\infty \text{ 如果 } \forall n>0: X_n\neq s_i \quad (5\text{-}64)$$

若 $T_i=\infty$,则该状态不存在瞬变性或者常返性。

若 $T_i<\infty$,则状态 i 的瞬变性和常返性按以下准则判断:

若

$$\sum_{n=1}^{\infty}P(T_i=n)<1 \quad (5\text{-}65)$$

则该状态 i 具有瞬变性。

若

$$\sum_{n=1}^{\infty}P(T_i=n)=1 \quad (5\text{-}66)$$

则该状态 i 具有常返性。

此外,常返性的状态可细分为正常返状态和零常返状态。我们通过计算其平均返回时间来判断。

$$E(T_i)=\sum_{n=1}^{\infty}n \cdot P(T_i=n) \quad (5\text{-}67)$$

若平均返回时间 $E(T_i)<\infty$,则该状态 i 是正常返的,否则为零常返的。

若有限种状态的马尔可夫链是不可约的,则其所有状态必是正常返的。

3. 周期性

一个正常返的马尔可夫链可能具有周期性,即处于某一状态 i 的马尔可夫链可于演变过程中按某一大于1的周期返回该状态。

4. 遍历性

若马尔可夫链的一种状态是正常返的和非周期的,则该状态具有遍历性。

5. 案例

下面将用随机漫步和赌徒破产这两个例子帮助读者理解马尔可夫链。

1) 随机漫步

随机漫步有多种定义方式,书中采用一种比较常见的定义。

一种状态为整数 $i=0,\pm1,\pm2\cdots$ 的马尔可夫链,如果对于一个给定的 $0<p<1$,则它的转移概率满足下式:

$$P_{i,i+1}=p=1-P_{i,i-1},\quad i=0,\pm1,\pm2,\cdots \tag{5-68}$$

则称它为随机漫步。

随机漫步的转移图如图 5-5 所示。

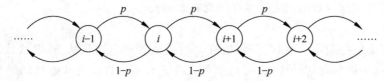

图 5-5 随机漫步的转移图

转置矩阵如下:

$$\begin{bmatrix} \ddots & & 0 & 0 & \\ 1-p & 0 & p & & \\ & 1-p & 0 & p & \\ & 0 & 1-p & 0 & p \\ & & & & \ddots \end{bmatrix} \tag{5-69}$$

2) 赌徒破产

赌徒破产是随机漫步的特例。假设有一个赌徒,在每次下注中有 p 的概率赢一块钱,有 $1-p$ 的概率输一块钱。他会一直下注直到输光所有的钱或者资产达到 N。于是可以知道,这是一个马尔可夫链,它有着下面的转移概率。

$$P_{i,i+1}=p=1-P_{i,i-1},\quad i=1,2,\cdots,N-1$$
$$P_{00}=P_{NN}=1 \tag{5-70}$$

赌徒破产的转移图如图 5-6 所示。

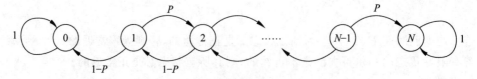

图 5-6 赌徒破产的转移图

转置矩阵如下：

$$\begin{bmatrix} 1 & 0 & 0 & \cdots & 0 \\ 1-p & 0 & p & & \\ 0 & 1-p & 0 & p & \\ \vdots & & & & \ddots \\ 0 & & & & 1 \end{bmatrix}$$

$$\tag{5-71}$$

5.5.3　泊松过程与 Cox 过程

随机过程是处理包含时间及数据序列的概率模型，例如随机过程可用于每天的股票价格数据序列建模。

序列中的每个数据都被视为一个随机变量，所以简单地说，随机过程就是一串（有限或者无限）随机变量序列，与概率的基本概念没有本质的区别。设在某个试验的样本空间中的每个试验结果，对应着一个数列，这个数列中的每个数都对应着一个随机变量。

但是，随机过程和随机变量序列有明显的区别，主要表现在以下几方面：

（1）更倾向于强调过程中产生的数据序列之间的相关关系，例如股票的未来价格与历史价格是什么关系？

（2）对整个过程中的长期均值感兴趣。例如，有多大比例的时间，机器处于闲置？

（3）有时需要刻画某些边界事件的似然或者频率。例如在给定时间内，电话系统里所有的电路同时处于忙碌状态的概率是多少？计算机网络中缓冲器数据溢出的频率是多少？

随机过程的种类非常多，本书只讨论泊松过程。统计学上也称泊松过程为点过程。

泊松过程是连续时间轴上的到达过程。通常，当一个到达过程在应用上无法将连续时间离散化时，就采用泊松过程来刻画。泊松过程是伯努利过程的连续版本。现在考虑连续型的到达过程，即任意的实数 t 都有可能是到达时刻。定义：

$$P(k,\tau) = P(\text{在时间段长度为 } \tau \text{ 的时间内有 } k \text{ 个到达})$$

注意这个定义的内涵，它没有指明区间的位置，这意味着，不管这个位置在哪，只要时间区间的长度为 τ，这个区间内的到达数的分布律就是：

$$P(k,\tau), \quad k \in \mathbf{N} \tag{5-72}$$

此外，还要介绍一个正参数 λ，称为过程的"到达率"或者"强度"。

在一切开始之前，先介绍二项分布的泊松近似。

参数为 λ 的泊松分布的随机变量 Z 取非负整数值，其分布如下：

$$p_Z(k) = e^{-\lambda} \frac{\lambda^k}{k!}, \quad k \in \mathbf{N} \tag{5-73}$$

均值和方差是

$$E(Z) = \lambda, \quad \mathrm{var}(Z) = \lambda \tag{5-74}$$

当 $n \to \infty$，$p = \dfrac{\lambda}{n}$ 时，二项分布的概率：

$$p_S(k) = \binom{n}{k} \cdot p^k (1-p)^{n-k} \tag{5-75}$$

其中，$\binom{n}{k}$ 为组合数，可以写为 $\dfrac{n!}{(n-k)!\,k!}$

泊松过程的定义。

具有下述三条性质的到达过程被称为参数为 λ 的泊松过程：

(1) (时间同质性) k 次到达的概率 $P(k,\tau)$ 在相同长度 τ 的时间段内都是一样的。

(2) (独立性) 一个特定时间段内到达的数目与其他时间段内到达的历史是独立的。

(3) (小区间概率) 概率 (k,τ) 满足以下关系：

$$P(0,\tau) = 1 - \lambda\tau + o(\tau)$$
$$P(1,\tau) = \lambda\tau + o_1(\tau) \tag{5-76}$$
$$P(k,\tau) = o_k(\tau), \quad k = 2,3,\cdots$$

这里 τ 的函数 $o(\tau)$ 和 $o_k(\tau)$ 满足：

$$\lim_{\tau \to 0} \frac{o(\tau)}{\tau} = 0, \quad \lim_{\tau \to 0} \frac{o_k(\tau)}{\tau} = 0 \tag{5-77}$$

第 1 个性质，称为"到达"在任何时候都是"等可能"的。在任何长度为 τ 的时间段内，到达数具有相同的统计性质，即具有相同的分布律。这与伯努利过程中的假设(对所有的试验，成功的概率都是 p)是相对应的。

为了解释第 2 个性质，考虑一个时间长度为 $t'-t$ 的特殊区间 $[t, t']$。在这段时间段里，发生了 k 次到达的无条件概率是 $P(k, t'-t)$。假设我们手里有这个区间之外的完全或者部分到达的信息。那么(独立性)是说，这个信息是无用的：在 $[t, t']$ 内发生了 k 次到达的条件概率仍是无条件概率 $P(k, t'-t)$。这个性质类比于伯努利过程的试验独立性。

第 3 个性质非常关键。$o(\tau)$ 和 $o_k(\tau)$ 项是指它们相对 τ 而言，当 τ 非常小的时候，是微不足道的。可以将这些余项理解为 $P(k,\tau)$ 做泰勒展开时，展开式中的 $O(\tau^2)$ 项，所以对非常小的 τ，到达一次的概率大致是 $\lambda\tau$，加上一个微不足道的项，类似地，对非常小的 τ，没有到达的概率是 $1-\lambda\tau$，到达两次或更多次的概率与 $P(1,\tau)$ 相比是可以忽略的。

区间内到达的次数：

现在开始推导泊松过程中与到达相关的概率分布。首先与伯努利过程建立联系来计算一个区间内到达次数的分布列。先考虑一个固定的长度为 τ 的时间区间，将它分成 $\dfrac{\tau}{\delta}$ 的小区间，每个小区间的长度为 δ，δ 是一个非常小的数，由 (小区间概率) 性质可知，任意一个小区间内有两次或更多次到达的概率是非常小的，可以忽略不计，而且由 (独立性) 性质可知，不同的时间段到达的状况又是相互独立的。更进一步地，在每个小区间内，到达一次的概率大致是 $\lambda\delta$，没有到达的概率大致是 $1-\lambda\delta$，所以这个过程可以大致由伯努利过程来近似。当 δ 越来越小时，这个近似就会越来越精确。

在时间 τ 内到达 k 次的概率 $P(k,\tau)$ 近似地等于以每次实验成功概率为 $p \to \lambda\delta$，进行

$n \to \dfrac{\tau}{\delta}$ 次独立伯努利试验,而成功 k 次的(二项)概率。现在保持 τ 不变,令 δ 趋于 0。注意到,这时时间段数目 n 趋于无穷大,而乘积 np 保持不变,等于 $\lambda\tau$,根据二项分布趋于参数为 $\lambda\tau$ 的泊松分布,于是可以得到如下重要结论:

$$P(k,\tau) = \mathrm{e}^{-\lambda\tau} \frac{(\lambda\tau)^k}{k!}, \quad k \in \mathbf{N} \tag{5-78}$$

由 $\mathrm{e}^{-\lambda\tau}$ 的泰勒展开可以得到:

$$P(0,\tau) = \mathrm{e}^{-\lambda\tau} = 1 - \lambda\tau + o(\tau),$$

$$P(1,\tau) = \lambda\tau\mathrm{e}^{-\lambda} = \lambda\tau - \lambda^2\tau^2 + o(\tau^3) = \lambda\tau + o_1(\tau) \tag{5-79}$$

其中,N_τ 表示在长度为 τ 的时间段中到达的次数。这是因为我们考虑的是参数为 $n = \dfrac{\tau}{\delta}$ 和 $p = \lambda\delta$ 的二项分布的极限分布,均值为 $np = \lambda\tau$,方差为 $np(1-p) \approx np = \lambda\tau$。

现在推导首次到达时间 T 的概率规律。假设起始时间为 0,则 $T > t$ 当且仅当在时间 $[0,t]$ 内没有一次到达,所以:

$$F_T(t) = P(T \leqslant t) = 1 - P(T > t) = 1 - P(0,t) = 1 - \mathrm{e}^{-\lambda t}, \quad t \leqslant 0 \tag{5-80}$$

然后对 T 的分布函数求导,得到概率密度函数公式:

$$f_T(t) = \lambda\mathrm{e}^{-\lambda t}, \quad t \geqslant 0 \tag{5-81}$$

这就说明首次到达时间服从参数为 λ 的指数分布。

泊松过程相关的随机变量及其性质:

服从参数为 $\lambda\tau$ 的泊松分布,这是泊松过程的强度为 λ,在时间长度为 τ 的区间内到达的总次数 N_τ 的分布,它的分布列、期望和方差分别是:

$$p_{N_\tau}(k) = P(k,\tau) = \mathrm{e}^{-\lambda\tau} \frac{(\lambda\tau)^k}{k!}, \quad E[N_\tau] = \lambda\tau, \quad \mathrm{var}[N_\tau] = \lambda\tau \tag{5-82}$$

服从参数为 λ 的指数分布,这是首次到达的时间 T 的分布,它的分布列、期望和方差是

$$f_T(t) = \lambda\mathrm{e}^{-\lambda t}, \quad t \geqslant 0, \quad E[T] = \frac{1}{\lambda}, \quad \mathrm{var}[T] = \frac{1}{\lambda^2} \tag{5-83}$$

【重要结论】 独立泊松随机变量之和仍是泊松随机变量。

对任意给定的时间 $t > 0$,时间 t 之后的过程也是泊松过程,而且与时间 t 之前(包括时间 t)的历史过程相互独立。

对任意给定的时间 t,令 $\overline{T}$ 是时间 t 之后首次到达的时间,则随机变量 $\overline{T} - t$ 服从参数为 λ 的指数分布,并且与时间 t 之前(包括时间 t)的历史过程相互独立。

上述时间 t 的历史过程相互独立是因为从时间 t 开始的过程满足泊松过程定义的性质。未来与过去的独立性直接来源于泊松过程定义中的独立性假设。$\overline{T} - t$ 具有相同的指数分布,这是因为

$$P(\overline{T} - t > s) = P(\text{在时间}[t, t+s]\text{没有到达}) = P(0,s) = \mathrm{e}^{-\lambda s} \tag{5-84}$$

这就是无记忆性。

【**案例 5-1**】 假设收电子邮件是一个强度为每小时 $\lambda=0.2$ 封的泊松过程。每小时检查一次电子邮件,那么接到 0 封和 1 封电子邮件的概率是多少?

可以使用泊松分布 $\dfrac{e^{-\lambda\tau}(\lambda\tau)^k}{k!}$ 来计算,这里 $\tau=1$, $k=0$ 或 $k=1$:

$$P(0,1)=e^{-0.2}=0.819, \quad P(1,1)=0.2e^{-0.2}=0.164 \tag{5-85}$$

又假设一天都没有检查电子邮件。那么一封电子邮件都没有收到的概率是多少?再次用泊松分布来计算,即

$$P(0,24)=e^{-0.2\times24}=0.0083 \tag{5-86}$$

还可以这样想,在一天 24 小时里都没有收到信息,那么连续 24 个 1 小时都没有收到信息,而后者 24 个事件都是相互独立的,而且每个时间发生的概率是 $P(0,1)=e^{-0.2}$,所以:

$$P(0,24)=(P(0,1))^{24}=(e^{-0.2})^{24}=0.0083 \tag{5-87}$$

这个结果与上面的结果一致。

【**案例 5-2**】 进入银行,你会发现有 3 个营业员正在服务客户,而且没有其他人在排队等待。假设你的服务时间和正在服务的客户的服务时间都是具有相同参数的指数分布,并且相互独立。那么你是最后一个顾客离开银行的概率是多少?

答案是 1/3。从你开始接受一名营业员服务的那一刻算起,另两名正在接受服务的顾客还需要的服务时间,与你所需要的服务时间具有相同的分布。另外两位顾客虽然比你早接受服务,但由于泊松过程的无记忆性,他们与你处于同一起跑线上,不算以前的服务时间,三人所需的服务时间的分布是相同的,所以和其他两人具有相同的概率最后离开银行。

泊松过程的简单总结:

开始于一串相互独立并且公共参数为 λ 的指数随机变量序列 $T_1,T_2,\cdots$,它们是相邻到达时间。过程的到达时间为 $T_1,T_1+T_2,T_1+T_2+T_3$ 等。这样形成的随机过程就是泊松过程。

【**Cox 过程定义**】

Cox 过程是指双随机泊松过程,是对一般的泊松过程或者其他的技术过程的一种推广。是由 Cox 在 1955 年发表的 *Some Statistical Methods Connected with Series of Events* 一文中提出。

实际上,Cox 过程只是双重随机过程中的一类,2010 年由 Ng 和 Tang 等提出的一类技术过程,是一般更新过程的双重随机过程,感兴趣的读者可查看 *Precise large deviations for sums of random variables with consistently varying tails* 一文。一般的泊松过程认为强度为一定常数,不具有随机性,双随机过程是它允许强度为一随机变量,很多学者把它称为 Cox 过程。那么也就更符合实际情况。

【**定义 5-1**】

满足以下条件的随机过程 $\{A(t),t\geqslant0\}$ 称为一个随机测度。

(1) $A(0)=0$

(2) $A(t)<\infty,\forall t<\infty$

（3）对于时间 t 而言，$A(t)$ 是一个单调不减的右连续函数。

【定义 5-2】

其强度为单位强度，即 $\lambda=1$ 的泊松过程 $\{N_1(t),t\geq 0\}$ 称为标准泊松过程。

结合以上两个定义，可以得出 Cox 过程的定义，即

令 $\{(t),t\geq 0\}$ 为一随机测度，$\{N_1(t),t\geq 0\}$ 并且 $A(t)$ 和 $N_1(t)$ 是相互独立的，则计数过程 $N(t)=N_1(t)A(t)=N_1(A(t)),t\geq 0$ 称为 Cox 过程，其中 $A(t)=\int_0^t \lambda(s)\mathrm{d}s$，$\lambda(s)$ 为强度过程。满足所有的 $s\geq 0,\lambda(s)>0$，又称 $A(t)$ 为累积强度过程。

5.5.4 鞅参考价格

鞅是现代金融理论的核心工具。鞅理论是根据观测到的发展趋势来对时间序列进行分类。如果一个随机过程的路径没有展示出明显的趋势或周期，则它就是鞅。平均而言，呈上升趋势的随机过程被称为下鞅，而上鞅则代表了平均程度上呈递减趋势的随机过程。

假设观察一个以时间 t 为指标的随机变量集族。时间是连续的，面对的则是连续时间的随机过程，将观察到的过程记作 $\{S_t,t\in[0,\infty)\}$。用 $\{I_t,t\in[0,\infty)\}$ 代表决策者随时间变化可以连续获得的信息集族。当 $s<t<T$ 时，该信息集族满足 $I_s\subseteq I_t\subseteq I_T$，将 $\{I_t,t\in[0,\infty)\}$ 称为滤子。

在讨论鞅理论时，有时需要考虑随机过程在某些特定时间点上的取值。通常选取一列 $\{t_i\}$，使其满足：

$$0=t_0<t_1<t_2<\cdots<t_{k-1}<t_k=T \tag{5-88}$$

来表示连续时间区间 $[0,T]$ 内的随机价格过程 S_t，在特定的时间点 t_i，价格过程的取值为 S_{t_i}，如果对任意 $t\geq 0,S_t$ 的值都包含在信息族 I_t 中，则称 $\{S_t,t\in[0,\infty)\}$ 适应于 $\{I_t,t\in[0,T]\}$，即已知信息族 I_t，就可以得出 S_t 的值。

定义连续时间鞅：使用不同的信息集可以对价格过程 $\{S_t\}$ 得出不同的预测，这些预测值可以用条件期望来表示。特别地：

$$E_t[S_t]=E[S_T\mid I_T] \tag{5-89}$$

是在 t 时刻利用已知信息预测得到的 S_t 的未来值 S_T 的正式表示。$E_u[S_t]$，$u<t$，表示用到 u 时刻为止的更小的信息集对相同变量 S_t 做出的预测。

如果随机过程 $\{S_t,t\in[0,\infty)\}$ 对于 $\forall t>0$ 都满足：

当 I_t 已知时，S_t 已知（S_t 关于 I_t 是适应的）；

非条件预测值有限：$E[S_t]<\infty$；

如果 $E_t[S_T]=S_t$，$\forall t<T$ 的概率为 1，则对于无法被观察到的未来值的最优预测是最近的观察值 S_t。

那么称该随机过程为关于信息集 I_t 和概率 P 的鞅。这里所有的期望 $E[\cdot]$ 都是建立在概率 P 上的。

根据该定义，鞅是在当前信息集的条件下完全无法预测未来变化的随机过程，例如，假

设 S_t 是一个鞅,考虑长度为 $u>0$ 的时间区间上 S_t 所发生的变化的预测值:

$$E_t[S_{t+u}-S_t]=E_t[S_{t+u}]-E_t[S_t] \qquad (5\text{-}90)$$

但 $E_t[S_t]$ 是对于值已知的随机变量的预测(因为根据定义 S_t 是关于 I_t 适应的),因此,它等于 S_t。如果 S_t 是鞅,$E_t[S_{t+u}]$ 也就等于 $E_t[S_t]$,这样就得到了:

$$E_t[S_{t+u}-S_t]=0 \qquad (5\text{-}91)$$

即对于 S_t 在任意 $u>0$ 的时间区间内变化的最优预测值为 0。也就是说,鞅在未来运动方向是无法预测的,这就是鞅过程的基本特征。如果随机过程的轨迹明显具有可认知的长期或短期趋势,则该过程就不是鞅。

注意,这里还要强调鞅定义中非常重要的一点,鞅的定义总是伴随着特定的信息集和特定的概率。如果改变信息的内容或改变与随机过程相关的概率测度,则所考虑的随机过程可能不再是鞅。

反之,给定非鞅的随机过程 X_t,可以通过调整相应的概率测度 P 将 X_t 转换为鞅。

根据上述定义,如果随机过程 S_t 在给定信息集的条件下完全无法预测未来值,则它就是鞅。股票价格或债券价格都不是完全无法预测的。贴现债券的价格被认为是随时间递增的,通常股票价格亦是如此,因此,如果 B_t 表示在 T 时刻($t<T$)到期的贴现债券的价格,则有 $B_t<E[B_u]$,$t<u<T$,显然,贴现债券价格的运动不满足鞅的条件。

类似地,一般而言,一支风险股票的价格 S_t 会一直有着正的预期收益,因此也不会是鞅。对于小区间 Δ 而言,有

$$E[S_{t+\Delta}-S_t]\approx\mu \qquad (5\text{-}92)$$

这里 μ 是正的预期收益率。

期货和期权也有着相似的结论。例如,期权具有"时间价值",并且随着时间的流逝,假定其他条件不变,欧式期权价格会下降。这种随机过程称为上鞅。

如果资产价格更可能是下鞅或上鞅,则为什么我们还对鞅这么感兴趣呢?

这是因为虽然大多数金融资产的价格不是鞅,但可以将它们转化成鞅。例如,可以找到一个概率测度为 Q 使债券或股票价格按无风险利率贴现后变为鞅。在这种情况下,对于债券以下等式成立:

$$E_t^Q[e^{-ru}B_{t+u}]=B_u, \quad 0<u<T-t \qquad (5\text{-}93)$$

对于股票以下等式成立:

$$E_t^Q[e^{-ru}S_{t+u}]=S_t, \quad 0<u \qquad (5\text{-}94)$$

这种方法在衍生证券定价中非常有用。

有两种方法可以将下鞅转换为鞅。第 1 种方法比较直观,可以从 $e^{-rt}S_t$ 或 $e^{-rt}B_t$ 中减去预期趋势,这会使原有趋势附近的波动完全无法预测,因此,"变形"后的变量是鞅。这种方法等价于通过分解来得到鞅。事实上,Doob-Meyer 分解意味着,在某些一般条件下,任意连续时间随机过程可以被分解成一个鞅和一个递增(或递减)过程。减去后者即可得到鞅。

第 2 种方法更加实用,这种方法是改变概率测度,而不是直接减去下鞅。也就是说,如果有

$$E_t^P \left[e^{-ru} S_{t+u} \right] > S_t \tag{5-95}$$

则可以尝试找出一个"等价"概率测度 Q,使在 Q 测度下新的数学期望满足:

$$E_t^Q \left[e^{-ru} S_{t+u} \right] = S_t \tag{5-96}$$

这时 $e^{-rt} S_t$ 就变成了鞅。

上述两式的转换,新的概率测度称为等价鞅测度。

选择第 2 种方法将任意随机过程转换为鞅,那么将用到 Girsanov 定理。在金融资产定价中,这种方法比 Doob-Meyer 分解有着更加广泛的应用。

当套利机会不存在时,市场均衡意味着可以找到一种人造的概率测度 Q,使所有正确贴现后的资产价格 S_t 变为鞅:

$$E_t^Q \left[e^{-ru} S_{t+u} \mid \boldsymbol{I}_t \right] = S_t \tag{5-97}$$

因此,鞅在资产定价的实践中起着非常重要的作用。

然而这并不是鞅非常有用的唯一原因。鞅理论内容非常丰富,这里讨论鞅理论中的一些实用技巧。

用 X_t 表示在滤子 $\{\boldsymbol{I}_t\}$ 和概率测度 Q 下具有鞅性质的资产价格,它满足:

$$E_t^Q \left[X_{t+\Delta} \mid \boldsymbol{I}_t \right] = X_t \tag{5-98}$$

其中,$\Delta > 0$ 表示小的时间区间。那么 X_t 在连续时间下将会有哪种类型的轨迹呢?

为了回答这一问题,首先定义鞅差分 ΔX_t:

$$\Delta X_t = X_{t+\Delta} - X_t \tag{5-99}$$

由于 X_t 是鞅,所以:

$$E_t^Q \left[\Delta X_t \mid \boldsymbol{I}_t \right] = 0 \tag{5-100}$$

正如前面所讲,这个等式意味着无论时间区间 Δ 多么小,鞅的增量都应该是完全无法预测的。

这种不规律的轨迹按两种方式出现。它们可以是连续的,也可以是跳跃的,连续鞅如图 5-7 所示,右连续鞅如图 5-8 所示。

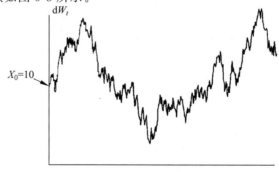

图 5-7 一个连续鞅的例子

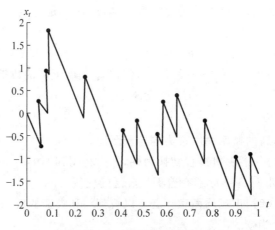

图 5-8　一个右连续鞅的例子

图 5-7 给出了一个连续鞅的例子。注意,它的轨迹是连续的,当 $\Delta \to 0$ 时,有

$$P(\Delta X_t > \varepsilon) \to 0, \quad \forall \varepsilon > 0 \tag{5-101}$$

图 5-8 给出了一个右连续鞅的例子。在这种鞅中,它的路径存在随机的跳跃点。

这种路径的不规律性和跳跃的可能性正是表示资产价格时所需要的理论工具,尤其是在已知套利定理的情况下。

除此之外,鞅还有一些重要的含义。假设 X_t 是连续鞅,并且对任意 $t > 0$, X_t 具有有限的二阶矩:

$$E\left[X_t^2\right] < \infty \tag{5-102}$$

这种随机过程具有有限的方差,被称为连续平方可积鞅。通过调整时间后的布朗运动来对这种鞅进行表示是很有意义的。也就是说,连续平方可积鞅非常接近于布朗运动。这意味着变化的不可预测性和不存在跳跃是连续时间布朗运动的两个重要性质。

这一点本质上意味着,如果连续平方可积鞅适合于对资产价格进行建模,则可以假设资产价格过程中的微小增量是具有正态性的。

这里使用两个"小区间" Δ 内观察到的相互独立的泊松过程来构建一个鞅。

假设金融市场受"好"消息和"坏"消息的影响。忽略消息的具体内容,仅保留它们是"好"还是"坏"这一信息。N_t^G 和 N_t^B 分别表示到 t 时刻为止出现的"好"消息和"坏"消息的数目。进一步假设消息到达金融市场的方式是与历史数据完全无关的。两种消息之间是相互独立的。

最后,在小区间 Δ 内,至多出现一条消息,并且两种类型的消息出现的概率相同,因此,在区间 Δ 的增量变化 ΔN_t^G 和 ΔN_t^B 的概率分布为

$$P(\Delta N_t^G = 1) = P(\Delta N_t^B = 1) \approx \lambda \Delta \tag{5-103}$$

定义变量 M_t:

$$M_t = N_t^G - N_t^B \tag{5-104}$$

那么 M_t 是鞅。

5.5.5　列维过程

列维过程是所有具有平稳、独立增量的随机过程的统称。列维-辛钦定理根据所包含的过程的特征总结出了列维过程的特征。它告诉我们,存在测度 ν,对所有 $u \in \mathbf{R}$ 和 t 非负,列维过程的特征函数可写为

$$E(\mathrm{e}^{\mathrm{i}uX_t}) = \exp(t_\phi(u)) \tag{5-105}$$

其中,

$$\phi(u) = \mathrm{i}\gamma u - \frac{1}{2}\sigma^2 u^2 + \int_{-\infty}^{+\infty} (\mathrm{e}^{\mathrm{i}uy} - 1 - \mathrm{i}uy 1_{\{|y|\leqslant 1\}})\,\mathrm{d}\nu(y) \tag{5-106}$$

这里 γ 和 σ 是实数,ν 是 $\mathbf{R}$ 上的测度,满足 $\nu(0) = 0$,并且:

$$\int_{-\infty}^{+\infty} \min(1, x^2)\,\mathrm{d}\nu(x) \tag{5-107}$$

有界。假定列维过程 $\{X_t\}_{t\geqslant 0}$ 为以下形式:

$$X_t = (r - q + \omega)t + Z_t \tag{5-108}$$

该过程包含 ω 控制的漂移项和纯跳跃成分 $\{Z_t\}_{t\geqslant 0}$。在方差伽马过程中,纯跳跃部分的列维测度可以写作 $\mathrm{d}\nu(y) = k(y)\mathrm{d}y$,其中 $k(y)$ 为

$$k(y) = \frac{\mathrm{e}^{-\lambda_p y}}{\nu y}1_{y>0} + \frac{\mathrm{e}^{-\lambda_n |y|}}{\nu y}1_{y<0} \tag{5-109}$$

且

$$\lambda_p = \left(\frac{\theta^2}{\sigma^4} + \frac{2}{\sigma^2}\right)^{\frac{1}{2}} - \frac{\theta}{\sigma^2} \tag{5-110}$$

$$\lambda_n = \left(\frac{\theta^2}{\sigma^4} + \frac{2}{\sigma^2}\right)^{\frac{1}{2}} + \frac{\theta}{\sigma^2} \tag{5-111}$$

5.5.6　GP 模型通俗解读

GP 模型出自 2011 年 Fabien Guilbaud 和 Huyen Pham 的论文 *Optimal High Frequency Trading with limit and market orders*。

AS 模型在实际应用中会有两个缺点,一是这种处理方法涉及最优时间窗口的选择问题,如果处理不谨慎,则可能会造成过度拟合;二是这种方法存在按照最小跳价取整的舍入误差问题,对离散的挂单过程无法准确刻画。

为了解决上述两个问题,GP 模型应运而生。对大跳价资产而言,限价单的队列较长,绝大部分市价单能成交在买一和卖一价上,因此使用市价单的意义并不大,所以 GP 模型最优报价策略的选择只局限在买一和卖一,以及买一加一个跳价或卖一减一个跳价上,后两种挂单方式实际相当于使用市价单了。这里并不存在在更深价位挂单的情景,因此盈利也相当有限,多数时候不会超过半个跳价,可以预期这个策略将对手续费返还要求较高。这个模型的另一效果在于做市过程中产生的库存风险的管理。

GP 模型提出的离散模型中包含了 3 个随机过程:一个用来模拟离散取值的价差 S_t,这是一个马尔可夫过程,另外两个是模拟市价买单和市价卖单到达的过程(双随机泊松过程)。

首先,买卖价差 S_t 可以看作一个只取离散值的随机过程,即

$$S_t := \{\delta, 2\delta, \cdots, m\delta\} \tag{5-112}$$

其中,δ 是最小跳价。价差在状态 i 和状态 j 之间的转移概率可以定义为

$$P(S_{t+1} = j\delta \mid S_t = i\delta) = \rho_{ij}, \quad \text{s. t. } \rho_{ii} = 0 \tag{5-113}$$

这样 S_t 就是一个时间连续的马尔可夫链,有密度矩阵:

$$\boldsymbol{R}(t) = (r_{ij}(t))_{1 \leqslant i, j \leqslant m} \tag{5-114}$$

对于密度矩阵 $\boldsymbol{R}(t)$,有

$$r_{ij} = \Lambda(t)\rho_{ij}, \quad i \neq j \tag{5-115}$$

$$r_{ii}(t) = -\sum_{j \neq i} r_{ij}(t) \tag{5-116}$$

其中,$\Lambda(t)$ 为高频数据的采样频率。

在建立价差的随机过程后,接着需要研究的是在不同价差条件下,做市商所挂限价单的成交概率。这里把做市商的报价策略 α_t 表示为

$$\alpha_t = (Q_t^b, Q_t^a, L_t^b, L_t^a) \tag{5-117}$$

其中,L_t^b, L_t^a 分别表示做市商所挂的买单和卖单的数量,Q_t^b, Q_t^a 分别表示做市商所挂的买单和卖单的价格。

做市商的买单报价策略池 $\pi^b(p, s)$ 可以用中间价 p 和价差 s 表示,即

$$\pi^b(p, s) = \begin{cases} \text{Bb}_+ = p - \dfrac{s}{2} + \delta \\ \text{Bb} = p - \dfrac{s}{2} \end{cases} \tag{5-118}$$

这意味着所报买价在买一价加一跳价中选择。

同样,卖单报价策略池 $\pi^a(p, s)$ 可以表示为

$$\pi^a(p, s) = \begin{cases} \text{Ba}_- = p + \dfrac{s}{2} - \delta \\ \text{Ba} = p + \dfrac{s}{2} \end{cases} \tag{5-119}$$

即所报卖价在卖一价减一跳价中选择。

能够与做市商所挂限价单匹配的市价买单和卖单可以用两个相互独立的 Cox 过程 N^a 和 N^b 模拟,它们的密度函数可以表示为 $\lambda^a(Q_t^a, S_t)$ 和 $\lambda^b(Q_t^b, S_t)$。这里的 λ^a 和 λ^b 分别是在 m 种价差状态下和两种报价价格上得到的密度,因此 λ^a 和 λ^b 在同一时间段上各有 $2m$ 个值。

为了让 GP 模型能够顺利地运行,需要对模型中的参数给出相应的估计。GP 模型使用的参数包括不同价差状态之间的转移概率 $P\{S_{t+1} = j\delta \mid S_t = i\delta\} = \rho_{ij}$,以及各种状态在不

同价位挂单的成交密度 $\lambda^a(Q_t^a,S_t)$ 和 $\lambda^b(Q_t^b,S_t)$。

价差从状态 i 至 j 的转移概率 ρ_{ij} 按照下式统计:

$$\hat{\rho}_{ij}=\frac{\sum_{n=1}^{K}1_{\{\hat{s}_{n+1},\hat{s}_n=(j\delta,i\delta)\}}}{\sum_{n=1}^{K}1_{\{\hat{s}_n=i\delta\}}} \tag{5-120}$$

即统计价差转移至不同状态与其所占的时间比例。

不同价差状态下限价单的成交密度 λ 的估计由于要考虑排队效应,所以较为烦琐。我们的估计需要基于一个假设:做市商的挂单都是在买一或者卖一出现变动后才发出的。而且所发出的挂单成交后,如果相应的买一或者卖一价不变,则不再发出新的报价。

以买单举例,当买一价格在 θ_n 时刻出现变动时,做市商能够及时获得相应信息,然后进行报价,所报价格经过一定延时后到达交易所。θ_n 时刻新的买单队列长度为 $V_{\theta_n}^b$,则做市商的挂单所在队列长度为 $V_0+V_{\theta_n}^b$。在 θ_{n+1} 时刻后买一价格发生改变,从 θ_n 到 θ_{n+1} 时刻发生在该买价上的成交量为 $V_{\theta_{n+1}}^S$,如果 $V_0+V_{\theta_n}^b<V_{\theta_{n+1}}^S$,则判定做市商所挂买单成交。做市商在买一价挂单的 Cox 过程 N^b 在不同价差状态 i 下可记为

$$\widetilde{N}_{\theta_{n+1}}^{b,Bb,i}=\widetilde{N}_{\theta_n}^{b,Bb,i}+1\{V_0+V_{\theta_n}^b<V_{\theta_{n+1}}^s\ s_{\theta_n}=i\delta\} \tag{5-121}$$

$$\widetilde{N}_0^{b,Bb,i}=0 \tag{5-122}$$

V_0 用来模拟做市商的交易系统延时,做市商的交易系统越快则 V_0 越小。

如果做市商在买一价上加一最小跳价上挂单,则只需 $V_0<V_{\theta_{n+1}}^S$ 便可判定挂单成交,相应的 Cox 过程 N^b 可以记为

$$\widetilde{N}_{\theta_{n+1}}^{b,Bb_+,i}=\widetilde{N}_{\theta_n}^{b,Bb,i}+1\{V_0<V_{\theta_{n+1}}^s,s_{\theta_n}=i\delta\} \tag{5-123}$$

$$\widetilde{N}_0^{b,Bb_+,i}=0 \tag{5-124}$$

再把买单队列在不同价差状态 i 下存在的时间记为

$$\widetilde{T}_{\theta_{n+1}}^i=\widetilde{T}_{\theta_n}^i+(\theta_{n+1}-\theta_n)1\{s_{\theta_n}=i\delta\} \tag{5-125}$$

$$\widetilde{T}_0^i=0 \tag{5-126}$$

那么不同价差状态 i 下,做市商所报的买单价格成交密度可以表示为

$$\widetilde{\lambda}_i^b(q^b)=\frac{\widetilde{N}_{\theta_n}^{b,q^b,i}}{\widetilde{T}_{\theta_n}^i},\quad q^b\in\{Bb,Bb_+\} \tag{5-127}$$

卖单 $\widetilde{\lambda}_i^a(q^a)$ 也可以用相同的方式进行统计,但在实际应用中会把两者取平均后使用,这样就不会有买卖偏好了。

利用 GP 模型做市的目的是最大化做市收益及在做市结束时拥有最小的库存,假设做市结束时间 T 时,做市商拥有现金流为 X_T,累积的库存为 Y_T,中间价为 P_T,以及处于差

价状态 S_T，即 $i\delta, i \in 1,2,\cdots, m$}，做市商的目标是最大化目标函数：

$$v_i(t,x,y,p) = \max E\left[X_T + Y_T P_T - |Y_T|\frac{i\delta}{2} - \gamma\int_0^T g(Y_t)\,\mathrm{d}t\right], \quad i \in s \quad (5\text{-}128)$$

其中，$g(y) = y^2$。

使用分离变量法，v_i 可以进一步分解为

$$v_i(t,x,y,p) = x + yp + \phi_i(t,y) \quad (5\text{-}129)$$

这个分解可以直观地理解为未来最优策略的选取与已经取得的收益 x 无关，p 是一个鞅(martingale)，期望是 0，所以可以把 x 和 yp 从 (t,x,y,p) 中分离出去。

利用动态规划原理 $\phi_i(t,y)$ 可以通过以下 HJB 方程求得

$$\frac{\partial \phi_i}{\phi t} + \sum_{j=1}^m r_{ij}(t)\left[\phi_j(t,y) - \phi_i(t,y)\right] +$$

$$\sup_{(q^b,l^b)\in Q_i^b \times [0,\bar{l}]} \lambda_i^b(q^b)\left[\phi_j(t,y+l^b) - \phi_i(t,y) + \left(\frac{i\delta}{2} - 1_{q^b=\text{Bb}_+}\right)\right] +$$

$$\sup_{(q^a,l^a)\in Q_i^a \times [0,\bar{l}]} \lambda_i^a(q^a)\left[\phi_j(t,y+l^a) - \phi_i(t,y) + \left(\frac{i\delta}{2} - 1_{q^a=\text{Ba}_-}\right)\right] - \gamma g(y) = 0$$

$$(5\text{-}130)$$

同时满足终止条件：

$$\phi_i(T,p) = -|y|\frac{i\delta}{2} \quad (5\text{-}131)$$

其中，q^b 和 q^a 为需要计算的买卖报价，l^b 和 l^a 为所挂的买卖单数量，$\bar{l}$ 为最大挂单量，γ 为对库存的惩罚系数。方程可以通过有限差分的欧拉公式进行求解。

5.5.7 基于动态规划方法的高频做市策略模型 GP 模型

在开发之前，先来明确一下这个模型的重要思路。它是一个基于动态规划方法的高频做市策略模型 GP 模型，用于在订单驱动市场中，面对离散报价情况下的做市策略优化。

首先，文章建立了一个做市商在限价盘市场做市的框架。做市商可以选择不同的报价方式，包括最优报价、最优报价加一个最小变动单位报价等。与此对应的是不同报价方式下成交概率也不同。成交执行是随机的，用 Cox 过程模拟。做市商的目标是在有限的时间内通过控制报价和数量，最大化收益并控制风险。

然后使用动态规划原理，建立了一个 HJB 方程组，描述了不同报价方式下的做市收益。通过求解 HJB 方程，可以获得给定仓位下的最优报价策略。这里的关键是报价的离散性，以及不同报价对应的成交强度函数。

求解 HJB 方程后，做市商可以根据当前仓位状态，查询价值函数，产生最优的报价和数量。这构成了一个反馈控制循环。

与传统的 Avellaneda-Stoikov 模型相比，GP 模型更适合模拟和优化订单驱动市场下的

高频做市策略,其考虑了报价的离散性,以及订单在买盘卖盘中的优先级等市场微观结构特征。这使策略更贴近实际市场交易的需求。

使用市场高频数据来估计模型中涉及的一些参数,包括报价变化概率,不同报价下的成交强度,这为模型的落地应用提供了可能。

主要的创新点在于建模报价的离散性,引入了订单优先级概念,并给出了直观的参数估计方法。

建模首先考虑的入手要点如下:

(1) 假设股票中间价跟随一个扩散过程,买卖盘间隙(Spread)是一个马尔可夫连续时间链。

股票中间价 P_t 满足扩散过程 $P_t = \mu(P_t, t)\,\mathrm{d}t + \sigma(P_t, t)\,\mathrm{d}W_t$,计算代码如下:

```
#//第5章//GP.ipynb
def simulate_P(T, P0, mu, sigma):
    P = [P0]
    for t in range(T):
        dP = mu * P[-1] * dt + sigma * P[-1] * dW(t)
        P.append(P[-1] + dP)
    return P
```

买卖盘间隙 S_t 满足马尔可夫链 $S_t = S_{\hat{N}_t}$,$\hat{N}_t \sim \mathrm{Poisson}(\lambda(t))$,计算代码如下:

```
#//第5章//GP.ipynb
def simulate_S(T, S0, rate, Q):
    S = [S0]
    N = poisson_process(rate)
    for t in range(T):
        S.append(Q[S[-1], N[t]])
    return S
```

(2) 交易者可以选择限价单或市价单进行交易。限价单有执行风险,市价单有较高的成本。限价单执行数 N_t^a,N_t^b 满足 Cox 过程,强度为 $\lambda^a(S_t, a_t)$,$\lambda^b(S_t, b_t)$ 的市价单,成本函数为 $c(e_t, P_t, S_t) = e_t P_t + |e_t| S_t/2 + \varepsilon$,计算代码如下:

```
#//第5章//GP.ipynb
def simulate_trades(S, a, b, Na=0, Nb=0):
    for t in range(T):
        dNa = binomial(lambda_a(S[t], a[t]))      #Cox 过程
        dNb = binomial(lambda_b(S[t], b[t]))
        Na += dNa
        Nb += dNb
    return Na, Nb

def market_order_cost(e, P, S):
    return e * P + abs(e) * S/2 + eps
```

(3) 目标是在有限期内最大化资产终值的期望效用,同时控制仓位。形式化为一个混合正则/脉冲控制问题。目标函数:$J = E\left[U(X_T) - \gamma \int_0^t g(Y_t)\,\mathrm{d}t\right]$;动态规划方程 $\min[-v_t -$

$\mathcal{L}v - \gamma g, v - \mathcal{M}v] = 0$,计算代码如下:

```
#//第5章//GP.ipynb
def value_function(X, Y, P, S, t):
    数值求解 HJB 偏微分方程
    return v(X, Y, P, S, t)

def optimize(T, v):
    #通过最大化 Hamilton 量来获得最优控制
    return a_star, b_star, e_star
```

(4)通过动态规划原理推导出 HJB 方程,并在具体效用函数情况下化简。HJB 方程的隐式形式版本在 mean-variance 和 exponential utility 情况下化简为仅依赖仓位和间隙的形式,计算代码如下:

```
#//第5章//GP.ipynb
def hjb_pde(v, bv, sv):
    #离散并求解 HJB PDE
    return v

def simplified_hjb(y, s):
    #解决特定实用程序的简化 IDE
    return v(y, s)
```

(5)给出参数估计方法,并在真实数据上进行策略回测,结果显示优化策略确实改善了信息比率。参数估计 $\hat{\rho}_{ij} = \dfrac{\sum\limits_{n=1}^{N} \mathbb{II}(S_{n+1}=j, S_n=i)}{\sum\limits_{n=1}^{N} \mathbb{II}(S_n=i)}$,$\hat{\lambda} = \dfrac{N_T}{T}$,回测比较信息比率 IR $=$

$\dfrac{E[X_T]}{\sqrt{\mathrm{var}[X_T]}}$,计算代码如下:

```
#//第5章//GP.ipynb
def estimate_params(ticks):
    #估计函数
    return rho_hat, lambda_hat

def backtest(strategies):
    #进行回测
    return results

def evaluate_ir(results):
    #计算并比较信息比率
    return IR
```

对于以上这些部分的计算内容应该是首要的建模起步。现在我们来制定一个框架,代码如下:

```
#//第5章//main.py:
- 导入需要的包
```

- 定义全局配置参数
- 调用数据加载、模型训练、回测、结果评估的流程

```
data/ticks.csv:
```
- 存放原始的 tick 数据

```
lob.py:
```
- 从 tick 数据中重建限价买卖盘
- 获取不同挡位的价格和数量数据
- 计算委托队列长度和深度
- 绘制买卖盘时间序列走势

```
strategy.py:
```
- 定义交易策略类,包含止损、趋势跟踪、统计套利等策略
- 策略类包含生成订单的逻辑

```
backtest.py:
```
- 根据策略逻辑在重建的买卖盘上进行回测
- 记录订单执行的价格、时间和数量
- 计算仓位、收益等时间序列

```
analysis.py
```
- 对回测结果进行统计分析
- 绘制订单数量和频次分布
- 绘制仓位和收益时间序列图
- 计算收益评价指标,如夏普比率、胜率等

```
model/hjb.py:
```
- 定义 HJB 价值函数和控制域
- 使用有限差分方法求解 HJB 方程
- 输入:模型参数、收益函数、交易成本函数
- 输出:最优控制策略

```
model/train.py
```
- 使用历史数据训练模型,确定最优参数
- 将优化后的参数传给 HJB 求解

```
output/:
```
- 存储回测和分析结果的图片
```
main.py:
```

```python
#导入需要的包
import pandas as pd
from lob import LOB
from strategy import Strategy
from backtest import Backtest
from analysis import Analysis

#定义全局配置参数
TICK_DATA = 'data/ticks.csv'
START_DATE = '20230201'
END_DATE = '20230331'
```

```
PRODUCT = ''                #读者可以使用自己想要测试的市场

def main():

    #1. 数据加载
    ticks = load_tick_data(TICK_DATA)

    #2. 模型训练(可选)
    #调用 model/train.py

    #3. 策略回测
    lob = LOB(ticks)
    strategy = Strategy()
    backtest = Backtest(lob, strategy)
    backtest.run(START_DATE, END_DATE)

    #4. 回测分析
    analysis = Analysis(backtest)
    analysis.plot_results()
    analysis.evaluate_performance()

if __name__ == '__main__':
    main()
```

在这个框架下,主要流程包括从 tick 数据中加载并重建限价买卖盘;训练模型确定最优参数(可选);定义交易策略,在重建的买卖盘上进行回测;分析回测结果,评估策略表现。

关键模块包括限价买卖盘重建(LOB)、策略定义(Strategy)、回测引擎(Backtest)、回测分析(Analysis),模块代码如下:

```
#//第 5 章//lob.py

import pandas as pd

class LOB(object):

    def __init__(self, ticks):
        self.ticks = ticks
        self.init_from_ticks()

    def init_from_ticks(self):
        #用 tick 数据重建买卖盘
        self.ask_prices = …
        self.ask_volumes = …
        self.bid_prices = …
        self.bid_volumes = …

    def get_ask_price(self, level):
        #返回某一档的卖价
        return self.ask_prices[level]

    def get_bid_price(self, level):
        #返回某一档的买价
        return self.bid_prices[level]
```

策略部分构建了 HJB 方程,用 solve_HJB 函数求解,得到最优控制策略 phi,然后根据当前仓位 inventory 映射到 phi 上的最优控制,产生报价和数量,在策略模块中实现求解最优报价的关键算法,算法代码如下:

```
#//第5章//strategy.py
import numpy as np
from scipy.sparse import spdiags
from scipy.sparse.linalg import spsolve

class HFStrategy:

    def __init__(self, params):
        self.params = params
        #初始化策略参数
        #params:
                #tick_size: 最小变动价位
                #lambda_bid_1: 当前最优买价报价成交概率
                #lambda_bid_2: 当前最优买价上浮一挡报价成交概率
                #lambda_ask_1: 当前最优卖价报价成交概率
                #lambda_ask_2: 当前最优卖价下浮一挡报价成交概率
                #trans_prob: 价差变动概率矩阵
                #y_max: 最大仓位限制
                #l_max: 单笔最大报单量

    def generate_orders(self, state):

        spread = state['spread']
        mid_price = state['mid_price']
        inventory = state['inventory']

        #根据当前状态计算最优报价和数量
        q_bid, q_ask, l_bid, l_ask = self.optimize(spread, inventory)

        #生成订单
        order = {
            'bid_price': self.get_bid_price(q_bid, mid_price, spread),
            'ask_price': self.get_ask_price(q_ask, mid_price, spread),
            'bid_qty': l_bid,
            'ask_qty': l_ask
        }

        return order


    def optimize(self, spread, inventory):

        #构建 HJB 方程
        def HJB(phi, y):
            #phi 为价值函数,y 为仓位
            #r_ij 为价差转移概率矩阵
            #lambda_i 为不同状态下的成交强度
            #gamma 为仓位惩罚系数
```

```
        d_phi = - r_ij * (phi_j - phi_i)
                - lambda_i * (phi(y + l_bid) - phi(y))
                - lambda_i * (phi(y - l_ask) - phi(y))
                - gamma *g(y)

        return d_phi

    #求解 HJB 方程得到最优控制
    y_grid = np.linspace(-Y_MAX, Y_MAX, NY)
    phi = solve_HJB(HJB, y_grid)

    #根据当前仓位 y 解出最优报价和数量
    y_idx = find_index(y_grid, inventory)
    q_bid, l_bid = get_optimal(phi, y_idx, 'bid')
    q_ask, l_ask = get_optimal(phi, y_idx, 'ask')

    return q_bid, q_ask, l_bid, l_ask


def is_entry_signal(self, lob):
    #判断是否触发入场信号
    ...


def long_entry_order(self):
    #多头开仓订单 specifics
    ...


def get_bid_price(self, q_bid, mid_price, spread):
    if q_bid == 'Bb+':
        return mid_price - spread/2 + self.tick_size
    else:
        return mid_price - spread/2


def get_ask_price(self, q_ask, mid_price, spread):
    if q_ask == 'Ba-':
        return mid_price + spread/2 - self.tick_size
     else:
        return mid_price + spread/2



def solve_HJB(HJB, y_grid):

    #构建 HJB 方程的系数矩阵
    n = len(y_grid)
    h = y_grid[1] - y_grid[0]

    data = [1/h**2 *np.ones(n),
            -2/h**2 *np.ones(n),
            1/h**2 *np.ones(n)]

    diags = [-1, 0, 1]
    A = spdiags(data, diags, n, n)
```

```
                #处理边界条件
                A[0, 0] = 1
                A[n-1, n-1] = 1

                #求解线性方程组
                rhs = -HJB(y_grid)
                phi = spsolve(A, rhs)

                return phi

        def get_optimal(phi, y_idx, side):

                #根据phi求最优控制
                if side == 'bid':
                    q1 = 'Bb'
                    q2 = 'Bb+'
                    lambda_1 = LAMBDA_BID_1
                    lambda_2 = LAMBDA_BID_2
                else:
                    q1 = 'Ba'
                    q2 = 'Ba-'
                    lambda_1 = LAMBDA_ASK_1
                    lambda_2 = LAMBDA_ASK_2

                #计算最优报价
                v1 = lambda_1 * (phi[y_idx+1] - phi[y_idx])
                v2 = lambda_2 * (phi[y_idx+1] - phi[y_idx] - tick_size)
                if v1 >= v2:
                    q = q1
                else:
                    q = q2

                #计算最优数量
                l = L_MAX if phi[y_idx+1] - phi[y_idx] >= 0 else 0

                return q, l
```

这里实现了HJB方程的有限差分求解函数solve_HJB,以及根据价值函数求最优控制的get_optimal函数。在solve_HJB中,使用了scipy库构建了三对角矩阵,并调用线性求解器求解了HJB方程。在get_optimal中,计算了最优报价和数量,其中引入了一些全局变量表示成交强度和交易设置。回测部分,代码如下:

```
#//第5章//backtest.py
import pandas as pd

class Backtest():

    def __init__(self, strategy, lob):
        self.strategy = strategy
        self.lob = lob
        self.trades = []
```

```python
def run(self, start, end):

    cur_time = start
    inventory = 0
    cash = 0

    while cur_time < end:

        #获取当前限价盘状态
        lob_state = self.lob.get_state(cur_time)

        #策略生成订单
        order = self.strategy.generate_order(lob_state)

        if order:
            #提交订单并获取执行信息
            trade = self.submit_order(order, cur_time)

            #更新仓位
            inventory += trade['fill_qty']
            cash -= trade['fill_price'] * trade['fill_qty']

        #移动到下一个时间
        cur_time += self.timestep

def submit_order(self, order, time):

    lob_price = self.lob.get_lob_price(order['side'], order['price'])
    fill_price = lob_price
    fill_qty = order['quantity']

    trade = {
        'time': time,
        'side': order['side'],
        'price': order['price'],
        'fill_price': fill_price,
        'fill_qty': fill_qty
    }

    self.trades.append(trade)

    return trade
```

这里实现了主要的回测逻辑,包括加载策略和限价盘、循环回测并生成订单及更新状态、提交订单并模拟成交,还有记录每次交易。

统计数据分析部分,分析代码如下:

```python
#//第 5 章//analysis.py

import matplotlib.pyplot as plt

class Analysis():
```

```
#由于读者关心的问题集中在策略部分,可视化问题可以根据自己的偏好去实现,这里给出一
#个思路
    def __init__(self, backtest):
        self.backtest = backtest

    def plot_results(self):
        #画出回测结果图表
        plt.plot(self.backtest.pnl)
        plt.plot(self.backtest.position)
        ...

    def evaluate_performance(self):
        #计算评价指标
        sharpe = ...
        hit_rate = ...
```

对此基于动态规划方法的 GP 模型就介绍到这里,其中策略模块的参数模拟是最为重要的地方。

5.6 订单簿的泊松过程建模

在交易的执行过程中,尤其是对于一些流动性不佳的产品,限价单经常面临着不被成交的风险。这可能使交易员的套利交易或其他交易执行失败。

以交易中对于短期内中间价格预判的需求为导向,根据五挡订单簿及其历史行情,构建了一个预测短期中间价格走势的模型,能够对交易员在执行套利或者一般情况下建仓平仓的下单指令(市价单或限价单)及下单时机决策起到辅助作用。该方法从相对价格挡位上的订单事件发生遵循泊松过程及短时间泊松率不发生明显变化这两个假设出发,通过严密的逻辑推理,使用 Laplace 变换,连分数和复数域上的数值逆变换,得到上述概率。模型具有四大特点:适用范围广;逻辑严密;响应速度快;可解释性好。可运用于各种订单驱动型市场的高频预测,让交易员在执行交易时能获得更优成交价格,降低订单成交的不确定性。

5.6.1 文献综述

预测短期内中间价格变动的方法之一是使用高频信息,订单簿是一个我们可得的高频信息。

通过订单簿可以部分还原出信息簿。订单簿的动态建模主要有两种方法,一种是经典计量经济学方法,另一种是机器学习方法。计量经济学方法是一种经典的主流研究方法,例如研究价差分析的 MRR 分解、Huang 和 Stoll 分解等,研究订单持续期的 ACD 模型,研究价格预测的 Logistic 模型,如 2013 年的 *Price Jump Prediction in Limit Order Book*。机器学习在金融领域的学术研究也非常活跃,例如 2012 年的 *Forecasting trends of high-frequency KOSPI200 index data using learning classifiers* 是一种常见研究思路,利用技术分析常见的指标(MA、EMA、RSI 等),引入机器学习的分类方法进行市场预测,但这种做

法对订单簿动态信息挖掘不足,也就是说,利用订单簿动态信息进行高频交易的研究还比较少,这是很值得深入研究的领域。在应用层面,海外已经有一些量化模型框架被投资者和量化交易员用来优化他们的交易执行策略(Alfonsi 等,2010,Obizhaeva 和 Wang 2006)。

使用随机过程模型对于限价订单簿建模,用概率去衡量不确定性,以解决交易执行优化问题。

5.6.2　问题引入

在订单的执行过程中,交易员所下的限价单不一定能立即被成交,因此,研究中间价格在短时间的变动,以及限价单成交的可能性十分必要。当模型很确信中间价格方向变动对于执行交易有利时,例如,要在一个产品上建立一个多头头寸而模型预测中间价格大概率会下跌时,可以大胆地用限价单在最佳报价上挂单等待成交,因为那意味着不成交风险小却可以获得更优的价格。

当模型很确信中间价格方向变动对于执行交易不利时,例如,要在一个产品上建立一个多头头寸而模型预测中间价格大概率会上涨时,交易员应立即下一个市价单,避免在中间价格上涨时,要么是对面最佳卖价上涨使建仓成本提高,要么是不得不接受盘口买一价的提高,而买一价的提高会导致两个问题,第一,如果在当前的买一价下限价单,则由于价格优先,后来的上涨后的买一价上的订单会使限价单更难成交;第二,如果为了更可能成交而选择跟随买一价的提高,则同样要付出更高的建仓成本。

5.6.3　限价订单簿随机过程模型

采用的模型由 Rama Cont 等提出。限价订单簿的五档盘口历史数据部分揭示了市场的微观结构,以及买卖双方互动通过复杂的动态博弈导致价格运动的过程。在一个订单驱动型(Order Driven)的市场,从动力学的角度讲,行情的所有演化过程都能由订单簿(Order Book)自下而上、精确完备地决定。逐笔成交数据的信息含量非常丰富。对限价订单簿进行随机过程建模,对订单的产生和成交的预测提供一个以演绎推理为基础的逻辑清晰透明的方法,对于保证样本外的预测精度,模型的可解释性,以及模型对不同市场环境的适应性均有意义。

对高频订单簿的动态过程的建模,可以通过当前订单簿状态去预测它的短期行为,因此需要特别关注,基于当前订单簿状态的各种事件的条件概率。

限价订单簿的动态过程在很多方面类似于一个排队系统。限价单在等待序列中等待被市场单执行或被取消。类比地来看,将限价订单簿建模为一个连续马尔可夫过程,其状态描述了限价单在每个价格挡位的数量。这个模型平衡了交易员想要达到的 3 个特性,一是它容易通过高频数据计算得到;二是它基于订单簿的实证特征;三是它由演绎分析得到,具有良好的可解释性。尤其是这个模型的简洁性,使通过前述的排队系统的相关技巧进行Laplace 变换及逆变换计算订单簿上各种事件的条件概率成为可能。这些条件概率包括 3点:①基于当前订单簿状态下,中间价格下一次变动是上涨还是下跌的概率;②在中间价格变动之前我们的订单被成交的概率；③当买一价和卖一价只相距一个最小价格挡位时，限价单在对面报价反向移动之前被成交的概率。

模型的参数可以很容易地从订单簿的历史数据中获得，各种概率也可以高效地被计算出来，以捕捉稍纵即逝的交易机会。

在这个可以程式化地描述订单驱动型市场中限价订单簿动态过程的模型中，订单流被描述为一系列的相互独立的泊松过程，其参数估计方法后文将进行介绍。

用连续时间马尔可夫过程对订单簿进行建模，$X(t) \equiv (X_1(t), \cdots, X_n(t))_{t \geqslant 0}$，这里 $|X_p(t)|$ 是在价格 p 处的订单，$1 \leqslant p \leqslant n$，其中 $-X_p(t)$ 用来描述买单数量，$X_p(t)$ 用来描述卖单数量。$\{1, \cdots, n\}$ 为价格挡位，在大部分市场中，价格是离散的，将可能的价格挡位映射到 $\{1, \cdots, n\}$ 上。那么 t 时刻的卖价就是 $p_A(t) \equiv \inf\{p = 1, \cdots, n, X_p(t) > 0\} \wedge (n+1)$，买价就是 $p_B(t) \equiv \sup\{p = 1, \cdots, n, X_p(t) < 0\} \vee 0$，定义中的取小和取大是为了应对没有订单的边界情况。

中间价格 $p_M(t)$ 被定义为 $p_M(t) \equiv \dfrac{p_B(t) + p_A(t)}{2}$，而点差或者称为买卖价差 $p_S(t)$ 被定义为 $p_S(t) \equiv p_A(t) - p_B(t)$。

由于大部分的交易活动发生在最优买价和最优卖价的附近，因此，我们定义相对价格下的订单数。这个设定将同时有助于交易员通过相对价格下订单的产生与消失的过程来模拟一个变动中的订单簿而不限定于特定的价格范围。

$$Q_i^B(t) = \begin{cases} X_{P_A(t)-i}(t) & 0 < i < p_A(t) \\ 0 & p_A(t) \leqslant i < n \end{cases} \tag{5-132}$$

$$Q_i^A(t) = \begin{cases} X_{p_B(t)+i}(t) & 0 < i < n - p_B(t) \\ 0 & n - p_B(t) \leqslant i < n \end{cases} \tag{5-133}$$

分别将其定义为距离最优卖价为 i 的买价挡位上的订单数，与距离最优买价为 i 的卖价挡位上的订单数。相对价格挡位的计算和它上面的订单数如图 5-9 所示。

	价	量				相对价	相对价格挡位	
卖五	2.9325	2		2.9325	-2.8975	0.035	14	挡位
卖四	2.91	5		2.91	-2.8975	0.0125	5	挡位
卖三	2.9075	2		2.9075	-2.8975	0.01	4	挡位
卖二	2.905	1		2.905	-2.8975	0.0075	3	挡位
卖一	2.9025	5		2.9025	-2.8975	0.005	2	挡位
买一	2.8975	11		2.8975	-2.9025	-0.005	-2	挡位
买二	2.895	3		2.895	-2.9025	-0.0075	-3	挡位
买三	2.89	2		2.89	-2.9025	-0.0125	-5	挡位
买四	2.885	2		2.885	-2.9025	-0.0175	-7	挡位
买五	2.8825	3		2.8825	-2.9025	-0.02	-8	挡位

图 5-9　FR007.5Y.IRS 的五档订单簿（2019/6/20 14:00:05）

当有新的订单到来，或者已有的订单被撤销或者成交时，$x^{p \pm 1} \equiv x \pm (0, \cdots, 1, \cdots, 0)$，其中代表订单簿状态的 $x \in \mathbf{Z}^n$ 并且 $1 \leqslant p \leqslant n$，并且其中的 1 在第 p 位置。那么有一个在价格

p(其中 $p < p_A(t)$)的限价买单将会使在价格 p 处的订单增加,订单簿状态 $x \rightarrow x^{p-1}$;

一个在价格 p 其中 $p > p_B(t)$ 的限价卖单将会使在价格 p 处的订单增加,订单簿状态 $x \rightarrow x^{p+1}$;

一个在市场价买单将会使在价格 $p_A(t)$ 处的订单减少,订单簿状态 $x \rightarrow x^{p_A(t)-1}$;

一个在市场价卖单将会使在价格 $p_B(t)$ 处的订单减少,订单簿状态 $x \rightarrow x^{p_B(t)+1}$;

一个在价格 p 其中 $p < p_A(t)$ 的限价买单撤销将会使在价格 p 处的订单减少,订单簿状态 $x \rightarrow x^{p+1}$;

一个在价格 p 其中 $p > p_B(t)$ 的限价卖单撤销将会使在价格 p 处的订单减少,订单簿状态 $x \rightarrow x^{p-1}$。

订单簿状态的变化由市价单的到来及流入各个价格挡位的限价单和订单取消驱动,这些订单流可以被计数过程描述。到来的订单流的速率的重要决定因素是订单流对应的价格挡位距离最佳买价或者卖价的距离的远近,在最佳买价或者卖价附近订单流到来的通常会快一些。

为了描述这些实证特点同时不失去模型的解析性(这对于高频数据的应用及所需的各种条件概率的计算十分重要),使用一个随机过程模型来描述之前所述的市场价单、限价单和订单取消事件,假设它们遵循独立泊松过程。更精确地说,假设对于 $i \geq 1$,距离最佳卖价为 i 的限价买单的到来的时间间隔为相互独立的指数分布,速率为 $\lambda_B(i)$;距离最佳买价为 i 的限价卖单的到来的时间间隔为相互独立的指数分布,速率为 $\lambda_A(i)$;市场价卖单的到来的时间间隔为相互独立的指数分布,速率为 μ_A;市场价买单的到来的时间间隔为相互独立的指数分布,速率为 μ_B;距离最佳卖价为 i 的限价买单的撤单速率与当前该价格挡位上的限价买单的数量成比例:如果当前价格挡位上的订单数量为 x,则撤单的速率为 $\theta_B(i)x$。这个假设可以这样理解,如果有 x 个当前挡位的订单,每个订单的取消都服从参数为 $\theta_B(i)$ 的指数分布,则这一挡位的订单总的撤销速率为 $\theta_B(i)x$。

距离最佳买价为 i 的限价卖单的撤单速率与当前该价格挡位上的限价卖单的数量成比例:如果当前价格挡位上的订单数量为 x,则撤单的速率为 $\theta_A(i)x$。这个假设可以这样理解,如果我们有 x 个当前挡位的订单,每个订单的取消都服从参数为 $\theta_A(i)$ 的指数分布,则这一挡位的订单总的撤销速率为 $\theta_A(i)x$。

把这些事件的到来的速率建模为一个关于距离当前最佳买价/卖价距离 i 及时间 t 的函数 $\lambda_t : \{1, \cdots, n\} \rightarrow [0, \infty)$。

基于以上假设,X 是一个连续马尔可夫过程,状态空间为 $\mathbf{Z}^n$,转移概率定义为

$x \rightarrow x^{p-1}$ 以速率 $\lambda_{B,t}(p_A(t) - p)$ 发生,其中 $p < p_A(t)$;

$x \rightarrow x^{p+1}$ 以速率 $\lambda_{A,t}(p - p_B(t))$ 发生,其中 $p > p_B(t)$;

$x \rightarrow x^{p_B(t)+1}$ 以速率 μ_B 发生;

$x \rightarrow x^{p_A(t)+1}$ 以速率 μ_A 发生;

$x \to x^{p+1}$ 以速率 $\theta_B(p_A(t) - p)|x_p|$ 发生，其中 $p < p_A(t)$；

$x \to x^{p-1}$ 以速率 $\theta_A(p - p_B(t))|x_p|$ 发生，其中 $p > p_B(t)$。

现在有了对于限价订单簿的模型，并且提到了上述的多种泊松过程的速率，数据包括打上了时间戳的成交信息（包括成交价格和成交量）和五挡报价信息（包括价格和量），对于这些速率参数的估计方法如下：

限价单的到来速率函数可以通过 $\hat{\lambda}_t(i) = \dfrac{N_l(i)}{T_\times}$ 来估计，其中 $N_l(i)$ 是样本中距离当前最佳买价/卖价距离 i 的限价单到达的总数，$T_\times$ 是总的交易时间。$N_l(i)$ 是通过统计样本中距离当前最佳买价/卖价距离 i 的限价单报价增加的量得到。

市场单的到来速率函数可以通过 $\hat{\mu}_t(i) = \dfrac{N_m(i)}{T_\times}$ 来估计，其中 $N_m(i)$ 是样本中距离当前最佳买价/卖价距离 i 的市场单的总数，$T_\times$ 是总的交易时间。$N_m(i)$ 是通过统计样本中距离当前最佳买价/卖价距离 i 的成交的量得到。

为了估计订单的取消速率，首先估计距离最优卖价/买价为 i 的价格挡位上的订单数的稳定数量 Q_i，计算其在订单簿 tick 频率下的平均量，若共有 M 个订单更新状态，则 $Q_i = \dfrac{\sum\limits_{j=1}^{M} Q_{i,j}}{M}$。那么撤销率函数可以估计为 $\hat{\theta}_t(i) = \dfrac{N_c(i)}{T_\times Q_i}$，其中 $N_c(i)$ 是样本中距离当前最佳买价/卖价距离 i 的限价单的撤销的总数，$T_\times$ 是总的交易时间。$N_c(i)$ 是通过统计样本中距离当前最佳买价/卖价距离 i 的限价单报价减少的量减去市价单的量得到。

速率均分别对买单和卖单进行计算，以获得最符合实证检验的参数。同时，计算的采样窗口选择与实际产品的市场活跃度及规律延续的时间有关。市场越活跃，所需的周期便越短（否则易出现总计数量为 0 导致速率为 0 的情况，影响最后概率的计算）。由于规律延续时间越长，在采样初得到的数据便越能够代表之后预测的情况，所以窗口的选择最好在参数估计的准确性（样本量越大越好）和规律的可延续性（估计的时间点与采样的初始点越近越好）取一个平衡。

模型有两条假设：①相对价格挡位上的订单的到达、取消及买单、卖单的成交遵循泊松过程；②订单相关事件的泊松率在短期内（从几分钟到数小时）可以视为不变。

直观上做出第 1 条假设的原因为，只要随机事件在不相交时间区间是独立发生的，而且在充分小的区间上最多只发生一次（如果我们把一单的数手分散在很短的时间里），它们的累计次数就是一个泊松过程，其次，泊松过程具有良好的可计算性质，适合于在高频下进行预测，可以快速地得到结果，为交易执行提供参考。

为了检验第 1 条假设，考察相邻两个事件（例如市价买卖单的到来，以及相对价格挡位上订单的到来和撤销）的间隔时间，观察其对数直方图是否为线性，因为对于服从泊松过程的随机事件，在时间 $[t, t+\tau]$ 内发生的事件次数的概率分布为

$$P((N(t+\tau)-N(t))=k)=\frac{\mathrm{e}^{-\lambda\tau}(\lambda\tau)^k}{k!}\quad k=0,1,\cdots \tag{5-134}$$

令 $k=0$，则 $P((N(t+\tau)-N(t))=0)=\mathrm{e}^{-\lambda\tau}$，即这段时间间隔服从指数分布。对等式两边同时取对数，得到 $\log(P[(N(t+\tau)-N(t))=0])=-\lambda\tau$，即可证明，若订单的事件发生遵循泊松过程，则其相邻两事件间隔时间对数直方图应为线性。

为了检验第 2 条假设，即订单相关的泊松率在短期内(从几分钟到数小时)可以视为不变，统计某时刻前两小时(因为在接下来的回测中选用的窗口是两小时)在相对价格挡位上的各种事件和买卖市价单发生的次数，然后又用该时刻后的一小时在相对价格挡位上各种事件和买卖市价单发生的次数计算并代表该时刻各种事件的泊松率。

试图缩短泊松率的估计窗口以使该假设更加符合实际，然而由于在过短的时间里订单各种事件的频率无法准确地表征其真实的泊松率，经过试验选取估计窗口为两小时来表征其泊松率。得到在要检验的时刻前两小时与后一小时的事件发生次数之后，可以使用 Przyborowski-Wilenski 方法检验在各个相对价格挡位上事件的泊松率在 5% 显著水平上是否发生了变化。

限价订单簿的一个很重要的功能就是能提供用以预测未来短期的变量的信息，这些在实际交易执行中有帮助的变量包括中间价格上涨或者下跌的概率，中间价格变动之前的限价单被成交的概率，以及当买一价和卖一价只相距一个最小价格挡位时，限价单在对方报价反向移动之前被成交的概率。这些变量可以表示为基于当前订单簿的状态的这些事件的条件概率，而这些条件概率由于涉及递归导致的无限循环，所以无法得到显式解，如果用蒙特卡洛模拟进行数值求解，则需要进行大量模拟，在时间上不符合高频数据需要在极短时间(例如下一个订单到来之前)进行预测的要求，会出现等到订单已经到来之后才给出预测结果的情况。为了解决这一实际问题，使用 Abate 和 Whitt(1999) 的方法，求得以连分数表示的上述事件对应的随机变量的 Laplace 变换 $\hat{f}$，并利用两个相互独立的随机变量的和的 Laplace 变换为这两个随机变量的 Laplace 变换的积的性质：$\hat{f}_{X+Y}(s)=E\left[\mathrm{e}^{-s(X+Y)}\right]=E\left[\mathrm{e}^{-sX}\right]E\left[\mathrm{e}^{-sY}\right]=\hat{f}_X(s)\hat{f}_Y(s)$，得到对交易执行有帮助的随机变量的 Laplace 变换。

对于每个价格挡位上的订单数量，在满足之前两个假设的前提下，可以抽象为一个排队模型。对于一个排队模型(或称生灭过程)，假设其到达率 λ 和在状态 $i\geqslant1$ 的离开率 μ_i，记 σ_b 为从状态 b 开始第 1 次该过程到 0 所经过的时间。那么 $\sigma_b=\sigma_{b,b-1}+\sigma_{b-1,b-2}+\cdots+\sigma_{1,0}$，这里 $\sigma_{i,i-1}$ 表示的是排队过程从状态 i 第 1 次到状态 $i-1$ 所经过的时间，可以得知等式右边的每项均为相互独立的，我们记 $\hat{f}_b$ 为 σ_b 的 Laplace 变换，$\hat{f}_{i,i-1}$ 为 $\sigma_{i,i-1}$ 的 Laplace 变换，由 Laplace 变换的性质，即两个相互独立的随机变量的和的 Laplace 变换为这两个随机变量的 Laplace 变换的积的性质，我们有 $\hat{f}_b(s)=\prod_{i=1}^{b}\hat{f}_{i,i-1}(s)$。

为了计算下一次中间价格变动时，中间价格的上涨和下跌的概率，记 X_A 为最优卖价上的限价单数量，X_B 为最优买价上的限价单数量，$W_A(t)$ 为在最优卖价上剩余的限价单数量，$W_B(t)$ 为在最优买价上剩余的限价单数量，ϵ_B 为 $W_B(t)$ 第 1 次到达 0 的时间（亦即最优买价上的订单全部要么被成交要么被撤销的时间），ϵ_A 为 $W_A(t)$ 第 1 次到达 0 的时间（亦即最优卖价上的订单全部要么被成交要么被撤销的时间），T 为中间价格第 1 次变化的时间。

那么，在给定 X_A 最优卖价上的限价单数量为 a，X_B 最优买价上的限价单数量为 b 的条件下，下一次中间价格变动为上涨的概率是 $P[p_M(T)>p_M(0)|X_A(0)=a,X_B(0)=b,p_S(0)=S]$，$S$ 为买卖价差。

那么对于在最优卖价上剩余的限价单数量 $W_A(t)$ 而言，增加一个订单的速率为之前提到的到达速率 $\lambda_A(S)$，后面的 S 代表这个速率与其距离最优买价的距离有关，减少一个订单的速率则为市场买单（成交价为最优卖价）到达速率 μ_A 加上在这个价格挡位和剩余限价单数量 n 上订单撤销的速率 $n\theta_A(S)$，共计 $\mu_A+n\theta_A(S)$。

对于在最优买价上剩余的限价单数量 $W_B(t)$ 而言，增加一个订单的速率为之前提到的到达速率 $\lambda_B(S)$，后面的 S 代表这个速率与其距离最优买价的距离有关，减少一个订单的速率则为市场卖单（成交价为最优买价）到达速率 μ_B 加上在这个价格挡位和剩余限价单数量 n 上订单撤销的速率 $n\theta_B(S)$，共计 $\mu_B+n\theta_B(S)$。

当买卖价差 S 仅为一个价格挡位的时候，我们想要知道的概率 $P[p_M(T)>p_M(0)|X_A(0)=a,X_B(0)=b,p_S(0)=S]$ 可以简化为最优卖单全部耗尽的时间 σ_A 小于最优买单全部耗尽的时间 σ_B 的概率，它的 Laplace 变换由 $\hat{f}_a^1(s)\hat{f}_b^1(-s)$ 给出，这里的 s 表示任意复数，不是之前的买卖价差 S。

而对于买卖价差 S 大于或等于两个价格挡位的时候，记 σ_A^i 为距离最优买价 i 个挡位第 1 次有订单到来的时间，σ_B^i 为距离最优卖价 i 个挡位第 1 次有订单到来的时间，那么此时中间价格第 1 次变化的时间 T 是 σ_A，σ_B，以及中间某挡位最快的订单到来时间的最小值记作 $T=\sigma_A\wedge\sigma_B\wedge\min\{\sigma_A^i,\sigma_B^i,i=1,\cdots,S-1\}$。这些 $\{\sigma_A^i,\sigma_B^i\}$（其中 $i=1,\cdots,S-1$）的到来速率均可由之前的参数估计部分得到。那么中间价格向上运动的概率为最优卖单全部耗尽与中间挡位出现买单更快者小于最优买单全部耗尽与中间挡位出现卖单更快者的概率记为 $P[\underline{\sigma_A\wedge\sigma_B^1\wedge\cdots\wedge\sigma_B^{S-1}}<\underline{\sigma_B\wedge\sigma_A^1\wedge\cdots\wedge\sigma_A^{S-1}}]=P[\sigma_A\wedge\sigma_B^{\Sigma_B}<\sigma_B\wedge\sigma_A^{\Sigma_A}]$，其中 $\sigma_B^1\wedge\cdots\wedge\sigma_B^{S-1}=\overline{\sigma_B^{\Sigma_B}}$，$\sigma_A^1\wedge\cdots\wedge\sigma_A^{S-1}=\overline{\sigma_A^{\Sigma_B}}$，符号 $\wedge$ 表示取两数中之更小者。

随机变量 $\sigma_A\wedge\sigma_B^1\wedge\cdots\wedge\sigma_B^{S-1}-\sigma_B\wedge\sigma_A^1\wedge\cdots\wedge\sigma_A^{S-1}$ 的 Laplace 变换可以通过以下公式求得

$$\hat{F}_{a,b}^S(s)=\frac{1}{s}\left(\hat{f}_a^S(\Lambda_{B,s}+s)+\frac{\Lambda_{B,s}}{\Lambda_{B,s}+s}(1-\hat{f}_a^S(\Lambda_{B,s}+s))\right)\cdot$$
$$\left(\hat{f}_b^S(\Lambda_{A,s}-s)+\frac{\Lambda_{A,s}}{\Lambda_{A,s}-s}(1-\hat{f}_b^S(\Lambda_{A,s}-s))\right) \tag{5-135}$$

其中，$\Lambda_{B,s}\equiv\sum_{i=1}^{S-1}\lambda_B(i)$，$\Lambda_{A,s}\equiv\sum_{i=1}^{S-1}\lambda_A(i)$，代表中间挡位出现买单/卖单的速率。$\hat{f}_j^S(s)=$

$$\left(-\frac{1}{\lambda(S)}\right)^{j}\left(\prod_{i=1}^{j}\Phi_{k=i}^{\infty}\frac{-\lambda(S)(\mu+k\theta(S))}{\lambda(S)+\mu+k\theta(S)+s}\right),$$ 这个由上面的排队过程给出,表示在买卖价差 S 时,在最优买价或者卖价上所有订单要么被成交要么被取消所用去的时间,即上面的最优卖单全部耗尽/最优买单全部耗尽所用去的时间。

式中的连分数按照如下方法计算可得,我们记连分数 $w\equiv\Phi_{n=1}^{\infty}\frac{a_n}{b_n}$,其中部分分子序列 $\{a_n,n\geqslant1\}$ 和部分分母序列 $\{b_n,n\geqslant1\}$ 为复数且 $a_n\neq0$,$w_n=t_1\circ t_2\circ\cdots\circ t_n(0),n\geqslant1$,。为复合运算符,如果 $w\equiv\lim_{n\to\infty}w_n$,则 w 即为连分数的值。这个连续近似可以由欧拉于 1737 年提出的递归方法计算,$w_n=\dfrac{P_n}{Q_n}$,其中 $P_0=0$,$P_1=a_1$,$Q_0=1$,$Q_1=b_1$,

$P_n=b_nP_{n-1}+a_nP_{n-2}$

$Q_n=b_nQ_{n-1}+a_nQ_{n-2}$。

在套利过程中,下一个限价单往往比下市价单去主动成交一个对手最优报价能获得更好的价格,然而这会使交易员面临着这个限价单未必成交的风险。下市价单能确保订单被执行,而限价单则停留在订单簿上直到要么匹配的订单把它成交掉,要么被取消掉。那么限价单在中间价格移动之前被成交的概率对于决策究竟是下市价单还是下限价订单就有很好的量化参考意义。特别是,当买一价和卖一价只相距一个最小价格挡位时,这个概率即是限价单在对方报价反向移动之前被成交的概率。

记 NC_b(NC_a)为在时间点 0 下不撤回的买一价订单(卖一价订单)这一事件(这即为对自己下的限价单的假设,在中间价格变动之前不打算撤销该订单)。那么,在中间价格变化之前,这个订单被执行的概率为 $P\left[\epsilon_B<T\,|\,X_B(0)=b,X_A(0)=a,p_S(0)=S,NC_b\right]$,其中 ϵ_B 为订单被执行的时间,T 为中间价格第 1 次变化的时间。自己下的限价单与市场其他交易员下的限价单的区别在于,自己下的订单的撤销是一个确定性的事件,可以自行决定什么时候撤单,所以不再随机,由于相同价格时间优先的原则,后面到来的同一相对价格挡位的订单与我们的订单是否被成交不再有关,无论这些订单是到来还是到来后又撤销,当然,后面到来的相同挡位的订单是不可能在我们成交之前成交的,因此,之前的模型需要把自己下单的相对价格挡位的到达率设置为 0。自己下的订单本身也无须考虑随机的撤单率,因为这对于自身是一个确定的事件,想要计算的是在中间价变动之前限价单一直挂在那里,然后被其他交易员成交掉的概率。

$$\hat{F}_{a,b}^{S}(s)=\frac{1}{s}\hat{g}_b^S(s)\left(\hat{f}_a^S(2\Lambda_S-s)+\frac{2\Lambda_S}{2\Lambda_S-s}(1-\hat{f}_a^S(2\Lambda_S-s))\right) \tag{5-136}$$

其中,$\hat{g}_b^S(s)=\prod_{i=1}^{b}\dfrac{\mu+\theta(S)(i-1)}{\mu+\theta(S)(i-1)+s}$,相应地,如果要计算自己在卖一价挡位的订单的成交可能性,则只需将公式中 a 与 b 的位置进行互换。

在得到我们想知道的随机变量的 Laplace 变换,包括最优卖单全部耗尽的时间减去最优买单全部耗尽的时间及最优卖单全部耗尽与中间挡位出现买单更快者所用时间减去最优买单全部耗尽与中间挡位出现卖单更快者所用时间之后,把它除以 s 以后逆变换回去可以得到这些随机变量的累积分布函数,然后计算它们在 0 点的取值即可得到接下来想要计算的两种概率,中间价格涨跌概率及中间价格变动之前在买一或者卖一的订单被成交的概率。

需要用到 Laplace 逆变换,可由以下公式近似,将之前得到的 Laplace 变换 $\hat{F}_{a,b}^S$ 代入式中的 $\hat{f}$,经验上选取 $n=15,m=11$,然后通过欧拉和就可以得到 Laplace 数值逆变换。

$$E(m,n,t)=\sum_{k=0}^{m}\binom{m}{k}2^{-m}s_{n+k}(t),\quad s_n(t)=\frac{e^{A/2}}{2t}Re(\hat{f})\left(\frac{A}{2t}\right)+\frac{e^{A/2}}{t}\sum_{k=1}^{n}(-1)^k a_k(t)$$

(5-137)

其中,$a_k(t)=Re(\hat{f})\left(\dfrac{A+2k\pi i}{2t}\right)$。

5.6.4 泊松过程模型的应用效果

将模型运用于实际行情,以 FR007.5Y.IRS(5 年期挂钩 FR007 的利率互换)的固定利率行情为例,查看其在 2019 年 7 月 1 日至 31 日的交易日的预测表现。对于中间价下一次变动为上涨的概率,结果如图 5-10 所示。

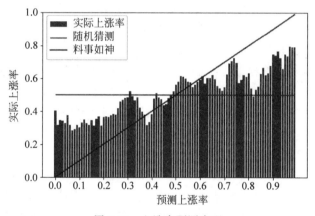

图 5-10 上涨率预测表现

如图 5-10 所示,模型对于预测上涨率有明显效果,比随机猜测要好很多。例如对于模型预测上涨率为 0.8 时的情况,实际的上涨率确实为 0.8,模型预测上涨率为 0.2 的部分,实际的上涨率为 0.3。对于预测上涨率,在极端情况下,例如预测上涨率大于 0.85 或小于 0.1 时,模型的准确率虽然大方向是对的,比随机猜测准很多,但准确率距离完美预测还有一定距离,其中的不足我们会设法在改进时进行弥补,但从效果来看,显然这个模型能够对交易员的交易优化起到辅助作用。回到一开始的例子,如果交易员准备建仓而模型认为上涨率为 0.8,则最终实际上涨率应有 8 成,交易员立即下市价单,以及时抓住交易机会,避免限价单最终很有可能在中间价格移动之前未被成交。

对于下一次中间价格变动是下跌的概率,如图 5-11 所示。

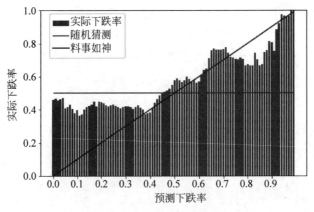

图 5-11 下跌率预测表现

模型在预测下跌率时,在预测值大于0.5时尤为准确,例如当预测下跌率为0.9时,如果交易员准备建仓持有多头头寸,则限价单是一个好的选择,因为中间价格很有可能会滑落,限价单很有可能会被成交,那么就在没有冒很大成交不确定性风险的情况下,获得了更优的价格,降低了成本,也就增加了利润。在小于0.5虽然比随机猜测好,但是离实际下跌率还有一定距离。这是由模型的特质决定的。当订单的到来快于订单的成交和撤销时,模型会认为排队过程的首达时间为无穷大,此时预测的上涨概率或者下跌概率会坍缩为0附近的数,但事实上,这种情况并不会延续,也就是第2条假设被违反了。第2条假设要求我们在相对价格挡位上的泊松率保持稳定,也就是可以通过前几小时的泊松率近似替代当前到下一次中间价格变化之间的泊松率。这个假设在之前的假设检验部分被发现部分违反。这可能导致两种情况,一是我们的模型计算出来的上涨率/下跌率不准确,因为输入的过去数小时的泊松率不能准确地代表当前的泊松率;二是计算出来的上涨率/下跌率不符合逻辑,例如远大于1或远小于0,这种情况多见于在过去几小时内,泊松率估计采样过程中,订单的到来快于订单的成交和撤回,导致模型认为排队过程永远不会结束,无法比较两个排队首达时间的大小,从而输出异常值,其中这种情况虽无法准确地预测其下一次中间价格变化的涨跌概率,却对于交易员执行交易十分有利,因为这意味着当前价格挡位上积累了一些订单,交易员不用担心中间价格的立即变化,除非成交速率或撤销速率突增。

5.7 订单簿信息作为交易信号

在之前的研究中,以交易中对于短期内中间价格预判的需求为导向,根据五档订单簿及其历史行情,构建了一个预测短期中间价格走势的模型。

接下来,将这个模型投入实战,通过进行更长时间的持仓策略进行回测,考察其对于实际交易的意义。

在多个品种上,当前策略的回测效果良好,收益可观。下面简要地介绍策略逻辑及其金融含义,以及数量型参数选择的依据,其中回测时每次交易数量相等,下文中的成交速率即为 5.6 节中的市场单的到达速率,下文中的中间价涨跌的可能性即为 5.6 节中的预测上涨率或者预测下跌率。我们以 ETF 的日内交易为例,如 159755.SZ 电池 ETF 和 512000.SH 券商 ETF。

5.7.1　开仓逻辑

当无持仓时,若卖价上成交速率/买价上成交速率>23 且买价上成交速率>1 且卖一量稀薄(可选)时,开多仓。

当无持仓时,若买价上成交速率/卖价上成交速率>23 且卖价上成交速率>1 且买一量稀薄(可选)时,开空仓。

经济含义为卖价上成交速率/买价上成交速率>23,这是策略做对方向开对仓位的核心。之前提到的涨跌概率的输入变量之一就是卖价上成交速率与买价上成交速率。这个比例能有效地衡量市场上的买卖力量的强弱。之所以不选用盘口挂单量,是因为在实盘中时而会观察到"压单"现象,即盘口某个方向挂单很多,但市场却朝着此方向的反向运行,而成交相对来讲是一个更加真实的度量,因为交易双方需要付出真金白银。如果卖价上成交速率/买价上成交速率非常极端,则非常有可能市场上已经出现了不均衡的现象。这种不均衡对价格运动方向的指征通常会持续相当长的一段时间,比模型输出的涨跌概率的有效时间更长(模型输出的涨跌概率在理论上的有效期即截至下一次中间价格的变化时间点)。例如在交易国债期货的过程中,当 2021 年 7 月 7 日下午 2 时许,市场出现大量成交性质为"多开"的交易,压倒性超过其他成交性质的交易。反映到卖价上成交速率/买价上成交速率就是这个指标很大,往往意味着买的力量非常强势。全天十年期国债期货增仓 1 万 4000 余手,在卖价上成交的比例很大。当天国债期货午盘后大幅收涨。事实证明,当天晚上 7 时许即传来降低存款准备金率的消息。这一例子即是卖价上成交速率/买价上成交速率这一指标作用的体现。

买价上成交速率>1 这一条件是为了防止在成交不活跃的时候出现对价格走势的误判。例如买价上成交速率为 0 时会非常容易地触发上面的条件 1,但是这并不属于要刻画的价格变化的征兆,所以设置阈值排除此情况,而且实际上,价格的变化与成交量是高度相关的,基本面的改变通常会导致大量的换手及价格的大幅波动,因此为了使开平仓有利可图,希望通过量的放大来捕捉价格波动的放大。

卖一量稀薄(可选)这一条件是为了提高模型的胜率并降低磨损,同时充分发挥算法交易在抢单中的优势。在使用中间价格涨跌预测概率模型盯盘的过程中,发现当模型给出中间价格的方向的对盘价上的量很稀薄时,往往胜率较高。这是因为模型对于泊松率的假设是在短时间不变。如果对盘价上的量太厚,而在一段时间后相对价格挡位上的泊松率发生变化,则击穿对盘价的可能性就大大降低。如果没有击穿对盘价且与本方同向的其他市场参与者的订单没有向期望的价格运动,则在平仓时就需要多付出 1 个或更多 tick,所以设置此条件排除对盘价上的量很厚的情形。如果交易频率较低,则敞口较大,可以去除此条件,但如果交易频率较高,则最好加上此条件。

5.7.2　平仓逻辑

当持有多头的时候,如果中间价跌可能性>0.6,则平多头。

当持有空头的时候,如果中间价涨可能性>0.6,则平空头。

当日终时,如果持有多头,则平掉多头,如果持有空头,则平掉空头。

经济含义为中间价跌可能性>0.6,这一信号从交易执行的层面来讲,可以使获得的平仓价格更优。从长周期的层面来讲,一般只有成交较为活跃,并且短期趋势确实与之前的建仓方向相反时才会发出这个信号。在开仓逻辑后,当我们开仓方向与大趋势一致时,由于订单的成交、到达和撤回会将价格向与我们开仓方向相同的方向推动,这个信号在顺势的时候是不容易被触发的,有助于让顺趋势的利润奔跑。

5.7.3　回测结果

截至2021年11月,回测取得了不错的收益率,胜率和盈亏比都有着不错的表现,见表5-1。

表 5-1　在 ETF 上的订单簿策略回测统计

统计量名称\代码	SZ159755	SH512000
回测天数(交易日)	97	209
累计收益/元	990 000	450 000
年化收益率/%	19.99	5.11
最大回撤/元	80 000	190 000
胜率/%	73.9	50.0
盈亏比	2.408	1.6781
总交易次数	51	36
底仓占资/元	12 867 220	10 612 710

5.7.4　订单流与消息面的关系

当没有公开信息出现时发生的急涨或者急跌,趋势会继续延续,适合做趋势策略;当出现公开信息后,趋势会被信息劣势,但定价能力弱的大众推波助澜后反转,此时适合做反转策略,所以后期是否会发生反转,关键看基本面的变化量是否已经被反映在价格的变化量中。对于那些持有私有信息的市场参与者而言,他们有私有信息,同时有相对于大众更高的估值能力,因此正是他们快速买入导致价格上涨逐渐收敛至基本面变化后的公允价格附近。为了获利,这部分私有信息持有者并不会显著地在高于其认为的基本面变化后的公允价格以上进行买入,所以买入的终点在公允价格附近,并且通常不会由这部分私有信息持有者推高至公允价格以上。此时又会吸引一批趋势跟踪者买入,然而私有信息持有者希望等待到价格更高、交易对手所能提供的成交量更大的价格卖出。一旦利多的新闻发布,接受公开信息的大众会开始关注到这一被利多的资产并开始买入,然而缺乏定价能力使最新价格逐步地超过公允价格。这时资产被不断地换手,价格继续被推高,直到出现拐点,此时新增的预期价格上涨的交易者将减少,而一开始的私有信息持有者逐步地将持有的存货抛出,供需失衡且供大于求,这就导致了趋势的反转。趋势反转的终结点通常在公开信息发布时的价格之下,在趋势开始时的价格以上。

以 2022 年 11 月 4 日的股票市场为例,开盘第一分钟,沪深 300 股指期货即拉涨 0.55%,此后分钟线 5 连阳,与此同时,港股也快速拉升,上涨幅度令人瞠目,此时还没有任何公开消息,那么如果趋势在延续,则说明私有信息的持有者仍然认为公允价格在当前的价格之上,此时简单采取趋势策略即可,截至午盘,沪深 300 股指期货涨 3.04%。中午时分,有消息称中国防疫政策可能于近期发生重大改变。下午还没有开盘,这一消息就得到了广泛传播,有人相信,有人怀疑,但毫无疑问,有大量得到公开信息的交易者准备买入。下午 1 点刚开盘,期货跳空高开并收一根 0.45% 的分钟级别大阳线,此时各个 ETF 卖盘早已躲到价格较高处。随后在午盘的基础上沪深 300 股指期货放量上涨 0.94%,然后逐步开始回落(此时信息已公开且涨势明显放缓,当获利回吐超过一定比例,如 20% 时即可止盈),并两次在下午一点零一分这根 K 线的上沿获得支撑,最后当日收盘于这根 K 线上沿,并于此后的 4 个交易日内回落至 2022 年 11 月 4 日的早晨开盘第一根 K 线上沿。策略的盈利验证了前述价格和订单趋势与基本面关系理论的正确性。

5.8 订单簿的机器学习模型

在之前的模型中都是通过对于订单簿的特征,如静态特征的挂单量,动态特征的订单新增、撤回、成交等信息,然后通过推理演绎的办法去对后市进行预测,然而随着当今算力的提高,新模型的提出和数据科学的发展,直接以高频海量数据为基础的机器学习订单簿模型也逐步投入业界应用。订单簿作为有着高维和长时间序列的数据,特别适合于使用机器学习的办法去发现其中的规律。尽管由于金融数据具有信噪比较低的特点,运用于预测非常容易产生过拟合的结果,但通过合适的模型选择和适当的训练,依然能从其中发现那些非线性、不直观的规律。同时随着学术界和业界对机器学习方法的研究,模型也不再以"黑盒"的方式工作,而是能够被研究员更清晰地解读。

5.8.1 订单簿的 DeepLOB 模型

根据 Zihao Zhang 等的研究,通过卷积神经网络(Convolutional Neural Network,CNN)和长短期记忆网络(Long Short-Term Memory,LSTM)模型,对于订单簿进行建模。订单簿的数据与大多数金融数据一样,长期是非平稳的。对于订单簿的后几挡尤其如此,因为后几挡的订单经常因为对于后市行情的预期进行增减,以及报撤单。使用海量数据有助于构建通用模型对各个品种进行预测,而无须大幅度修改模型的结构。

在这个模型中通过 Inception Module 去构造特征,从而推断不同时间戳的行情之间的相互作用。之前的章节我们都是通过提取订单的到达、撤回、成交这些有直观的实际意义的特征来对订单簿的动态进行推断,而 Inception Module 处理后的特征图会被传入 LSTM,从而捕捉动态时序特征。CNN 则能很好地通过过滤器进行信息提取。LSTM 则能避免通常的循环神经网络中常见的梯度消失问题。Inception Module 能用来推断最优的提取特征的衰减率。

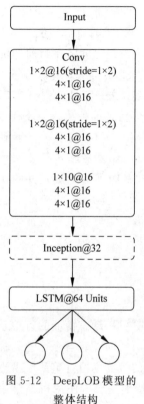

图 5-12　DeepLOB 模型的整体结构

模型输入的是不包含集合竞价的连续竞价交易时间段的订单簿,也就是买单价 $P_b(t)$ 和买单量 $V_b(t)$,以及卖单价 $P_a(t)$ 和卖单量 $V_a(t)$,其中 $P(t)$ 和 $V(t)$ 都是表征订单簿各个挡位的量价的向量。输入可以表示为 $\boldsymbol{X} = [x_1, x_2, \cdots, x_t, \cdots, x_{100}]^{\mathrm{T}} \in \mathbf{R}^{100 \times 400}$,这里的 $x_t = [p_a^{(i)}(t), v_a^{(i)}(t), p_b^{(i)}(t), v_b^{(i)}(t)]_{i=1}^{n=10}$,其中 $p^{(i)}$ 及 $v^{(i)}$ 表示的是第 i 挡位的订单簿价、量信息。根据历史文献来看,最优挡位一般包含 8 成以上的信息。Zihao Zhang 等的 DeepLOB 模型的结构如图 5-12 所示。

如图 5-12 中的 $1 \times 2@16$ 表示的是一个有着 16 个(1×2)过滤器的卷积层,其中第一维沿着时间戳做卷积,而第二维沿着不同的订单簿挡位做卷积。Input 表示输入。那么第 1 层卷积层(Conv)就归纳了每一档的量价对的信息,这里的步幅(stride)等于 2,在此也非常必要,因为卷积层的参数是共享的,从逻辑上来讲,我们不能对量价对和价量对施加相同的参数。第 1 层卷积层只提取每一挡位的信息,为了汇聚不同挡位的订单簿信息,我们使用步幅为 1×2 的 1×2 过滤器,然后我们使用 2 层的卷积层得到了(100×10)的特征图,将一个 1×10 的过滤器作用于这个特征图,我们将得到(100×1)的特征图。

在这个过程中,每个卷积层面都进行了 0 填充以确保特征的维度不变。同时激活函数采用的是 Leaky-ReLU,超参数是 0.01,这是通过对于验证集的网格搜索来得到的最优超参数。

仅仅在 Inception Module 以内使用了池化层,因为尽管池化层能帮助我们提取信息,但是它的平滑的特性容易导致欠拟合。在时间序列中,特征的位置是非常重要的,所以没有大量地采用池化层,如图 5-13 所示。

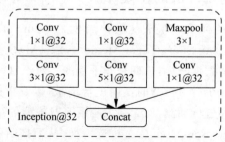

图 5-13　模型中使用的 Inception Module(图片来源参考文献)

所有的标准卷积层都有着相同的大小,例如如果使用(4×1)大小的过滤器,我们就是在捕捉 4 个时间戳之内的相互作用,然而,可以通过 Inception Module 去抓取更多时间戳的订单簿动力学特征,其中的最大池化层(Maxpool)步幅为 1,并且用 0 填充。Inception@32 表示的是这里面的所有卷积层都有 32 个过滤器。图 5-13 中的 1×1 小型网络中网络可以捕捉数据中的非线性关系。

在做完以上步骤之后,模型产生了大量的特征,为了提取其中的时间序列关系,使用 LSTM 单元代替全连接层,以降低参数的个数,避免过拟合。64 个 LSTM 单元引入了约 60 000 个参数。最后一层是 Softmax 层,用以预测出与输出状态对应的概率。

5.8.2 模型的应用

在 A 股市场上,订单簿在 Level-1 数据中通常以数据切片的形式给出,不同的交易所开始推送的时间不同,但通常上海证券交易所和深圳证券交易所的数据切片的间隔是 3s,其中上海证券交易所的连续竞价交易时间每天共 4h,对应的是 4800 个切片。我们使用历史的数据特征对其进行标准化。

取过去的一个月中的每个特征的均值和方差作为标准化的参数,然后作用于当前交易日,这样既不会用到未来信息,又能使输入特征处于同一尺度,让不同维度之间的特征在数值上有一定的比较性,可以大大地提高分类器的准确性。

在数据的预处理方面,由于市场的涨跌和持平的样本分布是不均匀的,例如在预测高频价格序列的涨跌的过程中,如果在大部分情况下行情寡淡,模型就会在行情寡淡的时刻进行充分拟合,而对那些市场大幅波动但对于盈利非常关键的波动则欠拟合。为了避免这种情况的发生,可以将那些样本数量较少但是对于盈利非常关键的高波动时刻通过 train_on_batch 函数中的 class_weight 参数赋予较高的权重,使模型能更好地拟合对于盈利关键的部分。在当前模型中等权进行训练的表现已经足够好。

在模型拟合方面,通常情况下简单地将数据分为训练集、验证集、测试集 3 方面,但效果并不好。可能的原因是:A 股市场在交易过程中时常围绕着一个主线展开行情,投资者的行为很大程度上决定了市场的范式,因此如果不采用滚动训练的方法,而是试图使用前 10 个月数据拟合出来的模型去预测后 1 个月乃至后 2 个月的行情,没有充分地用到最新的信息,所以我们采用滚动的训练方法。

首先对于特征进行标准化,特征包括从买一到买五,以及从卖一到卖五的量价对,其中量价按照顺序排好以确保神经网络共享权重的正确性,其余特征包括前述章节提到的订单的到达、撤回、成交速率及其衍生出来的变量,然后用前 10 天的每个特征的标准差和均值作为标准化的依据,对新的一天的特征进行标准化。这样既不会引入未来信息,又运用了能使用的最新的信息,因为市场的量价情况会随着时间演变,因此做滚动的标准化以确保模型的输入被合理地标准化了。预测目标值的生成则是 3 个数据帧以后的 close 价格的相对状态,即上涨、持平、下跌。在本例中是 9s 以后的相对状态,这是一个较高频的预测,可以用于做市商报价及交易执行。

由于运算量较大,数据(包括训练数据、模型参数)占用的内存也较多,大型机器学习模型一般使用 GPU 进行训练。本例中,训练使用 NVIDIA RTX A6000 显卡。在普通的台式机中,内存难以一次存下海量的数据进行运算。同时,运算速度也是重要的考量,对于下一交易日就需要使用的高频模型而言,训练时间必须小于前日收盘到次日开盘之间的时间间隔。

训练过程同样也是滚动的。在训练神经网络的过程中,我们使用前 30 个交易日的数据作为训练集,并令 epochs=90 来训练这个模型,经验法则中 epochs 通常是特征数量的 3 倍左右。每次模型只运用于下一个交易日的预测,对于再下一日的预测,则需要重新滚动训练。

5.8.3 模型的效果

对于用于金融交易的模型而言,通常情况下,预测结果的准确率重要于召回率,因为一旦模型预测后续的价格波动引起开仓,就会引起策略盈利的波动,如果准确率低而召回率高,则过度的错误交易就会大幅地侵蚀利润,其效果往往不如"三年不开张,开张吃三年"的高准确率而低召回率的模型。对于高频策略而言,其摩擦成本往往相对于盈利来讲是巨大的,因此在模型评价中,对于准确率的重视通常高于召回率。

根据模型的预测结果得到如图 5-14 所示的混淆矩阵,其中横轴是预测值,纵轴是实际值,每个对应的小方块中的数字是其对应的样本个数。例如左上角的 1 579 806,指的是共有 1 579 806 个样本在模型中 3 个数据帧后 close 价格被预测(predicted)为下跌(down)而实际(actual)确实发生下跌现象。

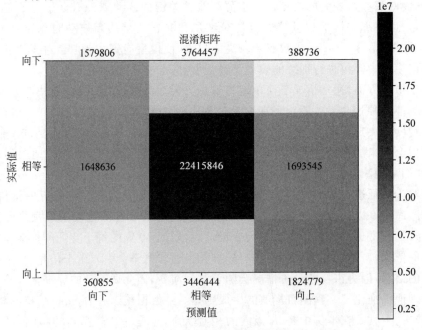

图 5-14　DeepLOB 模型的输出结果之混淆矩阵(图片来源参考文献)

如图 5-14 所示，是将上述模型应用于 515220.SH 煤炭 ETF 上的结果，可以看出，斜对角线（左上到右下）上的元素颜色是较深的，说明当模型预测是上涨的时候，接下来的 3 个数据帧后，大部分情况是上涨或者至少是持平的，只有极少数情况是下跌的；当模型预测是下跌的时候，接下来的 3 个数据帧之后，大部分情况是下跌或者至少是持平的，只有极少数是上涨的；当模型预测是持平的时候，大部分情况就是持平的。DeepLOB 模型的预测对于在准备建仓时订单类型的选择乃至一些短期策略的构建是大有裨益的。

5.9　强化学习

5.9.1　强化学习简介

强化学习（Reinforcement Learning，RL）属于一种人工智能，又称增强学习，是机器学习的范式和方法论之一，用于描述和解决智能体（Agent，或称为决策者）在与环境的交互过程中通过学习策略以达成回报最大化或实现特定目标的问题。

人工智能领域中有许多类似的趋利避害的问题。例如，当人们要精进围棋的下法时会去阅读棋谱，而这些棋谱是通过历史上无数围棋大师通过无数盘对弈总结出来的经验。著名的围棋 AI 程序 AlphaGo 可以根据不同的围棋局势进行审时度势（观测环境），然后做出最优决策（动作）。如果它决策合理，它就会赢，如果决策失误，它就会输，并从对弈过程中学习到有用经验。得益于计算机高速运行，它可以比人类以更快的速度获取下棋的经验，从而不断地提高自己的棋艺，这就和行为心理学中的情况如出一辙，所以人工智能借用了行为心理学的这一概念，把与环境交互中趋利避害的学习过程称为强化学习。

强化学习是一类特定的机器学习问题。在一个强化学习系统中，决策者可以观察环境，并根据观测做出行动。在行动之后，能够获得奖励。强化学习通过与环境的交互来学习如何最大化奖励。例如，一个机器人走迷宫的问题，机器人观察周围的环境，并且根据观测来决定移动方向。错误的移动会让机器人浪费宝贵的时间和能量，正确的移动会让机器人成功地走出迷宫。在这个例子中，机器人的移动就是它根据观测而采取的行动，浪费的时间、能量和走出迷宫的成功就是给机器人的奖励。强化学习正在改变人类社会的方方面面：基于强化学习的控制算法已经运用于机器人、无人机等设备，基于强化学习的交易算法已经部署在金融平台上并取得了超额收益。由于同一套强化学习代码在使用同一套参数的情境下能解决多个看起来毫无关联的问题，所以强化学习常被认为是迈向通用人工智能的重要途径。

如果读者已经对数学基础和机器学习的基本概念有了一定的了解，则可以跳过阅读本节。如果读者对上述内容不太了解，则要认真学习这一部分知识。

5.9.2　强化学习基本概念

强化学习的正式介绍以网格世界这个环境来做例子，如图 5-15 所示。

在图 5-15 的网格世界中，有一个机器人在里面游走，在这个网格世界中，有的网格是可进入的，而有的网格是禁止进入的，右下角那个网格则是目标网格，机器人走进去就会得到奖励。机器人只能上下左右移动,不能斜着移动。决策者的目标是探索最优路径,从而到达目标网格,并且尽可能地不要进禁止区域,同时也要避免走出网格世界的边界,例如在网格世界左上角的格子的位置最好不要向上走或者向左走。

这个机器人强化学习模型中的智能体,网格世界则是环境。智能体与环境的交互如图 5-16 所示。

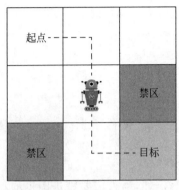

图 5-15 网格世界

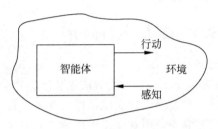

图 5-16 人工智能体

读者需要关心如下几个重要概念。

(1) State(状态):描述相对于环境的状态,在这个网格世界中一种状态指的是一个位置(一个具体的网格位置,如图 5-17 所示)。

(2) 状态空间:是一个集合 $\mathcal{S} = \{s_i\}_{i=1}^{9}$。

(3) Action(行动):a_1 表示向上移动、a_2 表示向右移动、a_3 表示向下移动、a_4 表示向左移动、a_5 表示原地不动,如图 5-17 所示。

(4) 行动状态空间:是一个集合 $\mathcal{A} = \{s_i\}_{i=1}^{5}$。

(5) 状态转移:$s_1 \xrightarrow{a_2} s_2$ 表示从状态 s_1 通过行动 a_2 到达状态 s_2。

注意,状态转移是有限制的,要考虑到状态转移的可行性,例如在这个网格世界中想要从只能到达状态 s_1 通过行动 a_1 到达状态 s_2 是不可能的,它会撞墙之后停留在状态 s_1 即 $s_1 \xrightarrow{a_1} s_1$。禁止区域也是有限制的,如 $s_5 \xrightarrow{a_2} s_5$,这是因为撞上了禁止区域 s_6 后被弹回原来的区域 s_5。

网格世界行动标识图如图 5-18 所示。

s_1	s_2	s_3
s_4	s_5	s_6
s_7	s_8	s_9

图 5-17 网格世界状态标识图

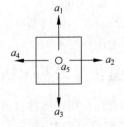

图 5-18 网格世界行动标识图

状态转移可以用状态表格来表示,见表 5-2。

表 5-2 状态转移表

状 态	行 动				
	a_1	a_2	a_3	a_4	a_5
s_1	s_1	s_2	s_4	s_1	s_1
s_2	s_2	s_3	s_5	s_1	s_2
s_3	s_3	s_3	s_6	s_2	s_3
s_4	s_1	s_5	s_7	s_4	s_4
s_5	s_2	s_6	s_8	s_4	s_5
s_6	s_3	s_6	s_9	s_5	s_6
s_7	s_4	s_8	s_7	s_7	s_7
s_8	s_5	s_9	s_8	s_7	s_8
s_9	s_6	s_9	s_9	s_8	s_9

虽然表格的形式比较直观,它的所有状态转移都是确定性的,但在实际应用场景中在大多数情况下存在不确定性的状态转移。

在网格世界中,s_1 有可能通过 a_2 到达 s_2,也有可能通过 a_3 到达 s_4。这里引入条件概率来表示行动状态转移概率。用 $p(s_2|s_1,a_2)=1$ 来表示从 s_1 通过 a_2 到达 s_2 的概率为1。反之 $p(s_i|s_1,a_2)=0\ \forall i\neq2$。条件概率能用来描述带有随机性的状态转移。假设这个网格世界中带有从上而下的风,从 s_1 通过 a_2 到达 s_2,也有可能被风吹到 s_5。这就赋予了状态转移成功到达某些位置的概率,在随机的情况下用条件概率的形式表达状态转移。接下来引入一个非常重要的概念——Policy(策略)。

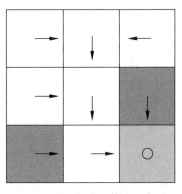

图 5-19 网格世界策略示意图

策略在网格世界中的直观理解如图 5-19 所示。

在图 5-19 中,一共有 9 种状态,每种状态对应一个行动,用箭头和圆圈表示。基于这个策略,可以得到一些路径,如图 5-20 所示。

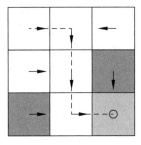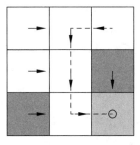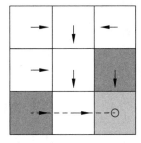

图 5-20 网格世界策略路径图

在做强化学习模型中,一般使用数学符号 π 来表示策略(一般在数学上 π 用来表示圆周率,在强化学习模型中用于表示策略),策略是一个条件概率,如图 5-20 所示的策略中可以

使用 $\pi(a_1|s_1)=0$ 来表示在状态 s_1 时不采取 a_1 行动。使用 $\pi(a_2|s_1)=1$ 来表示在状态 s_1 时以百分之百的概率采取 a_2 行动。可以用一组 π 来表示一种状态(如 s_1)下的行动:

$$\pi(a_1 \mid s_1)=0$$
$$\pi(a_2 \mid s_1)=1$$
$$\pi(a_3 \mid s_1)=0 \tag{5-138}$$
$$\pi(a_4 \mid s_1)=0$$
$$\pi(a_5 \mid s_1)=0$$

注意,针对一种状态下的采取所有行动的概率之和为 1,即

$$\sum_{a_i \in \mathcal{A}} \pi(a_i \mid s_n)=1 \tag{5-139}$$

策略也可以用表格形式来表达,读者可以试着把表 5-2 改为策略表,状态转移表通常记录了在每个状态下执行每个动作后,转移到下一个状态的概率。而策略表描述了在每个状态下,应当执行哪些行动的策略。

如图 5-20 所示的策略是一个确定性策略,在一个特定状态中要么百分之百地采取某行动,要么就不采取某行动,带有随机性的策略如图 5-21 所示。

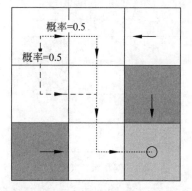

图 5-21 网格世界随机性策略示意图

图 5-21 所示的策略可以用 π 表示:

$$\pi(a_1 \mid s_1)=0$$
$$\pi(a_2 \mid s_1)=0.5$$
$$\pi(a_3 \mid s_1)=0.5 \tag{5-140}$$
$$\pi(a_4 \mid s_1)=0$$
$$\pi(a_5 \mid s_1)=0$$

Reward(回报)是一个标量值,用 r 来表示,它是一个实数。回报有时称为奖励,有时称为惩罚。一个行动发出后环境给智能体一个积极的反馈,则得到一个正值,若环境给智能体一个消极的反馈,则会得到一个负值(这种正值负值的回报参数设定只是一种常见设计,回报的设计取决于算法工程师对应用场景的理解,从而对此进行强化学习建模的设计。此外还存在不以正负值来设计的回报参数)。

对于图 5-17 的网格世界,可以采取这样的回报参数设定,若是某行动使状态跳出边界,则回报值为 -1;若是某行动使状态进入禁止区域,则回报值为 -1;若是某行动使状态到达目标区域,则回报值为 $+1$,其余情况的回报为 $+0$,即

$$r_{跳出边界}=-1$$
$$r_{进入禁区}=-1$$
$$r_{到达目标}=1 \tag{5-141}$$
$$r=0$$

同样,回报的表格表达形式读者也可以参照表 5-2 来填写及修改,列名和行名不变,里

面每个单元格填入某状态通过某行动会得到的回报。

回报也可以用条件概率来表达，如 $p(r=1|s_1,a_1)=1$ 表示从 s_1 通过 a_1 得到回报 1 的概率为 1，$p(r\neq1|s_1,a_1)=0$ 表示从 s_1 通过 a_1 得到回报不为 1 的概率为 0。

一条行动轨迹是一条状态行动回报链，如图 5-22 所示。

$$s_1 \xrightarrow[r=0]{a_2} s_2 \xrightarrow[r=0]{a_3} s_5 \xrightarrow[r=0]{a_3} s_8 \xrightarrow[r=1]{a_2} s_9 \tag{5-142}$$

一条行动轨迹的回报是把沿着这个轨迹得到的所有回报和，图 5-22 所示的这条行动轨迹的回报公式为

$$\text{return} = 0+0+0+1 = 1 \tag{5-143}$$

再来看这样一条行动回报轨迹，如图 5-23 所示。

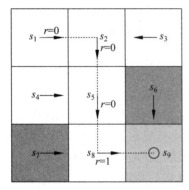

图 5-22　网格世界行动回报轨迹示意图(1)　　图 5-23　网格世界行动回报轨迹示意图(2)

这里有另一条行动轨迹，图 5-23 所示的这条行动轨迹

$$s_1 \xrightarrow[r=0]{a_3} s_4 \xrightarrow[r=-1]{a_3} s_5 \xrightarrow[r=0]{a_2} s_8 \xrightarrow[r=1]{a_2} s_9 \tag{5-144}$$

的回报公式为

$$\text{return} = 0-1+0+1 = 0 \tag{5-145}$$

在图 5-22 和图 5-23 两条行动轨迹中，前者的回报大于后者的回报，可知图 5-22 是比图 5-23 更好的行动轨迹。这是由于后者进入过禁止区域，进入禁止区域的这个行动，在此设计的回报为 -1。回报可以用于评估策略质量的好坏，但在比较回报的过程中，需要注意行动回报参数的设计是否合理，因为不合理的回报参数设计可能会得到荒谬的结论，如好的行动轨迹回报居然比差的行动轨迹的回报少。只有合理的回报参数设计才能使后续的策略搜索工作良性地持续下去。

如图 5-24 所示的行动轨迹是一个无限轨迹，到达目标区域的时候，行动并没有停止，而是以待在原

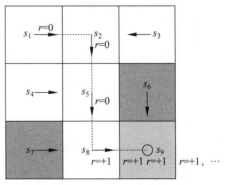

图 5-24　网格世界行动轨迹回报示意图

地不动的行动持续地运行,这就使这条轨迹

$$s_1 \xrightarrow[r=0]{a_2} s_2 \xrightarrow[r=-1]{a_3} s_5 \xrightarrow[r=0]{a_3} s_8 \xrightarrow[r=1]{a_2} s_9 \xrightarrow[r=1]{a_5} s_9 \xrightarrow[r=1]{a_5} s_9 \cdots \quad (5\text{-}146)$$

的回报公式为

$$\text{return} = 0+0+0+1+1+1+\cdots = \infty \quad (5\text{-}147)$$

此回报沿着这个无穷长的轨迹发散下去,这就需要引入折扣因子 $\gamma \in [0,1)$。

折扣回报公式为

$$\text{discounted return} = 0 + \gamma 0 + \gamma^2 0 + \gamma^3 1 + \gamma^4 1 + \gamma^5 1 + \cdots$$
$$= \gamma^3 (0 + \gamma + \gamma^2 + \gamma^3 + \cdots) = \gamma^3 \frac{1}{1-\gamma} \quad (5\text{-}148)$$

可知 γ 越接近 0,未来回报衰减得越快,γ 越接近 1,未来回报衰减得越慢。通过控制 γ,可以控制智能体所学到的策略,γ 越小,就会越关注近期回报,反之,就会越关注长远回报。

相对于无限轨迹来讲,有限轨迹(回合制任务)指的是到达目标之后结束探索,有限探索任务,可以通过到达目标后持续地停留在目标区域,并把重复到达目标的回报修改为 0,从而转换为无限探索任务。这时目标状态可以被称为一种吸收状态,类似于马尔可夫链中的吸收态。更好的策略探索方式是使用折扣因子,无须将重复到达目标的回报修正为 0,使用折扣因子持续探索,可以使智能体在此之后发现这个策略不是最优策略的情况下从这个目标状态跳出来继续探索更优路径。这样相对来讲会耗费更多的搜索。

强化学习的任务和算法多种多样,这里介绍一些常见的分类,如图 5-25 所示。

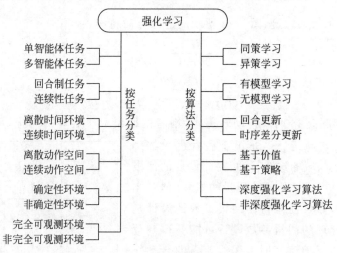

图 5-25　强化学习的常见分类

根据强化学习的任务和环境,可以对强化学习任务进行以下分类。

(1) 单智能体任务(Single Agent Task)和多智能体任务(Multi-Agent Task):根据系统中的智能体数量,可以将任务划分为单智能体任务和多智能体任务。单智能体任务中只有一个决策者,它可以得到所有可以观察到的观测,并能感知全局的奖励值;多智能体任务中有多个决策者,它们只能知道自己的观测,感受到环境给它的奖励。当然,在有需要的情况下,多个智能体间可以交换信息。在多智能体任务中,不同智能体奖励函数的不同会导致它们有不同的学习目标(甚至是互相对抗的)。

(2) 回合制任务(Episodic Task)和连续性任务(Sequential Task):对于回合制任务,可以有明确的开始状态和结束状态。例如在下围棋的时候,刚开始棋盘空空如也,最后棋盘都被摆满了,一局棋就可以看作一个回合。下一个回合开始时,一切重新开始。也有一些问题没有明确的开始和结束,例如机房的资源调度。机房从启用起就要不间断地处理各种信息,没有明确的结束又重新开始的时间点。

(3) 离散时间环境(Discrete Time Environment)和连续时间环境(Continuous Time Environment):如果智能体和环境的交互是分步进行的,就是离散时间环境。如果智能体和环境的交互是在连续的时间中进行的,就是连续时间环境。

(4) 离散动作空间(Discrete Action Space)和连续动作空间(Continuous Action Space):这是根据决策者可以做出的动作数量来划分的。如果决策得到的动作数量是有限的,则为离散动作空间,否则为连续动作空间。例如,走迷宫机器人如果只有东、南、西、北 4 种移动方向,则其为离散动作空间;如果机器人向 360° 中的任意角度都可以移动,则为连续动作空间。

(5) 确定性环境任务(Deterministic Environment)和非确定性环境(Stochastic Environment):按照环境是否具有随机性,可以将强化学习的环境分为确定性环境和非确定性环境。例如,对于机器人走固定的某个迷宫的问题,只要机器人确定了具体行动,那么结果就总是一成不变的。这样的环境就是确定性的,但是,如果迷宫会时刻随机变化,则机器人面对的环境就是非确定性的。

(6) 完全可观测环境(Fully Observable Environment)和非完全可观测环境(Partially Observable Environment):如果智能体可以观测到环境的全部知识,则环境是完全可观测的;如果智能体只能观测到环境的部分知识,则环境是非完全可观测的。例如,围棋问题就可以看作一个完全可观测的环境,因为可以看到棋盘的所有内容,并且假设对手总是用最优方法执行;扑克则不是完全可观测的,因为不知道对手手里有哪些牌。

从算法角度,可以对强化学习算法进行以下分类(这种分类方式对于追求强化学习数学原理的读者需要重点注意)。

(1) 同策学习(On Policy)和异策学习(Off Policy):同策学习是边决策边学习,学习者同时也是决策者。异策学习则是通过之前的历史(可以是自己的历史也可以是别人的历史)进行学习,学习者和决策者不需要相同。在异策学习的过程中,学习者并不一定要知道当时的决策。例如,围棋 AI 可以边对弈边学习,这就算同策学习;围棋 AI 也可以通过阅读人类的对弈历史来学习,这就是一个异策学习。

(2) 有模型学习(Model-Based)和无模型学习(Model Free):在学习的过程中,如果用到了环境的数学模型,则是有模型学习;如果没有用到环境的数学模型,则是无模型学习。

对于有模型学习,可能在学习前环境的模型就已经明确了,也可能环境的模型也是通过学习来获得的。例如,对于某个围棋 AI,它在下棋的时候可以在完全了解游戏规则的基础上虚拟出另外一个棋盘并在虚拟棋盘上试下,通过试下来学习。这就是有模型学习。与之相对,无模型学习不需要关于环境的信息,不需要搭建假的环境模型,所有经验都是通过与真实环境交互得到的。一个是可以在无数据的情况下基于模型学习,例如状态价值迭代算法、策略迭代算法;另一个则是可以在无模型的情况下基于数据学习,例如蒙特卡洛方法、时序差分方法。

(3) 回合更新(Monte Carlo Update)和时序差分更新(Temporal Difference Update):回合更新是在回合结束后利用整个回合的信息进行更新学习,而时序差分更新不需要等回合结束,可以综合利用现有的信息和现有的估计进行更新学习。

(4) 基于价值(Value Based)和基于策略(Policy Based):基于价值的强化学习定义了状态或动作的价值函数,以此来表示到达某种状态或执行某种动作后可以得到的回报。基于价值的强化学习倾向于选择价值最大的状态或动作;基于策略的强化学习算法不需要定义价值函数,它可以为行动分配概率分布,按照概率分布来执行行动。

(5) 深度强化学习(Deep Reinforcement Learning,DRL)算法和非深度强化学习算法。强化学习和深度学习是两种机器学习概念,两者可以结合。如果强化学习算法用到了深度学习,则这种强化学习可以称为深度强化学习算法。

至此,强化学习中的基本概念及如何分类已经一目了然,弄清楚状态、行动、回报和策略在强化学习中是至关重要的。

5.9.3　马尔可夫决策过程

前面部分通过一些例子说明了强化学习的一些基本概念。本节在马尔可夫决策过程(MDP)的框架下以更正式的方式介绍这些概念。MDP 是描述随机动力系统的通用框架。下面列出了 MDP 的关键要素。

1. 集合

状态空间:所有状态的集合,记为 $\mathcal{S}$。

动作空间:所有行动的集合,表示为 $\mathcal{A}(s)$,对于每种状态 $s \in \mathcal{S}$。

奖励集:一组奖励,表示为 $\mathcal{R}(s,a)$,对于每种状态行动对 (s,a)。

2. 模型

状态转移概率:在状态 s 采取行动 a 的概率。转换到状态 s' 的概率为 $p(s'|s,a)$。对于任意 (s,a),$\sum\limits_{s' \in \mathcal{S}} p(r \mid s,a) = 1$。

奖励概率:在状态 s 采取行动 a 时,被奖励的概率。奖励 r 为 $p(r|s,a)$。对于任意 (s,a),$\sum\limits_{r \in \mathcal{R}(s,a)} p(r \mid s,a) = 1$。

策略:在状态 s 下,采取行动 a 的概率为 $\pi(a|s)$,其中 $\sum\limits_{a \in \mathcal{A}(s)} \pi(a \mid s) = 1 \forall s \in \mathcal{S}$。

马尔可夫性质:马尔可夫性质是指随机过程的无记忆性质。从数学上来讲,这意味着:

$$p(s_{t+1} \mid s_t, \cdots, s_{t-1}, a_{t-1}, a_0, a_0) = p(s_{t+1} \mid s_t, a_t)$$

$$p(r_{t+1} \mid s_t, \cdots, s_{t-1}, a_{t-1}, a_0, a_0) = p(r_{t+1} \mid s_t, a_t) \tag{5-149}$$

其中，t 表示当前时间步长，$t+1$ 表示下一个时间步长。以上两个方程式表明下一种状态或奖励仅取决于当前状态和行动，与之前的状态和行动无关。马尔可夫性质对于推导 MDP 的基本贝尔曼方程（Bellman Equation）非常重要。

所有 (s,a) 的 $p(s'\mid s,a)$ 和 $p(r\mid s,a)$ 称为模型或动力系统。该模型可以是平稳的或非平稳的（或者换句话说，时不变的或时变的）。平稳模型不会随时间变化；非平稳模型可能会随时间的变化而变化。例如，在网格世界的例子中，如果禁区有时会弹出或消失，则模型是非平稳的。

马尔可夫决策过程（MDP）与马尔可夫过程（MP）不是一样的概念，一旦策略固定，马尔可夫决策过程就会退化为马尔可夫过程。

5.9.4　贝尔曼方程

贝尔曼方程由理查德·贝尔曼（Richard Bellman）发现。是关于未知函数（目标函数）的函数方程组。应用最优化原理和嵌入原理建立函数方程组的方法称为函数方程法。在实际运用中要按照具体问题寻求特殊解法。动态规划理论开拓了函数方程理论中许多新的领域。贝尔曼方程最早应用在工程领域的控制理论和其他应用数学领域，而后成为经济学上的重要工具。绝大多数可以用最佳控制理论（Optimal Control Theory）解决的问题也可以通过分析合适的贝尔曼方程得到解决，然而，贝尔曼方程通常指离散时间（Discrete-Time）最佳化问题的动态规划方程（Dynamic Programming Equation）。

在处理连续时间（Continuous-Time）最佳化问题上，也有一类重要的偏微分方程，称作 HJB 方程。

观察如图 5-26 所示的 3 个策略。

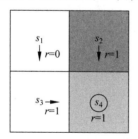 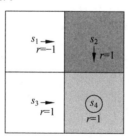 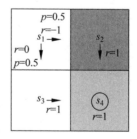

图 5-26　网格世界的 3 个策略

通过求解策略的奖励和并进行比较可以得出不同策略中相对最好的策略。

策略一的 return 值为

$$\begin{aligned}
\text{return}_1 &= 0 + \gamma 1 + \gamma^2 1 + \cdots \\
&= \gamma(1 + \gamma + \gamma^2 + \cdots) \\
&= \frac{\gamma}{1-\gamma}
\end{aligned} \tag{5-150}$$

策略二的 return 值为

$$\begin{aligned} \text{return}_2 &= -1 + \gamma 1 + \gamma^2 1 + \cdots \\ &= -1 + \gamma(1 + \gamma + \gamma^2 + \cdots) \\ &= -1 + \frac{\gamma}{1-\gamma} \end{aligned} \tag{5-151}$$

策略三的 return 值为

$$\begin{aligned} \text{return}_3 &= 0.5\left(-1 + \frac{\gamma}{1-\gamma}\right) + 0.5\left(\frac{\gamma}{1-\gamma}\right) \\ &= 0.5 + \frac{\gamma}{1-\gamma} \\ &= -1 + \frac{\gamma}{1-\gamma} \end{aligned} \tag{5-152}$$

通过上述 3 个 return 可知对于任意的 γ,有

$$\text{return}_1 > \text{return}_2 > \text{return}_3 \tag{5-153}$$

表明第 1 个策略是最好的,因为它的奖励和是最大的,而第 2 个策略是最差的,因为它的回报是最小的。值得注意的是,return_3 并不严格遵守奖励的定义,它更像是一个期望值,如图 5-27 所示。

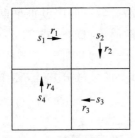

图 5-27　奖励公式轨迹图

奖励等于轨迹中所有奖励的折扣总和,另 v_i 表示 s_i 时获得的单次奖励,图 5-27 的轨迹例子中,奖励公式可以这样计算:

$$\begin{aligned} v_1 &= r_1 + \gamma r_2 + \gamma^2 r_3 + \cdots \\ v_2 &= r_2 + \gamma r_3 + \gamma^2 r_4 + \cdots \\ v_3 &= r_3 + \gamma r_4 + \gamma^2 r_1 + \cdots \\ v_4 &= r_4 + \gamma r_1 + \gamma^2 r_2 + \cdots \end{aligned} \tag{5-154}$$

通过简单的推导可以得出单次奖励公式为

$$\begin{aligned} v_1 &= r_1 + \gamma(r_2 + \gamma r_3 + \cdots) = r_1 + \gamma v_2 \\ v_2 &= r_2 + \gamma(r_3 + \gamma r_4 + \cdots) = r_2 + \gamma v_3 \\ v_3 &= r_3 + \gamma(r_4 + \gamma r_1 + \cdots) = r_3 + \gamma v_4 \\ v_4 &= r_1 + \gamma(r_1 + \gamma r_2 + \cdots) = r_4 + \gamma v_1 \end{aligned} \tag{5-155}$$

上述方程表明单次奖励在一条轨迹中相互依赖。方程可以改写为

$$\begin{bmatrix} v_1 \\ v_2 \\ v_3 \\ v_4 \end{bmatrix} = \begin{bmatrix} r_1 \\ r_2 \\ r_3 \\ r_4 \end{bmatrix} + \begin{bmatrix} \gamma v_2 \\ \gamma v_3 \\ \gamma v_4 \\ \gamma v_1 \end{bmatrix} = \begin{bmatrix} r_1 \\ r_2 \\ r_3 \\ r_4 \end{bmatrix} + \gamma \begin{bmatrix} 0 & 1 & 0 & 0 \\ 0 & 0 & 1 & 0 \\ 0 & 0 & 0 & 1 \\ 1 & 0 & 0 & 0 \end{bmatrix} \begin{bmatrix} v_1 \\ v_2 \\ v_3 \\ v_4 \end{bmatrix} \tag{5-156}$$

用矩阵形式可以写为

$$\boldsymbol{v} = \boldsymbol{r} + \gamma \boldsymbol{P} \boldsymbol{v} \tag{5-157}$$

因此，v 的值可以很容易地计算为 $v = (I - \gamma P)^{-1} r$，其中 I 是单位矩阵。实际上这是贝尔曼公式的一个简单例子。$I - \gamma P$ 总是可逆的。对证明感兴趣的读者可以自己尝试证明或者查阅代数学相关书籍。

它们可以用来评估策略，但不适用于随机系统，因为从某种状态开始可能会导致不同的回报。

接下来引入状态值的概念。考虑时间序列 $t = 1, 2, 3, \cdots$，在时间 t，智能体处于状态 S_t，并且遵循策略 π 采取的操作为 A_t。下一种状态是 S_{t+1}，即时反馈的奖励是 R_{t+1}。这个过程可以简明地表示为

$$S_t \xrightarrow{A_t} S_{t+1}, R_{t+1} \tag{5-158}$$

其中，$S_t, S_{t+1}, A_t, A_{t+1}$ 都是随机变量，并且 $S_t, S_{t+1} \in \mathcal{S}, A_t \in \mathcal{A}(S_t), R_{t+1} \in \mathcal{R}(S_t, A_t)$。

从 t 开始，有状态-动作-奖励轨迹：

$$S_t \xrightarrow{A_t} S_{t+1}, R_{t+1} \xrightarrow{A_{t+1}} S_{t+2}, R_{t+2} \xrightarrow{A_{t+2}} S_{t+3}, R_{t+3} \tag{5-159}$$

根据定义，沿轨迹的折扣奖励为

$$G_t = R_{t+1} + \gamma R_{t+2} + \gamma^2 R_{t+3} + \cdots, \quad \gamma \in (0,1) \tag{5-160}$$

其中，G_t 是一个随机变量，因为 R_i 是随机变量，因此可以计算 G_t 的期望值（也称为期望或平均值）：

$$v_\pi(s) = E[G_t \mid S_t = s] \tag{5-161}$$

$v_\pi(s)$ 被称为状态值函数或者简称为 s 的状态值，其中 $v_\pi(s)$ 依赖 s，这是因为它的定义是一个条件期望，条件是智能体从 $S_t = s$ 开始。$v_\pi(s)$ 依赖 π，这是因为轨迹是通过遵循策略 π 生成的。对于不同的策略，状态值可能不同。$v_\pi(s)$ 不依赖于 t。如果智能体在状态空间中移动，则 t 表示当前时间步长。一旦给出策略，$v_\pi(s)$ 的值就确定了。

当策略和系统模型都是确定性的时，从一种状态开始总会导致相同的轨迹。在这种情况下，从一种状态开始获得的回报等于该状态的值。相比之下，当策略或系统模型是随机的时，从相同的状态开始可能会产生不同的轨迹。在这种情况下，不同轨迹的奖励是不同的，状态值是这些奖励的平均值。

奖励可以用来评估策略，然而使用状态值来评估策略更为正式：产生更大状态值（状态价值）的策略更好，因此，状态值构成了强化学习的核心概念。

贝尔曼方程是一种用于分析状态值的数学工具。简而言之，贝尔曼方程是一组描述所有状态值之间关系的线性方程。

折扣奖励公式可以改写为

$$\begin{aligned} G_t &= R_{t+1} + \gamma R_{t+2} + \gamma^2 R_{t+3} + \cdots \\ &= R_{t+1} + \gamma(R_{t+2} + \gamma R_{t+3} + \cdots) \\ &= R_{t+1} + \gamma G_{t+1} \end{aligned} \tag{5-162}$$

其中，$G_{t+1} = R_{t+2} + \gamma R_{t+3} + \cdots$，该方程建立了 G_t 和 G_{t+1} 之间的关系。那么状态值可以

写为

$$v_\pi(s) = E[G_t \mid S_t = s]$$
$$= E[R_{t+1} + \gamma G_{t+1} \mid S_t = s]$$
$$= E[R_{t+1} \mid S_t = s] + \gamma E[G_{t+1} \mid S_t = s] \tag{5-163}$$

这样,状态值函数被写成了两项期望值之和。首先来看第1项期望值,它代表即时奖励期望,利用全期望定理,它可以写为

$$E[R_{t+1} \mid S_t = s] = \sum_{a \in A} \pi(a \mid s) E[R_{t+1} \mid S_t = s, A_t = a]$$
$$= \sum_{a \in A} \pi(a \mid s) \sum_{r \in R} p(r \mid s, a) r \tag{5-164}$$

其中,A 和 R 分别是可能的动作和奖励的集合。需要注意的是,对于不同的状态,A 可能不同。在这种情况下,A 应写为 $A(s)$。类似地,R 也取决于 (s,a)。尽管如此,在存在依赖性的情况下,结论仍然有效。

第2项期望值代表未来奖励期望,可以写为

$$E[G_{t+1} \mid S_t = s] = \sum_{s' \in S} E[G_{t+1} \mid S_t = s, S_{t+1} = s'] p(s' \mid s)$$
$$= \sum_{s' \in S} E[G_{t+1} \mid S_{t+1} = s'] p(s' \mid s)$$
$$= \sum_{s' \in S} v_\pi(s') p(s' \mid s)$$
$$= \sum_{s' \in S} v_\pi(s') \sum_{a \in A} p(s' \mid s, a) \pi(a \mid s). \tag{5-165}$$

上述公式推导中的第2步使用了马尔可夫性质。这意味着未来奖励值只取决于当前状态,而不依赖于之前的状态。

有了以上两个期望值公式,可以把状态价值函数展开写为

$$v_\pi(s) = E[R_{t+1} \mid S_t = s] + \gamma E[G_{t+1} \mid S_t = s],$$
$$= \underbrace{\sum_{a \in A} \pi(a \mid s) \sum_{r \in R} p(r \mid s, a) r}_{\text{mean of immediate rewards}} + \underbrace{\gamma \sum_{a \in A} \pi(a \mid s) \sum_{s' \in S} p(s' \mid s, a) v_\pi(s')}_{\text{mean of future rewards}},$$
$$= \sum_{a \in A} \pi(a \mid s) \left[\sum_{r \in R} p(r \mid s, a) r + \gamma \sum_{s' \in S} p(s' \mid s, a) v_\pi(s') \right], \quad \text{for all } s \in S$$
$$\tag{5-166}$$

这个方程就是贝尔曼方程,它描述了状态值的关系。它是设计和分析强化学习算法的基本工具。

在这个贝尔曼方程中,$v_\pi(s)$ 和 $v_\pi(s')$ 是待计算的未知状态值。由于未知 $v_\pi(s)$ 依赖于另一个未知 $v_\pi(s')$,因此初学者可能会感到困惑,如何计算未知 $v_\pi(s)$。必须注意的是,贝尔曼方程是指所有状态的一组线性方程,而不是单个方程。

$\pi(a \mid s)$ 是给定的策略。由于状态值可以用来评估策略,因此从贝尔曼方程求解状态值

就是一个策略评估过程。

$p(r|s,a)$ 和 $p(s'|s,a)$ 代表系统模型。如何使用该模型计算状态值,这是一个在有模型的情况下计算状态值的场景(model-based),还有一种场景是在无模型的情况下计算状态值(model-free)。

读者还可能在文献中遇到贝尔曼方程的其他表达式。接下来介绍两个等价的表达式。

首先有全概率定理:

$$p(s' \mid s,a) = \sum_{r \in R} p(s',r \mid s,a) ,$$

$$p(r \mid s,a) = \sum_{s' \in S} p(s',r \mid s,a) \tag{5-167}$$

可以把贝尔曼方程写为这种形式:

$$v_\pi(s) = \sum_{a \in A} \pi(a \mid s) \sum_{s' \in S} \sum_{r \in R} p(s',r \mid s,a)\left[r + \gamma v_\pi(s')\right] \tag{5-168}$$

其次,在某些问题中,奖励 r 可能仅取决于下一种状态 s'。作为一个结果,可以将奖励写为 $r(s')$,因此 $p(r(s')|s,a) = p(s'|s,a)$,这样,贝尔曼方程就可写为

$$v_\pi(s) = \sum_{a \in A} \pi(a \mid s) \sum_{s' \in S} p(s' \mid s,a)\left[r(s') + \gamma v_\pi(s')\right] \tag{5-169}$$

接下来用一个随机策略的例子来演示如何一步步地写出贝尔曼方程并计算状态值,如图 5-28 所示。

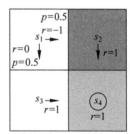

图 5-28　网格世界随机策略

首先需要写出贝尔曼方程,然后从中求解状态值。在状态 s_1 处,向右和向下的概率等于 0.5。有 $\pi(a=a_2,|s_1)=0.5$ 和 $\pi(a=a_3,|s_1)=0.5$。状态转移概率是确定性的,因为 $p(s'=s_3|s_1,a_3)=1$ 且 $p(s'=s_2|s_1,a_2)=1$。奖励概率也是确定性的,因为 $p(r=0|s_1,a_3)=1$ 且 $p(r=-1|s_1,a_2)=1$。将这些值代入贝尔曼方程式可以得出:

$$v_\pi(s_1) = 0.5\left[0 + \gamma v_\pi(s_3)\right] + 0.5\left[-1 + \gamma v_\pi(s_2)\right] \tag{5-170}$$

同理可得

$$v_\pi(s_2) = 1 + \gamma v_\pi(s_4) ,$$
$$v_\pi(s_3) = 1 + \gamma v_\pi(s_4)$$
$$v_\pi(s_4) = 1 + \gamma v_\pi(s_4) \tag{5-171}$$

状态值可以从上面的方程求解。由于方程很简单,手动求解状态值并得到

$$v_\pi(s_4) = \frac{1}{1-\gamma}$$

$$v_\pi(s_3) = \frac{1}{1-\gamma}$$

$$v_\pi(s_2) = \frac{1}{1-\gamma}$$

$$v_\pi(s_1) = 0.5\left[0 + \gamma v_\pi(s_3)\right] + 0.5\left[-1 + \gamma v_\pi(s_2)\right] = -0.5 + \frac{\gamma}{1-\gamma} \tag{5-172}$$

此外,设置 $\gamma=0.9$ 可得

$$v_\pi(s_4)=10$$
$$v_\pi(s_3)=10$$
$$v_\pi(s_2)=10$$
$$v_\pi(s_1)=-0.5+9=8.5 \tag{5-173}$$

由于它对每种状态都有效,因此可以将所有这些方程结合起来,并将它们简洁地写成矩阵向量形式,这将经常用于分析贝尔曼方程。

为了导出矩阵向量形式,首先将贝尔曼方程重写为

$$v_\pi(s)=r_\pi(s)+\gamma\sum_{s'\in S}p_\pi(s'\mid s)v_\pi(s') \tag{5-174}$$

其中,

$$r_\pi(s)=\sum_{a\in A}\pi(a\mid s)\sum_{r\in R}p(r\mid s,a)r$$
$$p_\pi(s'\mid s)=\sum_{a\in A}\pi(a\mid s)p(s'\mid s,a) \tag{5-175}$$

这里,$r_\pi(s)$ 表示即时奖励的均值,$p_\pi(s'|s)$ 是在策略 π 下从 s 转移到 s' 的概率。

假设状态索引为 s_i,其中 $i=1,\cdots,n$,其中 $n=|S|$。对于状态 s_i,贝尔曼方程可以写为

$$v_\pi(s_i)=r_\pi(s_i)+\gamma\sum_{s_j\in S}p_\pi(s_j\mid s_i)v_\pi(s_j) \tag{5-176}$$

设 $\boldsymbol{v}_\pi=[v_\pi(s_1),\cdots,v_\pi s_n]^{\mathrm{T}}\in\mathbf{R}^n$, $\boldsymbol{r}_\pi=[r_\pi(s_1),\cdots,r_\pi(s_n)]^{\mathrm{T}}\in\mathbf{R}^n$, $\boldsymbol{P}_\pi\in\mathbf{R}^{n\times n}$, $[\boldsymbol{P}_\pi]_{ij}=p_\pi(s_j|s_i)$,则可写出贝尔曼方程的向量形式:

$$\boldsymbol{v}_\pi=\boldsymbol{r}_\pi+\gamma\boldsymbol{P}_\pi\boldsymbol{v}_\pi \tag{5-177}$$

其中,$\boldsymbol{v}_\pi$ 是待解的未知数,$\boldsymbol{r}_\pi$,$\boldsymbol{P}_\pi$ 已知。$\boldsymbol{P}_\pi$ 是一个非负矩阵,意味着它的所有元素都大于或等于零。此属性表示为 $\boldsymbol{P}_\pi\geqslant0$,其中 0 表示具有适当维度的零矩阵。$\geqslant$ 或 $\leqslant$ 代表元素比较操作。它还是一个随机矩阵,意味着每行中的值之和等于 1。该属性表示为 $\boldsymbol{P}_\pi\mathbf{1}=\mathbf{1}$,其中 $\mathbf{1}=[1,\cdots,1]^{\mathrm{T}}$ 具有适当的维度。

在图 5-14 的示例中,贝尔曼方程的矩阵向量形式为

$$\underbrace{\begin{bmatrix}v_\pi(s_1)\\v_\pi(s_2)\\v_\pi(s_3)\\v_\pi(s_4)\end{bmatrix}}_{v_\pi}=\underbrace{\begin{bmatrix}r_\pi(s_1)\\r_\pi(s_2)\\r_\pi(s_3)\\r_\pi(s_4)\end{bmatrix}}_{r_\pi}+\gamma\underbrace{\begin{bmatrix}p_\pi(s_1\mid s_1)&p_\pi(s_2\mid s_1)&p_\pi(s_3\mid s_1)&p_\pi(s_4\mid s_1)\\p_\pi(s_1\mid s_2)&p_\pi(s_2\mid s_2)&p_\pi(s_3\mid s_2)&p_\pi(s_4\mid s_2)\\p_\pi(s_1\mid s_3)&p_\pi(s_2\mid s_3)&p_\pi(s_3\mid s_3)&p_\pi(s_4\mid s_3)\\p_\pi(s_1\mid s_4)&p_\pi(s_2\mid s_4)&p_\pi(s_3\mid s_4)&p_\pi(s_4\mid s_4)\end{bmatrix}}_{P_\pi}\underbrace{\begin{bmatrix}v_\pi(s_1)\\v_\pi(s_2)\\v_\pi(s_3)\\v_\pi(s_4)\end{bmatrix}}_{v_\pi}$$

$$\tag{5-178}$$

将具体值代入上式可得

$$\begin{bmatrix}v_\pi(s_1)\\v_\pi(s_2)\\v_\pi(s_3)\\v_\pi(s_4)\end{bmatrix}=\begin{bmatrix}0.5(0)+0.5(-1)\\1\\1\\1\end{bmatrix}+\gamma\begin{bmatrix}0&0.5&0.5&0\\0&0&0&1\\0&0&0&1\\0&0&0&1\end{bmatrix}\begin{bmatrix}v_\pi(s_1)\\v_\pi(s_2)\\v_\pi(s_3)\\v_\pi(s_4)\end{bmatrix} \tag{5-179}$$

可见 P_π 满足 $P_\pi \mathbf{1} = 1$。

计算给定策略的状态值是强化学习中的一个基本问题,这个问题通常被称为策略评估。

由于 $v_\pi = r_\pi + \gamma P_\pi v_\pi$ 是一个简单的线性方程,因此可以轻松地获得其闭式解:

$$v_\pi = (I - \gamma P_\pi)^{-1} r_\pi \tag{5-180}$$

其中,$I - \gamma P_\pi$ 是可逆的,盖尔圆盘定理(Gershgorin Circle Theorem)可以证明这点,且 $(I - \gamma P_\pi)^{-1} \geqslant I$,这意味着 $(I - \gamma P_\pi)^{-1}$ 的每个元素都是非负的。

虽然闭式解对于理论分析很有用,但在实际中并不适用,因为它涉及矩阵求逆运算,仍然需要通过其他数值算法来计算。事实上更方便程序计算的是使用以下迭代算法直接求解贝尔曼方程:

$$v_{k+1} = r_\pi + \gamma P_\pi v_k \tag{5-181}$$

该算法会生成一个值序列 $\{v_0, v_1, v_2, \cdots\}$,其中 $v_0 \in \mathbf{R}^n$ 是 v_π 的初始猜测值,且

$$\lim_{k \to \infty} v_k = v_\pi = (I - \gamma P_\pi)^{-1} r_\pi \tag{5-182}$$

目前为止一直在讨论状态值,是时候介绍动作值了,它表示在某种状态下采取的行动的价值。虽然行动价值的概念很重要,之所以在最后引入它,是因为它严重依赖于状态价值的概念。在研究行动价值之前,首先要充分理解状态价值,这一点很重要。

状态-行动对 (s, a) 的动作值定义为

$$q_\pi(s, a) = E[G_t \mid S_t = s, A_t = a] \tag{5-183}$$

可以看出,动作值定义为在某种状态下采取行动后可以获得的预期奖励。必须注意的是,$q_\pi(s, a)$ 取决于状态-行动对 (s, a),而不是单独的行动。将此值称为状态动作值可能更严格,但为了简单起见,通常将其称为动作值。

行动价值和状态价值之间的关系可以由条件期望得出:

$$\underbrace{E[G_t \mid S_t = s]}_{v_\pi(s)} = \sum_{a \in A} \underbrace{E[G_t \mid S_t = s, A_t = a]}_{q_\pi(s,a)} \pi(a \mid s) \tag{5-184}$$

从而得出:

$$v_\pi(s) = \sum_{a \in A} \pi(a \mid s) q_\pi(s, a) \tag{5-185}$$

因此,状态值是与该状态相关联的动作值的期望。它展示了如何从动作值获取状态值。

由于状态值由下式给出:

$$v_\pi(s) = \sum_{a \in A} \pi(a \mid s) \left[\sum_{r \in R} p(r \mid s, a) r + \gamma \sum_{s' \in S} p(s' \mid s, a) v_\pi(s') \right] \tag{5-186}$$

所以:

$$q_\pi(s, a) = \sum_{r \in R} p(r \mid s, a) r + \gamma \sum_{s' \in S} p(s' \mid s, a) v_\pi(s') \tag{5-187}$$

可以看出,动作值由两项组成。第 1 项是当前奖励的均值,第 2 项是未来奖励的均值。它展示了如何从状态值获取动作值。

下面通过一个例子来说明计算动作值的过程,并讨论初学者可能犯的一个常见错误。

继续以图 5-16 为例,先只检查 s_1 的行动,其他状态也可以类似地进行检查。(s_1, a_2) 的动作值为

$$q_\pi(s_1, a_2) = -1 + \gamma v_\pi(s_2) \tag{5-188}$$

其中,s_2 是下一种状态。同理可得

$$q_\pi(s_1, a_3) = 0 + \gamma v_\pi(s_3) \tag{5-189}$$

初学者可能犯的一个常见错误是关于给定策略未选择的动作值。例如,图 5-14 中的策略只能选择 a_2 或 a_3,不能选择 a_1、a_4、a_5。有人可能会说,既然策略没有选择 a_1、a_4、a_5,就不需要计算它们的动作值,或者简单地设置 $q_\pi(s_1, a_1) = q_\pi(s_1, a_4) = q_\pi(s_1, a_5) = 0$,这是错误的。

即使某个行动不会被策略选择,它仍然具有操作值。在这个例子中,虽然策略 π 在 s_1 处没有采取 a_1,但仍可以通过观察采取该行动后得到的结果来计算其动作值。具体来讲,在获取 a_1 之后,智能体被弹回到 s_1(因此,即时奖励为 -1),然后继续从 s_1 开始沿着 π 在状态空间中移动(因此,未来奖励为 $\gamma v_\pi(s_1)$),因此,(s_1, a_1) 的动作值为

$$q_\pi(s_1, a_1) = -1 + \gamma v_\pi(s_1) \tag{5-190}$$

类似地,对于 a_4 和 a_5,给定的策略也不可能选择它们,有

$$q_\pi(s_1, a_4) = -1 + \gamma v_\pi(s_1)$$

$$q_\pi(s_1, a_5) = 0 + \gamma v_\pi(s_1) \tag{5-191}$$

为什么需要关心给定策略不会选择的行动?尽管某些动作不可能被给定的策略选择,但这并不意味着这些行动不好。给定的策略可能不好,因此无法选择最佳操作。强化学习的目的是寻找最优策略。为此,必须不断地探索所有行动,以确定每种状态有更好的行动。

计算出动作值后,还可以根据动作值计算状态值:

$$v_\pi(s_1) = 0.5 q_\pi(s_1, a_2) + 0.5 q_\pi(s_1, a_3)$$
$$= 0.5[0 + \gamma v_\pi(s_3)] + 0.5[-1 + \gamma v_\pi(s_2)] \tag{5-192}$$

之前介绍的贝尔曼方程是根据状态值定义的,其实也可以用动作值表达。

$$q_\pi(s, a) = \sum_{r \in R} p(r \mid s, a) r + \gamma \sum_{s' \in S} p(s' \mid s, a) \sum_{a' \in A(s')} \pi(a' \mid s') q_\pi(s', a') \tag{5-193}$$

这是动作值的方程,上面的方程对于每种状态-动作对都有效。若将所有这些方程都放在一起,则它们的矩阵向量形式为

$$\boldsymbol{q}_\pi = \tilde{\boldsymbol{r}} + \gamma \boldsymbol{P} \boldsymbol{\Pi} \boldsymbol{q}_\pi \tag{5-194}$$

其中,$\boldsymbol{q}_\pi$ 是由状态-行动对索引的动作值向量:其第 (s, a) 个元素是 $[\boldsymbol{q}_\pi]_{(s,a)} = q_\pi(s, a)$。$\tilde{r}$ 是由状态-行动对索引的即时奖励向量:$[\tilde{\boldsymbol{r}}]_{(s,a)} = \sum_{r \in R} p(r \mid s, a) r$。

矩阵 $\boldsymbol{P}$ 是概率转置矩阵,其行由状态-行动对索引,其列由状态索引:$[P]_{(s,a,s')} = p(s' \mid s, a)$。此外,$\boldsymbol{\Pi}$ 是块对角矩阵,其中每个块是一个 $1 \times |\boldsymbol{A}|$ 向量:$\boldsymbol{\Pi}_{s', (s', a')} = \pi(a' \mid s')$ 且 $\boldsymbol{\Pi}$ 的其他项为 0。

与根据状态值定义的贝尔曼方程相比,根据动作值定义的方程有一些独有的特征。例

如,$\tilde{r}$ 和 P 与策略无关,仅由系统模型决定。该策略嵌入在 $\boldsymbol{\Pi}$ 中。可以验证 $\boldsymbol{q}_\pi = \tilde{r} + \gamma \boldsymbol{P\Pi q}_\pi$ 也是收缩映射(Contraction Mapping),并且有唯一解,可以迭代求解。

状态值是智能体从某种状态开始可以获得的预期回报。不同状态的值是相互关联的。也就是说,状态 s 的值依赖于其他一些状态的值,而其他状态的值可能进一步依赖于状态 s 本身的值。这一点会令人困惑,使用贝尔曼方程的矩阵向量形式,就会很清楚这点。

在寻找最优策略时,动作值比状态价值发挥着更直接的作用。另外,贝尔曼方程并不局限于强化学习领域。相反,它广泛存在于控制理论和运筹学等许多领域。在不同的领域,贝尔曼方程可能有不同的表达方式。这里介绍的贝尔曼方程是离散马尔可夫决策过程下的贝尔曼方程。

5.9.5 贝尔曼最优方程

网格世界策略的改进如图 5-29 所示。

策略的贝尔曼方程为

$$v_\pi(s_1) = -1 + \gamma v_\pi(s_2),$$
$$v_\pi(s_2) = +1 + \gamma v_\pi(s_4),$$
$$v_\pi(s_3) = +1 + \gamma v_\pi(s_4),$$
$$v_\pi(s_4) = +1 + \gamma v_\pi(s_4).$$

(5-195)

设折扣因子 $\gamma = 0.9$,可以得出:

$$v_\pi(s_4) = v_\pi(s_3) = v_\pi(s_2) = 10$$
$$v_\pi(s_1) = 8$$

(5-196)

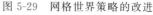

图 5-29 网格世界策略的改进

对于状态 s_1 的动作值可以计算出:

$$q_\pi(s_1, a_1) = -1 + \gamma v_\pi(s_1) = 6.2$$
$$q_\pi(s_1, a_2) = -1 + \gamma v_\pi(s_2) = 8$$
$$q_\pi(s_1, a_3) = 0 + \gamma v_\pi(s_3) = 9$$
$$q_\pi(s_1, a_4) = -1 + \gamma v_\pi(s_1) = 6.2$$
$$q_\pi(s_1, a_5) = 0 + \gamma v_\pi(s_1) = 7.2$$

(5-197)

注意,这里可以看到在状态 s_1 的所有行动中,a_3 这个行动具有最大的价值。

$$q_\pi(s_1, a_3) \geqslant q_\pi(s_1, a_i), \quad \text{对于所有 } i$$

(5-198)

因此可以更新策略以在 s_1 处选择 a_3。这个例子说明更新策略以选择具有最大动作值的行动,可以获得更好的策略。

最优策略的定义基于状态值。特别是,考虑两个给定的策略 π_1 和 π_2。如果任意状态下 π_1 的状态值大于或等于 π_2 的状态值:

$$v_{\pi_1}(s) \geqslant v_{\pi_2}(s), \quad \text{对于所有 } s \in S$$

(5-199)

那么 π_1 就比 π_2 好。另外,如果一项策略优于所有其他可能的策略,则这个策略就是最优的。

最优策略中的最优状态值的定义：如果对于所有 $s \in S$ 和任何其他策略 π，$v_{\pi^{\times}}(s) \geqslant v_{\pi}(s)$，则策略 $\pi^{\times}$ 是最优的。$\pi^{\times}$ 的状态值是最优状态值。

分析最优策略和最优状态值的工具是贝尔曼最优方程(Bellman Optimality Equation，BOE)。通过求解这个方程可以获得最优策略和最优状态值。

对于任意的 $s \in S$，有

$$
\begin{aligned}
v(s) &= \max_{\pi(s) \in \Pi(s)} \sum_{a \in A} \pi(a \mid s) \left(\sum_{r \in R} p(r \mid s,a) r + \gamma \sum_{s' \in S} p(s' \mid s,a) v(s') \right) \\
&= \max_{\pi(s) \in \Pi(s)} \sum_{a \in A} \pi(a \mid s) q(s,a)
\end{aligned}
\tag{5-200}
$$

其中，$v(s), v(s')$ 是待求解的未知变量，此外

$$
q(s,a) = \sum_{r \in R} p(r \mid s,a) r + \gamma \sum_{s' \in S} p(s' \mid s,a) v(s')
\tag{5-201}
$$

这里，$\pi(s)$ 表示状态 s 的策略，$\pi(s)$ 是 s 的所有可能策略的集合。

可以把贝尔曼最优方程简写为

$$
v(s) = \max_{\pi(s) \in \Pi(s)} \sum_{a \in A} \pi(a \mid s) q(s,a), \quad s \in S
\tag{5-202}
$$

由于 $\sum_a \pi(a \mid s) = 1$，所以有

$$
\sum_{a \in A} \pi(a \mid s) q(s,a) \leqslant \sum_{a \in A} \pi(a \mid s) \max_{a \in A} q(s,a) = \max_{a \in A} q(s,a)
\tag{5-203}
$$

其中等号满足的条件是：

$$
\pi(a \mid s) = \begin{cases} 1, & a = a^{\times} \\ 0, & a \neq a^{\times} \end{cases}
\tag{5-204}
$$

这里 $a^{\times} = \arg\max_a q(s,a)$，总而言之，最优策略 $\pi(s)$ 是选择具有最大 $q(s,a)$ 值的动作的策略。

贝尔曼最优方程的向量形式：

$$
\boldsymbol{v} = \max_{\pi \in \Pi} (\boldsymbol{r}_{\pi} + \gamma \boldsymbol{P}_{\pi} \boldsymbol{v})
\tag{5-205}
$$

根据收缩映射定理，可以将其表示为

$$
f(\boldsymbol{v}) = \max_{\pi \in \Pi} (\boldsymbol{r}_{\pi} + \gamma \boldsymbol{P}_{\pi} \boldsymbol{v})
\tag{5-206}
$$

可以看出，根据收缩映射定理，可推广 $\boldsymbol{v}$ 至 $f(\boldsymbol{v})$。

5.10　模型介绍

在本案例中，使用的是 A2C(Advantage Actor-Critic)算法，这是一个经典的无模型学习(Model-Free Learning)方法。A2C 模型是一种用于强化学习的机器学习模型，它结合了两种重要的概念：演员(Actor)和评论家(Critic)。

演员就像是模型的行为决策者。它负责在每个时间步骤上选择动作，就像一个演员在

戏剧中选择角色扮演一样。演员根据当前的状态和策略来选择动作,策略是一个函数,它告诉演员在给定状态下选择哪个动作。

评论家是模型的价值估计者。它的任务是评估每种状态的好坏程度,就像戏剧评论家评估戏剧的质量一样。评论家根据当前状态估计该状态的值或价值。价值表示在该状态下能够获得多大的回报或奖励。

A2C模型的目标是通过不断地与环境互动来学习一个最佳的策略,以使累积回报最大化。这是通过以下方式实现的。

(1)动作选择:演员使用当前状态和策略来选择一个动作。策略是一个概率分布,它告诉演员选择每个动作的概率。

(2)环境互动:演员执行所选的动作,并与环境互动。环境会根据动作提供反馈信号,包括奖励信号。

(3)奖励信号:根据与环境的互动,模型会获得奖励信号。奖励信号告诉模型每个动作的好坏程度。

(4)更新策略:根据获得的奖励信号,模型会更新策略,以便在类似的情境中选择更好的动作。这是通过最大化奖励信号实现的。

(5)值函数估计:评论家使用价值函数来估计每种状态的价值。这有助于模型更好地理解环境,并指导演员选择更好的动作。

总体来讲,A2C是一种结合了演员和评论家的强化学习方法,用于训练一个智能代理来在不断的互动中学习如何做出最佳决策。这个模型已经在许多领域取得了成功,包括游戏、金融交易和机器人控制等。

5.10.1 数据准备

首先准备好市场的成交数据和订单簿数据,最好使用 websocket 网络协议接口获取。例如这里,获取了某品种的订单簿数据:orderbook.csv,如图 5-30 所示。

receive_ts	exchange_ts	bid_price_0	bid_vol_0	...	ask_price_9	ask_vol_9
2023/09/12 08:50:40.992	2023/09/12 08:50:40.976	float	float	...	float	float
2023/09/12 08:50:41.094	2023/09/12 08:50:40.079	float	float	...	float	float
2023/09/12 08:50:41.194	2023/09/12 08:50:40.171	float	float	...	float	float
2023/09/12 08:50:41.294	2023/09/12 08:50:40.282	float	float	...	float	float
...	...	...	...	...	...	...
2023/09/14 01:23:48.580	2023/09/14 01:23:48.569	float	float	...	float	float

图 5-30 订单簿数据

及它的成交数据:trade.csv,如图 5-31 所示。

receive_ts	exchange_ts	aggro_side	price	size
2023/09/12 08:50:41.763	2023/09/12 08:50:41.747	ASK	float	float
2023/09/12 08:50:43.877	2023/09/12 08:50:44.000	ASK	float	float
2023/09/12 08:50:46.716	2023/09/12 08:50:47.000	ASK	float	float
...	...	...	...	...
2023/09/14 01:23:27.723	2023/09/14 01:23:27.704	BID	float	float

图 5-31 交易数据

运行环境还需要安装一些模块,最好让这一切运行在一个独立的运行环境中,推荐 Docker 或 Conda。本例是用 PyTorch 来构建神经网络模型的,读者不妨尝试一下 TensorFlow,代码如下:

```
#//第 5 章/get_features.ipynb
#使用 mamba 安装 PyTorch
#macOS 版
mamba install pytorch::pytorch torchvision torchaudio -c pytorch
#Linux 版 CPU
mamba install pytorch torchvision torchaudio cpuonly -c pytorch
#Linux 版 GPU
mamba install pytorch torchvision torchaudio pytorch-cuda=11.8 -c pytorch
-c nvidia
#Windows 版 CPU
mamba install pytorch torchvision torchaudio cpuonly -c pytorch
#Windows 版 GPU
mamba install pytorch torchvision torchaudio pytorch-cuda=11.8 -c pytorch
-c nvidia
#接下来需要一张用于生成环境的状态空间的 features 表
#首先需要读入订单簿、成交数据
import pandas as pd
lobs = './data/orderbook.csv'
trades = './data/trades.csv'
lobs_df = pd.read_csv(lobs)
trades_df = pd.read_csv(trades)
#修改时间戳格式
lobs_df['receive_ts'] = pd.to_datetime(lobs_df['receive_ts'], format='ISO8601')
lobs_df['exchange_ts'] = pd.to_datetime(lobs_df['exchange_ts'], format=
'ISO8601')
trades_df['receive_ts'] = pd.to_datetime(trades_df['receive_ts'], format=
'ISO8601')
trades_df['exchange_ts'] = pd.to_datetime(trades_df['exchange_ts'],
```

5.10.2 特征工程

以 receive_ts 字段生成 features 表,代码如下:

```
features_df = pd.DataFrame({'receive_ts': lobs_df['receive_ts']})
```

从订单簿数据中计算出中间价,代码如下:

```
lobs_df['mid_price'] = (lobs_df['ask_price_0'] + lobs_df['bid_price_0']) / 2
```

从成交数据中分离出三类数据作为一个列表,代码如下:

```
trades_df['trade'] = trades_df[['aggro_side', 'price', 'size']].values.tolist()
```

计算每一档价格到中间价的距离并放入 features 表中,代码如下:

```
for column in lobs_df.filter(regex="_price_").columns.values:
    features_df[f'dist_{column}'] = (lobs_df[column] / lobs_df['mid_price'] - 1) *
1e06
```

现在在 features 表中,除了时间戳字段 receive_ts 之外,就有 20 个字段,分别如下:dist_bid_price_0,dist_ask_price_0,dist_bid_price_1,dist_ask_price_1,……,dist_bid_price_9,dist_ask_price_9。

$$\text{dist\_x\_price}_i = \frac{\text{x\_price}_i}{\text{midprice}} - 1, \quad x \in \{\text{bid}, \text{ask}\}, i \in [0, 9] \bigcap \mathbf{Z} \tag{5-207}$$

计算不同挡位的累计名义价值并加入 features 表中:

```
#//第5章/get_features.ipynb
for side in ['bid', 'ask']:
    features_df[f'{side}_cumul_0'] = lobs_df[f'{side}_price_0'] * lobs_df[f'{side}_vol_0']

for i in range(1, 10):
    for side in ['bid', 'ask']:
        features_df[f'{side}_cumul_{i}'] = (
            features_df[f'{side}_cumul_{i - 1}'] + lobs_df[f'{side}_price_{i}'] * lobs_df[f'{side}_vol_{i}'])
```

$$\text{x\_cumul}_0 = p_0^x v_0^x$$

$$\text{x\_cumul}_i = \text{x\_cumul}_{i-1} + p_i^x v_i^x$$

$$x \in \{\text{bid}, \text{ask}\}, i \in [1, 9] \bigcap \mathbf{Z} \tag{5-208}$$

现在 features 表又增加了 20 个字段,分别是 bid_cumul_0,ask_cumul_0,…,ask_cumul_9。

计算市场不平衡度指标(Market Imbalance Indicator)或者简称不平衡度(Imbalance),这个比率通常用来度量买方和卖方之间的市场深度或订单簿中的不平衡,代码如下:

```
for i in range(10):
    features_df[f'national_imbalance_{i}'] = (
    (features_df[f'ask_cumul_{i}'] - features_df[f'bid_cumul_{i}']) / (features_df
[f'ask_cumul_{i}'] + features_df[f'bid_cumul_{i}']))
```

现在 features 表又多了 10 个字段,分别是 national_imbalance_0,national_imbalance_1,…,national_imbalance_9。

接下来计算订单流平衡度指标并加入 features 表中,代码如下:

```
#//第5章/get_features.ipynb
bid_price = lobs_df['bid_price_0']
ask_price = lobs_df['ask_price_0']
bid_vol = lobs_df['bid_vol_0']
ask_vol = lobs_df['ask_vol_0']

prev_bid_price = lobs_df['bid_price_0'].shift(1)
prev_ask_price = lobs_df['ask_price_0'].shift(1)
prev_bid_vol = lobs_df['bid_vol_0'].shift(1)
prev_ask_vol = lobs_df['ask_vol_0'].shift(1)

features_df['order_flow_imbalance'] = (
  (bid_price >= prev_bid_price) * bid_vol -
```

```
    (bid_price <= prev_bid_price) *prev_bid_vol -
    (ask_price <= prev_ask_price) *ask_vol +
    (ask_price >= prev_ask_price) *prev_ask_vol)

features_df['order_flow_imbalance'].fillna(0, inplace=True)
```

订单流不平衡是金融市场中常用的一个指标,用于衡量买方和卖方之间的交易活动不平衡程度。该指标考虑了以下因素:

(1) 当买方报价(bid_price)大于或等于前一时刻的买方报价(prev_bid_price)时,增加了当前买方报价的数量(bid_vol)。

(2) 当买方报价小于或等于前一时刻的买方报价时,减少了前一时刻买方报价的数量(prev_bid_vol)。

(3) 当卖方报价(ask_price)小于或等于前一时刻的卖方报价(prev_ask_price)时,减少了当前卖方报价的数量(ask_vol)。

(4) 当卖方报价大于或等于前一时刻的卖方报价时,增加了前一时刻卖方报价的数量(prev_ask_vol)。

最终,通过以上计算,order_flow_imbalance 字段中的值表示在当前价格水平上的订单流不平衡程度。正值表示买方力量较强,负值表示卖方力量较强,0 表示相对平衡。这种指标通常用于分析市场中的买卖压力,以帮助预测价格走势或市场趋势。

$$\text{rise}^b bv_0 - \text{fall}^b bv_0^- - \text{rise}^a av_0 + \text{fall}^a av_0^- \tag{5-209}$$

其中,rise^b、fall^b、rise^a、fall^a,代表相对市场环境的布尔值,分别代表买方市场上升、买方市场下降、卖方市场上升、卖方市场下降。如果成立,则为 1,如果不成立,则为 0。它们分别为买一价、先前买一价、卖一价、先前卖一价的无符号系数。

现在 features 表又多了一个字段 order_flow_imbalance。

再给 features 表加一个价差特征,代码如下:

```
features_df['spread'] = (lobs_df['ask_price_0'] - lobs_df['bid_price_0']) / lobs
_df['mid_price'] *1e06
```

$$\text{spread} = \frac{ap_0 - bp_0}{\text{midprice}} \tag{5-210}$$

现在 features 表又多了一个字段 spread。

接下来计算 RSI 指标,RSI 是一种用于衡量资产价格走势的技术指标,它通常用来识别市场是否处于超买(Overbought)或超卖(Oversold)的状态。RSI 的计算基于一定时期内的价格变化幅度,通常在 0 到 100 取值。我们以 1min,5min,15min 作为周期来计算,代码如下:

```
#//第5章/get_features.ipynb
lobs_df['returns'] = (lobs_df['mid_price'] / lobs_df['mid_price'].shift(1) - 1).
fillna(0)

windows = {'60s': '1m', '300s': '5m', '900s': '15m'}
```

```
for w in tqdm(windows.keys()):
    lobs_df.loc[:, f'gain_{windows[w]}'] = lobs_df.set_index('receive_ts')
['returns'].rolling(w).apply(
    lambda x: x[x > 0].sum()
    ).reset_index()['returns']

    lobs_df.loc[:, f'loss_{windows[w]}'] = lobs_df.set_index('receive_ts')
['returns'].rolling(w).apply(
    lambda x: x[x < 0].sum()
    ).reset_index()['returns']
```

现在 features 表增加了 returns,gain_1m,loss_1m,gain_5m,loss_5m,gain_15m,loss_15m 字段。

接下来计算 CSRI(累计相对强弱指数),代码如下:

```
#//第5章/get_features.ipynb
for w in windows.values():
    features_df[f'CRSI_{w}'] = (
    (lobs_df[f'gain_{w}'] - lobs_df[f'loss_{w}'].abs()) /
    (lobs_df[f'gain_{w}'] + lobs_df[f'loss_{w}'].abs())
    ).fillna(0)
```

$$\text{CRSI} = \frac{|\ \text{gain} - \text{loss}\ |}{|\ \text{gain} + \text{loss}\ |} \tag{5-211}$$

不同时间窗口的 CRSI 值可以提供有关不同时间尺度上市场趋势的信息,现在 features 表增加了 CRSI_1m,CRSI_5m,CRSI_15m 字段。在本例中,特征工程到此为止除去 receive_ts 字段一共有 55 个特征,为了方便后续的训练,可以把它存为一个特征表文件,代码如下:

```
features_df['ESS'] = features_df.iloc[:, 1:].values.tolist()

features_df.info()
```

查看数据结构,代码如下:

```
#//第5章/get_features.ipynb
Data columns (total 57 columns):
#Column Non-Null Count Dtype
--- ------ -------------- -----
0 receive_ts 880834 non-null datetime64[ns]
1 dist_bid_price_0 880834 non-null float64
2 dist_ask_price_0 880834 non-null float64
3 dist_bid_price_1 880834 non-null float64
4 dist_ask_price_1 880834 non-null float64
5 dist_bid_price_2 880834 non-null float64
6 dist_ask_price_2 880834 non-null float64
7 dist_bid_price_3 880834 non-null float64
8 dist_ask_price_3 880834 non-null float64
9 dist_bid_price_4 880834 non-null float64
10 dist_ask_price_4 880834 non-null float64
11 dist_bid_price_5 880834 non-null float64
12 dist_ask_price_5 880834 non-null float64
13 dist_bid_price_6 880834 non-null float64
```

```
14 dist_ask_price_6 880834 non-null float64
15 dist_bid_price_7 880834 non-null float64
16 dist_ask_price_7 880834 non-null float64
17 dist_bid_price_8 880834 non-null float64
18 dist_ask_price_8 880834 non-null float64
19 dist_bid_price_9 880834 non-null float64

...

55 CRSI_15m 880834 non-null float64
56 ESS 880834 non-null object
dtypes: datetime64[ns](1), float64(55), object(1)
```

把它写入 pickle 文件里,代码如下:

```
import pickle
features_dict = features_df.set_index('receive_ts')['ESS'].to_dict()
with open('./data/features_dict.pickle', 'wb') as f:
    pickle.dump(features_dict, f)
```

在训练的脚本中,可以通过以下代码载入特征数据,代码如下:

```
#//第 5 章/get_features.ipynb
with open('./data/features_dict.pickle', 'rb') as f:
    ess_dict = pickle.load(f)

#ess 代表环境状态空间 Environment State Space
ess_df = pd.DataFrame.from_dict(ess_dict,
                orient='index').reset_index().rename(columns
                {'index': 'receive_ts'})
```

现在还需要特征均值标准差的数据。后续在策略迭代过程中,还会给特征表增加动态数据库存比率及总盈亏。这两个特征是在 Agent 与 Environment 交互时实时计算的。对于这两个特征,将均值设置为 0,将标准差设置为 1,以保持一致性并且便于模型训练。为了方便,现在就先把均值标准差数据做出来,并存为 npy 文件,代码如下:

```
#//第 5 章/get_features.ipynb
import numpy as np

means = ess_df.mean()
stds = ess_df.std()

means = means.drop(columns='receive_ts').values
stds = stds.drop(columns='receive_ts').values

means = np.append(means, 0.0)
means = np.append(means, 0.0)
stds = np.append(stds, 1.0)
stds = np.append(stds, 1.0)

np.save('./data/means.npy', means)
np.save('./data/stds.npy', stds)
```

后续可以这样载入 npy 文件，代码如下：

```
#//第5章/get_features.ipynb
with open('./data/means.npy', 'rb') as f:
    means = np.load(f, allow_pickle=True)

with open('./data/stds.npy', 'rb') as f:
    stds = np.load(f, allow_pickle=True)
```

5.10.3　模型准备

首先介绍 simulator 模块，它用来模拟市场，我们就从这里切入主题。在训练模型中为了减少计算资源消耗，在 simulator 中定义了这样的数据类型，代码如下：

```
#//第5章//simulator/simulator.ipynb

from collections import deque
#导入 deque 集合，用于创建双端队列
from dataclasses import dataclass
#导入 dataclass，用于定义数据类
from typing import List, Optional, Tuple, Union, Deque, Dict
#导入类型提示相关的模块
import numpy as np
#导入 NumPy 库，用于处理数值数据
from sortedcontainers import SortedDict
#导入 SortedDict，用于创建有序字典
from datetime import datetime, timedelta
#导入 datetime 模块，用于处理日期和时间

#定义数据类以表示不同类型的交易和市场数据
@dataclass
class Order:                    #自己下的订单
    place_ts: float             #下单时间戳
    exchange_ts: float          #交易所(模拟器)接收订单的时间戳
    order_id: int
    side: str                   #买入('BID')或卖出('ASK')
    size: float
    price: float


@dataclass
class CancelOrder:
    exchange_ts: float
    id_to_delete: int           #要取消的订单的 ID


@dataclass
class AnonTrade:                #市场交易
    exchange_ts: float
    receive_ts: float
    side: str                   #买入('BID')或卖出('ASK')
    size: float
    price: float
```

```
@dataclass
class OwnTrade:                          #执行自己下的订单
    place_ts: float                      #调用 place_order 方法时的时间戳,用于调试
    exchange_ts: float
    receive_ts: float
    trade_id: int
    order_id: int
    side: str                            #买入('BID')或卖出('ASK')
    size: float
    price: float
    execute: str                         #BOOK 或 TRADE,表示订单是通过撮合还是市场数据更新执行的

    def __post_init__(self):
        assert isinstance(self.side, str)


@dataclass
class OrderbookSnapshotUpdate:           #订单簿快照更新
    exchange_ts: float
    receive_ts: float
    asks: List[Tuple[float, float]]      #列表,包含卖出订单的价格和数量元组
    bids: List[Tuple[float, float]]      #列表,包含买入订单的价格和数量元组


@dataclass
class MdUpdate:                          #一个时间点的数据
    exchange_ts: float
    receive_ts: float
    orderbook: Optional[OrderbookSnapshotUpdate] = None   #可选的订单簿快照更新
    trade: Optional[AnonTrade] = None    #可选的市场交易数据
```

simulator 中还有一个全局函数,用于更新必要的最佳买卖位置及市场深度信息,代码如下:

```
#//第 5 章//simulator/simulator.ipynb

def update_best_positions(best_bid, best_ask, md: MdUpdate, levels: bool =
False) -> Tuple[float, float]:
    '''
    更新最佳买入和卖出位置及市场深度信息

    Args:
        best_bid (float): 当前最佳买入价格
        best_ask (float): 当前最佳卖出价格
        md (MdUpdate): 市场数据更新
        levels (bool): 是否返回市场深度信息

    Returns:
        Tuple[float, float]: 更新后的最佳买入和卖出价格
    '''
    if md.orderbook is not None:
        best_bid = md.orderbook.bids[0][0]                              #更新最佳买入价格
        best_ask = md.orderbook.asks[0][0]                              #更新最佳卖出价格
        if levels:
            asks = [level[0] for level in md.orderbook.asks]  #卖出订单价格列表
            bids = [level[0] for level in md.orderbook.bids]  #买入订单价格列表
```

```
                return best_bid, best_ask, asks, bids #返回最佳买入、卖出价格及市场深度
                                                       #信息
            else:
                return best_bid, best_ask #返回更新后的最佳买入和卖出价格
        else:
            if md.trade.side == 'BID':
                best_ask = max(md.trade.price, best_ask) #如果有市场交易,则根据交易更
                                                         #新最佳卖出价格
            elif md.trade.side == 'ASK':
                best_bid = min(best_bid, md.trade.price) #如果有市场交易,则根据交易更
                                                         #新最佳买入价格
        return best_bid, best_ask #返回更新后的最佳买入和卖出价格
```

Sim 类中的构造函数,代码如下:

```
#//第 5 章//simulator/simulator.ipynb

class Sim:
    def __init__(self, market_data: List[MdUpdate], execution_latency: float, md_
latency: float) -> None:
        '''
        初始化模拟交易系统

        Args:
            market_data (List[MdUpdate]): 市场数据列表,包含 MdUpdate 对象的列表
            execution_latency (float): 执行延迟,以纳秒为单位
            md_latency (float): 市场数据延迟,以纳秒为单位
        '''
        #将市场数据转换为队列
        self.md_queue = deque(market_data)
        #行动队列,用于存储订单和取消订单
        self.actions_queue: Deque[Union[Order, CancelOrder]] = deque()
        #SortedDict:receive_ts -> [updates],用于存储策略更新
        self.strategy_updates_queue = SortedDict()
        #映射:order_id -> Order,用于存储准备执行的订单
        self.ready_to_execute_orders: Dict[int, Order] = {}

        #当前市场数据
        self.md: Optional[MdUpdate] = None
        #当前订单 ID 和交易 ID
        self.order_id = 0
        self.trade_id = 0
        #延迟参数,包括执行延迟和市场数据延迟
        self.latency = execution_latency
        self.md_latency = md_latency
        #当前的最佳买入和卖出价格
        self.best_bid = -np.inf
        self.best_ask = np.inf
        #当前市场交易价格,包括最佳买入和卖出价格
        self.trade_price = {}
        self.trade_price['BID'] = -np.inf
        self.trade_price['ASK'] = np.inf
        #上一个订单,用于尝试主动执行
        self.last_order: Optional[Order] = None
```

　　这段代码创建了一个 Sim 类的实例,并初始化了该类的各个属性。这个类用于模拟交易系统,其中包括存储市场数据、订单队列、策略更新队列等信息。接下来的代码提供了一些方法来处理订单执行和市场数据更新等操作,代码如下:

```python
#//第 5 章//simulator/simulator.ipynb
class Sim:
  def __init__(…):
    …

  def get_md_queue_event_time(self) -> np.float64:
    '''
    获取市场数据队列中下一个事件的时间戳(exchange_ts)

    Returns:
        np.float64: 下一个事件的时间戳,如果队列为空,则返回无穷大(np.inf)
    '''
    return np.inf if len(self.md_queue) == 0 else self.md_queue[0].exchange_ts

  def get_actions_queue_event_time(self) -> np.float64:
    '''
    获取行动队列中下一个事件的时间戳(exchange_ts)

    Returns:
        np.float64: 下一个事件的时间戳,如果队列为空,则返回无穷大(np.inf)
    '''
    return np.inf if len(self.actions_queue) == 0 else self.actions_queue[0].
exchange_ts

  def get_strategy_updates_queue_event_time(self) -> np.float64:
    '''
    获取策略更新队列中下一个事件的时间戳(receive_ts)

    Returns:
        np.float64: 下一个事件的时间戳,如果队列为空,则返回无穷大(np.inf)
    '''
    return np.inf if len(self.strategy_updates_queue) == 0 else list(self.
strategy_updates_queue.keys())[0]

  def get_order_id(self) -> int:
    '''
    获取唯一的订单 ID 并递增

    Returns:
        int: 唯一的订单 ID
    '''
    res = self.order_id
    self.order_id += 1
    return res
```

```python
def get_trade_id(self) -> int:
    '''
    获取唯一的交易 ID 并递增

    Returns:
        int: 唯一的交易 ID
    '''
    res = self.trade_id
    self.trade_id += 1
    return res


def update_best_pos(self) -> None:
    '''
    更新最佳买入和卖出价格(best_bid 和 best_ask)

    Raises:
        AssertionError: 如果没有当前市场数据(self.md 为 None)
    '''
    assert not self.md is None, "no current market data!"
    if not self.md.orderbook is None:
        self.best_bid = self.md.orderbook.bids[0][0]
        self.best_ask = self.md.orderbook.asks[0][0]


def update_last_trade(self) -> None:
    '''
    更新最近一笔交易的价格信息(trade_price)

    Raises:
        AssertionError: 如果没有当前市场数据(self.md 为 None)
    '''
    assert not self.md is None, "没有当前市场数据!"
    if not self.md.trade is None:
        self.trade_price[self.md.trade.side] = self.md.trade.price


def delete_last_trade(self) -> None:
    '''
    删除最近一笔交易的价格信息(trade_price),将其重置为负无穷和正无穷
    '''
    self.trade_price['BID'] = -np.inf
    self.trade_price['ASK'] = np.inf


def update_md(self, md: MdUpdate) -> None:
    '''
    更新当前市场数据(self.md)和策略更新队列(strategy_updates_queue)

    Args:
        md (MdUpdate): 新的市场数据

    Raises:
```

```
        AssertionError: 如果 md 中没有订单簿信息或交易信息
    '''
    #当前订单簿数据
    self.md = md
    #更新最佳买入和卖出价格信息
    self.update_best_pos()
    #更新最近一笔交易的价格信息
    self.update_last_trade()

    #将 md 添加到策略更新队列
    if not md.receive_ts in self.strategy_updates_queue.keys():
        self.strategy_updates_queue[md.receive_ts] = []
    self.strategy_updates_queue[md.receive_ts].append(md)


def update_action(self, action: Union[Order, CancelOrder]) -> None:
    '''
    更新行动队列,包括存储订单和取消订单

    Args:
        action (Union[Order, CancelOrder]): 行动,可以是订单或取消订单

    Raises:
        AssertionError: 如果行动类型不正确
    '''
    if isinstance(action, Order):
        #存储最后一个订单,以便主动执行
        self.last_order = action
    elif isinstance(action, CancelOrder):
        #取消订单
        if action.id_to_delete in self.ready_to_execute_orders:
            self.ready_to_execute_orders.pop(action.id_to_delete)
    else:
        assert False, "错误的行动类型!"
```

接下来的 tick 方法用于执行模拟每个 tick 操作,包括更新队列、执行订单和取消订单等,代码如下:

```
#//第 5 章//simulator/simulator.ipynb

class Sim:
    def __init__(…):
        …


    …


    def tick(self) -> Tuple[ float, List[ Union[OwnTrade, MdUpdate] ] ]:
        '''
        模拟一次 tick 操作

        Returns:
            Tuple[ float, List[ Union[OwnTrade, MdUpdate] ] ]:
                - 下一个事件的接收时间戳(receive_ts)或无穷大(np.inf)
```

```
        - 模拟结果,包含 OwnTrade 和 MdUpdate 的列表
    '''
    while True:
        #获取所有队列的事件时间
        strategy_updates_queue_et = self.get_strategy_updates_queue_event_
time()
        md_queue_et = self.get_md_queue_event_time()
        actions_queue_et = self.get_actions_queue_event_time()

        #如果所有队列都为空,则结束模拟
        if md_queue_et == np.inf and actions_queue_et == np.inf:
            break

        #选择具有最小事件时间的队列(strategy queue)
        if strategy_updates_queue_et < min(md_queue_et, actions_queue_et):
            break

        #更新市场数据队列和行动队列
        if md_queue_et <= actions_queue_et:
            self.update_md( self.md_queue.popleft() )
        if actions_queue_et <= md_queue_et:
            self.update_action( self.actions_queue.popleft() )

        #主动执行最后一个订单
        self.execute_last_order()
        #执行具有当前订单簿的订单
        self.execute_orders()
        #删除最后一笔交易
        self.delete_last_trade()

    #模拟结束后处理策略更新队列
    if len(self.strategy_updates_queue) == 0:
        return np.inf, None
    key = list(self.strategy_updates_queue.keys())[0]
    res = self.strategy_updates_queue.pop(key)
    return key, res


def execute_last_order(self) -> None:
    '''
    尝试主动执行 self.last order 的函数
    '''
    #如果没有要执行的订单,则直接返回
    if self.last_order is None:
        return

    executed_price, execute = None, None
    #如果是买单并且价格大于或等于最佳卖价,则以订单簿价格执行
    if self.last_order.side == 'BID' and self.last_order.price >= self.best_ask:
        executed_price = self.best_ask
        execute = 'BOOK'
    #如果是卖单并且价格小于或等于最佳买价,则以订单簿价格执行
```

```python
        elif self.last_order.side == 'ASK' and self.last_order.price <= self.best_bid:
            executed_price = self.best_bid
            execute = 'BOOK'

    #如果执行成功,则创建 OwnTrade 并添加到策略更新队列
    if not executed_price is None:
        executed_order = OwnTrade(
            self.last_order.place_ts, #下单时间
            self.md.exchange_ts, #交易所时间
            self.md.exchange_ts + self.md_latency, #接收时间
            self.get_trade_id(), #交易 ID
            self.last_order.order_id,
            self.last_order.side,
            self.last_order.size,
            executed_price, execute)
        #将订单添加到策略更新队列
        if not executed_order.receive_ts in self.strategy_updates_queue:
            self.strategy_updates_queue[ executed_order.receive_ts ] = []
        self.strategy_updates_queue[ executed_order.receive_ts ].append
(executed_order)
    else:
        #如果执行失败,则将订单添加到等待执行的订单列表
        self.ready_to_execute_orders[self.last_order.order_id] = self.last_order

    #删除最后一个订单
    self.last_order = None


def execute_orders(self) -> None:
    '''
    执行等待执行的订单
    '''
    executed_orders_id = []
    for order_id, order in self.ready_to_execute_orders.items():

        executed_price, execute = None, None

        #如果是买单并且价格大于或等于最佳卖价,则以订单簿价格执行
        if order.side == 'BID' and order.price >= self.best_ask:
            executed_price = order.price
            execute = 'BOOK'
        #如果是卖单并且价格小于或等于最佳买价,则以订单簿价格执行
        elif order.side == 'ASK' and order.price <= self.best_bid:
            executed_price = order.price
            execute = 'BOOK'
        #如果是买单并且价格大于或等于上一次卖价,则以订单簿价格执行
        elif order.side == 'BID' and order.price >= self.trade_price['ASK']:
            executed_price = order.price
            execute = 'TRADE'
        #如果是卖单并且价格小于或等于上一次买价,则以订单簿价格执行
        elif order.side == 'ASK' and order.price <= self.trade_price['BID']:
```

```
                    executed_price = order.price
                    execute = 'TRADE'

                #如果执行成功,则创建 OwnTrade 并添加到策略更新队列
                if not executed_price is None:
                    executed_order = OwnTrade(
                        order.place_ts, #下单时间
                        self.md.exchange_ts, #交易所时间
                        self.md.exchange_ts + self.md_latency, #接收时间
                        self.get_trade_id(), #交易 ID
                        order_id, order.side, order.size, executed_price, execute)

                    executed_orders_id.append(order_id)

                    #将订单添加到策略更新队列
                    if not executed_order.receive_ts in self.strategy_updates_queue:
                        self.strategy_updates_queue[ executed_order.receive_ts ] = []
                    self.strategy_updates_queue[ executed_order.receive_ts ].append
(executed_order)

        #删除已执行的订单
        for k in executed_orders_id:
            self.ready_to_execute_orders.pop(k)


    def place_order(self, ts: float, size: float, side: str, price: float) -> Order:
        '''
        提交订单的函数

        Args:
            ts (float): 下单时间
            size (float): 订单数量
            side (str): 订单方向('BID'或'ASK')
            price (float): 订单价格

        Returns:
            Order: 创建的订单对象
        '''
        #创建订单并添加到行动队列
        order = Order(ts, ts + self.latency, self.get_order_id(), side, size,
price)
        self.actions_queue.append(order)
        return order


    def cancel_order(self, ts: float, id_to_delete: int) -> CancelOrder:
        '''
        取消订单的函数

        Args:
            ts (float): 取消时间
            id_to_delete (int): 要取消的订单 ID
```

```
Returns:
    CancelOrder: 创建的取消订单对象
'''
#创建取消订单并添加到行动队列
ts += self.latency
delete_order = CancelOrder(ts, id_to_delete)
self.actions_queue.append(delete_order)
return delete_order
```

这样市场状态环境就被 Simulator 模拟呈现了,其中初始化买卖订单中使用了-np.inf 和 np.inf。这个作为启动值是为了方便比较又不失逻辑。为了使时间戳之间的比较顺利地进行,用了 self.get_strategy_updates_queue_event_time()、self.get_md_queue_event_time()、self.get_actions_queue_event_time()方法,最好的做法是将时间戳数值化,这一点在训练开始之前会做相应处理,后面的篇幅中会介绍。这样做的好处是,不让计算烦琐,比起 np.datetime64 和 pandas.datetime64 这样的时间戳类型,数值类型会比较方便。这样也可以和初始值 np.inf 做比较。这个 Sim 类用于模拟交易策略在市场中执行的行为。它接受市场数据作为输入,并根据定义的策略执行交易订单。

接下来介绍./strategies/rl.py 文件中的内容,其中包括 A2CNetwork:一个神经网络模型,用于实现 Actor-Critic 强化学习算法的近似值函数和策略函数,以支持强化学习算法的训练和决策。模型的输入是状态数据,输出是动作概率和值函数的估计。Policy:一个策略对象,该策略对象基于神经网络模型来选择行动。用于强化学习中的策略梯度方法,其中策略由神经网络模型参数化,通过在给定观察值的情况下选择动作,并根据所选行动的性能来更新策略。ComputeValueTargets:用于计算策略梯度方法中的价值目标(Value Targets),这个类在策略梯度算法中用于计算每个时间步的优势函数估计或用于计算策略梯度损失中的价值目标。这有助于训练 Agent 以改进其策略,从而最大化长期奖励。RLStrategy:一个策略类,这个策略类的主要功能是根据给定的市场数据和策略模型,在模拟交易环境中执行买入和卖出操作,并记录交易和利润等信息。策略的行为根据模型选择的动作来确定,它可以用于测试和训练交易策略,其中库存比率及总盈亏特征将会在这里生成,在 ess 表中游走。A2C:Advantage Actor-Critic 类,一个基于策略梯度的强化学习算法。Evaluate:一个全局函数,用于评估训练好的交易策略在市场环境中的表现。可以在给定市场数据和模拟环境的情况下,对已训练的交易策略进行评估,并获取其在测试数据上的表现结果。这有助于了解策略的泛化能力和实际交易能力。以下是代码部分:

```
#//第 5 章//strategies/rl.ipynb

#导入所需的库和模块
from datetime import timedelta                        #用于处理时间间隔的模块
from typing import List, Optional, Tuple, Union       #用于提供类型提示的模块

import numpy as np                                    #用于数值计算和数组操作的 NumPy 库
import pandas as pd                                   #用于数据处理和分析的 Pandas 库
import torch                                          #深度学习框架 PyTorch
import torch.nn as nn                                 #PyTorch 中的神经网络模块
```

```
import torch.nn.functional as F              #PyTorch 中的函数模块
from torch.nn.utils import clip_grad_norm_   #用于梯度裁剪的 PyTorch 函数
import wandb                                 #用于实验追踪和记录的 WandB 库

#导入市场环境模拟器相关的类和函数
from simulator.simulator import MdUpdate, Order, OwnTrade, Sim, update_best_
positions

#evaluate 函数:用于评估策略的性能
def evaluate(strategy, md, latency, md_latency):
    #重置策略的状态
    strategy.reset()
    #创建模拟器,传入市场数据、延迟和市场数据延迟
    sim = Sim(md, latency, md_latency)
    #使用无梯度下降的方式执行策略并获取结果
    with torch.no_grad():
        trades_list, md_list, updates_list, actions_history, trajectory =
strategy.run(sim, mode='test')
    #计算总奖励、策略的总实现盈亏和轨迹
    total_reward = np.sum(trajectory['rewards'])
    total_pnl = strategy.realized_pnl + strategy.unrealized_pnl

    #返回总奖励、总盈亏和轨迹
    return total_reward, total_pnl, trajectory


class A2CNetwork:
    ...


class Policy:
    ...


class ComputeValueTargets:
    ...


class RLStrategy:
    ...


class A2C:
    ...
```

A2CNetwork 类的代码如下:

```
#//第 5 章//strategies/rl.ipynb

#A2CNetwork 类:表示 Actor-Critic 网络结构
class A2CNetwork(nn.Module):
    '''
    Input:
        状态数据 - 张量,形状为(batch_size x num_features x num_lags)
    output:
        logits - 张量,actor 策略的行动选择概率 logits,形状为(batch_size x num_
actions)
```

```
        V - 张量,critic 的估值,张量,形状为(batch_size)
    '''

    def __init__(self, n_actions, DEVICE="cpu"):
        super().__init__()

        self.DEVICE = DEVICE

        #定义神经网络的结构
        self.backbone = nn.Sequential(
            nn.Flatten(),                        #将输入展平
            nn.Linear(300 * 57, 256),
            #线性层,输入维度为 300*57,输出维度为 256
            nn.ReLU()                            #ReLU 激活函数
        )
        self.logits_net = nn.Sequential(
            nn.Linear(256, 128),
            #线性层,输入维度为 256,输出维度为 128
            nn.ReLU(),                           #ReLU 激活函数
            nn.Linear(128, n_actions)
            #线性层,输入维度为 128,输出维度为 n_actions
        )
        self.V_net = nn.Sequential(
            nn.Linear(256, 64),
            #线性层,输入维度为 256,输出维度为 64
            nn.ReLU(),                           #ReLU 激活函数
            nn.Linear(64, 1)                     #线性层,输入维度为 64,输出维度为 1
        )

    #初始化网络权重的函数
    def _init_weights(self, module):
        if isinstance(module, nn.Linear) or isinstance(module, nn.Conv2d):
            #使用正交初始化方法初始化权重
            torch.nn.init.orthogonal_(module.weight.data, np.sqrt(2))
        if module.bias is not None:
            #将偏置项初始化为 0
            module.bias.data.zero_()

    #前向传播函数,接受状态数据作为输入,返回 actor 策略的 logits 和 critic 的估值
    def forward(self, state_t):
        #对输入数据进行前向传播
        hidden_outputs = self.backbone(torch.as_tensor(np.array(state_t),
dtype=torch.float).to(self.DEVICE))
        #返回 actor 策略的 logits 和 critic 的估值,并对 critic 的估值进行挤压(squeeze)
#以匹配形状
        return self.logits_net(hidden_outputs), self.V_net(hidden_outputs).
squeeze()
```

300×57 表示输入特征的总数。这个值表示输入数据的维度,具体来讲,是一个形状为(batch_size, num_features, num_lags)的输入数据的扁平化版本。在神经网络中,输入数据通常被扁平化成一维向量,以便进行全连接层的运算。nn.Linear(300×57,256)表示一个线性全连接层,它将输入维度为 300×57 的特征转换成维度为 256 的输出特征。这个层

会对输入进行线性变换,其中 300×57 是输入特征的维度,256 是输出特征的维度。输入数据的形状:神经网络的输入是一个三维的数据集,具有以下特性。

batch_size:表示可以同时处理多个时间序列。例如,如果 batch_size 为 32,则在每个训练步骤中会同时处理 32 个不同的时间序列数据。

num_features:这是每个时间步的特征数量。本例中为 57,在 ess 中体现。

num_lags:这是关于时间序列的重要部分。它表示在模型中考虑的历史数据的滞后期数。滞后期数告诉我们,模型会查看多少个先前的时间步进行预测。例如,如果 num_lags 为 10,则模型会考虑过去 10 个时间步的数据来预测未来。

Policy 类的代码如下:

```
#//第 5 章//strategies/rl.ipynb

#Policy 类:表示策略模型
class Policy:
    def __init__(self, model):
        #初始化策略模型
        self.model = model

    #act 方法:执行策略的动作选择
    def act(self, inputs):
        '''
        input:
            inputs - NumPy array, (batch_size x num_features x num_lags)
            输入数据,通常包括批量数据、特征数量和时间滞后(lags)信息
        output: 字典,键名为 ['actions', 'logits', 'log_probs', 'values']:
            返回一个包含以下键值的字典:
            'actions' - 所选的动作,NumPy 数组,(batch_size)
            'logits' - 动作的 logits,张量,(batch_size x num_actions)
            'log_probs' - 所选动作的 log 概率,张量,(batch_size)
            'values' - critic 的估值,张量,(batch_size)
        '''
        #使用策略模型获取动作的 logits 和评论家的估值
        logits, values = self.model(inputs)

        #使用 Softmax 函数计算动作的概率分布
        probs = F.softmax(logits, dim=-1)

        #随机选择动作,根据概率分布选择动作的索引
        actions = np.array(
            [np.random.choice(a=logits.shape[-1], p=prob, size=1)[0]
             for prob in probs.detach().cpu().NumPy()]
        )

        #添加一个微小的值以避免 log(0) 的情况,并计算所选动作的 log 概率
        eps = 1e-7
        log_probs = torch.log(probs + eps)[np.arange(probs.shape[0]), actions]

        #计算动作概率分布的熵
        entropy = -torch.sum(probs * torch.log(probs + eps))
```

```
#返回动作、logits、log概率、估值和熵的字典
return {
    "actions": actions,
    "logits": logits,
    "log_probs": log_probs,
    "values": values,
    "entropy": entropy,
}
```

ComputeValueTargets 类的代码如下:

```
#//第5章//strategies/rl.ipynb

class ComputeValueTargets:
    def __init__(self, policy, gamma=0.999):
        #初始化 ComputeValueTargets 类的实例
        #policy 是一个用于采取动作和计算价值的策略
        #gamma 是折扣因子,用于计算未来奖励的影响程度
        self.policy = policy
        self.gamma = gamma

    def __call__(self, trajectory, latest_observation):
        '''
        此方法应该通过添加一个具有键'value_targets'的项目来修改轨迹(trajectory)

        input:
            trajectory - 来自 runner 的字典,包含有关轨迹的信息
            latest_observation - 最后一种状态观察值,NumPy 数组,形状为(num_envs x
channels x width x height)
        '''
        #为 trajectory 字典添加一个名为'value_targets'的项目,初始化为空列表
        trajectory['value_targets'] = [
            torch.empty(0)
            for _ in range(len(trajectory['values']))
        ]

        #初始化一个列表 value_targets,包含最后一个观察值的策略的估值
        value_targets = [self.policy.act(latest_observation)["values"]]

        #从倒数第2个时间步开始,向前计算每个时间步的 value_targets
        for step in range(len(trajectory['values']) - 2, -1, -1):
            value_targets.append(
            #使用折扣因子 gamma 来计算未来奖励的影响,并添加到 value_targets 列表中
                self.gamma * value_targets[-1] + trajectory['rewards'][step]
            )

        #将 value_targets 列表反转,以匹配时间步的顺序
        value_targets.reverse()
        for step in range(len(trajectory['values'])):
        #将计算出的 value_targets 值分配给 trajectory 字典的'value_targets'键
            trajectory['value_targets'][step] = value_targets[step]
```

RLStrategy 类的代码如下:

```
#//第 5 章//strategies/rl.ipynb

class RLStrategy:
    """
    该策略每隔"delay"纳秒发出询价和出价订单
    如果订单在"hold_time"纳秒内未执行,则会被取消
    """

    def __init__(self, policy: Policy, ess_df: pd.DataFrame, max_position:
float,
                means, stds,
                delay: float, hold_time: Optional[float] = None, transforms=[],
                trade_size=0.001, post_only=True, taker_fee=0.0004, maker_fee=
-0.00004) -> None:
        """
        Args:
            policy (Policy): 策略所使用的模型对象
            ess_df (pd.DataFrame): 包含策略特征的数据帧
            max_position (float): 最大持仓量,即策略可以持有的最大资产数量
            means (numpy.ndarray): 特征数据的均值数组
            stds (numpy.ndarray): 特征数据的标准差数组
            delay (float): 下单之间的延迟时间(以纳秒为单位)
            hold_time (Optional[float]): 持仓时间(以纳秒为单位),如果不提供,则默认
为 `delay` 的 5 倍或 10 秒的时间长度
            transforms (list): 用于对轨迹数据进行转换的函数列表
            trade_size (float): 每次交易的资产数量
            post_only (bool): 是否仅使用被动委托(post-only)
            taker_fee (float): 主动吃单(taker)的手续费率
            maker_fee (float): 被动挂单(maker)的手续费率
        """
        self.policy = policy            #设置策略模型
        self.features_df = ess_df       #存储特征数据的数据帧

        #这里将原本 55 个特征值扩增到了 57 个特征值,这两个特征用于 Agent 与
#Environment
        self.features_df['inventory_ratio'] = 0.0   #初始化持仓比率列
        self.features_df['tpnl'] = 0.0              #初始化总收益列

    #num_lags = 300
        self.means = np.broadcast_to(means, (300, 57)).T
#广播均值数组以匹配特征形状
        self.stds = np.broadcast_to(stds, (300, 57)).T
#广播标准差数组以匹配特征形状
        self.max_position = max_position            #最大持仓量
        self.delay = delay                          #下单之间的延迟时间
        if hold_time is None:
#如果未提供持仓时间,则默认为 `delay` 的 5 倍或 10 秒
            hold_time = min(delay * 5, pd.Timedelta(10, 's').delta)
        self.hold_time = hold_time      #持仓时间
        self.coin_position = 0          #初始化资产仓位
        self.realized_pnl = 0           #初始化已实现收益
        self.unrealized_pnl = 0         #初始化未实现收益
        self.action_dict = {1: (0, 0), 2: (0, 4), 3: (0, 9),
```

```
                                 4: (4, 0), 5: (4, 4), 6: (4, 9),
                                 7: (9, 0), 8: (9, 4), 9: (9, 9)}
                                        #定义动作与订单类型的映射字典
        self.actions_history = []              #用于记录历史动作的列表
        self.ongoing_orders = {}               #用于存储未完成订单的字典
        self.trajectory = {}                   #存储轨迹数据的字典
        for key in ['actions', 'logits', 'log_probs', 'values', 'entropy',
'observations', 'rewards']:
            self.trajectory[key] = []          #将轨迹数据的各个键值初始化为空列表
        self.transforms = transforms           #轨迹数据转换函数列表
        self.trade_size = trade_size           #每次交易的资产数量
        self.post_only = post_only             #是否仅使用被动委托
        self.taker_fee = taker_fee             #主动吃单(taker)的手续费率
        self.maker_fee = maker_fee             #被动挂单(maker)的手续费率


    def reset(self):
        """
        重置策略状态
        """
        self.features_df['inventory_ratio'] = 0 #重置持仓比率
        self.features_df['tpnl'] = 0            #重置总收益
        self.coin_position = 0                  #重置资产仓位
        self.realized_pnl = 0                   #重置已实现收益
        self.unrealized_pnl = 0                 #重置未实现收益
        self.actions_history = []               #重置动作历史
        self.ongoing_orders = {}                #清空未完成订单
        self.trajectory = {}                    #清空轨迹数据
        for key in ['actions', 'logits', 'log_probs', 'values', 'entropy',
'observations', 'rewards']:
            self.trajectory[key] = []           #重置轨迹数据的各个键值


    def add_ass_features(self, receive_ts) -> None:
        """
        将辅助特征添加到特征数据帧

        Args:
            receive_ts: 接收时间戳
        """
        inventory_ratio = abs(self.coin_position)/self.max_position #计算仓位比率
        tpnl = self.realized_pnl + self.unrealized_pnl #计算总收益
        #更新特征数据帧中对应时间戳的仓位比率和总收益列
        self.features_df.loc[
            self.features_df['receive_ts'] == receive_ts,
            ['inventory_ratio', 'tpnl']
        ] = (inventory_ratio, tpnl)

    def get_features(self, receive_ts):
        #获取特征数据
        features = self.features_df[
            (self.features_df['receive_ts'] <= pd.to_datetime(receive_ts)) &
            (self.features_df['receive_ts'] >= (pd.to_datetime(receive_ts) -
timedelta(seconds=10)))
        ].drop(columns='receive_ts').values.T
```

```python
        #如果特征数据的列数小于 300
        if features.shape[1] < 300:
            try:
                #通过填充使用边缘模式来将特征数据的列数扩展到 300
                features = np.pad(features, ((0, 0), (300 - features.shape[1], 0)),
mode='edge')
            except ValueError:
                features = self.means #如果填充失败,则使用预先计算的均值
        #如果特征数据的列数大于 300
        elif features.shape[1] > 300:
            features = features[:, -300:] #仅保留最后的 300 列特征数据

        #对特征数据进行标准化,减去均值并除以标准差
        return (features - self.means) / self.stds

    def place_order(self, sim, action_id, receive_ts, asks, bids):
        if action_id == 0:
            return #如果动作是 0,即无动作,则不执行任何操作

        #如果动作不为 0
        else:
            ask_level, bid_level = self.action_dict[action_id] #获取动作对应的卖方
                                                              #和买方挡位
            ask_order = sim.place_order(receive_ts, self.trade_size, 'ASK', asks
[ask_level]) #下卖单
            bid_order = sim.place_order(receive_ts, self.trade_size, 'BID', bids
[bid_level]) #下买单

            #将下单信息记录到正在进行的订单字典
            self.ongoing_orders[bid_order.order_id] = (bid_order, 'LIMIT')
            self.ongoing_orders[ask_order.order_id] = (ask_order, 'LIMIT')

        #记录动作历史(时间戳、持仓、动作 ID)
        self.actions_history.append((receive_ts, self.coin_position, action_id))


    def run(self, sim: Sim, mode: str, count=1000) -> \
        Tuple[List[OwnTrade], List[MdUpdate], List[Union[OwnTrade, MdUpdate]],
List[Order]]:
        """
        This function runs simulation

        Args:
            sim (Sim): simulator
            mode (str): 运行模式,'train' 或 'test'
            count (int): 运行迭代次数,默认为 1000

        Returns:
            trades_list (List[OwnTrade]): 执行的交易列表
            md_list (List[MdUpdate]): 策略接收的市场数据更新列表
            updates_list (List[Union[OwnTrade, MdUpdate]]): 所有接收的更新列表
            all_orders (List[Order]): 所有下单列表
        """
```

```python
        md_list: List[MdUpdate] = []              #用于存储策略接收的市场数据更新列表
        trades_list: List[OwnTrade] = []          #用于存储执行的交易列表
        updates_list = []                         #用于存储所有接收的更新列表
        #当前最佳位置
        best_bid = -np.inf                        #初始化最佳买价
        best_ask = np.inf                         #初始化最佳卖价
        bids = [-np.inf] *10                       #初始化 10 个买价
        asks = [np.inf] *10                        #初始化 10 个卖价

        prev_time = -np.inf                       #初始化上一个订单的时间戳
        #尚未执行/取消的订单
        prev_total_pnl = None                     #初始化上一个总收益
        if mode != 'train':
            count = 1e8              #如果运行模式不是训练,则将迭代次数设置为一个大的数值
        while len(self.trajectory['rewards']) < count:

            receive_ts, updates = sim.tick()          #从模拟器获取更新
            if updates is None:
                break

            updates_list += updates                   #将更新添加到更新列表中
            for update in updates:

                if isinstance(update, MdUpdate):      #如果更新是市场数据更新
                    if update.orderbook is not None:
                        best_bid, best_ask, asks, bids = update_best_positions(best_
bid, best_ask, update, levels=True)
                        md_list.append(update)
                elif isinstance(update, OwnTrade):    #如果更新是自有交易
                    trades_list.append(update)
        #从字典中删除已执行的交易
                    if update.order_id in self.ongoing_orders.keys():
                        _, order_type = self.ongoing_orders[update.order_id]
                        self.ongoing_orders.pop(update.order_id)

                    if self.post_only:
                        if order_type == 'LIMIT' and update.execute == 'TRADE':
                            if update.side == 'BID':
                                self.coin_position += update.size
                                self.realized_pnl -= (1 + self.maker_fee) *update.
price *update.size
                            else:
                                self.coin_position -= update.size
                                self.realized_pnl += (1 - self.maker_fee) *update.
price *update.size
                            self.unrealized_pnl = self.coin_position * ((best_ask +
best_bid) / 2)
                        elif order_type == 'MARKET':
                            if update.side == 'BID':
                                self.coin_position += update.size
                                self.realized_pnl -= (1 + self.taker_fee) *update.
price *update.size
                            else:
                                self.coin_position -= update.size
```

```
                                    self.realized_pnl += (1 - self.taker_fee) *update.
price *update.size
                        self.unrealized_pnl = self.coin_position * ((best_ask +
best_bid) / 2)
                else:
                    if update.execute == 'TRADE':
                        fee = self.maker_fee
                    else:
                        fee = self.taker_fee
                    if update.side == 'BID':
                        self.coin_position += update.size
                        self.realized_pnl -= (1 + fee) *update.price *update.size
                    else:
                        self.coin_position -= update.size
                        self.realized_pnl += (1 - fee) *update.price *update.size
                    self.unrealized_pnl = self.coin_position * ((best_ask +
best_bid) / 2)

            else:
                assert False, 'invalid type of update!' #如果更新类型无效,则抛出
#异常
        self.add_ass_features(receive_ts)

        if receive_ts - prev_time >= self.delay:
            if mode == 'train':
                if prev_total_pnl is None:
                    prev_total_pnl = 0
                    prev_coin_pos = 0
                else:
                    if self.coin_position <= 0.2:
                        reward = (
                                self.realized_pnl + self.unrealized_pnl - prev_
total_pnl -
                                0.1 *abs(self.coin_position)
                        )
                    else:
                        reward = -0.2
                    prev_total_pnl = self.realized_pnl + self.unrealized_pnl
                    prev_coin_pos = self.coin_position

                    self.trajectory['observations'].append(features)
                    self.trajectory['rewards'].append(reward)

                    for key, val in act.items():
                        self.trajectory[key].append(val)

                #下单
                features = self.get_features(receive_ts)
                act = self.policy.act([features])
                self.place_order(sim, act['actions'][0], receive_ts, asks, bids)

                prev_time = receive_ts
```

```
        to_cancel = []
        for ID, (order, order_type) in self.ongoing_orders.items():
            if order.place_ts < receive_ts - self.hold_time:
                sim.cancel_order(receive_ts, ID)
                to_cancel.append(ID)
        for ID in to_cancel:
            self.ongoing_orders.pop(ID)

    if mode == 'train':
        for transform in self.transforms:
            transform(self.trajectory, [features])

    return trades_list, md_list, updates_list, self.actions_history,
self.trajectory
```

A2C 类的代码如下：

```
#//第 5 章//strategies/rl.ipynb

class A2C:
    def __init__(self, policy, optimizer, value_loss_coef=0.1, entropy_coef=0.1,
max_grad_norm=0.5, DEVICE="cpu"):
        """
        初始化 A2C(Advantage Actor-Critic)算法的训练器

        Args:
            policy: 策略网络,用于生成动作
            optimizer: 优化器,用于更新策略网络的参数
            value_loss_coef: 价值损失系数,控制价值损失在总损失中的权重
            entropy_coef: 熵损失系数,控制熵损失在总损失中的权重
            max_grad_norm: 梯度裁剪的阈值,用于稳定训练过程
            DEVICE: 设备(例如 "cpu" 或 "cuda")

        Attributes:
            policy: 策略网络
            optimizer: 优化器
            value_loss_coef: 价值损失系数
            entropy_coef: 熵损失系数
            max_grad_norm: 梯度裁剪的阈值
            DEVICE: 训练所使用的设备
            last_trajectories: 最后一次训练的轨迹数据
        """
        self.policy = policy
        self.optimizer = optimizer
        self.value_loss_coef = value_loss_coef
        self.entropy_coef = entropy_coef
        self.max_grad_norm = max_grad_norm
        self.DEVICE = DEVICE

        self.last_trajectories = None        #用于存储最后一次训练的轨迹数据

    def loss(self, trajectory):
        """
        计算 A2C 算法的损失函数
```

```
    Args:
        trajectory：轨迹数据，包含动作概率、估计值、实际值等信息

    Returns:
        total_loss：总损失，包括策略损失、价值损失和熵损失的组合

    注意：在计算损失时，应注意使用适当的权重来调整价值损失和熵损失的重要性

    这种方法的注释描述了如何计算 A2C 算法的损失函数，包括策略损失、价值损失和熵损失
的权衡
    """
    #将轨迹中的数据堆叠为 PyTorch 张量，并将其移到指定的设备上
    trajectory['log_probs'] = torch.stack(trajectory['log_probs']).squeeze().
to(self.DEVICE)
    trajectory['value_targets'] = torch.stack(trajectory['value_targets']).to
(self.DEVICE)
    trajectory['values'] = torch.stack(trajectory['values']).to(self.
DEVICE)
    trajectory['entropy'] = torch.stack(trajectory['entropy']).to(self.
DEVICE)

    #计算策略损失、价值损失和熵损失
    policy_loss = (trajectory['log_probs'] * (trajectory['value_targets'] -
trajectory['values']).detach()).mean()
    critic_loss = ((trajectory['value_targets'].detach() - trajectory
['values']) **2).mean()
    entropy_loss = trajectory["entropy"].mean()

    #计算总损失，由策略损失、价值损失和熵损失组成，并使用权重调整它们
    total_loss = self.value_loss_coef * critic_loss - policy_loss - self.
entropy_coef * entropy_loss

    #记录各种损失和训练奖励
    wandb.log({
        'total loss': total_loss.detach().item(),
        'policy loss': policy_loss.detach().item(),
        'critic loss': critic_loss.detach().item(),
        'entropy loss': entropy_loss.detach().item(),
        'train reward': np.mean(trajectory['rewards'])
    })

    return total_loss
```

5.10.4 模型训练

一切开始之前，载入必要的模块，代码如下：

```
#//第 5 章//training.ipynb

#用于序列化和反序列化 Python 对象
import pickle
#用于生成随机数
```

```
import random
#用于科学计算的库
import numpy as np
#用于数据处理的库
import pandas as pd
#PyTorch 深度学习库
import torch

#以下是自定义的模块
#Sim 是用于模拟市场环境的类
from simulator.simulator import Sim
#包含了神经网络结构、策略迭代、强化学习策略、A2C 算法等类
from strategies. rl import A2CNetwork, Policy, RLStrategy, A2C,
ComputeValueTargets, evaluate
#整理数据类型作为模型输入,思路是把 trades 数据做成 AnonTrade 对象、把 lob 数据做成
#OrderbookSnapshotUpdate 对象(一个瞬间的订单快照),最终把 AnonTrade 及
#OrderbookSnapshotUpdate 合成为 MdUpdate 对象,作为一个市场瞬间数据,使用多个
#MdUpdate 对象组成一个列表,成为一个市场时间序列数据
from simulator.simulator import AnonTrade, MdUpdate, OrderbookSnapshotUpdate
```

数据准备,代码如下:

```
#//第 5 章//rl_training.ipynb

lobs = './data/orderbook.csv'
trades = './data/trade.csv'

#设置随机值生成参数,使随机数据可以复现
seed = 13
random.seed(seed)
np.random.seed(seed)
torch.manual_seed(seed)

#设置 GPU 或 CPU
DEVICE = torch.device("cuda:0" if torch.cuda.is_available() else "cpu")
```

生成 OrderbookSnapshotUpdate 对象,代码如下:

```
#//第 5 章//rl_training.ipynb

lobs = pd.read_csv(lobs)
lobs['receive_ts'] = pd.to_datetime(lobs['receive_ts'], errors='coerce')
lobs['exchange_ts'] = pd.to_datetime(lobs['exchange_ts'], errors='coerce')
receive_ts = lobs.receive_ts.values
exchange_ts = lobs.exchange_ts.values

asks = [list(zip(lobs[f"ask_price_{i}"], lobs[f"ask_vol_{i}"])) for i in range
(10)]
asks = [[asks[i][j] for i in range(len(asks))] for j in range(len(asks[0]))]
bids = [list(zip(lobs[f"bid_price_{i}"], lobs[f"bid_vol_{i}"])) for i in range
(10)]
bids = [[bids[i][j] for i in range(len(bids))] for j in range(len(bids[0]))]

#books 列表包含多个 OrderbookSnapshotUpdate 对象,每个对象代表一个订单簿的快照更新
books = list (OrderbookSnapshotUpdate (* args) for args in zip (exchange_ts,
receive_ts, asks, bids))
```

生成 AnonTrade 对象,代码如下:

```
#//第 5 章//rl_training.ipynb

trades = pd.read_csv(trades)
trades['aggro_side'] = trades['aggro_side'].astype(str)
trades['receive_ts'] = pd.to_datetime(trades['receive_ts'], errors='coerce')
trades['exchange_ts'] = pd.to_datetime(trades['exchange_ts'], errors='coerce')

receive_ts = trades.receive_ts.values
exchange_ts = trades.exchange_ts.values

trades = trades[['exchange_ts', 'receive_ts', 'aggro_side', 'size', 'price']].
sort_values(["exchange_ts", 'receive_ts'])

#trades 列表包含多个 AnonTrade 对象,每个对象代表一笔匿名交易
trades = [AnonTrade(*args) for args in trades.values]
```

时间戳格式转换,代码如下:

```
#//第 5 章//rl_training.ipynb

#将所有时间戳内容转换为 1970 年 1 月 1 日之后的纳秒数
for i in range(len(trades)):
  trades[i].exchange_ts = (trades[i].exchange_ts - np.datetime64('1970-01-
01T00:00:00')) //np.timedelta64(1, 'ns')
  trades[i].receive_ts = (trades[i].receive_ts - np.datetime64('1970-01-01T00:
00:00')) //np.timedelta64(1, 'ns')

for i in range(len(books)):
  books[i].exchange_ts = (books[i].exchange_ts - np.datetime64('1970-01-01T00:
00:00')) //np.timedelta64(1, 'ns')
  books[i].receive_ts = (books[i].receive_ts - np.datetime64('1970-01-01T00:00:
00')) //np.timedelta64(1, 'ns')
```

合成 MdUpdate 对象,代码如下:

```
#//第 5 章//rl_training.ipynb

"""
    创建一个名为 trades_dict 的字典,用于将交易数据组织成键-值对的形式
    键是由 trade 对象的 exchange_ts 和 receive_ts 组成的元组
    值是对应的 trade 对象本身
"""
trades_dict = {(trade.exchange_ts, trade.receive_ts): trade for trade in trades}

"""
    创建一个名为 books_dict 的字典,用于将订单簿数据组织成键-值对的形式
    键是由 book 对象的 exchange_ts 和 receive_ts 组成的元组
    值是对应的 book 对象本身
"""
books_dict = {(book.exchange_ts, book.receive_ts): book for book in books}

#以上两行代码的主要目的是将成交数据和订单簿数据从列表结构转换为字典结构,以便能够根据
#成交数据或订单簿的时间戳快速检索和访问相关数据
```

```
#字典的键是时间戳的组合，而值是对应的数据对象，这种组织方式通常有助于提高数据的检索
#效率

#ts，时间序列合并
ts = sorted((key for key in (trades_dict.keys() | books_dict.keys()) if not any
(pd.isna(k) for k in key)))

#生成一个包含多个 MdUpdate 对象的列表，其中每个对象都对应于 ts 列表中的一个时间戳，并包
#含与该时间戳相关的 books_dict 和 trades_dict 中的数据(如果存在)
md = [MdUpdate(*key, books_dict.get(key, None), trades_dict.get(key, None)) for
key in ts]
```

在 md 这个列表中，每个元素都是一个 MdUpdate 对象，只要任意一个元素满足，要么 orderbook 有内容，要么 trade 有内容，无内容为 None，代码如下：

```
#//第 5 章//rl_training.ipynb
[MdUpdate(exchange_ts=1694508640976000000, receive_ts=1694508640992000000,
orderbook=OrderbookSnapshotUpdate(exchange_ts=1694508640976000000, receive_ts
=1694508640992000000, asks=[(ap0, av0),…,(ap9, av9)], bids=[(bp0, bv0),…,(bp9,
bv9)]), trade=None),
…,
MdUpdate(exchange_ts=1655942409193000000, receive_ts=1655942409197011118,
orderbook=None, trade=AnonTrade(exchange_ts=1655942409193000000, receive_ts=
1655942409197011118, side='BID', size=…, price=…)),
…]
```

载入特征数据，代码如下：

```
#//第 5 章//rl_training.ipynb

with open('./data/features_dict.pickle', 'rb') as f:
  ess_dict = pickle.load(f)

ess_df = pd.DataFrame.from_dict(ess_dict, orient='index').reset_index().rename
(columns={'index': 'receive_ts'})

with open('./data/means.npy', 'rb') as f:
  means = np.load(f, allow_pickle=True)

with open('./data/stds.npy', 'rb') as f:
  stds = np.load(f, allow_pickle=True)
```

划分训练集测试集，代码如下：

```
#//第 5 章//rl_training.ipynb

train_len = math.floor(len(md) * .8)
test_len = len(md) - train_len
md_train = md[:train_len]
md_test = md[train_len:len(md)]
```

实例化一个 A2CNetwork 对象作为强化学习策略的神经网络模型。这个模型被设计用于处理具有 10 个不同行动的任务,然后使用创建的神经网络模型创建一个 Policy 对象,该对象将使用该模型来执行动作选择,代码如下:

```
#//第 5 章//rl_training.ipynb

#神经网络模型可以在指定的计算设备(DEVICE)上进行计算
model = A2CNetwork(n_actions=10, DEVICE=DEVICE).to(DEVICE)
policy = Policy(model)
```

神经网络结构,代码如下:

```
#//第 5 章//rl_training.ipynb

A2CNetwork(
  (backbone): Sequential(
    (0): Flatten(start_dim=1, end_dim=-1)
    (1): Linear(in_features=17100, out_features=256, bias=True)
    (2): ReLU()
  )
  (logits_net): Sequential(
    (0): Linear(in_features=256, out_features=128, bias=True)
    (1): ReLU()
    (2): Linear(in_features=128, out_features=10, bias=True)
  )
  (V_net): Sequential(
    (0): Linear(in_features=256, out_features=64, bias=True)
    (1): ReLU()
    (2): Linear(in_features=64, out_features=1, bias=True)
  )
)
```

初始化一个用于交易策略的对象 strategy,优化器 optimizer,以及一个基于 A2C 算法的强化学习 Agent,代码如下:

```
#//第 5 章//rl_training.ipynb

#创建一个延迟(delay)为 0.1s 和持有时间(hold_time)为 10s 的策略,以用于交易策略的定义
#这个策略将使用指定的神经网络策略(policy)来决定交易行为,其中包括动作选择和订单执行
#配置交易价值目标计算(ComputeValueTargets),以及一些交易参数、费率参数等参数
delay = pd.Timedelta(0.1, 's').total_seconds()
hold_time = pd.Timedelta(10, 's').total_seconds()
strategy = RLStrategy(policy, ess_df, 1.0, means, stds, delay, hold_time,
[ComputeValueTargets(policy)],
                      trade_size=0.01, post_only=True, taker_fee=0.0004, maker_
fee=-0.00004)

#创建一个用于强化学习训练的优化器(optimizer)
#这个优化器将用于更新神经网络模型的权重,以最小化损失函数,从而改进策略的性能
optimizer = torch.optim.RMSprop(model.parameters(), lr=7e-4, alpha=0.99, eps=1e-5)

#创建一个基于 Advantage Actor-Critic(A2C)算法的强化学习 Agent(a2c)
```

```
#这个 Agent 将使用上述定义的策略(policy)和优化器(optimizer)来执行训练
#它还配置了值函数损失的权重(value_loss_coef)和熵损失的权重(entropy_coef)
#可以指定计算设备(DEVICE),用于神经网络计算
a2c = A2C(policy, optimizer, value_loss_coef=0.25, entropy_coef=1, DEVICE=
DEVICE)
```

模型训练,代码如下:

```
#//第 5 章//rl_training.ipynb

import wandb
import os

#设置 WANDB_PYTHON_NAME 环境变量
os.environ['WANDB_PYTHON_NAME'] = 'training.py'
wandb.login()
wandb.init(project="MarketMaking")
#监控模型的性能,以便实时可视化和记录模型的训练进展
wandb.watch(model)

#导入 tqdm 库的 trange 函数,用于显示训练循环的进度条
from tqdm.Notebook import trange

#使用 trange 创建一个从 1 到 5000 的循环,每个迭代代表一个训练周期(epoch)
for i in trange(1, 5001):
    print(f'epoch {i}')

    #调用 A2C 代理的 train 方法来执行训练
    #这里训练了策略(strategy),并使用了一些训练数据(md_train)及其他参数
    a2c.train(strategy, md_train,
            latency=pd.Timedelta(10, 'ms').total_seconds(),
            md_latency=pd.Timedelta(10, 'ms').total_seconds(),
            count=290,
            train_slice=600_000)

    #如果当前训练周期是 500 的倍数,则对模型性能进行评估
    if i % 500 == 0:
        #调用 evaluate 函数来评估策略在测试数据集上的性能
        reward, pnl, trajectory = evaluate(strategy,
                                    md_test,
                                    latency=pd.Timedelta(10, 'ms').total_seconds(),
                                    md_latency=pd.Timedelta(10, 'ms').total_seconds())

        #使用 wandb.log 记录评估结果,这将有助于监控策略的性能
        wandb.log({
            'val reward': reward,
            'val pnl': pnl,
        })
```

效果如图 5-32 所示。

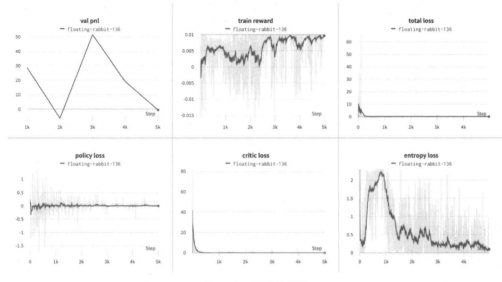

图 5-32 模型效果图

总体来讲,这个模型的环境状态空间有中间价距离、累计名义价值、市场不平衡度、订单流平衡度、相对强弱指数、价差等特征。Agent 状态空间有库存比率、总盈亏特征。行动状态空间见表 5-3。

表 5-3 行动状态空间

ActionID	1	2	3	4	5	6	7	8	9	0
Ask	1	1	1	5	5	5	10	10	10	—
Bid	1	5	10	1	5	10	1	5	10	—

带库存惩罚的 PnL 计算:

$$r_t = \Delta q_t (p_t - c_t) + \mathrm{PNL}_t^{\mathrm{realized}} - \alpha |q_t| \tag{5-212}$$

其中,r_t 表示在 t 时刻的回报,Δq_t 表示在 t 时刻的持仓变化,c_t 表示在 t 时刻的平均成本,α 表示库存惩罚系数,$|q_t|$ 表示 t 时刻的库存绝对值,$\mathrm{PNL}_t^{\mathrm{realized}}$ 表示 t 时刻的已实现盈亏。

A2C 更新公式(策略梯度):

$$\nabla_\theta J(\theta) = \nabla_\theta \ln \pi(a_t \mid s_t; \theta') A(s_t, a_t; \theta, \theta_v) \tag{5-213}$$

其中,$\nabla_\theta J(\theta)$ 表示目标函数 $J(\theta)$ 关于策略参数 θ 的梯度;这个梯度用于更新策略参数,以最大化总体回报。

$\nabla_\theta \ln \pi(a_t | s_t; \theta')$:表示在给定策略参数 θ' 下,行动 a_t 在状态 s_t 下的对数概率的梯度;这个概率通常由策略网络(Policy Network)计算。

$A(s_t, a_t; \theta, \theta_v)$:表示优势函数(Advantage Function),它用于衡量在状态 s_t 下采取行动 a_t 相对于平均水平的优势。它的计算方式通常是:$A(s_t, a_t; \theta, \theta_v) = Q(s_t, a_t; \theta_v) - V(s_t; \theta_v)$,其中 $Q(s_t, a_t; \theta_v)$ 是状态动作对 (s_t, a_t) 的估值,$V(s_t; \theta_v)$ 是状态 s_t 的估值。

θ 是策略函数(Actor)的参数,用于定义在给定状态下选择行动的概率分布。

θ 是值函数(Critic)的参数,用于定义值函数,该值函数用于估计状态的价值或回报,帮助策略函数更好地选择行动。

函数逼近,如图 5-33 所示。

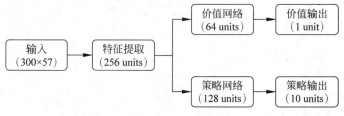

图 5-33　函数逼近

这样的思路,可以对高频数据进行广泛实验,以证明强化学习方法的有效性,同时也可以确定其局限性。强化学习方法的局限性包括需要算法训练(需要大量的时间和计算资源)、大量影响最终结果并需要调整的超参数,以及强化学习策略的推理速度。

第6章

套 利 策 略

6.1 套利策略概述

18min

统计套利一般指在独立于市场环境的情况下,使用统计方法建立资产组合,构建证券投资组合的多头和空头,获取可持续的市场风险中性超额收益率。与其他策略不同,统计套利交易对象为价差(Spread,两个或以上证券的价格之差或线性组合)。

利用两种证券构造的统计套利组合,虽然两种证券价格上涨的幅度相同,不会盈利,但两种证券价格下跌的幅度相同,也不会亏损,因此统计套利常用于构建市场中性、高胜率、低风险、稳定的策略,一直是业界应用的重要策略类型。

随着计算机建模技术(如协整法、时间序列估计、随机控制、Copula 法、神经网络方法)不断发展和统计套利方法的成功应用,统计套利模型正在受到越来越多学者和投资者的重视。

配对交易,也称价差交易(Spread Trading),起源于 20 世纪 80 年代的 Morgan Stanley,交易特点是同时买入卖出两个以上的资产,通过价差间的差值(而非价格)获利。配对交易是统计套利策略的核心策略之一,在商品期货价差背景下的风险套利机会是配对交易的重点应用场景(Girma 和 Paulson,1999;Johnson 等,1991)。配对交易的目的是利用相互关联金融资产的价差变动获利,目前已经被对冲基金和机构投资者作为一个重要的多/空投资和统计套利工具之一,广泛应用于股票、期货和外汇等金融市场(Gatev 等,2006;Cavalcante 等,2016)。Gatev 等(2006)最先指出配对交易的逻辑是利用市场的无效率所导致的错误定价寻找金融资产间价差出现的异常,策略主要有两个步骤:首先,识别两种金融资产价格序列相似的价格行为,或相互关联关系。两种金融资产具有相似的价格行为,表明它们都暴露在相关的风险因素之下,价格行为倾向于做出类似反应;其次,如果两种金融资产的价格行为相似,则在正常情况下,两种金融资产价格行为之间的相似性应该在未来持续下去。在随后的交易期内监测两者之间的价差,当检测到价差出现异常时建立头寸。当最终的价差修正后,即回复常态时,则头寸退出。具体而言,如果两种金融资产的价格差价扩大,则做空"赢家"资产、买进"输家"资产。如果这两种金融资产遵循均衡关系,则价差将回归其历史均值,然后头寸反转,即可平仓获利。Krauss(2017)的综述指出配对交易与其他多空异常情况密切相关,如违反"一价定律",超前滞后异常和回报反转异常。学术研究对配对交易产生了浓厚的研究兴趣,主因是它在某种程度上挑战了有效市场假说(EMH),如果市场是有效的,则配对交易策略在任何情况下都不能取得盈利,然而,活跃在量化交易一线的交易者早已经开发成熟的统计套利模型,并在市场交易中取得超额利润(Tokat 和 Hayrullahoglu,2021)。

本章首先回顾了关于成对交易框架的文献和研究方法,即涉及两个以上证券的相对价值的套利策略。在系统研究 90 多篇论文后,我们汇总了标的筛选和择时的技术类型,见表 6-1。

表 6-1　标的筛选和择时的技术类型

目　标	技　术　类　型
标的筛选	距离法 SSD 协整 聚类 股价走势相关性 风险暴露相关性 OU 过程参数相近性 PCA 主成分相近性
择时	Zscore 法 时间序列法 OU 过程法 Copula 法 强化学习

正文中,我们基于 90 多篇论文的研究成果,总结了上述方法的优缺点。

6.2　标的筛选

6.2.1　距离法

距离法通过两两资产的回溯期的价差的距离度量为标准,挑选交易标的。择时时,对比当前价差距离和历史价差距离作为择时信号。

价差方差(Spread Variance)可表示为

$$V(P_{it} - P_{jt}) = \sum_{t=1}^{T}(P_{it} - P_{jt})^2 - \left(\frac{1}{T}\sum_{t=1}^{T}\sum_{t=1}^{T}\sum_{t=1}^{T}(P_{it} - P_{jt})\right)^2 \tag{6-1}$$

其中,价差方差表征价格偏离均值的程度。价差 SSD 均方为

$$\text{SSD}_{ijt} = \frac{1}{T}\sum_{t=1}^{T}\sum_{t=1}^{T}\sum_{t=1}^{T}(P_{it} - P_{jt})^2 = V(P_{it} - P_{jt}) + \left(\frac{1}{T}\sum_{t=1}^{T}\sum_{t=1}^{T}\sum_{t=1}^{T}(P_{it} - P_{jt})\right)^2 \tag{6-2}$$

其中,第 2 项价差平均值的平方表示两个标的价差的平均大小,因此,SSD 同时表征了价差

波动偏离其均值的程度、价差平均值大小。在海量股票池中筛选 SSD 较小的配对资产,代表挑选价差波动较小且同时配对资产价格非常接近的标的。

距离法经典策略 GGR(E. Gatev 等,2006)具体实现方法:第 1 步,标的选择,以过去 12 个月作为统计区间,将价格标准化为序列 P_{it}(期初价格为 1),然后计算股票池中每两只股票之间的欧几里得距离(SSD),选择 SSD 最小的 20 个配对构建投资组合。第 2 步,择时,当配对标的价差大于回溯期价差均值 2 个标准差时入场,一旦价差回归到均值则平仓,6 个月后再更换备选配对资产。

GGR 优势在于效果稳定且适用于不同类别的资产,对美国股票市场 1962 年到 1997 年的数据进行测试,结果显示此策略有非常出色的盈利效果,年收益率约为 12%。2006 年 GGR 再次使用同样的方法对 1998 年至 2002 年的数据进行测试,结果依然表现稳定,年收益率约为 11%。

GGR 的弊端在于,如式(6-2)SSD 的推导公式,等式右方第 1 项(记为 a)表征价格偏离均值的程度,第 2 项(记为 b)表示均值的漂移程度,如果最小化 SSD,则 a 和 b 都要最小,但理性投资者希望的是保持均值不漂移的情况使波动更大,并且稳定,因此要求 a 大一点,b 小一点,但是距离法最终实证结果表明,选出的配对往往是 a 小 b 大,因此距离法是一个次优解(Suboptimal)。另外 GGR 的一个不足之处是未做协整检验,高相关性并不意味着协整关系(Alexander,2001),因此其均值回复性较弱,存在较大的分离风险(价格不收敛)。根据 Do 和 Faff(2010),GGR 文中的方法得到的配对中有 32% 并不收敛。相比之下,协整法得到的配对具有更强的收敛性(Huck,2015)。

6.2.2 协整法

协整(Cointegration)理论是 Engle 和 Granger 在 1978 年提出的。平稳性是进行时间序列分析的一个很重要的前提。如果两个时间序列是协整的,则一定存在它们的某个线性组合,围绕着其平均值在较小范围内波动。也就是说,在所有的时间点上,这个线性组合构成的新随机变量服从相同的概率分布。

提到协整,首先要讲到的就是平稳性。简单地讲,平稳性是一个序列在时间推移中保持稳定不变的性质(平稳性又分为严格平稳和弱平稳,并且相互不包含,这里不过多展开),它是在进行数据分析预测时需要重点关注的一个性质。如果一组时间序列数据是平稳的,则意味着它的均值和方差保持不变,这样可以方便地在序列上使用一些统计技术。首先来直观地看一些平稳时间和非平稳时间的序列,如图 6-1 所示。

如图 6-1(a)所示,序列是一个平稳的序列,始终围绕着均值上下波动,如图 6-1(b)所示,序列是一个非平稳序列,可看到其长期均值在不断变化。

由于许多现实中的问题是非平稳的,因此经典的回归分析方法在处理这些问题时存在较大的局限性。金融市场尤其如此,绝大多数时间序列数据呈现非平稳的特征,因此,在实际应用中,人们通常采用差分方法消除序列中含有的非平稳趋势,并基于平稳化后的序列建立模型,例如使用 ARIMA 模型。

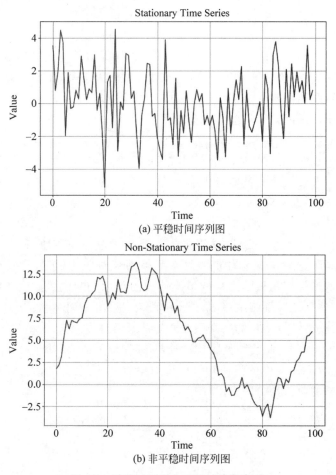

图 6-1　平稳时间和非平稳时间的序列

1987 年 Engle 和 Granger 提出的协整理论及其方法,为非平稳序列的建模提供了另一种新的途径。虽然一些时间序列本身是非平稳的,但是,它们的线性组合却有可能是平稳的。这种平稳的线性组合被称为协整方程,并且可解释为变量之间的长期稳定的均衡关系。协整可被看作这种均衡关系性质的统计表示。由于两个变量是协整的,虽然在短期内有随机干扰的影响,这些变量有可能偏离均值,但因为它们具有长期稳定的均衡关系,所以终将回归均值。

基于协整的配对交易是一种基于数学分析的交易策略,其盈利模式是通过两只证券的差价获取,尽管这两只证券的股价可能会在中途有所偏离,但是最终都会趋于一致。具有这种关系的两只股票,在统计上称作存在协整关系,即它们之间的差价会围绕某个均值来回摆动,这为配对交易策略提供了盈利的机会。当两只股票的价差过大时,根据平稳性原则,预期价差会重新回归到均值附近,因此,可以买入低价股票,卖空高价股票,并在价格回归时进行反向操作以获取利润。具体地,使用协整方法构造套利组合,首先应用 Engel-Granger 检验法,找出价格或收益具有长期稳定关系的标的资产,它们的协整方程的残差(两种资产的线性组合)具有稳定的均值回复性,具有一定的预测性,流程如下:

(1)基于 OLS 回归求得配对资产的残差的各个资产的回归系数。

$$y_t = \alpha x_t + \beta + \text{resid}_t \tag{6-3}$$

(2)对残差做平稳性检验,以及统计置信度检验。若平稳,则 x、y 具有协整关系,否则不存在协整关系。

(3)根据残差的波动性设定开平仓阈值,当残差触发开仓阈值时,同时买入低估的资产卖出高估的资产。

(4)根据它们的协整系数确定投资组合权重,构造一个复合资产组合。

(5)当残差触发平仓阈值时,执行反向操作平仓了结头寸。

(6)由于协整检验得出的价差组合的平稳性比距离法可靠,所以使用协整法进行统计套利的收益明显高于距离法。我们将以实际案例讲解协整法,代码如下:

```
#//第 6 章/Cointegration.ipynb
import numpy as np
import pandas as pd
import os
import statsmodels
import statsmodels.api as sm
from statsmodels.tsa.stattools import coint, adfuller
import matplotlib.pyplot as plt
import seaborn as sns; sns.set(style="whitegrid")

pd.core.common.is_list_like = pd.api.types.is_list_like
from pandas_datareader import data as pdr
import datetime
from dateutil import rrule
from dateutil.relativedelta import relativedelta
import yfinance as yf
import warnings
warnings.filterwarnings("ignore",category=DeprecationWarning)
warnings.simplefilter(action='ignore', category=RuntimeWarning)
yf.pdr_override()

tickers = ['A2201', 'C2201', 'I2201', 'JM2201', 'OI2201', 'P2201', 'Y2201']
folder_path = 'DATA/'
file_name = 'data.csv'

df = pd.read_csv(os.path.join(folder_path, file_name))
df.drop('Unnamed: 0', axis=1, inplace=True)
minutes = range(len(df))
df['Minutes'] = minutes
```

找到两只协整关系的股票并返回协整对的 p 值,代码如下:

```
#//第 6 章/Cointegration.ipynb
def find_cointegrated_pairs(data):
    n = data.shape[1]
```

```
score_matrix = np.zeros((n, n))
pvalue_matrix = np.ones((n, n))
keys = data.keys()
pairs = []
min_value = 1
min_pair = []
for i in range(n):
    for j in range(i+1, n):
        S1 = data[keys[i]]
        S2 = data[keys[j]]
        result = coint(S1, S2)
        score = result[0]
        pvalue = result[1]
        score_matrix[i, j] = score
        pvalue_matrix[i, j] = pvalue
        if pvalue < 0.05:
            pairs.append((keys[i], keys[j]))
            if pvalue < min_value:
                min_value = pvalue
                min_pair=[keys[i], keys[j]]

return score_matrix, pvalue_matrix, pairs, min_pair
```

定义收益计算函数,代码如下:

```
#//第 6 章/Cointegration.ipynb
def trade(split, b, S1, S2, date, window1, window2, principal, trade_times, show_
pic):
    if (window1 == 0) or (window2 == 0):
        return 0

    target = b *S1 - S2

    if show_pic:
        target[:split].plot(figsize=(12,6))
        plt.axhline(target[:split].mean())
        plt.title(u'train dataset: b *S1 - S2')
        plt.show()

    ma1 = target.rolling(window=window1,
                             center=False).mean()
    ma2 = target.rolling(window=window2,
                             center=False).mean()
    std = target.rolling(window=window1,
                             center=False).std()
    zscore = (ma2 - ma1)/std

    if show_pic:
        zscore[:split].plot(figsize=(12,6))
        plt.axhline(zscore[:split].mean())
        plt.title(u'train dataset: b *S1 - S2 zscore')
        plt.show()
```

```
open_signal = pd.Series([] *len(S1))
open_signal = pd.Series([] *len(S1))
close_signal = pd.Series([] *len(S1))
open_signal2 = pd.Series([] *len(S1))
open_signal2 = pd.Series([] *len(S1))
close_signal2 = pd.Series([] *len(S1))

countS1 = 0
countS2 = 0
S1_o = 0
S2_o = 0
has_socket = 0
rets = 0
k = 0
next_t = date.iloc[len(target)-1]

for i in range(split+date.iloc[0], len(target)+date.iloc[0]):
    if trade_times is not None and k>=trade_times:
        next_t = date[i]
        break
    #卖空 S2
    if zscore[i] < -1 and has_socket==0:

        countS1 = principal *b/(S1[i]*b+S2[i])
        countS2 = -countS1 / b

        has_socket = 1
        S1_o = S1[i]
        S2_o = S2[i]

        open_signal[i] = zscore[i]
        open_signal2[i] = target[i]

    #卖空 S1
    elif zscore[i] > 1 and has_socket==0:

        countS1 = - principal *b/(S1[i]*b+S2[i])
        countS2 = - countS1 / b

        has_socket = 2
        S1_o = S1[i]
        S2_o = S2[i]

        open_signal[i] = zscore[i]
        open_signal2[i] = target[i]

    elif (has_socket==1 and zscore[i]>-0.1) or (has_socket==2 and zscore[i]<
0.1):
        k+=1
        has_socket = 0
        rets += countS1 * (S1[i] - S1_o) + countS2 * (S2[i] - S2_o)
        countS1 = 0
        countS2 = 0
```

```
                 S1_o = 0
                 S2_o = 0
                 close_signal[i] = zscore[i]
                 close_signal2[i] = target[i]


     rets += countS1 * (S1.iloc[-1] - S1_o) + countS2 * (S2.iloc[-1] - S2_o)

     if countS1!=0:
         close_signal1[i] = zscore[date.iloc[0]+len(target)-1]
         close_signal2[i] = target[date.iloc[0]+len(target)-1]

     if show_pic:
         zscore.plot(figsize=(12,6))
         open_signal.plot(color='r', linestyle='None', marker='^')
         open_signal.plot(color='r', linestyle='None', marker='^')
         close_signal.plot(color='g', linestyle='None', marker='^')
         plt.title(u'all dataset: b *S1 - S2 and zscore')
         plt.show()

         target.plot(figsize=(12,6))
         open_signal2.plot(color='r', linestyle='None', marker='^')
         open_signal2.plot(color='r', linestyle='None', marker='^')
         close_signal2.plot(color='g', linestyle='None', marker='^')
         plt.show()

     return principal, rets, next_t
```

定义主函数,代码如下:

```
#//第 6 章/Cointegration.ipynb
def main(start, end, df, train_len, test_len=None, trade_times=None, long_win=
30, short_win=5, principal=None, select=None):
    rets_list = []
    pairs_list = []

    temp = start + train_len
    i = 0

    while temp + test_len+10 < end:

        df_cur = df[start: temp]

        #选择测试数据集
        df_next = df[temp:]
        if test_len is not None:
            next_t = temp + test_len
            df_next = df_next[:test_len]
```

```
    split = len(df_cur)
    df_all = pd.concat([df_cur, df_next], axis=0)
    df_all.sort_values(by="Minutes", inplace=True)

    #p值越小,协整程度越高
    scores, pvalues, pairs, min_pair = find_cointegrated_pairs(df_cur)
    if len(min_pair)==0:
        #rets_list.append(0)
        #pairs_list.append([])
        #If there are no integration pairs, use data one day later
        start = start + 1
        temp = temp + 1
        continue
    #选择一个协整对
    name1 = min_pair[0]
    name2 = min_pair[1]

    #计算b
    #多项式的OLS拟合
    S1 = df_cur[name1]
    S2 = df_cur[name2]
    S1 = sm.add_constant(S1)
    results = sm.OLS(S2, S1).fit()
    S1 = S1[name1]
    b = results.params[name1]

    principal, rets, next_t = trade(split, b, df_all[name1], df_all[name2],
df_all['Minutes'], long_win, short_win, principal, trade_times, select==i)

    t1 = df_all[name1]*b
    t2 = df_all[name1]
    if select==i:
        t1.plot(figsize=(12,6))
        t2.plot(figsize=(12,6))
        plt.title(u'two sockets')
        plt.show()

    if rets != 0:
        rets_list.append(rets)
    pairs_list.append([name1, name2])

    i+=1
    start = next_t - train_len
    temp = next_t

return rets_list
```

```
rets_list = main(1, 2000, train_len = 100, test_len = 20, trade_times = 2, long_win
= 40, short_win = 4, principal = 1000000, select = None)
print("=============================================================
========================")
total = 0
total_rets = []
for i in rets_list:
    total += i
    total_rets.append(total)
print("Total:{}".format(total))
```

输出结果,代码如下:

```
#//第 6 章/Cointegration.ipynb
x= range(len(total_rets))
plt.figure(figsize=(12, 6))
plt.plot(x, total_rets, marker='o')
plt.title('z-score pair trading')
plt.xlabel('trading time')
plt.ylabel('rets')
plt.grid(True)
plt.show()
```

协整配对收益如图 6-2 所示。

图 6-2 协整配对收益

6.2.3 收益率相关性

Chen 等(2012)使用 Pearson 相关系数作为配对筛选相关性的度量。选定股票 i,挑选与其相关性最高的 50 只股票作为组合,两两股票的偏离度可定义为 D_{ijt}:

$$D_{ijt} = \beta(R_{it} - R_f) - (R_{jt} - R_f) \tag{6-4}$$

其中,D_{ijt} 为 t 时刻股票 i 收益率 R_{it} 偏离股票 j 收益率 R_{jt} 的程度,R_f 为无风险收益率。

伪多元配对(Quasi-Multivariatepairs),即股票 i 与其相关性最高的 50 只股票配对。通过多元回归方程系数,可计算针对各只股票实际收益率的残差,即各只股票的 D_{ijt} 分离度。

未来一个月,根据 D_{ijt} 的分离度,做多分离度最高组股票,做空分离度最低组股票,保持做多与做空的资金相等。Chen 等(2012)基于此模型的每月超额收益达到了 1.7%。Perlin(2007,2009)发现,GGR 方法中将价格序列标准化(减均值除方差)后,与 Pearson 相关系数法的结果相同。另外关于伪多元配对,作者构建了一个与 5 只股票的配对组合:权重可以通过不同的算法得到(等权,OLS,相关性)。经实证,伪多元配对法实现了更高的收益并且更具稳健性。风格暴露相近性协整配对,也可简化为筛选具有相同风格因子暴露的股票。Vidyamurthy(2004)构建了一个基于公共因子的因子收益的 Pearson 相关系数来度量股票间的绝对值距离,距离绝对值越高,协整配对性越好。买入 1 手股票 i,卖空 r 手股票 j,配对收益 m_{ijt} 等于:

$$m_{ijt} = p_{it} - \gamma p_{jt} = n_{it} - \gamma n_{jt} + \epsilon_{it} - \gamma \epsilon_{jt}$$

$$\Delta m_{ijt} = r_{ijt} = r_{it}^{c} - \gamma r_{jt}^{c} + r_{it}^{s} - \gamma r_{jt}^{s} \tag{6-5}$$

其中,n_{it} 是非平稳的趋势因子,ϵ_{it} 是平稳的特质成分,r_{it}^{c} 是趋势收益,r_{it}^{s} 是特质收益。上式为协整的条件是第 2 个等式右边前两项的和为 0。Vidyamurthy(2004)使用套利定价模型 APT 来确定配对股票具有相同(比例为 r)的趋势因子 r_{it}^{c},即配对股票的因子载荷需要满足固定的比例 r,因此一个完美的协整配对关系为

$$r_{ijt} = ri_{t} - \gamma r_{jt} = \beta_{i}'ft - \gamma \beta_{j}'f_{t} + \epsilon_{it} - \gamma \epsilon_{jt} = \epsilon_{it} - \gamma \epsilon \tag{6-6}$$

6.2.4　聚类

假设共有 N 种标的,共 $N \times (N-1)/2$ 种配对关系。若穷尽计算,计算开销大,且很可能会得到许多虚假结果,因此,需合理地缩小搜索空间。

如果在相同基本面内的标的池内筛选交易对,则广度太低。本节将展示如何通过 DBSCAN、TSNE 聚类方法缩小交易对筛选空间。下面通过代码案例展示通过 DBSCAN、TSNE 聚类方法缩小交易对筛选空间。

本节通过案例展示如何通过 DBSCAN、TSNE 聚类方法缩小交易对筛选空间。

第 1 步,导入相应包,并获取标的池。选择中国商品期货市场中 47 个流动性较好的商品期货合约,代码如下:

```
#//第6章/Cluster.ipynb
import matplotlib.pyplot as plt
import matplotlib.cm as cm
import numpy as np
import pandas as pd
from sklearn.cluster import KMeans, DBSCAN
from sklearn.decomposition import PCA
from sklearn.manifold import TSNE
from sklearn import preprocessing
from statsmodels.tsa.stattools import coint
from scipy import stats
universe = Q1500US()
```

第 2 步,聚类特征工程。

基于以下先验假设：有共同因子载荷的标的，未来相关概率越大(共同因子是指部门/行业成员资格及动量和价值等广为人知的排名方案)；市值相近的标的，未来相关概率更大；除了收益率、可补充基本面、行业分类特征。如果某特征呈现的相关性有经济学逻辑支撑，则比只具有统计相关性的特征更好。

第3步，聚类。选择使用 DBSCAN 聚类方法而非 KMeans，因为 DBSCAN 有两个优势：自动剔除不适合聚类的股票；无须指定聚类的数量。以上两步，代码如下：

```
#//第 6 章/Cluster.ipynb
pipe = Pipeline(
    columns= {
        'Market Cap': morningstar.valuation.market_cap.latest.quantiles(5),
        'Industry': morningstar.asset_classification.morningstar_industry_
group_code.latest,
        'Financial Health': morningstar.asset_classification.financial_health_
grade.latest
    },
    screen=universe
)
res = run_pipeline(pipe, study_date, study_date)
#从多重索引中删除单个日期
res.index = res.index.droplevel(0)

#删除行业企业集团中的股票
res = res[res['Industry']!=31055]
#删除没有财务健康等级的股票
res = res[res['Financial Health']!= None]
#将分类数据替换为每个文档的分数
res['Financial Health'] = res['Financial Health'].astype('object')
health_dict = {u'A': 0.1,
                u'B': 0.3,
                u'C': 0.7,
                u'D': 0.9,
                u'F': 1.0}
res = res.replace({'Financial Health': health_dict})
res.describe()
```

定义数据范围，在本策略中将使用日收益率范围，代码如下：

```
#//第 6 章/Cluster.ipynb
pricing = get_pricing(
    symbols=res.index,
    fields='close_price',
    start_date=pd.Timestamp(study_date) - pd.DateOffset(months=24),
    end_date=pd.Timestamp(study_date)
)
pricing.shape
(505, 1499)
returns = pricing.pct_change()
returns[symbols(['AAPL'])].plot()
```

日收益率如图 6-3 所示。

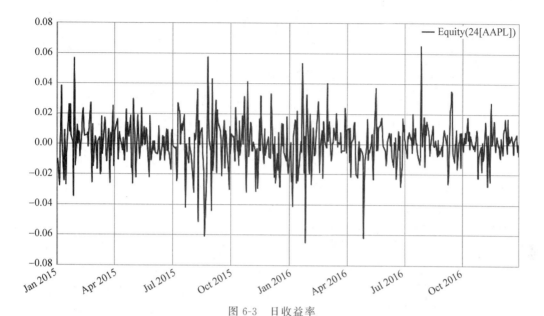

图 6-3 日收益率

```
#//第 6 章/Cluster.ipynb
#我们只使用具有完整收益率序列的股票
returns = returns.iloc[1:,:].dropna(axis=1)

N_PRIN_COMPONENTS = 50
pca = PCA(n_components=N_PRIN_COMPONENTS)
pca.fit(returns)
PCA(copy=True, n_components=50, whiten=False)
pca.components_.T.shape
(1429, 50)
X = np.hstack(
    (pca.components_.T,
     res['Market Cap'][returns.columns].values[:, np.newaxis],
     res['Financial Health'][returns.columns].values[:, np.newaxis])
)

X = preprocessing.StandardScaler().fit_transform(X)
clf = DBSCAN(eps=1.9, min_samples=3)

clf.fit(X)
labels = clf.labels_
n_clusters_ = len(set(labels)) - (1 if -1 in labels else 0)

clustered = clf.labels_
DBSCAN(algorithm='auto', eps=1.9, leaf_size=30, metric='euclidean',
    min_samples=3, p=None, random_state=None)

#搜索的初始维度
ticker_count = len(returns.columns)
```

```
clustered_series = pd.Series(index=returns.columns, data=clustered.flatten())
clustered_series_all = pd.Series(index=returns.columns, data=clustered.flatten())
clustered_series = clustered_series[clustered_series != -1]
CLUSTER_SIZE_LIMIT = 9999
counts = clustered_series.value_counts()
ticker_count_reduced = counts[(counts>1) & (counts<=CLUSTER_SIZE_LIMIT)]
```

通过聚类可视化,可以看到,一共有 11 个族类。数据在 52 个维度上聚类。我们可使用 T-SNE 来将二维数据可视化,对比检验聚类的合理性,代码如下:

```
#//第 6 章/Cluster.ipynb
X_tsne = TSNE(learning_rate=1000, perplexity=25, random_state=1337).fit_
transform(X)
plt.figure(1, facecolor='white')
plt.clf()
plt.axis('off')

plt.scatter(
    X_tsne[(labels!=-1), 0],
    X_tsne[(labels!=-1), 1],
    s=100,
    alpha=0.85,
    c=labels[labels!=-1],
    cmap=cm.Paired
)

plt.scatter(
    X_tsne[(clustered_series_all==-1).values, 0],
    X_tsne[(clustered_series_all==-1).values, 1],
    s=100,
    alpha=0.05
)

plt.title('T-SNE of all Stocks with DBSCAN Clusters Noted')
```

聚类可视化如图 6-4 所示。

还可以查看每个集群中的标的数量,然后将少数小集群成员的归一化时间序列可视化,代码如下:

```
#//第 6 章/Cluster.ipynb
plt.barh(
    xrange(len(clustered_series.value_counts())),
    clustered_series.value_counts()
)
plt.title('Cluster Member Counts')
plt.xlabel('Stocks in Cluster')
plt.ylabel('Cluster Number')
```

T-SNE of all Stocks with DBSCAN Clusters Noted

图 6-4 聚类可视化

聚类数量如图 6-5 所示。

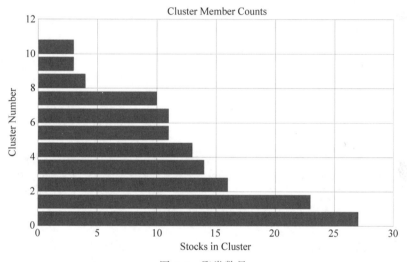

图 6-5 聚类数量

为了再次直观地了解我们的聚类是否有效，让我们来看几个聚类（为了重复性，本样例中的所有随机状态和日期都保持不变），代码如下：

```
#//第 6 章/Cluster.ipynb
counts = clustered_series.value_counts()

#可视化一些聚类
cluster_vis_list = list(counts[(counts<20) & (counts>1)].index)[::-1]

#绘制几个最小的聚类
for clust in cluster_vis_list[0:min(len(cluster_vis_list), 3)]:
    tickers = list(clustered_series[clustered_series==clust].index)
    means = np.log(pricing[tickers].mean())
    data = np.log(pricing[tickers]).sub(means)
    data.plot(title='Stock Time Series for Cluster %d' % clust)
```

簇内标的走势如图 6-6 所示。

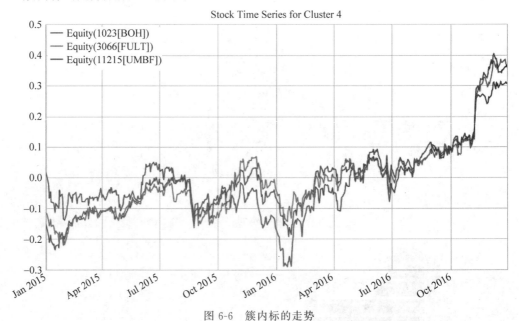

图 6-6 簇内的走势

第 4 步,簇内交易对筛选,先进行协整检验,代码如下:

```
#//第 6 章/Cluster.ipynb
def find_cointegrated_pairs(data, significance=0.05):
    #函数来源 https://www.quantopian.com/lectures/introduction-to-pairs-trading
    n = data.shape[1]
    score_matrix = np.zeros((n, n))
    pvalue_matrix = np.ones((n, n))
    keys = data.keys()
    pairs = []
    for i in range(n):
        for j in range(i+1, n):
            S1 = data[keys[i]]
            S2 = data[keys[j]]
            result = coint(S1, S2)
            score = result[0]
            pvalue = result[1]
            score_matrix[i, j] = score
            pvalue_matrix[i, j] = pvalue
            if pvalue < significance:
                pairs.append((keys[i], keys[j]))
    return score_matrix, pvalue_matrix, pairs
cluster_dict = {}
for i, which_clust in enumerate(ticker_count_reduced.index):
    tickers = clustered_series[clustered_series == which_clust].index
    score_matrix, pvalue_matrix, pairs = find_cointegrated_pairs(
        pricing[tickers]
```

```
    )
    cluster_dict[which_clust] = {}
    cluster_dict[which_clust]['score_matrix'] = score_matrix
    cluster_dict[which_clust]['pvalue_matrix'] = pvalue_matrix
    cluster_dict[which_clust]['pairs'] = pairs
pairs = []
for clust in cluster_dict.keys():
    pairs.extend(cluster_dict[clust]['pairs'])
```

最后,再次用 T-SNE 在二维空间中将它们可视化,代码如下:

```
#//第6章/Cluster.ipynb
stocks = np.unique(pairs)
X_df = pd.DataFrame(index=returns.T.index, data=X)
in_pairs_series = clustered_series.loc[stocks]
stocks = list(np.unique(pairs))
X_pairs = X_df.loc[stocks]
X_tsne = TSNE(learning_rate=50, perplexity=3, random_state=1337).fit_transform
(X_pairs)
plt.figure(1, facecolor='white')
plt.clf()
plt.axis('off')
for pair in pairs:
    ticker1 = pair[0].symbol
    loc1 = X_pairs.index.get_loc(pair[0])
    x1, y1 = X_tsne[loc1, :]

    ticker2 = pair[0].symbol
    loc2 = X_pairs.index.get_loc(pair[1])
    x2, y2 = X_tsne[loc2, :]

    plt.plot([x1, x2], [y1, y2], 'k-', alpha=0.3, c='gray');

plt.scatter(X_tsne[:, 0], X_tsne[:, 1], s=220, alpha=0.9, c=[in_pairs_series.
values], cmap=cm.Paired)
plt.title('T-SNE Visualization of Validated Pairs')
```

配对的 T-SNE 可视化如图 6-7 所示。

此外,通过更多的交易配对的筛选条件,筛选可靠性更高、盈利更高的交易对,包括以下几种。

(1)协整检验。

(2)价差的 Hurst 指数均值回归。

(3)价差均值回归半衰期。

(4)价差均值回复的频率。

共有 4 个筛选条件,进一步的交易策略部分可以参考后续的择时部分。

T-SNE Visualization of Validated Pairs

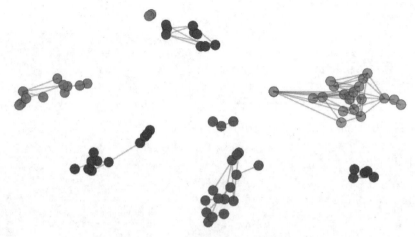

图 6-7　配对的 T-SNE 可视化

6.2.5　PCA

Avellaneda 和 Lee(2010)将股票收益分解为系统性收益(共同收益)和异质收益两部分。第 1 种方法只考虑一个系统性因子,即行业收益:

$$R_i = \beta_i F + \epsilon_i \tag{6-7}$$

其中,F 是行业收益。第 2 种方法增加变量个数,使用 PCA 确定了 m 项因子:

$$R_i = \sum_{j=1}^{m} \sum_{j=1}^{m} \sum_{j=1}^{m} \beta_i F + \epsilon_i \tag{6-8}$$

然后构建一个股票相对价值的估值模型:

$$\frac{\mathrm{d}P_{it}}{P_{it}} = \mu_i \, \mathrm{d}t + \sum_{j=1}^{m} \sum_{j=1}^{m} \sum_{j=1}^{m} \beta_i \frac{\mathrm{d}I_{jt}}{I_{jt}} + \mathrm{d}X_{it} \tag{6-9}$$

其中,μ_i 是股票价格漂移项,残差 X_{it} 是复合 OU 过程,μ_i 和 X_{it} 为特质收益部分,而等式右边第 2 项为系统性因子部分。

6.3　预测择时

6.3.1　时间序列法

时间序列法(Time Series Analysis)是量化金融中常用的一种分析方法,用于对时间序列数据进行建模、预测和统计推断。它基于时间序列数据的历史模式和趋势,通过统计方法和数学模型来揭示数据中的模式、周期性和趋势,以便做出决策和预测未来走势。常用的时间序列模型包括以下几种。

(1) 自回归移动平均模型(ARMA):结合自回归(AR)和移动平均(MA)的特性,用于对时间序列数据建模和预测。

（2）自回归条件异方差模型（ARCH）：考虑时间序列波动率异方差模型用于建模和预测金融资产的波动。

（3）GARCH 波动率模型：用于建模和预测金融资产的波动率。

除此以外，机器学习、深度学习已有大量模型可用于时间序列建模。本节重点展示 OU 过程时间序列择时的实证。

奥恩斯坦-乌伦贝克过程（Ornstein-Uhlenbeck Process）是一种随机过程，常用于建模随机漂移和回归的现象。该过程以 3 个参数来描述：均值回归速率（Mean Reversion Rate）、均值回归目标值、扩散系数（Diffusion Coefficient）。奥恩斯坦-乌伦贝克过程的数学表达式如下：

$$dX(t) = \theta(\mu - X(t))\,dt + \sigma dW(t) \tag{6-10}$$

其中，$X(t)$ 是过程在时间 t 的值。θ 是均值回归速率，表示随机变量 $X(t)$ 趋向于均值 μ 的速度。μ 是平均值或均值回归的目标值。σ 是扩散系数（Diffusion Coefficient），表示随机扰动的强度。$dW(t)$ 是布朗运动的微分项，表示随机扰动的源。

奥恩斯坦-乌伦贝克过程可以被视为一个随机漂移项 $\theta(\mu - X(t)dt)$ 和一个随机波动项 $\sigma dW(t)$ 的组合。漂移项使过程的值趋向于均值 μ，而随机波动项引入了随机性和波动性。

这个过程的特点是，随着时间的推移，$X(t)$ 会以指数方式向均值 μ 回归，即漂移项会使过程朝向均值移动。同时，随机扰动项会导致 $X(t)$ 的随机波动，使其不断地上下移动。

奥恩斯坦-乌伦贝克过程在金融学中经常用于建模股票价格、利率和其他金融资产的随机波动。它能够捕捉到价格或利率趋向于均值的行为，并提供了一种可预测和可测量的方式来描述价格或利率的随机性。在量化金融中，奥恩斯坦-乌伦贝克过程常用于构建波动率模型、模拟价格路径和风险管理等方面。

Do 等（2006）总结了该方法的三大优势：第一，可以使用卡尔曼滤波和状态空间模型来估计参数；第二，连续的时序模型可以用来做预测；第三，该模型基于均值回复，非常适用于配对套利模型的设计。

弊端在于，第一，价差应该是价格的自然对数差而不是价格的差，使用对数能够避免两只股票涨跌相同比率时带来的价差均值的变动；第二，模型条件过于苛刻，需要假设收益平价（Return Parity），但现实金融产品中很难找到类似的资产，除了在不同市场交易的股票双重清单（Dual-List），第 3 个批评来自 Cummins 和 Bucca（2012），金融资产数据现实中并不满足 Ornstein-Uhlenbeck 过程。基于以上观点，Do 等（2006）对模型做了改进：

$$x_{k+1} = A + Bx_k + C\epsilon_{k+1}$$
$$y_k = x_k + \Gamma U_k + D\omega_k \tag{6-11}$$

其中，y 是收益差，其中第 2 个模型的后两个参数来自基于基本面的 APT 模型。Triantafyllopoulos and Montana（2011）对上一模型在两方面做了改进，一是提高参数的时序特征；二是用贝叶斯过程估计参数，显著地降低了在大样本数据情况下（例如高频）估算参数的时间。Bertram（2010）模拟了配对交易从入场到出场的时长 T_1 和从出场到下一次

入场的时长 T_2:

$$T = T_1 + T_2 \tag{6-12}$$

使用更新理论估算收益的均值和方差:

$$\mu(a,m,c) = \frac{r(a,m,c)}{E(T)}$$

$$\sigma^2(a,m,c) = \frac{r^2(a,m,c)\text{VAR}(T)}{E^3(T)} \tag{6-13}$$

其中,a 是入场点参数,m 是出场点参数,c 是交易成本,函数 r 是每次交易的费后收益,因此基于最优化夏普的模型能够解出最优参数 a^* 和 m^*。Bertram(2010)认识到该模型的主要问题在于实际金融数据并不满足高斯奥恩斯坦-乌伦贝克过程,但其优势在于有闭合解,利于高频建模。Cummins and Bucca(2012)应用上述模型发现日收益率能达到 0.07% 到 0.55%,夏普率超过 2。

以下是一个简化的例子,展示了如何使用奥恩斯坦-乌伦贝克模型生成股指期货价格路径。为了计算使用奥恩斯坦-乌伦贝克模型拟合纳斯达克股指期货的 1 分钟 K 线分月数据,需要进行以下步骤。

(1) 数据获取:从可靠的数据源获取纳斯达克股指期货的 1 分钟 K 线分月数据。确保数据包括开盘价、收盘价、最高价、最低价和交易量等关键字段。

(2) 数据预处理:对获取的数据进行预处理,包括去除缺失值、异常值处理和数据清洗。确保数据质量和完整性。

计算收益率:基于每个月的收盘价数据,计算相邻两个时间点之间的收益率。收益率可以通过以下公式计算:

$$收益率 = \ln(当期收盘价 / 上期收盘价)$$

(3) 参数估计:使用最小二乘法或最大似然估计等方法,拟合奥恩斯坦-乌伦贝克模型的参数。模型的参数包括均值回归速率和扩散系数。

(4) 模型拟合:基于估计的参数,使用数值方法(如欧拉方法或蒙特卡洛模拟)来拟合奥恩斯坦-乌伦贝克模型,得到模型生成的时间序列路径。

模型评估:对拟合的模型进行评估,比较模型生成的路径与实际数据的拟合程度。可以使用均方误差、残差分析等指标来评估模型的拟合效果。

需要注意,计算奥恩斯坦-乌伦贝克模型需要使用适当的数值计算方法和软件工具,例如 Python 中的科学计算库(如 NumPy 和 SciPy)或专门的金融建模软件。此外,模型的拟合效果也取决于数据的质量和模型的参数选择。建议在使用模型进行实际交易前,进行充分的回测和验证,以评估模型的可靠性和适用性。

使用 Python 实现的基于奥恩斯坦-乌伦贝克过程的策略,代码如下:

```
#//第 6 章/TimeSeries.ipynb
import numpy as np
```

```
import pandas as pd
import matplotlib.pyplot as plt
import os
from scipy.optimize import minimize
folder_path = 'DATA/'
file_name = ' A1105.XDCE_20091116_20110516.csv'

A1105 = pd.read_csv(os.path.join(folder_path, file_name))
print(A1105.head(10))
len(A1105)
#A1105 = A1105[55000:60000]
A1105.plot(y='close')
plt.show()
```

价格走势如图 6-8 所示。

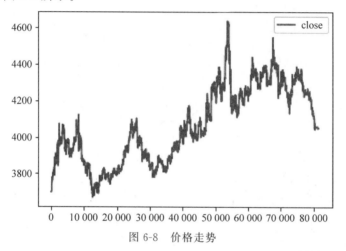

图 6-8 价格走势

```
#//第 6 章/TimeSeries.ipynb
#接下来定义一系列策略需要用到的函数,包括计算参数、策略主体、开关仓等
def calculate_parameters(data):
    #计算差分
    diff = data

    #计算均值和方差
    mu0 = np.mean(diff)
    sigma = np.std(diff)

    #定义优化目标函数
    def objective(theta):
        return np.mean((diff - theta[0] *mu0) **2) - sigma **2 * (1 - theta[0] **2)

    #设置初始参数值
    initial_guess = np.array([0.5])

    #最小化目标函数
    result = minimize(objective, initial_guess, method='nelder-mead')
```

```
#提取优化后的参数
theta0 = result.x[0]

return mu0, theta0
#上述函数用来计算 Ornstein-Uhlenbeck 过程中的两个参数 θ 和 μ
```

定义策略函数主体,代码如下:

```
#//第 6 章/TimeSeries.ipynb
def strategy(alpha, beta, xt, theta0, mu0, position, balance):
    d = mu0 *(theta0 - xt)

    if d < -alpha and position == 0:
        balance = short(1, xt, balance)
        position = -1
    elif d > alpha and position == 0:
        balance = long(1, xt, balance)
        position = 1
    elif d > -beta and position == -1:
        balance = close(1, xt, -1, balance)
        position = 0
    elif d < beta and position == 1:
        balance = close(1, xt, 1, balance)
        position = 0
    return position, balance
```

上述函数是策略的主体,其中 alpha 和 beta 是触发交易的阈值。当 d 也就是漂移的总体速率向下穿过 $-alpha$ 时,我们认为价格向上的趋势足够大,此时我们做空,并用 position 和 balance 记录我们的多空方向及仓位。当 d 向上穿过 $-beta$ 时,我们认为价格回归,此时清仓,position 回归 0,并计算仓位。当 d 向上穿过 alpha 时,我们认为价格向下的趋势足够大,此时我们做多,并用 position 和 balance 记录我们的多空方向及仓位。同理,当 d 向下穿过 beta 时,我们认为价格回归,此时清仓,position 回归 0,并计算仓位。

定义功能函数,代码如下:

```
#//第 6 章/TimeSeries.ipynb
#以下 3 个函数分别对应做空、做多和平仓
def short(volumn, xt, balance):
    balance = balance + volumn *xt
    return balance
def long(volumn, xt, balance):
    balance = balance - volumn *xt
    return balance
def close(volumn, xt, position, balance):
    balance = balance + volumn *xt *position
    return balance

#以下函数定义了移动窗口回测功能
def rolling_window(x, window_size, calculate_parameters, strategy, alpha, beta,
balance, position):
    num_slices = len(x) - window_size - 1
```

```
    r_list =[]
    initial = balance

    for i in range(num_slices):
        window_data = x[i:i+window_size]
        theta0, mu0 = calculate_parameters(window_data)
        position, balance = strategy(alpha, beta, x[i + window_size + 1], theta0,
mu0, position, balance)
        profit = balance + position *x[i + window_size + 1]

        r_list.append(profit)

    return position, balance, r_list

#这个函数用于计算账户内的资产
def liquidation(balance, position, xt):
    return balance + position *xt
```

计算策略结果,代码如下:

```
#//第 6 章/TimeSeries.ipynb
x = A1105['close'].values
#接下来将 close 转换成一个 NumPy 数组
position, balance, r_list = rolling_window(x, 60, calculate_parameters,
strategy, 10, 0, 5000, 0)
#执行回测,这里我们设定滚动窗口为 60,alpha 为 10,beta 为 0,本金为 5000
final_balance = liquidation(balance, position, x[-1])
plt.plot(range(len(r_list)),r_list)
```

资金曲线如图 6-9 所示。

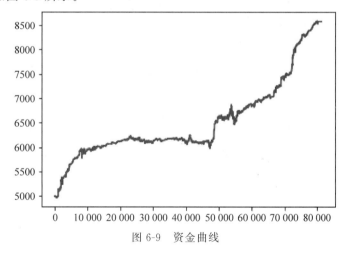

图 6-9　资金曲线

6.3.2　强化学习法

1. 简介

本节尝试将统计套利中的配对交易与人工智能强化学习算法结合,实现一种新的交易策略。配对交易作为一种经典的交易方法,通过同时建立多空两个相关资产的仓位,从中寻求价差变化以获利,然而,传统的配对交易策略通常依赖于统计模型和规则,难以应对市场快速变化和复杂性增加的挑战。

强化学习是一种让智能体通过与环境不断交互来学习并采取行动,以最大化预先设定的奖励函数的机器学习方法。将强化学习引入配对交易中,可以让交易系统在与金融市场不断互动的过程中学习优化交易策略。这种结合为交易系统赋予了更强的学习能力和适应性,使其能够快速地捕捉市场中的变化和机会。同时,强化学习还能够帮助我们更好地控制风险,因为它可以在不断试错的过程中学习并降低风险及调整参数。

然而,要实现这种结合并不容易,需要设计合适的状态空间、行动空间及奖励函数,以便让强化学习系统能够感知市场状态并做出合理的交易决策。在接下来的内容里,将通过具体实例并结合理论介绍,阐释一个基于强化学习的配对交易策略。

2. 统计套利之配对交易

1) 配对交易基础

配对交易是一种经典的市场中性策略。Gatev(2006)曾这样描述,配对交易的概念非常简单,找出价格在历史上一起变化的两只股票,当它们之间的差距扩大时,做多价低者、做空价高者。如果历史发生重演,则价格差距会收敛,套利者会因此获利。文章里将配对交易总结为计划和交易两个阶段,在计划阶段中,需要计算股票之间的价格关系,寻找潜在的标的配对;在交易阶段中,需要关注价格关系的变动,并基于事先制定的规则进行交易。

Krauss(2017)总结了 5 种配对交易:距离法、协整方法、时间序列法、随机控制法和其他方法,如机器学习、主成分分析、Copula 等。本章内容是把协整方法和强化学习算法结合起来应用。这里我们会使用时间序列分析中的平稳性的概念,在金融时间序列中通常使用弱平稳性(或协方差),并遵从 3 个准则。

(1) 随机变量 x 的均值 $E[x(t)]$ 和时间 t 独立。

(2) 方差 $Var(x(t))$ 为有限的正数,与时间 t 独立。

(3) 协方差 $Cov(x(t), x(s))$ 和 $t-s$ 相关,但与单独的 t 和 s 独立。

$x(t)$ 一般可以是对数股价收益(或差分),而不是价格本身。如果一个时间序列的一阶差分平稳了,则称为一阶单整 $I(1)$。

尽管单个标的也可能呈现回归均值的特性,但它们很少出现振荡,即它们呈现趋势性并且非平稳(随机漫步),这是由于连续的经济驱动因素和市场活动的混合效应所致,因此,一些人可能会从方向性的投注中获利,但这不是我们关注的重点。实际上,我们想要做的是找到一组交易对,其价差在持续时间上是稳定的(协整的)。

2) 配对交易实例分析

我们提取了商品期货 2401 合约的 12 个品种的 1 月至 6 月份的 1 分钟 K 线数据,以CSV 格式存放在 DATA 文件夹下。导入相关数据后,将通过相关性分析选出候补的交易对,再对其价格和价差按时间序列进行分析及协整分析,选出最终交易对。

3) 序列相关性

首先导入所有标的 1 分钟 K 线记录文件,求出它们之间的相关系数并绘图,代码如下:

```
#//第6章/RLtrading.ipynb
//TensorFlow版本<=1.14.0
import warnings
warnings.filterwarnings('ignore')
import pandas as pd
import numpy as np
import scipy
import seaborn as sns
import matplotlib.pyplot as plt
import os
from functools import reduce
from statsmodels.tsa.stattools import coint

sns.set(style='white')

#从文件夹中将数据读取到数据帧
folder_path = 'DATA/'
file_names = os.listdir(folder_path)
tickers    = [name.split('.')[0] for name in file_names]
df_list    = [pd.read_csv(os.path.join(folder_path, name)) for name in file_
names]

#根据标的名称替换close列名称
for i in range(len(df_list)):
    df_list[i].rename(columns={'close': tickers[i]}, inplace=True)

#提取前70%数据进行相关性分析
df = reduce(lambda x, y: pd.merge(x, y, on='date'), df_list)
idx = round(len(df) *0.7)
df = df.iloc[:idx, :]
pearson_corr = df[tickers].corr()
sns.clustermap(pearson_corr).fig.suptitle('Pearson Correlations')
```

Pearson 相关性如图 6-10 所示。

从商品期货中选出有较高相关系数的棕榈 P 和豆油 Y,从股指期货中选出有较高相关系数的 IC 上证 50 和 IM 中证 1000,但需要注意,高相关性并不一定意味着理想的交易对。

4）价格与价差关系

通过以下函数绘制 P-Y 和 IM-IC 交易对在样本期间的价格和价差,可以更加直观地了解交易对的相关性,代码如下:

```
#//第6章/RLtrading.ipynb
from sklearn.linear_model import LinearRegression
from statsmodels.tsa.stattools import adfuller

#计算交易对价格曲线、价差曲线及协整性
def calc_spread(df, ticker1, ticker2, idx, th, stop):
    #读取并绘制价格曲线
    px1 = df[ticker1].iloc[idx] / df[ticker1].iloc[idx[0]]
    px2 = df[ticker2].iloc[idx] / df[ticker2].iloc[idx[0]]
    sns.set(style='white')
    fig, ax = plt.subplots(2, 1, gridspec_kw={'height_ratios': [2, 1]})
    sns.lineplot(data=[px1, px2], linewidth=1.2, ax=ax[0])
    ax[0].legend(loc='upper left')
```

```
#计算并绘制价差曲线及交易阈值
spread = df[ticker1].iloc[idx] - df[ticker2].iloc[idx]
mean_spread = spread.mean()
sell_th     = mean_spread + th
buy_th      = mean_spread - th
sell_stop = mean_spread + stop
buy_stop    = mean_spread - stop
sns.lineplot(data=spread, color='#85929E', ax=ax[1], linewidth=1.2)
ax[1].axhline(sell_th, color='b', ls='--', linewidth=1, label='sell_th')
ax[1].axhline(buy_th,    color='r', ls='--', linewidth=1, label='buy_th')
ax[1].axhline(sell_stop, color='g', ls='--', linewidth=1, label='sell_stop')
ax[1].axhline(buy_stop, color='y', ls='--', linewidth=1, label='buy_stop')
ax[1].fill_between(idx, sell_th, buy_th, facecolors='r', alpha=0.3)
ax[1].legend(loc='upper left', labels=['Spread', 'sell_th', 'buy_th', 'sell_
stop', 'buy_stop'], prop={'size':6.5})

idx = range(1, 2500)
#绘制 P-Y 时间序列关系
calc_spread(df, 'P', 'Y', idx, 50, 75)
#绘制 A-I 时间序列关系
calc_spread(df, 'IM', 'IC', idx, 30, 50)
```

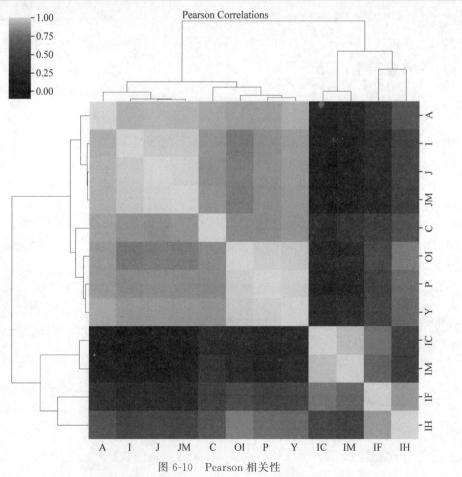

图 6-10　Pearson 相关性

P-Y 时间序列关系如图 6-11 所示。

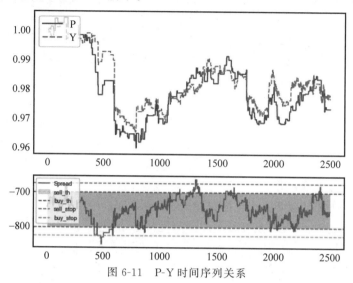

图 6-11　P-Y 时间序列关系

A-I 时间序列关系如图 6-12 所示。

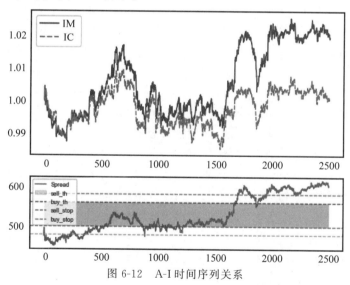

图 6-12　A-I 时间序列关系

价格在开始时重新定为 1,其中后缀 th 是交易阈值(买点和卖点),后缀 stop 是止损点。

5)协整检验

关于协整的概念在之前章节详细解释过。这里不重复介绍,直接使用 Engle-Granger 协整检验,计算交易对的两个时间序列输入的残差并对其做检验。如果 p 值很小,则说明该交易对为协整关系的概率很大,代码如下:

```
#//第 6 章/RLtrading.ipynb
#协整检验
```

```
_, p_value, _ = coint(df['P'].iloc[idx],df['Y'].iloc[idx])
print('p_value of P-Y:',p_value)

_, p_value, _ = coint(df['IM'].iloc[idx],df['IC'].iloc[idx])
print('p_value of IM-IC:',p_value)
```

即使两个交易对的相关系数差不多,但协整相关性差别有可能很大。有时可以找到相关但不是协整的价格关系。例如如果两种标的价格随着时间一起上涨,则它们是正相关的,然而如果这两种标的以不同的速度上涨(如图 6-12 IM-IC 时间序列关系所示),则价差将继续增长而不是在均衡时振荡,因此是非平稳的。从结果来看,棕榈油 P-豆油 Y 交易对为协整的概率更大。

3. 强化学习的交易应用

在监督学习中,算法需要一个已知结果(也称为教师信号)来学习。每个实例都有一个估计目标,用于与之进行比较,从而计算出差异的成本,并通过迭代来最小化成本,因此这个过程有点像被"指导"了,目标输出告诉了什么是正确的结果。

然而,在强化学习中,策略是通过评估来学习的。在样本中没有绝对的目标与之对比。智能体只能通过不断评估反馈来学习,也就是不断选择动作并评估相应的奖励,以调整策略,保留最理想的结果,因此,这个过程的流程更加复杂。当强化学习应用于交易时,需要清楚智能体究竟在学习什么样的行为,并在定义元素,特别是状态和动作空间时要小心谨慎。

接下来的章节尝试将强化学习引入配对交易中,让模型在与金融市场的不断互动的过程中学习优化交易策略。

1) 强化学习基础

强化学习里有两大元素,分别是智能体(Agent)和环境(Environment)。环境由预定义的状态空间里的各种状态(State)表示,而智能体则通过学习一种策略(Policy)来决定从预定义的动作空间中选择哪些动作(Action)执行。在完整的强化学习问题中,智能体的学习周期可以概括为以下几个步骤,强化学习(Sutton 和 Barto)的过程如下。

(1) 观察环境状态:智能体对环境的状态进行观察。

(2) 根据现有策略执行动作:智能体根据当前已学习的策略选择执行动作。

(3) 接收相应的奖励:智能体根据执行的动作获得相应的奖励(Reward)。

(4) 更新策略:智能体根据获得的奖励信息来更新自己的策略。

强化学习过程如图 6-13 所示。

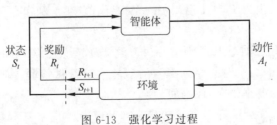

图 6-13　强化学习过程

2) 基于强化学习的配对交易

对基于时间序列的配对交易,可以通过选择不同的历史窗口、交易窗口、交易阈值和止损点等进行最优组合,以此来最大化预期交易收益(Reward)。为了简单起见,本书仅用固定的交易成本作为状态空间(State)。强化学习模型如下。

状态空间: 固定交易成本。

动作空间: 历史窗口,交易窗口,交易阈值,止损点,信心水平。

奖励: 平均收益。

(1) 加载价格数据(棕榈油-豆油),并分成训练集和测试集,代码如下:

```
#//第 6 章/RLtrading.ipynb
import pandas as pd
import numpy as np
import Basics as basics
import Reinforcement as RL
import tensorflow as tf
import seaborn as sns
import matplotlib.pyplot as plt
from Cointegration import EGCointegration

#读取价格数据
x = pd.read_csv('DATA/P.csv')
y = pd.read_csv('DATA/Y.csv')
x, y = EGCointegration.clean_data(x, y, 'date', 'close')

#分割数据集
train_pct = 0.7
train_len = round(len(x) *0.7)
idx_train = list(range(0, train_len))
idx_test = list(range(train_len, len(x)))
EG_Train = EGCointegration(x.iloc[idx_train, :], y.iloc[idx_train, :], 'date',
'close')
EG_Test = EGCointegration(x.iloc[idx_test, :], y.iloc[idx_test, :], 'date',
'close')
```

(2) 创建状态空间、动作空间和学习网络。

为了简化模型,状态空间(State)仅由单一状态的交易手续费构成。另外,动作空间(Action)由不同的历史窗口(用于求协整关系)、交易窗口(用于交易)、交易阈值(用于开仓)、止损点(用于止损)和信心水平(用于协整判断)组成,而交易窗口内发生的交易回报平均值为 Reward,代码如下:

```
#//第 6 章/RLtrading.ipynb
#创建动作空间
n_hist    = list(np.arange(60, 601, 60))        #历史窗口
n_forward = list(np.arange(120, 1201, 120))     #交易窗口
trade_th = list(np.arange(1, 5.1, 1))           #交易阈值
stop_loss = list(np.arange(1, 2.1, 0.5))        #止损点
cl        = list(np.arange(0.05, 0.11, 0.05))   #信心水平
actions = {'n_hist':    n_hist,
```

```
                'n_forward': n_forward,
                'trade_th': trade_th,
                'stop_loss': stop_loss,
                'cl':           cl}
n_action = int(np.product([len(actions[key]) for key in actions.keys()]))

#创建状态空间(dummy)
transaction_cost = [0.001]
states = {'transaction_cost': transaction_cost}
n_state = len(states)

#创建学习网络
one_hot = {'one_hot': {'func_name': 'one_hot',
                       'input_arg': 'indices',
                       'layer_para': {'indices': None,
                                      'depth': n_state}}}
output_layer = {'final': {'func_name': 'fully_connected',
                          'input_arg': 'inputs',
                          'layer_para': {'inputs': None,
                                         'num_outputs': n_action,
                                         'biases_initializer': None,
                                         'activation_fn': tf.nn.relu,
                                         'weights_initializer': tf.ones_initializer()}}}

state_in = tf.placeholder(shape=[1], dtype=tf.int32)

N = basics.Network(state_in)
N.build_layers(one_hot)
N.add_layer_duplicates(output_layer, 1)
```

(3) 设置模型参数,创建强化学习模型并训练。

本节用到的强化学习模型是基于 Value 的。模型中每个动作都会有一个奖励期望 Value,最优解就是选出有最大 Value 的动作,但由于 Value 未知,本章通过 ε-greedy 算法不断地进行尝试和挖掘,结合回报 Reward 用神经网络对 Value 进行更新,最后通过不断迭代选出最大 Value 的动作作为最优解,代码如下:

```
#//第6章/RLtrading.ipynb
#参数设置
config_train = {
    'StateSpaceState': states,
    'ActionSpaceAction': actions,

    'StateSpaceNetworkSampleType': 'index',
    'StateSpaceEngineSampleConversion': 'index_to_dict',
    'ActionSpaceNetworkSampleType': 'exploration',
    'ActionSpaceEngineSampleConversion': 'index_to_dict',
    'AgentLearningRate': 0.001,
    'AgentEpochCounter': 'Counter_1',
    'AgentIterationCounter': 'Counter_2',
    'ExplorationCounter': 'Counter_3',
```

```
    'AgentIsUpdateNetwork': True,
    'ExperienceReplay': False,
    'ExperienceBufferBufferSize': 10000,
    'ExperienceBufferSamplingSize': 1,
    'ExperienceReplayFreq': 5,
    'RecorderDataField': ['NETWORK_ACTION', 'ENGINE_REWARD', 'ENGINE_RECORD'],
    'RecorderRecordFreq': 1,
    'Counter': {
        'Counter_1': {'name':'Epoch','start_num': 0,'end_num': 10,'step_size': 1,
'n_buffer': 0,'is_descend': False,'print_freq': 1},
        'Counter_2': {'name': 'Iteration','start_num': 0,'end_num': 10000,'step_
size': 1,'n_buffer': 10000,'is_descend': False,'print_freq': 10000},
        'Counter_3': {'name': 'Exploration','start_num': 1,'end_num': 0.1,'step_
size': 0.0001,'n_buffer': 10000,'is_descend': True,'print_freq': None}}

}
#创建强化学习模型并训练
RL_Train = RL.Trader(N, config_train, EG_Train)

sess = tf.Session()
RL_Train.process(sess)
```

通过记录查看强化学习过程中 Value 值的变化，可以了解模型是如何收敛到最优 Action 的，代码如下：

```
#//第 6 章/RLtrading.ipynb
#绘制强化学习模型的 ActionValue 变化
qvalue_ = np.array(RL_Train.exploration.qvalue_)
steps, actionValue = qvalue_.shape
time_steps, dimensions = np.meshgrid(np.arange(steps), np.arange(actionValue))
fig = plt.figure(figsize=(12, 8))
ax = fig.add_subplot(111, projection='3d')

ax.plot_surface(time_steps, dimensions, qvalue_.T, cmap='jet')
ax.set_title('Action Value Over Time')
ax.set_xlabel('Training Step(x100)')
ax.set_ylabel('Action Space')
ax.set_zlabel('Action Value')
ax.view_init(elev=80, azim=270)
```

动作值迭代如图 6-14 所示。

（4）训练完毕后导出训练结果，得到作为奖励的平均收益率分布，代码如下：

```
#//第 6 章/RLtrading.ipynb
#导出训练结果
action = RL_Train.recorder.record['NETWORK_ACTION']
reward = RL_Train.recorder.record['ENGINE_REWARD']
print(np.mean(reward))

df1 = pd.DataFrame()
df1['action'] = action
df1['reward'] = reward
```

```
mean_reward = df1.groupby('action').mean()
sns.distplot(mean_reward)
```

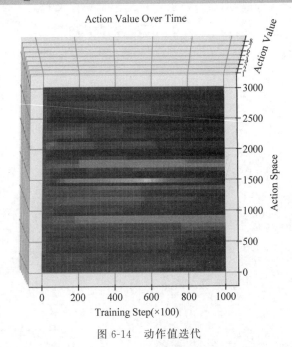

图 6-14 动作值迭代

训练结果如图 6-15 所示。

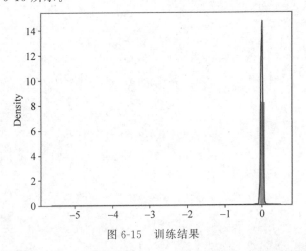

图 6-15 训练结果

(5) 最后,用第 1 步建立的测试集数据(2401 合约的后 30%数据)进行回测,并绘制出收益曲线,代码如下:

```
#//第 6 章/RLtrading.ipynb
import warnings
warnings.simplefilter('ignore')
```

```
#回测模型配置
[opt_action] = sess.run([RL_Train.output], feed_dict=RL_Train.feed_dict)
opt_action = np.argmax(opt_action)
action_dict = RL_Train.action_space.convert(opt_action, 'index_to_dict')
indices = range(action_dict['n_hist']+1, len(EG_Test.x) - action_dict['n_
forward'],10)

pnl = pd.DataFrame()
pnl['Time'] = EG_Test.timestamp
pnl['Trade_Profit'] = 0
pnl['Cost'] = 0
pnl['N_Trade'] = 0

#运行回测模型并统计数据
import warnings
for i in indices:
    EG_Test.process(index=i, transaction_cost=0.001, **action_dict)
    trade_record = EG_Test.record
    if (trade_record is not None) and (len(trade_record) > 0):
        trade_record = pd.DataFrame(trade_record)
        trade_cost = trade_record.groupby('trade_time')['trade_cost'].sum()
        close_cost = trade_record.groupby('close_time')['close_cost'].sum()
        profit     = trade_record.groupby('close_time')['profit'].sum()
        open_pos   = trade_record.groupby('trade_time')['long_short'].sum()
        close_pos  = trade_record.groupby('close_time')['long_short'].sum() *-1

        pnl['Cost'].loc[pnl['Time'].isin(trade_cost.index)] += trade_
cost.values
        pnl['Cost'].loc[pnl['Time'].isin(close_cost.index)] += close_
cost.values
        pnl['Trade_Profit'].loc[pnl['Time'].isin(close_cost.index)] +=
profit.values
        pnl['N_Trade'].loc[pnl['Time'].isin(trade_cost.index)] += open_
pos.values
        pnl['N_Trade'].loc[pnl['Time'].isin(close_cost.index)] += close_
pos.values


#绘制测试结果
import time
pnl['PnL'] = (pnl['Trade_Profit'] - pnl['Cost']).cumsum()
plt.plot(pnl['PnL'])
plt.legend(['Profit'])

#结束模型
sess.close()
```

收益图如图 6-16 所示。

虽然看起来结果似乎不错,但现实世界中情况往往会因为买卖差价、执行延迟、保证金、利率等因素而变得复杂,但本书的主要目的是提供一种基于强化学习的统计套利策略的思路,希望对读者有一定的启发作用。

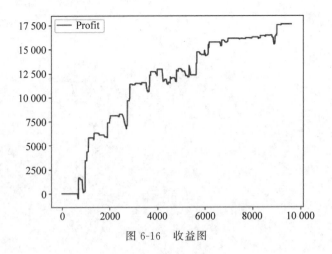

图 6-16　收益图

6.4　Copula 法

6.4.1　Copula 简介

2008 年金融危机,使作为 CDO 风险管理模型之一的 Copula 声名大噪,有传言正是 Copula 模型对长尾风险的错误估计导致了这一危机,据传华尔街采用了错误的 Copula 模型——Gaussian Copula,低估了不同资产之间的尾部相关性,即认为当一个资产大幅下跌时另一个并不会跟随,使资产组合在当时出现崩溃,因此,一个重要的启示是应当重视配对组合之间的非线性相关关系和尾部相关性,而这是 Copula 模型所擅长的,但显然 Gaussian Copula 并不能捕捉尾部相关性。

可这跟统计套利又有什么关系?一个重要的启示是应当重视配对组合之间的非线性相关关系和尾部相关性,而这是 Copula 模型所擅长的(2008 年金融危机时错用的 Gaussian Copula 并不能捕捉尾部相关性)。

绝大部分传统配对建模方法会假设资产价格或收益率服从假定的统计分布。例如,一般会假设单一资产的价格或收益率服从正态分布,多个资产符合多元正态分布,但是,通常这种分布的假设会存在以下问题:

即使单个资产的边际分布服从正态分布,也并不意味着两个资产的价格一起会服从二元正态分布;二元正态分布有很多假设条件,很多并不符合现实。例如两个资产之间的相关性是线性的,没有尾部依赖(尾部风险发生的概率极低),分布是对称的(价格上行和下行的可能性是一样的)。

但在真实的市场中,我们会观察到在价格波动较大、大幅上涨或者下跌的情况下,股票之间的相关性会比在平稳市场中更高。特别是在市场恐慌时,相关性会进一步增加。一些股票可能在平稳行情中相关性不高,但一旦出现重大消息导致大涨或大跌时,它们会表现出更高的相关性。这种尾部依赖问题无法被传统方法所捕捉,但可以通过 Copula 函数很好地得到解决。同时在混沌的金融市场中,即便有基本面关联的任意两个标的间的关系也是相当复杂的,不仅只有线性那么简单。如果只是采用协整等线性模型,则只考虑线性相关性,可能会遗漏必要的交易信号,甚至带来损失,而 Copula 模型,因其在捕捉非线性关系上的能力,可作为相当拥挤的线性模型的另类选择。

6.4.2 Copula 的理论概述

Copula 函数被称为连接函数,顾名思义其连接功能体现在能将两条边缘分布连接成为联合分布,而在求得联合分布后便能得出条件分布,从而确定当资产 1 在某一价格时资产 2 的合理定价区间,进而确定配对交易的阈值区间。

这时可能就有读者要问,得知两个资产各自的边缘分布后(也就是单一资产的收益率分布),为什么还要用一个 Copula 函数去求解联合分布呢? 难道联合分布不能被唯一确定吗? 下面我们将用一个简单的小实验进行解释。

假设存在 $X_1 = [x_1, y_1]$,$X_2 = [x_2, y_2]$:前者 X_1 符合均值 mean$= [0,0]$ 协方差矩阵 **cov**$= [[1,0.8],[0.8,1]]$ 的二元正态分布;后者 X_2 符合均值 mean$= [0,0]$,协方差矩阵 **cov**$= [[1,0],[0,1]]$ 的二元正态分布,两者的唯一区别只在于 $\sigma_{x,y}$ 在这里面也是相关系数 $\rho_{x,y}$ 是否为 0(换言之子变量 x 和 y 之间是否线性相关)。生成 X_{11} 的分布等高线图及对应的分量边缘分布,代码如下:

```
#//第 6 章/Copula.ipynb
%matplotlib inline
import seaborn as sns
from scipy import stats
import matplotlib.pyplot as plt
import numpy as np
import pandas as pd
import os
mvnorm = stats.multivariate_normal(mean=[0, 0], cov=[[1., 0.8], [0.8, 1.]])
x = mvnorm.rvs(100000)

df = pd.DataFrame(x, columns=['X1', 'X2'])
h = sns.jointplot(data=df, x='X1', y='X2', kind='kde', stat_func=None)
h.set_axis_labels('X1', 'X2', fontsize=16)
plt.show()
```

X_1 的边缘分布等高线如图 6-17 所示。

生成 X_2 的分布等高线图及对应的分量边缘分布,代码如下:

```
#//第 6 章/Copula.ipynb

mvnorm = stats.multivariate_normal(mean=[0, 0], cov=[[1., 0.0], [0.0, 1.]])
x = mvnorm.rvs(100000)

df = pd.DataFrame(x, columns=['X1', 'X2'])
h = sns.jointplot(data=df, x='X1', y='X2', kind='kde', stat_func=None)
h.set_axis_labels('X1', 'X2', fontsize=16)
plt.show()
```

X_2 的边缘分布等高线如图 6-18 所示。

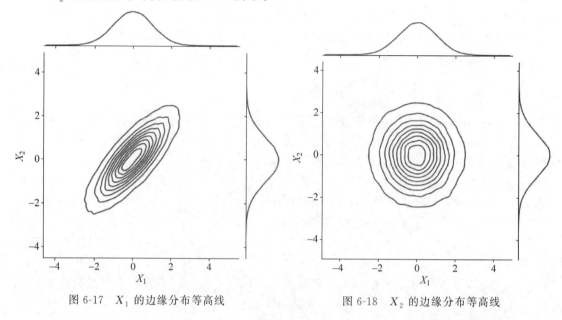

图 6-17　X_1 的边缘分布等高线　　　　图 6-18　X_2 的边缘分布等高线

从图 6-17 和图 6-18 可以直观地看到 X_1 由于分量间的相关关系,概率密度等高线图呈现出从左下到右上的椭圆形,而 X_2 由于分量间的独立分布,概率密度等高线图则是十分对称的圆形。可以看到,尽管有如此不同的联合分布,如果只是观察各个分量的边缘分布,则两图一模一样,均服从 $\mu=0, \sigma=1$ 的一元高斯分布。这启示对于给定的边缘分布,分量间不同的相关关系将带来不同的联合分布。

对于上述情形是在已知联合分布的前提下进行验证的,但在实战中我们并不知道联合分布,只能去"估计"联合分布,这时 Copula 函数的一大作用便是将给定的边缘分布函数,根据一定相关关系条件,估计整体的联合分布。

Copula 理论定理表明,若 n 维联合分布函数 $F(x_1, x_2, \cdots, x_n)$ 的边缘分布函数连续,分别为 $F_1(x_1), F_2(x_2), \cdots, F_n(x_n)$,则存在唯一的 Copula 函数 C,使

$$F(x_1, x_2, \cdots, x_n) = C(F_1(x_1), F_2(x_2), \cdots, F_n(x_n)), \quad -\inf < x_i < \inf \quad (6\text{-}14)$$

而若 $F_1(x_1), F_2(x_2), \cdots, F_n(x_n)$ 不连续,则这样的 Copula 函数存在,但不一定唯一,而在 $F_1(x_1), F_2(x_2), \cdots, F_n(x_n)$ 的值域上 Copula 唯一。值得指出的是这里的分布函数 F 或是 F_i,不同于概率密度函数,随着 x_i 的增长在 $[0,1]$ 区间单调递增;由此可以看出,Copula 函数是作用在边缘分布函数上的,自变量取值范围为 $[0,1]$,是边缘分布函数的分布函数,并以此"调节"变量间的相关关系。

由于边缘分布 $F_i(x_i)$ 服从均匀分布 $U(0,1)$,所以可以将 $F_i(x_i)$ 简记为 u_i,进而从 $F(x_1, x_2, \cdots, x_n) = C(F_1(x_1), F_2(x_2), \cdots, F_n(x_n))$ 得到 $C(u_1, u_2, \cdots, u_n) = F(F_1^{-1}(u_1), F_2^{-1}(u_2), \cdots, F_n^{-1}(u_n))$,并由此构造任何我们所需要的 Copula 函数。

n 维 Copula 函数有以下几个性质：

（1）其将 n 个取值区间在 $[0,1]$ 的变量映射到一个 $[0,1]$ 区间上。

（2）C 对任意变量均为单调递增。

（3）$C(u_1,u_2,\cdots,u_i,\cdots,0)=0$ 而 $C(1,\cdots,1,\cdots,u_i)=u_i$。

（4）对变量做任意的单调增变换，Copula 函数值不变。

（5）若 u 和 v 相互独立，则 $C(u,v)=uv$。

（6）Copula 的线性组合仍然是 Copula 函数。

（7）若 $u_1<u_2,v_1<v_2$，则 $0\leqslant C(u_2,v_2)-C(u_1,v_2)-C(u_2,v_1)+C(u_1,v_1)$，即 C 随着 u 或 v 的增大而增大。

6.4.3　常见的 Copula 类型

Copula 函数可以分为两大类：Elliptical Copulas 和 Archimedean Copulas，其中 Elliptical Copulas 是通过已知多元分布反推得到的，例如多元正态分布对应的 Copula 为 Gaunssian Copula，多元 T 分布对应的 Copula 为 T-Copula，而 Archimedean Copulas 是根据定义人工构造出来的 Copula 函数。还有一种混合 Copula（Mixed Copulas），符合 Copula 的线性组合仍然是 Copula 函数的性质，由多个 Copula 函数结合，例如 Clayton-Frank-Gumbel Mixed Copula。

1. 椭圆族（Gaussian Copula）

设 n 维随机向量 $\boldsymbol{U}=(u_1,u_2,\cdots,u_n)$，则其 Gaussian Copula 函数可以表示为如下的分布函数：

$$C_{\boldsymbol{\Sigma}}^{\text{Gaussian}}(u_1,u_2,\cdots,u_n)=\phi_{\Sigma,n}(\phi^{-1}(u_1),\cdots,\phi^{-1}(u_n)) \tag{6-15}$$

其中 $u_i=F_i(x_i)$，$\boldsymbol{\Sigma}$ 是多元正态分布的相关系数矩阵，$\phi_{\boldsymbol{\Sigma},n}$ 是相关系数矩阵为 $\boldsymbol{\Sigma}$ 的多元正态分布函数，ϕ^{-1} 则为标准正态分布函数的反函数。

那么，一个二元正态 Copula 可以表示为

$$C(u,v;\theta=\rho)=\int_{-\infty}^{\phi^{-1}(u)}\int_{-\infty}^{\phi^{-1}(v)}\frac{1}{2\pi\sqrt{1-\rho^2}}\exp\left(\frac{-(r^2+s^2+2\rho rs)}{2(1-\rho^2)}\right)dr\,ds \tag{6-16}$$

记 ϕ 为标准正态分布的分布函数，ϕ^{-1} 则为标准正态分布的反函数，ρ 是 $\phi^{-1}(u)$ 和 $\phi^{-1}(v)$ 相关系数。

2. 阿基米德族（Copula）

在 Copula 函数设计中，一个很朴素的想法就是将 $[0,1]$ 的边缘分布 u_i 通过某个生成函数 φ 转化到取值区间为 $[0,\infty]$ 的 $\varphi(u_i)$，然后加总各个 $\sum_i\varphi(u_i)$，其取值区间仍为 $[0,\infty]$ $(0+0=0,\infty+\infty=\infty)$，而后通过反函数 φ^{-1} 将 $\sum_i\varphi(u_i)$ 变换回取值区间为 $[0,1]$ 的 $\varphi^{-1}\left(\sum_i\varphi(u_i)\right)$，作为边缘分布函数的分布函数。

3. 阿基米德族（Gumbel Copula）

Gumbel Copula 的生成函数 $\varphi = (\ln(t))^{\alpha}$，$\alpha$ 取值范围为 $[1, \infty)$，函数表达式为 $C(u, v; \alpha) = \varphi^{-1}\left(\sum_i \varphi(u_i)\right) = \exp\{-[(-\ln u)^{1/\alpha} + (-\ln v)^{1/\alpha}]^{\alpha}\}$，出于 φ 中的核心 $\ln$ 一端平缓一端陡峭的特性，Gumbel-Copula 对上尾的变化十分敏感，因而常被用来拟合上尾部的相关性。

4. 阿基米德族（Clayton Copula）

与 Gumbel Copula 对上尾部的变化敏感相反，Clayton Copula 则体现出下尾部（金融市场中体现为下跌风险）变化的敏感性，其生成函数为 $\varphi = 1/\alpha(t^{-\alpha} - 1)$，$\alpha$ 取值范围为 $[-1, \infty)$ 且不等于 00，函数表达式为 $C(u, v; \alpha) = \max\{(u^{-\alpha} + v^{-\alpha} - 1)^{-1/\alpha}, 00\}$。

5. 阿基米德族（Frank Copula）

Frank Copula 的生成元为 $\varphi(t) = \ln(e^{-\alpha} - 11) - \ln(e^{-\alpha t} - 1)$，$\alpha$ 取值范围为 $[-\infty, \infty)$ 且不等于 00，其函数表达式为 $C(u, v; \alpha) = -\dfrac{1}{\alpha}\ln\left(1 - \dfrac{(1 - e^{-\alpha u})(1 - e^{-\alpha v})}{1 - e^{-\alpha}}\right)$。

从上面的表达式中可以看出，Frank Copula 上下尾对称，并且尾部相关系数为 0，对尾部变化并不敏感，适合用于刻画对称结构的变量相关性。

6. 混合（Copula）

从上面对几个 Copula 的介绍可以看出，不同的 Copula 函数有不同的特长，也有各自的缺陷：有的可能擅长刻画上尾部，有的可能对尾部变化并不敏感但却有对称结构的优势；因而，根据 Copula 函数的线性组合仍为 Copula 函数的特性，可以对不同的 Copula 函数进行赋权组合，在理想情况下构造一个新的 Copula，使其最大化所需的多重特点，最小化试图规避的特性。

$$C(u, v; \alpha) = \frac{1}{2}C_{\text{Gumbel}}(u, v, \alpha) + \frac{1}{2}C_{\text{Clayton}}(u, v, \alpha) \tag{6-17}$$

为了估计联合分布，在 Copula 的语境下，需要先行估计出边缘分布，再通过 Copula 将多个边缘分布拼接成联合分布。

下面将展示如何计算标的对数收益率，以及通过经验分布估计边缘分布。先下载已经选好的配对对，分别为上证 50 股指期货和沪深 300 股指期货，分钟级别价格重采样至 30 分钟级别，代码如下：

```
#//第6章/Copula.ipynb

def data_import():
    folder_path = 'DATA/'
    file_name = 'IF/IF8888.CCFX_20100416_20300101.csv'
    hs = pd.read_csv(os.path.join(folder_path, file_name))

    hs.rename(columns={hs.columns[0]: 'date'}, inplace=True)
    #将格式转换到datetime
    hs['date'] = pd.to_datetime(hs['date'], format='%Y-%m-%d %H:%M')
```

```
        file_name = 'IH/IH9999.CCFX_20150416_20300101.csv'
        sz = pd.read_csv(os.path.join(folder_path, file_name))
        sz.rename(columns={sz.columns[0]: 'date'}, inplace=True)
        #转换格式到 datetime
        sz['date'] = pd.to_datetime(sz['date'], format='%Y-%m-%d %H:%M')

        return sz, hs

sz, hs = data_import()
df = pd.merge(sz[['date', 'close']], hs[['date', 'close']], on='date', how='left')
df.dropna(inplace=True)
df.set_index('date', inplace=True)
df = df.resample('30min').last()
df.reset_index(inplace=True)
df.dropna(inplace=True)
#计算对数收益率
df['ret_x'] = np.log(df['close_x']).diff()
df['ret_y'] = np.log(df['close_y']).diff()
```

对于边缘分布函数的估计,常用的非参数方法有两种,分别为经验函数法和核密度估计法。

(1)经验分布法(Empirical Distribution):可以通过 Python 的 ECDF 计算所得,其定义 $F(x)=P(X<x)=\mathrm{num}(X<x)/\mathrm{num}(\mathrm{all}\ X)$ 小于 x 的样本的数量占整体的比例; X_1, $X_2,\cdots,X_n$ 是一元连续总体的样本, $x_1,x_2,\cdots,x_n$ 为样本观测值,将样本空间划为 k 个区间 $I_1,I_2,\cdots,I_k$,那么有经验分布函数为

$$F(x)=\frac{\sum_{i=1}^{n}I(x_i\leqslant x)-\frac{1}{2}}{n}\tag{6-18}$$

这里面的 $\frac{1}{2}$ 是为了确保 F 严格地介于 $(0,1)$,经验分布的一个好处是不需要进行额外的参数估计或模型,消除了估计可能带来的误差,但是缺点是经验分布不一定代表母体分布且分布一般不连续,图像不够光滑。

(2)核密度估计法:将计算上证 50 股指期货和沪深 300 股指期货收益率的经验分布,代码如下:

```
#//第 6 章/Copula.ipynb

from statsmodels.distributions.empirical_distribution import ECDF
#转到 np.array 进行处理
ret = df[['ret_x', 'ret_y']].dropna().values
#拟合 ecdf
#保证拟合经验分布不为 0,在训练集中加入极端值,如-1 和 1
ecdf_x = ECDF(np.append(ret[:,0],[-1, 1]))
ecdf_y = ECDF(np.append(ret[:,0],[-1, 1]))
```

通过上面的代码,已经完成了对经验分布的拟合(非参数估计,后续可以进一步提升),但需要考虑 $u=1$, x 将是 inf,计算机可能无法处理 inf 的问题。

接下来开始估计各个 Copula,首先是 Gaussian Copula,代码如下:

```
#//第6章/Copula.ipynb

from scipy.stats import norm
norm.cdf(norm.ppf(0))
from scipy.stats import norm
from scipy.stats import multivariate_normal

#强烈建议不要使 u, v = 0, 1,可能会返回 nan
def gaussian_copula(u, v, rho):
    #u、v 为通过 ECDF 估计得到的边缘分布函数值,可以是标量,也可以是向量
    #rho 为需要估计的相关系数
    inv1 = norm.ppf(u)      #ppf 就是用来求逆的,可通过 norm.cdf(norm.ppf(u))来验证
    inv2 = norm.ppf(v)
    arr = np.dstack((inv1, inv2))

    mu = np.array([0, 0])
    cov = np.array([[1, rho], [rho, 1]])

    multi_normal = multivariate_normal(mean=mu, cov=cov)
    return multi_normal.cdf(arr)

def gaussian_copula_pdf(u, v, rho):
    #rho 介于 -1 到 1
    u = np.array(u)
    v = np.array(v)

    inv1 = norm.ppf(u)
    inv2 = norm.ppf(v)

    numerator = (2 * rho * inv1 * inv2) - (rho ** 2) * (inv1 ** 2 + inv2 ** 2)
    denominator = 2 * (1 - rho ** 2)

    f = 1 / np.sqrt(1 - rho ** 2) * np.exp(numerator / denominator)
    return f

def gaussian_copula_u_v(u, v, rho):
    #返回 V = v 时,U <= u 的条件概率

    inv1 = norm.ppf(u) #ppf 就是用来求逆的,可通过 norm.cdf(norm.ppf(u))来验证
    inv2 = norm.ppf(v)

    numerator = inv1 - rho * inv2
    denominator = np.sqrt(1 - rho ** 2)

    return norm.cdf(numerator / denominator)

def gaussian_copula_v_u(u, v, rho):
    #返回 U = u 时,V <= v 的条件概率

    inv1 = norm.ppf(u) #ppf 就是用来求逆的,可通过 norm.cdf(norm.ppf(u))来验证
    inv2 = norm.ppf(v)
```

```python
    numerator = inv2 - rho *inv1
    denominator = np.sqrt(1 - rho **2)

    return norm.cdf(numerator / denominator)


def gumbel_copula(u, v, alpha):
    #alpha >= 1 时 uv 独立
    u = np.array(u)
    v = np.array(v)

    if alpha < 1:
        print('alpha should >= 1')

    F = np.exp(
        -(
            (-np.log(u)) **alpha + (-np.log(v)) **alpha
        ) **(1 / alpha)
    )
    return F

def gumbel_copula_u_v(u, v, alpha):
    #返回 V = v 时,U <= u 的条件概率
    u = np.array(u)
    v = np.array(v)

    F_u_v = gumbel_copula(u, v, alpha) \
        *((-np.log(u))**alpha + (-np.log(v))**alpha) **((1 - alpha) / alpha) \
        *(-np.log(v)) **(alpha - 1) \
            *1 / v

    return F_u_v

def gumbel_copula_v_u(u, v, alpha):
    #返回 V = v 时,U <= u 的条件概率
    u = np.array(u)
    v = np.array(v)

    F_v_u = gumbel_copula(u, v, alpha) \
        *((-np.log(u))**alpha + (-np.log(v))**alpha) **((1 - alpha) / alpha) \
        *(-np.log(u)) **(alpha - 1) \
            *1 / u

    return F_v_u

def gumbel_copula_pdf(u, v, alpha):
    u = np.array(u)
    v = np.array(v)

    factor1 = gumbel_copula(u, v, alpha=alpha) / (u *v)
    factor2 = (np.log(u) *np.log(v)) **(alpha-1) / ((-np.log(u))**alpha + (-np.
log(v))**alpha) **(2-1/alpha)
```

```python
        factor3 = alpha - 1 + ((-np.log(u)) ** alpha + (-np.log(v)) ** alpha) ** \
    (1/alpha)

        pdf = factor1 * factor2 * factor3

        return pdf

def frank_copula(u, v, theta):
    #theta 的取值范围在(-inf, 0)或(0, inf)之间，当 theta > 0 时二者正相关,当趋于 0 时
    #相互独立
    u = np.array(u)
    v = np.array(v)

    if theta == 0:
        print('theta should not equals 0')

    numerator = (1 - np.exp(-theta * u)) * (1 - np.exp(-theta * v))
    denominator = 1 - np.exp(-theta)

    F = - 1 / theta * np.log(
        1 - numerator / denominator
    )
    return F

def frank_copula_u_v(u, v, theta):
    u = np.array(u)
    v = np.array(v)

    numerator = (np.exp(-theta * u) - 1) * (np.exp(-theta * v) - 1) + (np.exp(-theta * \
v) - 1)
    denominator = (np.exp(-theta * u) - 1) * (np.exp(-theta * v) - 1) + (np.exp(-theta) \
- 1)

    F_u_v = numerator / denominator
    return F_u_v

def frank_copula_v_u(u, v, theta):
    u = np.array(u)
    v = np.array(v)

    numerator = (np.exp(-theta * u) - 1) * (np.exp(-theta * v) - 1) + (np.exp(-theta * \
u) - 1)
    denominator = (np.exp(-theta * u) - 1) * (np.exp(-theta * v) - 1) + (np.exp(-theta) \
- 1)

    F_v_u = numerator / denominator
    return F_v_u

def frank_copula_pdf(u, v, theta):
    u = np.array(u)
    v = np.array(v)

    numerator = -theta * (np.exp(-theta) - 1) * np.exp(-theta * (u+v))
```

```
        denominator = ((np.exp(-theta *u)-1) *(np.exp(-theta *v)-1) +
    (np.exp(-theta)-1)) **2

        pdf = numerator / denominator

        return pdf

def clayton_copula(u, v, beta):
    #beta 取值范围为(0, inf),越小越独立
    u = np.array(u)
    v = np.array(v)

    F = (u ** (-beta) + v ** (-beta) - 1) ** (-1/beta)
    return F

def clayton_copula_u_v(u, v, beta):
    #返回 V = v 时,U <= u 的条件概率
    u = np.array(u)
    v = np.array(v)

    f1 = u ** (-(beta+1))
    f2 = (u ** (-beta) + v ** (-beta) -1) ** (- 1/beta - 1)

    F_u_v = f1 *f2
    return F_u_v

def clayton_copula_v_u(u, v, beta):
    #返回 V = v 时,U <= u 的条件概率
    u = np.array(u)
    v = np.array(v)

    f1 = v ** (-(beta+1))
    f2 = (u ** (-beta) + v ** (-beta) -1) ** (- 1/beta - 1)

    F_v_u = f1 *f2
    return F_v_u

def clayton_copula_pdf(u, v, beta):
    u = np.array(u)
    v = np.array(v)

    pdf = (beta+1) *(u *v) ** (-beta-1) *(u ** (-beta) + v ** (-beta) - 1) ** (-(2*
beta+1)/beta)
    return pdf
```

Copula 函数的参数估计和选择,在上述的 5 个 Copula 函数中,除了 Student-T Copula 具有两个参数外,其他 4 个函数均只含有一个参数需要被估计;我们选择最优 Copula 的逻辑很简单:

(1) 给定数据集,对于每种 Copula,先估计出最适合的参数。

(2) 在得到每个 Copula 的最适合的参数后,比较得出最优的 Copula 选择和对应参数。

估计 Copula 函数的参数:

在上文完成了对边缘分布的估计,下面将使用最大似然估计法来估计 Copula 的相依参数,将边缘分布和相依关系分开估计,很好地避免了最大似然估计法的寻优困难。通过最大似然估计法估计相依参数十分简单,记相依参数为 θ,可以将计算好的边缘分布 $F_j(y_j)$,$j=1,2,\cdots,d$ 代入似然函数

$$L_C(\theta ; y) = \sum_i^n \log c\left(F_1(y_{i1}), F_2(y_{i2}), \cdots, F_d(y_{id}); \theta\right) \tag{6-19}$$

并通过 $\mathrm{argmax}_\theta L_c(\theta ; y)$ 来推导出 θ,下面将展示如何用最大似然估计 Copula 相依参数,代码如下:

```
#//第 6 章/Copula.ipynb

#定义似然函数
def likelihood_function(u, v, theta, copula_type=np.nan):
    #对数似然函数
    if copula_type == "Gaussian":
        log_c = np.log(gaussian_copula_pdf(u, v, theta))
    elif copula_type == "Frank":
        log_c = np.log(frank_copula_pdf(u, v, theta))
    elif copula_type == "Gumbel":
        log_c = np.log(gumbel_copula_pdf(u, v, theta))
    elif copula_type == "Clayton":
        log_c = np.log(clayton_copula_pdf(u, v, theta))
    else:
        print("copula type required")

    likelihood = np.sum(log_c)
    return likelihood

def gaussian_copula_obj(u, v, theta):
    obj = -likelihood_function(u, v, theta, "Gaussian")
    return obj

def frank_copula_obj(u, v, theta):
    obj = -likelihood_function(u, v, theta, "Frank")
    return obj

def clayton_copula_obj(u, v, theta):
    obj = -likelihood_function(u, v, theta, "Clayton")
    return obj

def gumbel_copula_obj(u, v, theta):
    obj = -likelihood_function(u, v, theta, "Gumbel")
    return obj
#计算收益率的边缘经验分布
u = ecdf_x(ret[:2500,0])
v = ecdf_y(ret[:2500, 1])
plt.plot(u, v, 'o')
```

x 与 y 收益率分布散点图如图 6-19 所示。

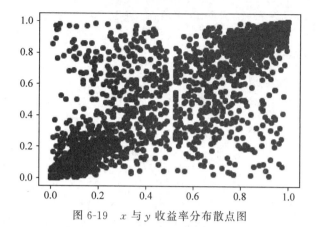

图 6-19 x 与 y 收益率分布散点图

```
hh = sns.jointplot(u, v, kind='kde', stat_func=None)
hh.set_axis_labels('X1', 'X2', fontsize=16)
```

边缘经验分布的等高线图如图 6-20 所示。

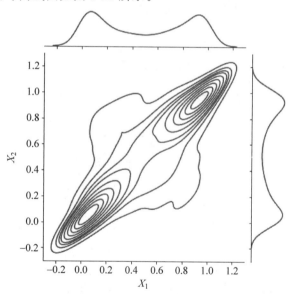

图 6-20 边缘经验分布的等高线图

```
#//第 6 章/Copula.ipynb

from scipy.optimize import minimize

#定义目标函数 obj(u, v, theta)
def frank_obj(theta):
    return frank_copula_obj(u, v, theta)

def gaussian_obj(theta):
    return gaussian_copula_obj(u, v, theta)
```

```
def clayton_obj(theta):
    return clayton_copula_obj(u, v, theta)

def gumbel_obj(theta):
    return gumbel_copula_obj(u, v, theta)

gaussian_result = minimize(gaussian_obj, x0=0.92, bounds=[(0.01,0.99)])

frank_result = minimize(frank_obj, x0=1, bounds=[(0.01,30)])

gumbel_result = minimize(gumbel_obj, x0=2, bounds=[(1.01, 30)])

clayton_result = minimize(clayton_obj, x0=2, bounds=[(0.01,30)])
print('gaussian', "theta="+str(gaussian_result.x[0]), "llh="+str(gaussian_
result.fun))
print('frank', "theta="+str(frank_result.x[0]), "llh="+str(frank_result.fun))
print('clayton', "theta="+str(clayton_result.x[0]), "llh="+str(clayton_result.
fun))
print('gumbel', "theta="+str(gumbel_result.x[0]), "llh="+str(gumbel_result.
fun))
```

输出的结果如下:

```
gaussian theta=0.7915468191619336 llh=-2289.0059425602885
frank theta=8.41624590903974 llh=-1837.2780374337892
clayton theta=1.9758311576480905 llh=-2006.7306345162274
gumbel theta=2.46086724944594 llh=-2408.251019791694
```

最优 Copula 的选取:

我们通过最大似然估计,得到了如上的各类 Copula 的最优 θ 参数,以及相对应的似然函数;接下来就是决定要使用哪一种 Copula,一种通常的做法是通过计算不同的 Copula 对应的 AIC 值,其公式如下:

$$AIC = 2K - \ln(L) = 2K - l \tag{6-20}$$

其中,K 是 Copula 函数的参数个数,像 Gaussian Copula 和 Clayton Copula 均只有一个参数($K=1$),而 Student T-Copula 则有两个参数,因而 $K=2$;L 为对应的似然函数值,l 则是对数似然函数值;AIC 值越小越优。

可以看到在此前已经将 $-l$ 的值计算出来了,只需再考虑 K 对 AIC 的影响,便可以快速地得出对于给定的数据集合,Gumbel Copula(X;theta=3.67)有最低的 AIC 得分,因而最优。

下面将运用 Copula 模型进行交易策略的构建和回测。

6.4.4 交易策略构建

1. 配对选择

配对交易中常假设两个标的之间的价差是平稳的,或是呈现均值回归的特性(是两个等效的方法);为了更好地进行模拟,我们选择了市场上主流的期货交易品种['ZC','IF','IH',

'I','A','IM','IC','JM','OI','J','C','Y','P']的主连价格进行回测,对两两配对进行协整性检验,以找出适用于配对交易的配对。

(1)先对两个价格序列进行线性回归,得到回归残差。

(2)对得到的残差进行 ADF 检验,如果 P 值小于设定的显著性水平,则认为存在协整关系。

最终得出下列 P 值小于 5%的配对对:配对对代码-P 值-线性回归系数(对冲系数),结果如下:

```
Pair: ZC and IF, P-value: 0.04501661791013174, Beta: 1.6662630273187005
Pair: ZC and JM, P-value: 0.0014694573672793395, Beta: 2.817137431437959
Pair: ZC and OI, P-value: 0.02659760405729843, Beta: 9.324402522150358
Pair: ZC and J, P-value: 0.0009744013731490782, Beta: 3.5831822399238122
Pair: ZC and Y, P-value: 0.025016942735755273, Beta: 6.4843186823569425
Pair: ZC and P, P-value: 0.021254414568710637, Beta: 7.005904831697326
Pair: IF and I, P-value: 0.008452845188951954, Beta: 0.23736126304484348
Pair: IH and I, P-value: 0.008839682194589395, Beta: 0.3679896119139049
Pair: A and JM, P-value: 0.032729513088426046, Beta: 0.4561584105663476
Pair: A and OI, P-value: 0.007635122405018387, Beta: 2.0469625690549016
Pair: A and C, P-value: 0.02218542012141776, Beta: 0.4208332596404382
Pair: A and Y, P-value: 0.0029055173588101607, Beta: 1.4686759102292432
Pair: A and P, P-value: 0.0031825841611386988, Beta: 1.5918814361916054
Pair: JM and OI, P-value: 0.00241851258011662773, Beta: 3.401999319387656
Pair: JM and J, P-value: 0.004521683340270235, Beta: 1.2318494358864827
Pair: JM and Y, P-value: 0.008496907810955585, Beta: 2.344379890850319
Pair: JM and P, P-value: 0.002611920218028563, Beta: 2.6368760695207585
Pair: OI and J, P-value: 0.01644788640881163, Beta: 0.28695641387946136
Pair: OI and C, P-value: 0.04024145521610932, Beta: 0.18238826098256836
Pair: OI and Y, P-value: 0.014751087828712674, Beta: 0.689931903801464
Pair: OI and P, P-value: 0.007561895871237049, Beta: 0.7574100598631828
Pair: C and Y, P-value: 0.041300227717519115, Beta: 2.9358333435017707
Pair: C and P, P-value: 0.04841735103628124, Beta: 3.1381461456429784
Pair: Y and P, P-value: 8.481403832927613e-05, Beta: 1.09479128418262
```

2. 交易指标构建

交易策略需要先构建两个指标,分别是两个错误定价指数 $MI^{A|B}$ 和 $MI^{B|A}$:

$$MI_t^{A|B} = P(R_t^A < r_t^A \mid R_t^B = r_t^B) = \frac{\partial C(F(r_t^A), G(r_t^B))}{\partial F(r_t^A)} \tag{6-21}$$

$$MI_t^{B|A} = P(R_t^B < r_t^B \mid R_t^A = r_t^A) = \frac{\partial C(F(r_t^A), G(r_t^B))}{\partial G(r_t^B)} \tag{6-22}$$

其中,A 和 B 对应配对对中的两个标的,r 为收益率,F 为 A 的收益率的边缘分布函数,G 为 B 的收益率的边缘分布函数,C 为连接两者的 Copula 函数,可知错误定价指数本质上是条件概率分布函数:

以 $MI_t^{A|B}$ 为例,可直观理解为当出现相同 r^B 时,此刻出现的 r_t^A 相对于历史上出现的 r^A 是相对偏高还是偏低的:

（1）错误定价指数（以 $\mathrm{MI}_t^{\mathrm{A|B}}$ 为例）越高，相对于 B 标的，A 越被高估；应当做多 B 做空 A。

（2）错误定价指数（以 $\mathrm{MI}_t^{\mathrm{A|B}}$ 为例）越低，相对于 B 标的，A 越被低估；应当做多 A 做空 B。

但是可以看到，错误定价指数 MI 反映的只是两个标的收益率之间的相对大小关系，而我们真正想试图交易的则是两个标的之间均值回归的价差，所以需要构建一个新的指标来衡量两个标的价格之间的相对大小关系，换句话说就是不仅要考虑到现在的错误定价指数 MI 还要考虑历史上过去的错误定价指数 MI，那么一个非常直观的方法就是将历史上的 MI 相加。其数学表达式为

$$\mathrm{Flag}_t^{\mathrm{A|B}} = \mathrm{Flag}_{t-1}^{\mathrm{A|B}} ++ \mathrm{MI}_t^{\mathrm{A|B}} - 0.5 \tag{6-23}$$

$$\mathrm{Flag}_t^{\mathrm{B|A}} = \mathrm{Flag}_{t-1}^{\mathrm{B|A}} ++ \mathrm{MI}_t^{\mathrm{B|A}} - 0.5 \tag{6-24}$$

对于两个 $\mathrm{Flag}_t^{\mathrm{A|B}}$ 和 $\mathrm{Flag}_t^{\mathrm{B|A}}$，可以通过构建 $\mathrm{Flag}_t = \mathrm{Flag}_t^{\mathrm{A|B}} - \mathrm{Flag}_t^{\mathrm{B|A}}$ 来兼顾两个 Flag，很多时候可以看到 Flag 指标其实并不平稳，为了更好地运用于开平仓信号构建，可以定义一个 RS(Relative Strength)指标，使其也呈现均值回归的特性：

$$\mathrm{RS}_t = \frac{\mathrm{Flag}_t - \mathrm{MA}(\mathrm{Flag}_t, \mathrm{window})}{\sigma(\mathrm{Flag}_t, \mathrm{window})} \tag{6-25}$$

进而可以试图构建以下交易策略。

（1）开仓信号 1：当 $\mathrm{RS}_t^{\mathrm{A|B}} > \tau_1$（如 3）时，做空 A 做多 B，对冲系数通过 OLS 回归算得。

（2）开仓信号 2：当 $\mathrm{RS}_t^{\mathrm{A|B}} < \tau_2$（如 -3）时，做空 B 做多 A，对冲系数通过 OLS 回归算得。

（3）平仓信号：在开仓后，当 RS 穿过 τ_3（适用于开仓信号 1）或者 τ_4（适用于开仓信号 2）时，平仓。

（4）止损信号：在开仓后，当 RS 穿过 τ_5（适用于开仓信号 1）或者 τ_6（适用于开仓信号 2）时，平仓。

3. 回测框架构建

回测框架可以拆解成两部分，一部分是如何计算所需要的指标；另一部分是如何运用指标进行交易。此前两节已介绍了指标构建和交易指导的方法，下面将整合进行阐述。

关于指标的计算，可以拆分成动态的形成期和交易期：

（1）在形成期，将会自动估计标的收益率的经验分布函数、对应的最优 Copula 和最优参数。

（2）在交易期，根据形成期计算得到的经验分布函数和 Copula 参数，通过当期收益率计算当期的错误定价指数 MI 和相对强弱指数 RS。

（3）一个形成期和一个交易期合成为一个时窗，并以一个交易期为间隔，不断地向前滑动以遍历全局，计算 RS 指数。

关于交易指导：在计算出交易期的相对强弱指数之后，设定开平仓阈值，在 RS 突破阈

值时开仓并判断方向,在 RS 均值回归时止盈,并将交易的仓位信息记录在 position_x 和 position_y 中,当 $\text{position}_i = 00$ 时不持仓,当 $\text{position}_i = 1$ 时持有多仓,当 $\text{position}_i = -1$ 时持有空仓;因为 x 和 y 多空对冲,所以 $\text{position}_x + \text{position}_y$ 恒等于 0;其中 $i = x, y$。当出现开仓信号时,我们构建资金中性的组合,也就是多头资金等于空头资金,那么在计算净值曲线的收益率 r_{pnl} 时,便可直接通过 $r_{\text{pnl},t} = \dfrac{r_{x,t} \times \text{position}_{x,t-1} + r_{y,t} \times \text{position}_{y,t-1}}{2}$ 计算,其中 $r_{x,t}$ 为标的 x 的收益率,$r_{y,t}$ 为标的 y 的收益率。最后通过 $\text{pnl}_t = \text{pnl}_{t-1} \times r_{\text{pnl},t}$ 便可以画出整条净值曲线。

下面以在配对选择阶段选取的 J 和 JM 为案例进行演示,首先选取 J 和 JM 的分钟级别 K 线 close 价格,并计算收益率,代码如下:

```
#//第 6 章/Copula.ipynb

import os

#读取文件夹中的所有主连价格
def read_csv_files(folder_path):
    #创建一个空的 DataFrame,用于存储读取的数据
    result_df = pd.DataFrame()
    #获取文件夹中的所有子文件夹的名称
    subfolders = [name for name in os.listdir(folder_path) if os.path.isdir(os.
path.join(folder_path, name))]
    print(subfolders)
    for subfolder in subfolders:
        #拼接子文件夹的完整路径
        subfolder_path = os.path.join(folder_path, subfolder)
        #获取子文件夹中所有文件的名称
        file_names = os.listdir(subfolder_path)
        for file_name in file_names:
            #检查文件名中是否包含"9999"并且是 CSV 文件
            if "9999" in file_name and file_name.endswith(".csv"):
                #拼接 CSV 文件的完整路径
                file_path = os.path.join(subfolder_path, file_name)
                print(file_path)

                #读取 CSV 文件
                df = pd.read_csv(file_path)
                df.rename(columns={df.columns[0]: 'date'}, inplace=True)

                #将格式转换到 datetime
                df['date'] = pd.to_datetime(df['date'], format='%Y-%m-%d %H:%M')

                #rename column
                df.rename(columns={'close': str(subfolder)}, inplace=True)

                #将数据按日期拼接到 result_df 中
                if result_df.empty:
                    result_df = df[['date', str(subfolder)]]
                else:
```

```
                                result_df = pd.merge(result_df, df[['date', str
(subfolder)]], on='date', how='left')

    return result_df

folder_path = 'DATA/'
#调用函数读取数据并拼接成数据帧
result_df = read_csv_files(folder_path)

#含有所有主连价格的 result_df
result_df['date'] = pd.to_datetime(result_df['date'], format='%Y-%m-%d %H:%M')
result_df.set_index('date', inplace=True)
result_df = result_df.resample('15min').last()
result_df.reset_index(inplace=True)

#选取所需的 J 和 JM 价格放入 df,并计算收益率
df = result_df[["date", "JM", "J"]].dropna()
df.rename(columns={"JM": "close_x"}, inplace=True)
df.rename(columns={"J": "close_y"}, inplace=True)
df['ret_x'], df['ret_y'] = np.log(df['close_x']).diff(), np.log(df['close_y']).
diff()

from CopulaForPairTrading import CopulaForPairsTrading
#实例化
pt = CopulaForPairsTrading(df)
#将形成期长度 lookback 调整为 5000,交易期长度默认为 100
pt.lookback = 5000
#自动进行形成期参数估计,并计算交易期的错误定价指数
pt.dynamic_calculate_mi()
#画出 MI(x|y)
plt.plot(pt.df.mi_x_y[:10000].values)
```

错误定价指数如图 6-21 所示。

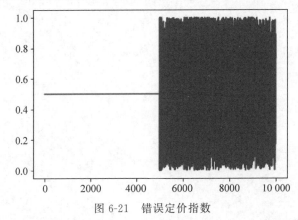

图 6-21　错误定价指数

在第 1 个形成期,即[0:5000]时,MI 一直等于 0.5,这是因为此时 Copula 函数一直在进行最优寻参,[5000:]之后根据 MI 的数学特性一直在[0:1]区间内波动,接下来我们将借助 MI 计算 flag 指标,代码如下:

```
pt.dynamic_calculate_flag()
plt.plot((pt.df.cumsum_mi_x_y - pt.df.cumsum_mi_y_x).values)
```

Flag 指标如图 6-22 所示。

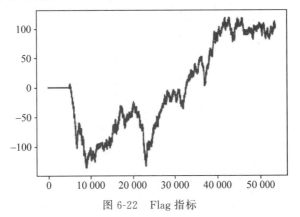

图 6-22　Flag 指标

可以看到 Flag＝$\mathrm{Flag}^{x|y}$ － $\mathrm{Flag}^{y|x}$ 指标并不平稳，接下来构建均值回归的 RS 指标，代码如下：

```
#//第 6 章/Copula.ipynb

def do_rs(df, rolling_win):
    df['rs'] = ((df.cumsum_mi_x_y - df.cumsum_mi_y_x) - (df.cumsum_mi_x_y - df.
cumsum_mi_y_x).rolling(rolling_win).mean())\
        / (df.cumsum_mi_x_y - df.cumsum_mi_y_x).rolling(rolling_win).std()
    return df

#计算窗口为 1000 的 RS 指标
rs_win = 1000
IS = do_rs(pt.df, rs_win)
plt.plot(IS.rs.values[-10000:])
```

RS 指标如图 6-23 所示。

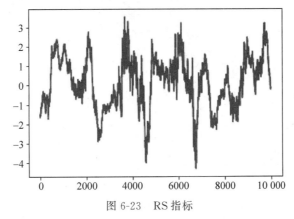

图 6-23　RS 指标

```python
#//第 6 章/Copula.ipynb

def backtest_position_array(df, upper=40, lower=-40,
                            close_up=5, close_down=-5,
                            lossstop_up=100, lossstop_down=-100):
    position_x = np.zeros(len(df))
    position_y = np.zeros(len(df))
    rs = df.rs.values

    for i in range(1, len(df)):
        if position_x[i-1] == 0:
            #开仓
            if (rs[i]>upper) and (rs[i]<rs[i-10]):
                #卖出 x,买入 y
                position_x[i] = -1
                position_y[i] = 1
            elif (rs[i]<lower) and (rs[i]>rs[i-10]):
                #卖出 y,买入 x
                position_y[i] = -1
                position_x[i] = 1
            else:
                position_y[i] = position_y[i-1]
                position_x[i] = position_x[i-1]
        elif position_x[i-1] == 1:
            #平仓
            if (rs[i]>close_down) or (rs[i]<lossstop_down):
                position_x[i] = 0
                position_y[i] = 0
            else:
                position_y[i] = position_y[i-1]
                position_x[i] = position_x[i-1]
        elif position_x[i-1] == -1:
            #平仓
            if (rs[i]<close_up) or (rs[i]>lossstop_up):
                position_y[i] = 0
                position_x[i] = 0
            else:
                position_y[i] = position_y[i-1]
                position_x[i] = position_x[i-1]
    df['position_x'] = position_x
    df['position_y'] = position_y
    df['rs'] = rs
    return df

std=1

#我们故意将止损信号设置为 abs(10),以便于观察有没有出现止损的原始信号
IS = backtest_position_array(
    IS,
    upper=2*std,
    lower=-2.5*std,
    close_up=1*std,
    close_down=-0.5*std,
    lossstop_up=10*std,
    lossstop_down=-10*std
    )
```

```
#计算净值曲线收益率
IS['pnl_ret'] = ((
                IS['position_x'] *1.
            ).shift() *IS['ret_x']\
                + IS['position_y'].shift() *IS['ret_y'])/2

#画出净值曲线
(1+IS['pnl_ret']).cumprod().plot()
```

净值曲线如图 6-24 所示。

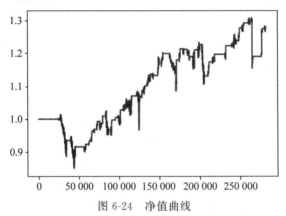

图 6-24　净值曲线

```
plt.plot(10*IS.position_y.values)
plt.plot(IS.rs.values)
```

RS 指标如图 6-25 所示。

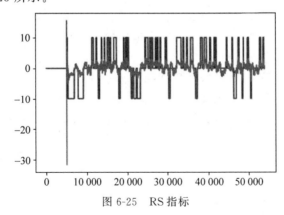

图 6-25　RS 指标

6.5　风险管理

套利风险主要在流动性不足瘸腿、单边行情不均值回复、交易成本风险、异常事件风险等方面。风险从比较难交易的先入手,见表 6-2。

表 6-2　风险的营销因素

影响因素	风险
流动性不足	瘸腿风险暴露
单边行情	均值不回复
网络延迟、网络稳定性差、交易系统内部延迟等	交易成本风险
崩盘,交易所制度变更等	异常事件风险

关于流动性不足瘸腿,可先买入流动性相对较弱的资产,需注意流动性既要考虑长期的流动性水平,也要考虑短期的流动性冲击。后者一般指消息驱动的流动性需求大增。降低交易成本,可以参考《光大证券股指期货量化交易策略研究——基于价差交易的高频统计套利04:异步价差操控模型》(2012-08-28),研报给了一个异步价差操控套利模型,通过越过跳价挂单和价差操控,实现两腿单独成交,并通过被动挂单确保成交价差,一定程度解决了同步价差套利风险,在文中给的效果是:异步价差操控套利模型针对股指期货当月合约和次月合约构建价差套利组合,在 2010 年 4 月 16 日至 2012 年 6 月 15 日,共 498 个交易日期间,在考虑交易成本和无杠杆的前期下,获得 188.55% 的绝对收益,74.43% 的年化绝对收益率,年化 SHARPE 比率达到 16.82,最大回撤只有 0.28%。模型在获得高收益和风险控制方面的表现均相对出色。

关于单边行情,一价定律并非时时刻刻、随时随地都起作用。当一价定律暂时失效的时候,套利可能变成被套。市场参与者发生变化,当套利者相对于投机者占比很小,套利的力量很弱的时候,当出现某些时刻,投机者对市场方向认识一致的时候,可能会造成价格的长期偏离,即价差不再做均值回归的运动,而是变成一种趋势运动了,在这种情况下,套利者就面临很大的风险。价格回归时间过长的风险即使价格会做均值回归,在时间过长的情况下,由于套利资金很多是来自客户的资金,因此可能面临强制赎回风险,导致套利仓位被平仓,亏损或者相应的盈利减少。

关于交易成本风险,当套利机会出现时,很可能面临着大量交易者竞争,如果计算机设备、网络通信、设置程序不合理,速度较慢,则很可能会造成很大滑点,极大地吞噬套利的利润。异常事件特殊情形下的崩盘,交易所制度变更等,也会给套利带来潜在风险。

6.6　总结

本章详细地介绍了套利标的筛选、择时的一些经典技术,并将学术前沿成果和实战结合,希望对读者有启发。

标的筛选环节,介绍了 SSD 距离法、协整法、聚类法、PCA 法、风格因子暴露相近性、收益率相关性等技术。择时环节,介绍了 Zscore 法、OU 过程时间序列估计法、随机控制法、强化学习法等。

距离法筛选的实现相对简单,伪多元配对风险控制优于单配对法,在传统风险因子上无暴露,并且在多类别资产呈现较高稳健性,但是,SSD 筛选标准使配对的方差变动过小,降低了潜在收益,对比而言,皮尔逊相关性筛选收益更高。笔者也尝试改进,譬如结合协整法可筛选更稳定的配对,全球各类资产的套利收益可能找到共同的解释因素,例如 Asness 等 (2013)发现价值和动量解释全球各类资产收益。协整法筛选的优势在于,在确定配对的均衡特性上,相较于距离法,它能更严格和更合理地确定配对的均衡特性,但是其缺陷在于,目前的实证研究仅基于一部分股票,在不同金融资产上需做改良;学术界探索了多种改进方法,譬如 Vidyamurthy(2004)提出的启发式数据检验方法,以及多元统计套利法。

时序法择时的优势在于,自动化建模和信号生成,相较于烦琐的人工规则设定,自动化程度高,并且科学的模型评估检验后的交易策略具有更高可靠性。

随机控制法择时的优势在于,相较于距离法,提高了收益,其潜在改进方向包括使用协整法筛选,使用时序法确定入场信号,使用随机控制法控制仓位。综合这 3 种方法各自的优势,进一步提升了筛选、择时和仓位管理的效果。

量化金融建模的本质还是数据科学,并不存唯一最优的方法,不同金融资产、不同场景通过尝试对比,再做最后选择。不过,多掌握些技能,技不压身,总归是好的。

CTA 策略

7.1 CTA 策略简介

22min

7.1.1 CTA 的定义

CTA 是商品交易顾问(Commodity Trading Advisor)的缩写,其管理人主要通过交易各类商品期货和股指期货来实施策略,因此,CTA 策略也被称为管理期货策略(Managed Futures)。CTA 策略的历史可以追溯到 20 世纪 20 年代。

1949 年:CTA 策略的先驱之一,Richard Donchian 成立了第一家专门从事商品期货交易的公司,即 Futures 公司。Richard Donchian 通过跟随市场趋势的策略,成为 CTA 策略的开创者之一。20 世纪 70 年代:随着期货市场的发展,CTA 策略逐渐引起了更多投资者的关注。这个时期涌现了许多 CTA 基金和 CTA 策略的交易员。20 世纪 80 年代 CTA 策略在这个时期经历了快速发展。一些著名的 CTA 基金,如 John W. Henry & Company 和 Dunn Capital Management,开始崭露头角,并获得了显著的回报。20 世纪 90 年代随着计算机技术的进步,量化交易成为 CTA 策略的重要组成部分。通过数学模型和算法,CTA 基金能够更加系统化地执行交易,并利用大量的市场数据进行决策。21 世纪初 CTA 策略在金融市场中的影响力进一步增加,然而,2008 年的全球金融危机对 CTA 基金造成了一定的冲击,由于市场的剧烈波动和非常规的市场行为,一些 CTA 基金遭受了重大损失。近年来,CTA 策略继续演化和发展。随着机器学习和人工智能的兴起,CTA 基金开始应用更复杂的算法和模型进行交易决策。同时,对于风险管理和资金管理的重视也日益加强。

7.1.2 CTA 策略的投资标的

CTA 策略的交易标的主要包括以下几方面。

(1) 商品期货:CTA 策略通常涉及各类商品期货的交易,如金属(黄金、银)、能源(原油、天然气)、农产品(大豆、小麦、玉米)等。商品期货市场提供了广泛的交易标的,CTA 基金可以通过对这些期货合约的交易来获得投资回报。

(2) 股指期货:除了商品期货,CTA 策略也涉及股指期货的交易。股指期货是以股票指数为标的的期货合约,投资者可以通过股指期货交易获取股市的涨跌收益。

（3）债券期货：CTA策略有时也涉及债券期货的交易。债券期货是以债券为标的的期货合约，投资者可以通过债券期货交易来受益于债券市场的波动。

（4）外汇期货：一些CTA策略也涉及外汇期货的交易。外汇期货是以外汇货币对为标的的期货合约，投资者可以通过外汇期货交易获取外汇市场的汇率变动所带来的收益。

CTA策略的具体交易标的会根据基金的策略和投资目标而有所不同。不同的CTA基金可能会选择不同的市场和标的进行交易，同时也可能涉及多个市场和标的的交易。这取决于基金经理的投资策略和对市场机会的判断。

事实上，CTA策略投资者经常会通过合理的资产组合构建多样化的投资标的，如将商品期货与其他资产类别（如股票、债券、房地产等）组合起来，实现更平稳的整体回报，并降低特定市场或资产的影响。

7.1.3　CTA主流操盘策略介绍

当今金融市场上，CTA策略是一种广泛应用的交易策略，通过计算机算法和量化模型进行交易决策。CTA策略通常采用系统化的方法，基于市场数据和技术指标进行分析，并根据预设规则执行交易。在CTA策略中，趋势跟踪、截面多因子和网格交易是3个主要的流行策略。

1. 趋势跟踪

趋势跟踪（Trend-Following）是一种基于市场趋势的交易策略。该策略假设市场中存在着持续的趋势，并试图捕捉并跟随这些趋势。趋势跟踪策略通常通过技术指标（如MA、MACD、RSI等）来识别市场趋势，或者使用机器学习模型来预测市场趋势，并根据趋势的方向和大小进行交易。当市场处于上升趋势时，会采用买入（做多）策略；当市场处于下降趋势时，会采用卖出（做空）策略。趋势跟踪策略的目标是捕捉到趋势的大部分涨跌幅，因此，它在市场趋势明显时表现较好。

2. 多因子

多因子策略（Multi-Factor）是一种基于截面上资产相对价值的差异的交易策略。该策略通过对一系列金融资产的多个因子进行分析，选取表现较好的资产进行买入，同时卖出表现较差的资产，从而获得超额收益。截面多因子策略的核心思想是通过多因子模型，如市值、估值、动量等，对资产的相对价值进行评估，并根据评估结果进行交易。

3. 网格交易

网格交易（Grid-Trading）策略是一种基于价格波动的交易策略。该策略将价格区间划分为多个网格，当价格进入某个网格时，策略会进行买入或卖出操作，并设定止盈和止损条件。当价格回归到另一个网格时，策略会进行相反的买入或卖出操作。网格交易策略的目标是通过频繁的交易和价格波动中的小利润实现稳定的收益，适用于市场波动较大或震荡的情况。

7.2　CTA策略的重要性

7.2.1　CTA策略的危机Alpha属性

传统的股票和债券市场通常与经济周期和市场情绪密切相关，因此它们的表现可能高度关联。当经济衰退或市场不确定性增加时,股票和债券通常会同时受到压力,导致投资组合的价值下降。这种高度关联性可能导致投资组合缺乏充分的分散效益,增加整体投资组合的风险。

2022年全球主要股指表现不佳,在俄乌冲突持续、央行普遍加息应对高通胀的背景下,俄罗斯RTS以40%跌幅领跌全球。美股同样遭受重创。美股三大股指均取得2008年以来的最差年度表现,道指年度收跌8.8%,较年初历史高点跌超10%;纳指跌33.1%;标普500指数跌19.4%。欧洲Stoxx600指数全年下挫12.8%,除英国富时100指数小幅收高1.20%以外,法国CAC40指数和德国DAX指数2022年跌幅分别为9.5%和12.5%。亚洲主要经济体,中国恒生指数2022年全年跌幅为15.46%,沪深300指数则累计跌21.53%。韩国基准韩国KOSPI指数在2022年下跌约24%。日本年内日经225累计下跌9.37%,图7-1为2022年全球主要股指涨跌幅排名。与之相反的情况是,虽然随着美联储的多轮加息及对经济衰退的担忧,2022年下半年大宗商品各板块均呈现震荡走势,但总体情况好于表现惨淡的股市。

2022年全球股指涨跌幅如图7-1所示。

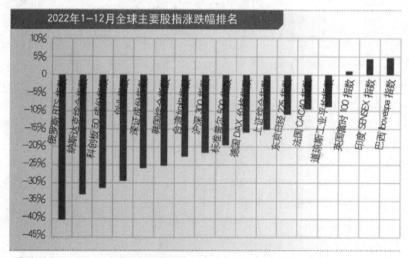

❶ 资料来源:Wind,东方证券财富研究。

图7-1 2022年全球股指涨跌幅(图片来源于东方证券)

2022年,农产品市场经历了供应中断引发的价格飙升,尤其是谷物等农产品创下历史新高,然而,在下半年,这些商品的涨幅大部分回吐,尽管玉米和大豆仍创下了十年新高。有色金属市场受到供给端扰动的影响,整体呈现出探底回升的趋势,伦敦金属交易所的铜和铝价格下跌幅度分别超过14%和15%。在能源领域,原油价格在地缘冲突爆发后飙升至139美元/桶,达到2008年以来的最高水平,然而,随着市场对全球经济放缓的担忧加剧,油价涨幅基本被抹平,年底时价格回落至约83美元/桶。天然气市场由于俄乌冲突引发的全球能源危机而出现大幅上涨,纽约商业交易所的天然气价格全年上涨超过17%,国际能源交易所的天然气价格全年上涨超过5%。2022年主要商品价格趋势如图7-2所示。

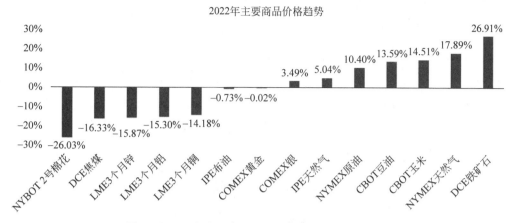

图 7-2　2022 年主要商品价格趋势（图片来源于网络）

CTA 策略的核心是在商品期货市场进行交易，包括金属（如黄金、银）、能源（如原油、天然气）、农产品（如大豆、小麦）、软商品（如棉花、咖啡）等各类商品期货合约。这些交易标的与股票和债券等传统资产的相关性较低，黄金 & 石油与股票债券资产收益率的相关性如图 7-3 所示。

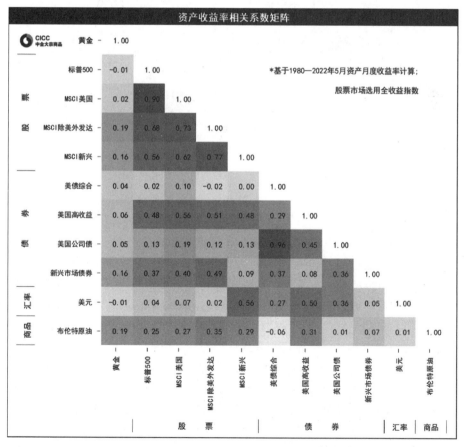

图 7-3　黄金 & 石油与股票债券资产收益率的相关性（图片来源于中金研究所）

因为大宗商品期货可以进行多空双向交易,因此 CTA 策略在过去几年股票市场大跌期间均展现出了较强的危机 Alpha 特性。以 2008 年金融危机和 2020 年初新型冠状病毒感染暴发初期为例,美国标普 500 指数分别下跌 50.9％和 19.6％,而 CTA 策略则分别获得了62.1％和 2.3％的正收益。危机时刻股市、债券与 CTA 的收益对比如图 7-4 所示。

CTA基金在极端事件下的表现情况

事件名称	时间	标普500收益	CTA收益
互联网泡沫初期	2000年Q4	-7.80%	33.0%
9·11恐怖袭击	2001年Q1	-14.70%	3.90%
世界经济衰退初期	2001年Q1	-11.90%	10.60%
科网泡沫中后期	2002年Q2	-13.40%	15.80%
世通丑闻事件	2002年Q3	-17.30%	18.00%
贝尔斯登倒闭	2008年Q1	-9.50%	8.50%
美国银行救助计划	2008年Q3	-8.40%	-6.90%
雷曼兄弟破产	2008年Q4	-22.00%	12.70%
标普500触底	2009年Q1	-11.00%	-2.80%
美股闪电崩盘	2010年Q2	-11.40%	-3.10%
欧债危机	2011年Q3	-13.90%	2.40%

制图: 远川基金组

数据来源: 公开信息

远川研究所
YuanChuan Institution

图 7-4 危机时刻股市、债券与 CTA 的收益对比(图片来源于远川研究所)

7.2.2 CTA 策略的灵活性与高回报性

CTA 策略具有较高的灵活性,这是因为它们通常基于系统化的交易规则和模型,可以根据市场条件快速地进行调整和适应。CTA 策略可以涉及多个交易市场,包括股票市场、债券市场、商品期货市场、外汇市场等。这种多样化的交易市场选择使 CTA 策略可以根据不同市场的机会和风险进行投资,从而降低特定市场的风险敞口。CTA 策略可以采用多种不同的交易策略和模型。例如,趋势跟随策略会追踪市场趋势并参与其中,而套利策略会寻找不同市场之间的价格差异。这种策略多样性使 CTA 策略能够在不同市场环境下寻找和利用投资机会。

由于 CTA 策略通常是基于计算机模型和算法进行交易的,因此它们能够快速地识别市场机会并做出相应的交易决策。这使 CTA 策略能够更快地反应市场变化和价格波动,以获取更好的交易机会。CTA 策略具有适应不同市场环境和条件的能力。它们可以根据市场趋势、波动性和其他因素进行调整,从而优化交易策略和风险管理。这种适应性和调整能力使 CTA 策略能够在不同市场状态下维持较为稳定的表现。

CTA 策略通常利用杠杆和套利机会来增加投资回报。杠杆可以使投资者使用较少的资金增加投资头寸的规模,从而放大盈利。套利机会指的是在不同市场或合约之间利用价格差异进行交易,获取利润。这些机会可以提供额外的回报,但也伴随着风险和复杂性。

7.2.3　CTA 策略的缺点

CTA 策略虽然具有一定的优势,但也存在一些潜在的缺点,主要包括以下几方面。

(1)风险暴露:CTA 策略通常与金融市场密切相关,因此受到市场波动的影响较大。在市场出现剧烈波动或不确定性增加时,CTA 策略可能面临较大的风险暴露,导致投资回报的波动性增加。

(2)依赖技术模型:CTA 策略的交易决策通常依赖于技术模型和算法。这些模型基于历史数据和假设,对未来市场走势进行预测,然而,技术模型可能无法准确预测市场的变化,特别是在异常或非常规的市场情况下,模型的有效性可能受到挑战。

(3)杠杆风险:CTA 策略通常使用杠杆来放大投资头寸,以增加回报,然而,杠杆也带来了额外的风险。当市场不利或交易头寸出现亏损时,杠杆可以放大亏损,导致投资者面临更大的损失甚至产生爆仓风险,因此,投资者需要谨慎管理杠杆风险,以避免潜在的损失。

(4)市场流动性风险:CTA 策略可能在较小的市场或流动性较低的市场中进行交易。在这些市场中,可能出现价格波动性增加、交易成本上升或无法及时买卖的情况,这可能对 CTA 策略的执行和回报产生不利影响。

(5)系统性风险:CTA 策略可能受到系统性风险的影响,即整个金融市场遭遇的风险。例如,全球金融危机或宏观经济因素的影响可能导致多个市场同时受到冲击,从而对 CTA 策略的回报产生负面影响。

投资者在考虑 CTA 策略时应充分了解其风险特征,并在与专业机构合作或在专业人士的指导下,评估其适用性和风险承受能力,以做出明智的投资决策。

7.3　CTA 策略的业绩表现

7.3.1　海外 CTA 基金规模

境外市场 CTA 已然处于成熟阶段。如果从规模及业绩两方面考虑,则海外 CTA 的发展大致可以分为以下 3 个阶段。

野蛮发展期(1980—1990 年):CTA 基金的规模增长缓慢,年化收益率表现却相当亮眼,此时持有 CTA 基金的投资者可以享受到第一批"吃螃蟹"的红利。在该阶段,快速发展的计算机技术被逐步应用到商业中,量化 CTA 策略成为 CTA 策略的主流,CTA 基金的整体业绩有所提高。1987 年 10 月,美国股市爆发了历史上最大的一次崩盘,此时反而逆市上扬的 CTA 策略获得了投资者的青睐,CTA 基金的规模小幅增长。

规范发展期(1991—2010 年):CTA 基金的规模迎来了大幅度的增长,年化收益率保持稳定的收益水平。2000年美国互联网泡沫破裂,股市低迷,此时处于贴水商品市场的CTA基金业绩不俗,吸引了投资者们的注意。在此期间,CTA基金的规模扩大了8倍以上。随着衍生品市场规模的扩大和交易品种的丰富,CTA基金获得了进一步发展的空间。

成熟期(2011至今):CTA的基金规模趋向稳定,年化收益率不尽如人意,甚至出现亏损的情况。2010年,国外商品市场由贴水转换为升水,CTA基金开始表现不佳,但基于CTA基金与其他投资资产的低相关性,其仍然具有一定的配置价值,因此规模维持在较为稳定的水平,但近两年来,CTA产品收益再次走强。

截至2022年底,全球CTA策略产品管理规模约为3650亿美元,其中2000年至2013年间CTA策略规模增长迅猛,受两次金融危机的影响,投资者逐渐意识到了CTA策略危机Alpha的特性,全球CTA策略规模自2000年底的355亿美元增长至2013年的3593亿美元,规模增长超10倍。不过随着美股的走牛,资金逐渐回流权益类资产,2013年后CTA策略的规模有所回落。从市占率的角度来看,2022年底CTA策略管理规模占到全市场各个策略对冲基金总量的7.04%,这一数值与几年前相比也有所收窄。历史上CTA策略占比最高达到18.46%,这一高峰出现在2012年底。

Barclayhedge还对产品的交易策略和底层资产进行了分类,可以看到,剔除未分类的产品后,全球CTA策略产品中绝大多数产品用到了程序化的交易策略,采用主观策略的产品占比较低,仅占到全市场CTA策略产品的8.43%。此外,根据产品投资方向来分,2022年底主投金属和金融期货的产品占比约24.79%,主投外汇和农产品的产品占比分别为7.24%和0.32%,而大约67.65%的产品没有特定的投资方向。

7.3.2 国内CTA基金发展现状

与海外CTA基金情况不同,国内仍处于规范发展的阶段。近几年来,国内CTA基金的规模快速扩张,根据私募排排网的最新数据,截至2022年,国内市场上的CTA基金存量规模达到581.13亿元,在2020年初这一数据只有238.52亿元。与此同时,除2017年和2018年商品市场动荡外,近几年国内CTA基金均能获得10%以上的年化收益率。

根据中国基金业协会的数据,截至2020年末,私募证券投资基金(含自主发行类和顾问管理类)中,混合类、股票类的数量和规模均占据主导,数量分别为2.47万和1.93万只,规模分别为1.70万亿和1.48万亿元,而CTA基金所属的期货及其他衍生品类基金,不论是数量还是规模在全部基金中的占比都较低。

除了CTA基金的实际数量和规模外,私募证券投资基金境内证券的投资情况也从侧面反映了CTA基金的规模在整个私募产品中的比重并不高。截至2021年末,私募证券投资基金持有股票规模2.59万亿元,占比达到了58.82%,其次为债券,债券投资的规模为3566.81亿元,占比为8.11%,期货、期权及其他衍生品投资的规模为3072.62亿元,占比仅为6.99%,未来还有较大的发展空间。

7.3.3 国内CTA基金业绩表现

根据私募排排网的数据,截至2023年1月底,CTA策略产品存续并满足净值披露需求的产品共 2921 只,成立满五年并披露业绩的产品共 306 只。从产品业绩上来看,成立满五年的产品近五年的平均收益率约为 131.23%,平均年化收益率约为 15.23%。从业绩分化的角度来看,CTA 策略五年收益率头尾差巨大,达到 1113.53%,此外标准差也达到了 159.85%,这也对投资者选取优秀管理人提出了较高要求。整体来看,CTA 策略中长期业绩表现较好。

此外,根据私募排排网融智策略指数的数据,过去 9 年间,期货及衍生品策略的年化收益率约为 8.94%,表现优于其余五大私募策略,并且在主观多头策略表现不佳的阶段,如 2018 年都有不错的表现。

7.4　趋势跟踪策略

市场的状态通常可以分为两种类型:一种为趋势,另一种为盘整。趋势表示市场会朝一个方向持续地运动一段时间;盘整表示的是市场在一定区间内波动,没有明显的方向性。市场处于趋势状态时还可以分为上涨趋势和下跌趋势。趋势策略的目标是追踪趋势,从而获得收益。趋势交易策略是 CTA 的主要策略,趋势策略是目前市场上 CTA 管理人广泛采用的策略之一。

从适用的环境和收益特征上来看,趋势策略在标的物价格涨跌趋势明显且持续时间长的市场环境下表现较好,而在商品价格横盘或没有明显价格趋势的情况下表现一般,甚至会由于震荡市中管理人判断失误或量化策略频繁交易的原因出现一定回撤。以 2016 年的铜价为例,在标的价格转向趋势明显且转向速度较快的市场中,趋势策略往往较难正确地判断未来的价格走势。整体而言趋势策略在价格趋势明显且持续时间长的环境下表现较好,反之则表现不佳,如图 7-5 所示。

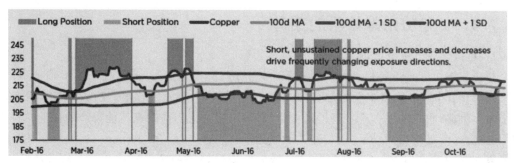

图 7-5　铜价波动期间趋势策略的持仓方向(图片来源:Altegris,海通证券研究所)

趋势追踪策略的主要盈利手段在于跟踪市场的趋势,由于期货市场是双边市场,因此无论涨跌,只要有趋势都可以通过趋势跟踪获利,然而当市场趋势突然发生转变或没有明显趋势时,该策略将较难盈利,因此,趋势跟踪的这一特性也导致了该类型策略有低胜率、高盈亏比的特点。趋势追踪策略的投资逻辑和基础在于,价格会按照一定的趋势运动,并且历史会重演。该策略的目的不是为了预测市场的变化,而是发现市场的趋势,并跟踪趋势持续获得盈利,当趋势发生变化时清仓获利。多年来对于金融资产的研究表明金融资产收益率的分布并不是正态的,由于金融市场"黑天鹅"事件的存在,导致收益率的分布存在着一种"尖峰厚尾性",而趋势追踪策略的重要利润来源就在于"厚尾性"。

趋势跟踪策略按不同的动量性质可分为时序和横截面两种趋势跟踪策略。

1. 时序动量

基于单个品种的量价信息进行建模和判断,一般单个品种单独建模会基于单个品种的交易逻辑及所处产业链情况选择不同因子进行组合。

规则型:指交易的开仓逻辑基于一系列规则。信号往往是涨、跌,或者-1、0、1 等。只有方向而没有大小强弱。

预测型:指对未来一段时间的涨跌进行预测,往往不只判断涨跌,而且预测涨跌幅度等信息,以机器学习做法居多。

2. 截面动量

截面类做法类似于股票 Alpha 的多因子模型,因子值的大小代表该品种的强弱。一般为全品种统一建模,通过因子组合综合判断出品种之间的强弱关系。通过做多比较强的品种,做空相对较弱的品种,获取一定的超额收益。

趋势跟踪策略按不同的持仓周期,可以分为低频、中频、高频、超高频。

(1) 低频:持仓周级别到月级别。往往是长周期趋势+期限结构。

(2) 中频:3~5 天。截面多因子策略的主要聚集区,也是现在 CTA 管理人最集中的交易频次。

(3) 高频:持仓周期在分钟到 3 天以内。速度要求不高,可通过 CTP 交易。

(4) 超高频:持仓周期在几秒到几分钟级别,对速度要求较高,通过高频交易柜台进行交易,例如艾克朗科、易盛、盛立、飞马、恒生等。

7.4.1　趋势跟踪策略的逻辑

1. 趋势存在于多个市场

趋势跟踪可能是最容易理解的投资策略,当资产价格上涨时,此时处于上行趋势中,应该买入看多;当资产价格下跌时,此时处于下行趋势中,应该卖出看空。趋势跟踪本质上是一个时序策略,它只关注资产本身的历史走势,而不用考虑当前时点其他资产的表现。一个相似的概念,就是横截面动量,比较经典的研究来自 Jegadeesh 和 Titman (1993),在某个时刻 t,比较所有资产过去一段时间的表现,做多表现最好的一篮子资产(winner),做空表现最差的一篮子资产(loser)。也就说,横截面动量是一个相对概念,在同一时刻进行横向比较;时间序列动量是一个绝对概念,在某一时刻只和自己的历史相比。

作为一种另类策略,趋势跟踪无处不在。Moskowitz、Ooi 和 Pedersen(2012)利用商品期货、国债期货、汇率期货和股指期货等 58 个资产,构建了一个时间序列动量组合。结果发现,在 1~12 个月内,收益率具有持续性,即过去上涨的资产未来上涨的概率较大,过去下跌的资产未来下跌的可能性较大;从 1985 年到 2009 年,时间序列动量组合表现优秀,阿尔法收益率显著大于0。

Hurst、Ooi和Pedersen(2017)将研究范围和时间区间进一步拓展,包括29个商品、11个权益指数、15个国债指数和12个汇率对;数据从1880年开始,如果没有期货就用现货拼接;在构造趋势跟踪组合时,同时考虑了1个月、3个月和12个月3个不同频率的周期。从1880年到2013年,趋势跟踪组合年化收益14.9%,即使考虑了2%的管理费和20%的业绩提成,仍然能获得11.2%的年化收益率,而组合年化波动只有9.7%,夏普比率高达0.77。

Babu、Levine、Ooi、Pedersen和Stamelos(2018)在Moskowitz等(2012)58个传统资产的基础上,增加了82个另类资产和16个因子收益率序列[3],结果显示趋势跟踪广泛存在于这些资产中,并且长期有效;通过拓展新的资产类型,可显著地提高夏普比率。

Moskowitz等(2012)、Hurst等(2017)和Babu等(2018)的研究表明,无论从时间维度上,还是资产类别上,抑或是投资周期上,趋势跟踪策略无孔不入,表现十分亮眼。无处不在的趋势跟踪,可能是投资少得的朋友。

2. 趋势策略长期有效

趋势策略之所以能盈利,背后有着见识的行为金融学逻辑作为其生命力的保证。Hurst、Ooi和Pedersen(2013)中描述了趋势形成、延续及结束的过程。趋势形成的整个周期过程,如图7-6所示。

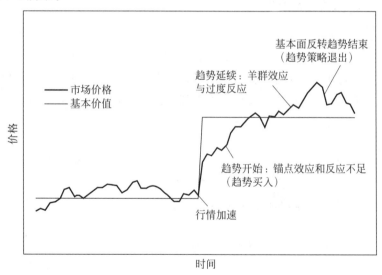

图7-6　趋势形成的生命周期(图片来源:Hurst等(2017))

初始阶段,由于锚点效应(Anchoring Effect)、处置效应(The disposition Effect)和非营利操作等,导致价格对信息反应不足。

锚点效应:投资者往往会把自己的观点锚定在最近历史数据上,不愿意很快地改变自己的想法,当新消息到来时反应很迟钝,造成价格反应缓慢。

处置效应:投资者往往会过早地卖出盈利股票以兑现收益;相反,对那些亏损的股票迟迟不肯止损。这样的后果是,上涨不会一蹴而就,下跌不会一跌到底,造成价格慢慢地移动。

非营利操作:一些非营利操作,也会减缓价格的反应速度,例如中央银行在外汇市场和固定收益市场进行斡旋,以减少汇率和利率的波动。

一旦趋势起来,就进入了第二阶段:趋势持续甚至过度反应,这往往是由于羊群效应(Herding),以及确认和代表偏差等因素导致的。

羊群效应:羊群效应也叫从众效应,当投资者的观点和其他大多数投资者的观点不一致时,容易怀疑和改变自己的观点,以使和群体一致。在价格上涨或下跌开启后,投资会像羊群一样,加入趋势行情中来。

确认和代表性偏差:行情开启后,投资者会用最近的价格变动来推断未来,选择性地关注最近盈利的方向;不仅如此,一旦确认了自己的观点,便会找各种数据和信息支持自己的看法,这使价格趋势得以延续。

最后,趋势不会永不眠,价格不会一直朝一个方向走下去。在趋势的末端,价格可能已经过度反应导致严重偏离基本面,因此最终会出现反转趋势宣告结束。Moskowitz 等(2012)的研究表明,趋势一般在 12 个月内会持续存在,当超过 12 个月后,就会出现反转特征。

7.4.2　趋势跟踪策略模型

趋势跟踪策略主要分为规则模型和预测模型。

1. 规则模型

规则模型较为经典,如双均线、通道突破、布林带等。构建简单,技术门槛低。规则模型的缺点在于仅能判断标的变化方向,在仓位管理上需要叠加额外的量化模型或进行人为主观控制。

规则模型的另一问题是,规则依靠人为定义,而人的认知是有限的,所以规则数量也是有限的,策略表现依靠规则定义中的参数控制,从而导致两个问题。从整体策略角度看,有限的规则导致欠拟合,从单体策略角度看,参数控制导致过拟合。典型的布林轨及均线策略,通过标准差倍数及均线周期控制策略表现,如图 7-7 所示。

2. 预测模型

虽然以海龟规则和均线系统为代表的趋势跟踪策略仍具备旺盛的生命力,但不少顶级量化私募已经开始转变为预测模型。预测模型最大的区别在于,其不仅能给出标的变化方向,还能给出预期的变化幅度。预测型时序策略是最新基于机器学习的 CTA 策略,策略构建复杂,技术门槛高,但扩展性强。某海外对冲基金针对布伦特原油所做的预测模型策略如图 7-8 所示。

红线为预测模型发出的信号,灰色为传统规则模型发出的信号。预测系统的信号显然换手更高,但不仅能捕捉到大时间尺度下的价格波动,在震荡行情中也能通过小时间尺度的价格波动进行盈利。

图 7-7 规则模型（数据来源：*Investopedia*）

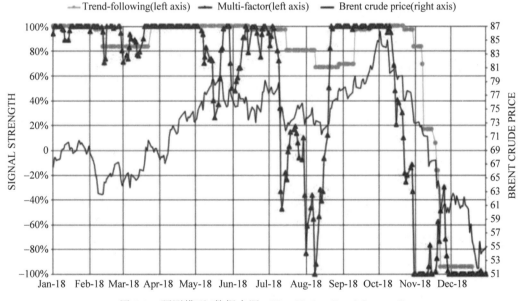

彩图

图 7-8 预测模型（数据来源：*The Hedge Fund Journal*）

不同于规则模型的叠加，预测模型的整体生成流程有点类似于头部量化私募股票策略的处理方式，历经数据清洗、特征工程、拟合工程大致 3 个步骤。不同点在于目标函数的设置，特征生成的偏好，以及拟合目标的选择上。个别量化 CTA 产品在对外宣传过程中，也有说采用端到端的方式生成交易信号，即将特征工程及拟合工程融合到神经网络中进行一致解决的方案。相较于股票策略，CTA 预测模型的难度显然更胜一筹，由于可选标的减少导致的样本数量稀缺,CTA预测模型出现过拟合的风险大大增加,且其特征构造限制及可选alpha来源相比于股票也更少,这进一步增加了策略难度,但是我们也可知道,若策略研发者成功研制出切实可行的时序预测模型,则可完全包容截面模型及后续的统计套利模型,成为大一统模型。

7.4.3　经典趋势跟踪策略

根据所跟踪趋势级别的不同,可以将趋势类策略大致分为日内策略及日间策略。日内趋势策略基本不留隔夜仓位,而日间策略可能持有一天到几天(短线策略),几天到几周(中线策略),甚至更长(长线策略)时间。相对而言,长周期策略的资金容量会更大,其收益波动也会更大。

1. 日间策略

日间趋势策略主要依赖一些技术指标进行价格趋势的确认,进而指导交易,这类策略大体上可以分为两种:一种为通道类策略,另一种为信号类策略。通道类策略一般是根据确认的价格中枢及计算得到的波动范围确定一个通道的上下轨,一旦价格突破上下轨,则确认为趋势,可以进场交易。信号类策略主要通过某些技术指标的反转或者突破来确认趋势,进而指导交易。常见的日间趋势策略包括ATR通道策略、布林线策略、MACD策略、均线策略等。市场参与者一般会以这些常见策略为基础搭建自己的交易系统。

1) ATR通道策略

平均真实波幅(Average True Range,ATR)由J. Welles Wilder Jr提出,可以用来衡量价格的波动性。ATR指标并不会指出市场波动的方向,仅仅以价格波动的幅度来表明市场的波动性。Wilder定义真实波动范围(TR)为以下的最大者:

当前交易日的最高价减去当前交易日的最低价。

当前交易日的最高价减去前一交易日收盘价的绝对值。

当前交易日的最低价减去前一交易日收盘价的绝对值。

根据以上方法计算出的TR(真实波幅)的N日平均值就是ATR,ATR指标是一个非常好的入场工具,它并不会告诉我们市场将会向哪个方向波动,但是可以告诉我们当前市场的波动水平。根据ATR得出的波动幅度可以鉴别出市场的横盘整理区间,当价格突破这个横盘整理区间的时候,市场很有可能形成了某种趋势,可以入场进行交易。根据ATR计算出来的横盘整理区间,我们获得了一个通道突破策略,其中K代表通道带宽的参数:

$$通道上轨 = N 日均价 + N 日 ATR \times K;$$

$$通道下轨 = N 日均价 - N 日 ATR \times K;$$

价格突破上轨,则做多;价格突破下轨,则做空。

ATR策略使用范围非常广,除了通道突破的应用外,也可以应用于止损或者止盈方案的设计中。

2) 布林带策略

布林带是一种常见的技术分析方法,该策略属于通道突破类策略的一种,其具体操作方式如下：

$$中枢 = N\ 日移动平均线；$$
$$上轨 = 中枢 + k \times Std(N)；$$
$$下轨 = 中枢 - k \times Std(N)；$$
$$价格突破上轨做多，价格突破下轨做空；$$

其中，k 为参数，表示布林带的宽度，$Std(N)$ 是价格的 N 日标准差。k 越大趋势越不容易确认，胜率较高，但是交易次数更少；k 越小趋势越容易确认，胜率较低，但是交易次数比较多。布林线属于移动带宽突破类策略，在此基础上可以根据自身的需求进行改进提升。

3）MACD 策略

MACD 也是常见的指数指标之一，由 Geral Appel 于 1970 年提出。MACD 利用收盘价的短期（常用为 12 日）指数移动平均线与长期（常用为 26 日）指数移动平均线之间的聚合与分离状况，对买进、卖出时机做出研判的技术指标，其计算方法如下：

$$12\ 日\ EMA\ EMA(12) = 前一日\ EMA(12) \times 11/13 + 今日收盘价 \times 2/13$$
$$26\ 日\ EMA\ EMA(26) = 前一日\ EMA(26) \times 25/27 + 今日收盘价 \times 2/27$$
$$差离值\ DIF = EMA(12) - EMA(26)$$

根据差离值 DIF 计算其 9 日的 EMA，即离差平均值，是所求的 DEA 值。

$$今日\ DEA = (前一日\ DEA \times 8/10 + 今日\ DIF \times 2/10)$$
$$MACD = 2 \times (DIF - DEA)$$

在不考虑其他因素的情况下，MACD 的操作方法如下：

DIF ＞ 0 & MACD ＞ 0，入场做多或空头获利了结；

DIF ＜ 0 & MACD ＜ 0，入场做空或多头获利了结。

MACD 策略的使用非常广泛，并不局限于期货市场，同时 MACD 策略与其他技术指标或者策略的结合也更加丰富，需要确定的参数也会更多。

4）移动平均线策略

移动平均线是由著名的美国投资专家 Joseph E. Granville（葛兰碧，又译为格兰威尔）于 20 世纪中期提出来的。均线理论是当今应用最普遍的技术指标之一，它帮助交易者确认现有趋势、判断将出现的趋势、发现过度延续即将反转的趋势。

移动平均线常用线有 5 天、10 天、30 天、60 天、120 天和 240 天的指标，其中，5 天和 10 天的短期移动平均线是短线操作的参照指标，称作日均线指标；30 天和 60 天的是中期均线指标，称作季均线指标；120 天、240 天的是长期均线指标，称作年均线指标。

均线具体应用方法不计其数，最简单、常用的方法就是均线突破：比较移动平均线与当前价格的关系。如果当前价格上涨，高于其移动平均线，则产生买入信号；如果当前价格下跌，低于其移动平均线，则产生卖出信号。均线方法由于简单高效，可以说是市场上应用最广，最受市场参与者欢迎的方法之一。

2. 日内策略

日内策略主要是通道突破类策略，除去均线、布林线，常见日内策略还有 Dual Thrust

策略、R-Breaker 策略、菲阿里四价策略、空中花园策略等。这几个策略都属于通道突破策略，策略的核心都在于通道上下轨的确定。

1) Dual Thrust 策略

Dual Thrust 策略由 Michael Chalek 于 20 世纪 80 年代提出，一度被誉为世界上最赚钱的策略之一。该策略在形式上和开盘区间突破策略类似。不同点主要体现在两方面：Dual Thrust 在浮动区间的设置上，引入前 N 日的 4 个价位，使一定时期内的浮动区间相对稳定，可以适用于日间的趋势跟踪。相关参数计算方法如下：

记 N 日 High 的最高价为 HH；N 日 Close 最低价 LC；

记 N 日 Close 的最高价为 HC；N 日 Low 的最低价 LL；

浮动区间＝Max(HH－LC，HC－LL)

日内价格上轨＝开盘价＋K_s×浮动区间；

日内价格下轨＝开盘价－K_x×浮动区间。

Dual Thrust 策略如图 7-9 所示。

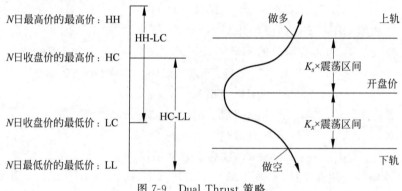

图 7-9　Dual Thrust 策略

该策略的主要操作方法如下：

(1) 当价格向上突破上轨时，如果当时持有空头，则先平仓，再开多仓；如果没有仓位，则直接做多。

(2) 当价格向下突破下轨时，如果当时持有多头，则先平仓，再开空仓；如果没有仓位，则直接做空。

Dual Thrust 策略对于多头和空头的触发条件，考虑了非对称的幅度，做多和做空参考的浮动区间可以选择不同的周期数，也可以通过参数 K_s 和 K_x 来确定。当 $K_s > K_x$ 时，空头相对容易被触发，因此，投资者在使用该策略时，一方面可以参考历史数据测试的最优参数；另一方面，则可以根据自己对后势的判断，或从其他大周期的技术指标入手，阶段性地动态调整 K_s 和 K_x 的值。

2) R-Breaker 策略

R-Breaker 策略是一个结合了趋势跟踪与趋势反转的策略，由于曾经在标普 500 股指期货上的出色表现，该策略被长期誉为世界上最赚钱策略。该策略首先根据前一交易日的收盘价、最高价、最低价来计算出 6 个价位,而后续的操作则是以这 6 个价位作为触发条件,这 6 个价格分别是(由高到低排列):突破买入价(Bbreak)、观察卖出价(Ssetup)、反转卖出价(Senter)、反转买入价(Benter)、观察买入价(Bsetup)、突破卖出价(Sbreak)。具体的计算方法如下:

$$观察卖出价 = High + 0.35 \times (Close - Low)$$
$$观察买入价 = Low - 0.35 \times (High - Close)$$
$$反转卖出价 = 1.07/2 \times (High + Low) - 0.07 \times Low$$
$$反转买入价 = 1.07/2 \times (High + Low) - 0.07 \times High$$
$$突破买入价 = 观察卖出价 + 0.25 \times (观察卖出价 - 观察买入价)$$
$$突破卖出价 = 观察买入价 - 0.25 \times (观察卖出价 - 观察买入价)$$

R-Breaker 策略如图 7-10 所示。

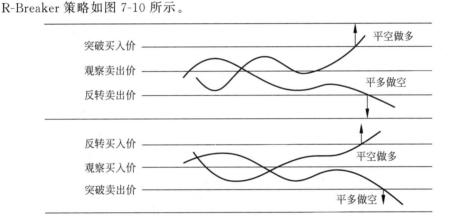

图 7-10 R-Breaker 策略

该策略的操作逻辑在于价格能否真正形成趋势,如果确认为趋势,则顺势而为,如果价格波动较大,但是没有确认为趋势,则在价格回调的情况下做反转交易,具体交易规则如下:

在空仓的情况下,如果价格突破买入价,则顺势做多;

在空仓的情况下,如果价格突破卖出价,则顺势做空;

价格突破卖出观察价,没有突破买入突破价,而且跌破反转卖出价,确认反转做空;

价格突破买入观察价,没有突破卖出突破价,而且涨过反转买入价,确认反转做多。

3)菲阿里四价策略

菲阿里四价策略是由日本期货冠军菲阿里采用的一种突破交易策略,该策略的核心是 4 个价格:上一交易日最高价、上一交易日最低价、上一交易日收盘价、当前开盘价。菲阿里四价策略也是一种通道突破策略,但是相比于上述几种策略要较为简单。该策略的上下轨设置如下:

上轨=上一交易日最高价;

下轨=上一交易日最低价。

该策略认为前一交易日的最高、最低价可以视为最近的一个波动范围,也是一种压力线,如果价格波动的动能不够大,则突破不了前一日的最高/最低价。当价格突破这两个价格后,说明当前价格动能较大,是一个较好的入场信号。具体的操作方法如下:

价格突破上轨,平空做多;

价格突破下轨,平多做空。

由于菲阿里四价策略较为简单,比较容易出现假突破,所以在具体策略的执行中可以增加一些条件来过滤假突破的情况,以提升该策略的胜率。

4)空中花园策略

空中花园策略也是一种通道突破型策略,其特点是要在当天高开或者低开的时候使用。它的逻辑在于,如果当天高开或者低开,则说明市场上一定有了重大的利好或者利空,在这样的情况下市场往往会产生巨大的波动,而趋势类策略盈利恰恰依赖于市场的大幅波动,所以空中花园策略是一个根据开盘价涨跌幅表现出的市场波动来判断是否入场交易的策略,其胜率也较高。空中花园策略中高开或者低开的幅度要求一般是1%,因此该策略的交易频率相较于其他策略会小一些。当确认高开或者低开后,根据当日第一根K线来确定上下轨,具体方式如下:

上轨=第一根K线最高价;

下轨=第一根K线最低价。

确定上下轨之后的操作方法如下:

如果当天开盘价相对于前一交易日收盘价涨跌幅在1%以内,则当天不交易。

价格突破上轨做多,价格突破下轨做空。

本质上空中花园策略就是尝试在价格波动大的市场环境下捕捉价格趋势,开盘价则是判断市场波动的信号。因为该策略上下轨的设定也比较简单,所以也可以结合其他的条件对策略进行改进,进而提高胜率。

3. 趋势跟踪策略的特点

以趋势跟踪为主要策略的CTA基金,由于在2008年金融危机中出色的收益,一举成名,成为人人皆知的回撤保护器。在相关性分析时,我们发现趋势跟踪策略和A股指数相关性为−0.09,展现出良好的分散潜力。实际上不止如此,除了能给已有的资产类型带来多样性外,它在市场大跌时的表现更令人津津乐道,因此常被称为危机阿尔法(Crisis Alpha)。

Kaminski(2011)将危机阿尔法定义为 Profits which are gained by exploiting the persistent trends that occur across markets during times of crisis。

例如,当市场由于恐慌性下跌时,大部分资产被抛售,市场情绪极其低迷,而趋势跟踪唯恐天下不乱,希望永远跌下去,因为持有了空头头寸,因此,趋势跟踪就是大跌时的定海神针。

Hamill、Rattray 和 Van Hemert(2016)详细研究了趋势跟踪在股票和债券大跌时的表现。将股票指数和国债指数按照季度收益率分别分为5组,统计每组同期趋势跟踪策略的表现,结果如图7-11所示。很明显,在股票和债券表现最糟糕的一组,趋势跟踪反而能获得较高的收益,明显超过其他组及平均值,组合中加入趋势跟踪能有效地熨平波动。

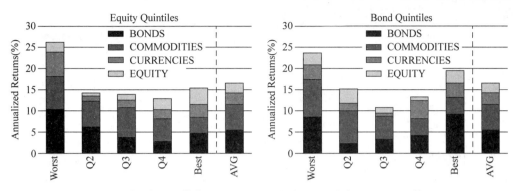

图7-11　不同股市和国债分组下 TSMOM 的表现(图片来源：Hamill 等 2016)

Hurst 等(2017)更是列出了美国股市 10 大危机时,趋势跟踪的表现,包括 2008 年全球金融危机、互联网泡沫和 1987 年大狂跌等,如图 7-12 所示。可以看到,在每次股市大调整时,趋势跟踪特立独行,有点犟脾气,就是不跟着一起回撤；10 次股市危机中,趋势跟踪有 8 次能获得正收益,两次负收益均较小,和股市相比简直不值一提；如果将 80% 的资金分配给 60/40 组合,将剩下的 20% 资金分配给趋势跟踪,则夏普比率能明显提高,回撤能显著降低。

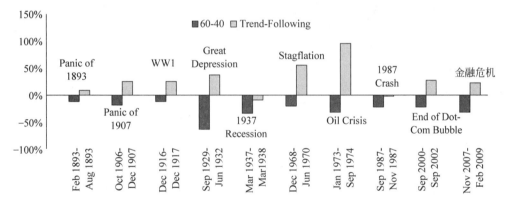

图7-12　美股 10 次大回撤和时间序列动量(图片来源：Hurst 等 2017)

回到中国市场,趋势跟踪是否也具有危机阿尔法的功效呢？为了回答这个问题,展示了 Wind 全 A 指数、中证国债指数和南华商品指数季度收益率相对于趋势跟踪的散点图,如图 7-13 所示。可以看到,趋势跟踪呈现出 Moskowitz 等(2012)所讲的趋势跟踪微笑形态(Time Series Momentum Smile),当市场大幅下跌或者大幅上涨时,均能获得不错的收益,体现出大涨时能锦上添花,大跌时也能雪中送炭的优良品质。尤其是在市场恐慌性下跌的时候,趋势跟踪由于一路卖空,能起到很好的对冲作用。

为了进一步探讨趋势跟踪的回撤保护功能,选择了 7 次 A 股回撤,包括 2008 年国际金融危机、2015 年股市大崩盘及 2018 年漫漫阴跌的历史,如图 7-14 所示。可以看到,7 次大回撤中,趋势跟踪有 5 次能获得正收益,尤其是 2008 年,A 股腰斩了超过 60%,趋势跟踪旗开得胜,获得了接近 60% 的收益；即使两次收益为负,也只是皮外伤,和同期的 A 股相比,根本不值得一提。

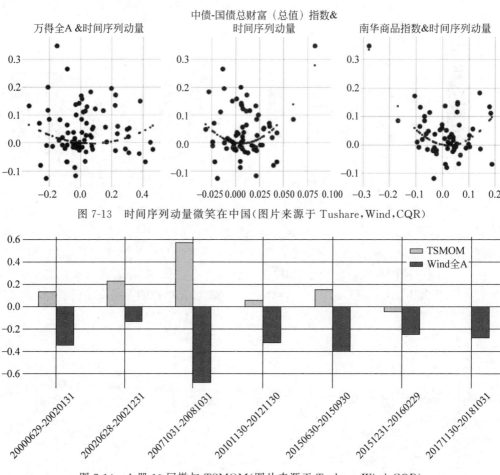

图 7-13　时间序列动量微笑在中国(图片来源于 Tushare, Wind, CQR)

图 7-14　A 股 10 回撤与 TSMOM(图片来源于 Tushare, Wind, CQR)

7.4.4　案例:趋势跟踪策略

趋势跟踪策略案例的代码如下:

```
#//第 7 章/future_bolling_strategy.ipynb
start_date='2015-01-01'
#交易引擎:初始化函数,只执行一次
def initialize(context):
    context.N = 2
    context.length = 20

#交易引擎:每个单位时间开盘前调用一次
def before_trading_start(context, data):
    pass
    #订阅要交易的合约的行情

#交易引擎:bar 数据处理函数,每个时间单位执行一次
```

```python
def handle_data(context, data):
    today = data.current_dt.strftime('%Y-%m-%d')      #当前交易日期
    instrument = context.instruments[0]
    hist = data.history(instrument, ["high", "low", "open", "close"], context.length, "1d")
    bbands = hist['close'].mean()                       #布林带中轨
    stddev = hist['close'].std()                        #标准差
    bbands_up = bbands + stddev * context.N             #布林带上轨
    bbands_low = bbands - stddev * context.N            #布林带下轨
    price = hist['close'].iloc[-1]                      #价格

    long_position = context.get_account_position(instrument, direction=Direction.LONG).avail_qty                 #多头持仓
    short_position = context.get_account_position(instrument, direction=Direction.SHORT).avail_qty               #空头持仓
    curr_position = short_position + long_position      #总持仓

    if short_position > 0:
        if price >= bbands_up:
            context.buy_close(instrument, short_position, price, order_type=OrderType.MARKET)
            context.buy_open(instrument, 4, price, order_type=OrderType.MARKET)
            print(today, '先平空再开多')

    elif long_position > 0:
        if price < bbands:
            context.sell_close(instrument, long_position, price, order_type=OrderType.MARKET)
            context.sell_open(instrument, 4, price, order_type=OrderType.MARKET)
            print(today, '先平多再开空', curr_position)

    elif curr_position == 0:
        if price > bbands:
            context.buy_open(instrument, 4, price, order_type=OrderType.MARKET)
            print('空仓开多')
        elif price <= bbands_low:
            context.sell_open(instrument, 4, price, order_type=OrderType.MARKET)
            print('空仓开空')

#显式地导入 BigQuant 相关 SDK 模块
import pandas as pd
import numpy as np
from biglearning.api import M
from bigdatasource.api import DataSource
from bigtrader.constant import Direction
from bigtrader.constant import OrderType

m = M.hftrade.v2(
    instruments=['RB8888.SHF'],
    start_date='2015-01-01',
    end_date='2015-12-31',
```

```
        initialize=initialize,
        before_trading_start=before_trading_start,
        handle_data=handle_data,
        capital_base=100000,
        frequency='daily',
        price_type='真实价格',
        product_type='期货',
        before_start_days='0',
   benchmark='000300.HIX')
```

趋势跟踪策略的表现如图 7-15 所示。

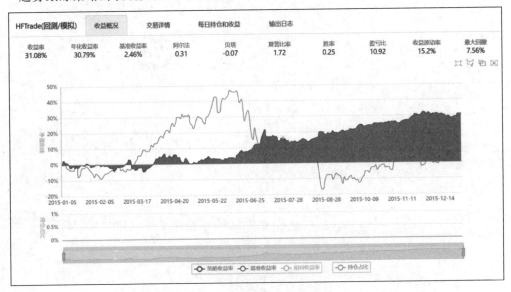

图 7-15　趋势跟踪策略的表现

7.5　TA-Lib 金融量化技术分析库介绍

7.5.1　TA-Lib 简要介绍

TA-Lib(Technical Analysis Library)是一个开源的技术分析库,旨在将技术分析功能集成到金融市场交易应用程序中。自 2001 年发布以来,TA-Lib 以其稳定性和丰富性成为金融领域中广泛使用的技术分析库之一。TA-Lib 的核心代码采用 C/C++编写,提供了一组功能强大的指标和函数,一方面可用于分析市场数据、计算各种技术指标并生成交易信号,如移动平均线(MA)、平滑异同移动平均线(MACD)、相对强弱指数(RSI)、布林带(BBANDS)等;另一方面,TA-Lib 还具备识别 K 线形态的功能,如锤头线(CDLHAMMER)、倒锤头(CDLINVEREDHAMMER)等。除上述提到的常用指标外,更多的指标已被整理在下表,具体可分为周期指标、数学运算符、动量指标、重叠研究、形态识别、价格指标、统计函数、波动性指标、交易量指标十大类,见表 7-1。

表 7-1　常用技术指标

技术指标类别	Indicators	指标数量	示　　例
周期指标类	Cycle Indicators	5	HT_DCPERIOD
数学运算符号类	Math Operators	11	ADD,DIV
数学变换类	Math Transform	15	LN,SIN,COS,TAN
动量指标类	Momentum Indicators	30	MACD
重叠研究类	Overlap Studies	17	BBANDS,MA
形态识别类	Pattern Recognition	61	CDLINVEREDHAMMER,CDLHAMMER
价格指标类	Price Transform	4	AVGPRICE,MEDPRICE
统计函数类	Statistic Functions	9	VAR,STDDEV
波动性指标类	Volatility Indicators	3	ATR
交易量指标类	Volume Indicators	3	AD

除了 C/C++版本外,Ta-Lib 支持多种语言的开源 API,包括 Java、Perl、Python 和 100%
Managed.NET,使其成为一个非常灵活和可扩展的技术分析解决方案。类似于 TA-Lib,
API 提供了一个包含 TA-Lib 指标的轻量级封装。TA-Lib-Python 正是这样的一个封装,
其使用了 Cython 和 NumPy,Cython 允许更直接和高效地集成 Python 和 TA-Lib 的底层
C/C++代码,相比于原始的 SWIG 接口,速度提高了 2~4 倍。此外,TA-Lib-Python 还支持
与 Python 中其他常用的数据分析工具集成使用,如 Polars 和 Pandas 库,这使金融指标数
据处理更加方便。

7.5.2　常用的技术指标及解释

在使用 Ta-Lib 库实现技术指标之前,笔者将简要介绍以下 6 个常用的技术指标。

(1) 移动平均线(Moving Average,MA)是一种基础的技术指标,用于平滑价格数据并
显示其趋势。它用于计算一段时间内的平均价格,并将其以线性式绘制在价格图表上。移
动平均线可以帮助交易者判断价格的趋势方向及价格的支撑和阻力水平,如图 7-16 所示,
使用贵州茅台(600519)5min 线数据,以双移动平均线策略为例,具体规则为灰色的线为 5
日移动平均线,俗称快线;蓝色的线是 20 日移动平均线,俗称慢线。11 月 20 日 10:50,快
线上穿慢线,产生黄金交叉,为买入信号;当日下午 14:15,快线又下穿慢线。产生死亡交
叉,为卖出信号。

(2) 平滑异同移动平均线(Moving Average Convergence Divergence,MACD)是一种用
于衡量价格动量的指标。MACD 指标由两条线组成:MACD 线和信号线。MACD 线是由
短期移动平均线和长期移动平均线之间的差值计算得出的,通常采用 12 日移动平均线减去
26 日移动平均线。信号线则是对 MACD 线进行平滑处理后得到的,通常采用 9 日移动平
均线。MACD 线的数值可以为正数或负数,其变化趋势和数值大小可以提供价格趋势的重
要信息。当 MACD 线向上穿过信号线时,形成"黄金交叉",意味着买入信号,而当 MACD
线向下穿过信号线,形成"死亡交叉",意味着卖出信号。此外,MACD 线的数值越大,表示
价格的上涨动力越强;反之,数值越小,则表示价格的下跌动力越强,如图 7-17 所示,为贵

图 7-16　双移动平均线策略(图片来源于国信金太阳专业版)

州茅台(600519)5min 线数据,灰色的线为 MACD 线,蓝色的线为信号线。MACD 线上穿信号线,红色柱状为可能产生的预期收益;MACD 线下穿信号线,绿色柱状为可能产生的预期亏损。

图 7-17　平滑异同移动平均线(图片来源于国信金太阳专业版)

（3）相对强弱指数（Relative Strength Index，RSI）是一种用于衡量市场超买和超卖条件的指标，可以帮助交易者判断价格的短期走势和调整时机。它通过比较一段时间内（一般取 14 天）上涨日和下跌日的平均涨幅来计算。具体计算公式如下：

$$RSI = 100 - (100/(1 + RS)) \tag{7-1}$$

其中，RS 为相对强度，RS=（平均上涨收盘价的总和/平均下跌收盘价的总和）。

RSI 的取值范围在 0～100，通常使用 80 和 20 作为超买和超卖的阈值。当 RSI 超过 80 时，表示市场超买，价格可能过高，可能会出现调整或反转的机会；当 RSI 低于 20 时，表示市场超卖，价格可能过低，可能会出现反弹或反转的机会，如图 7-18 所示，为贵州茅台（600519）5min 线数据，11 月 20 日 14:15，RSI 曲线触及超卖线，股价随即触底反弹；11 月 20 日 13:40，RSI 曲线向上触及超买线，股价随机向下调整。

图 7-18　相对强弱指数（图片来源于国信金太阳专业版）

（4）布林带（Bollinger Bands，BBANDS）是一种用于衡量价格波动性的指标。它由 3 条线组成：中轨线（移动平均线）、上轨线和下轨线。布林带根据价格的波动来调整上下轨线的宽度。中轨线通常是采用一段时间内的价格的简单移动平均线，上下轨线通常是计算中轨线加减一定倍数的标准差。当价格触及或突破上轨线时，意味着价格可能过高，市场处于超买状态，可以考虑卖出。当价格触及或突破下轨线时，意味着价格可能过低，市场处于超卖状态，可以考虑买入。布林带可以帮助交易者确定买入和卖出的时机，上下界的宽度收窄意味着波动性降低，当后续波动性增加时，则可能包含交易机会，如图 7-19 所示，为贵州茅台（600519）5min 线数据，11 月 16 日上午，出现上下界宽度拉大，与后续股价波动性增加相符。

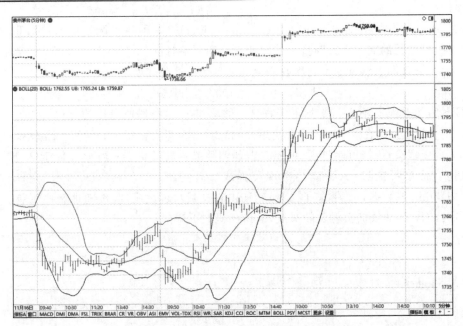

图 7-19 布林带(图片来源于国信金太阳专业版)

　(5)锤头线(Hammer,CDLHAMMER)是一种反转形态的 K 线性态,通常出现在下降趋势中,预示着可能的上升趋势的到来。它由一根较长的下影线和一个较小的实体组成,上影线较短或没有,实体通常位于整个 K 线的上半部分,因此形似锤子。锤头线的形态暗示了市场的底部反转信号,意味着下跌趋势可能即将结束,市场的买压增强,空头力量减弱,价格可能开始上涨。贵州茅台(600519)5min 线数据展示锤头线形态如图 7-20 所示。

图 7-20 锤头线形态(图片来源于国信金太阳专业版)

（6）倒锤头（Inverted Hammer，CDLINVERTEDHAMMER）是一种一日 K 线形态，它通常被认为是一种反转信号。倒锤头的特点是具有较长的上影线和较小的实体，上影线的长度通常是实体的两倍或更多，下影线相对较短或没有。实体一般是空心的，表示收盘价高于开盘价。它通常出现在一个下跌趋势中，它暗示了市场的反转信号。当倒锤头出现在图表上时，它表明在市场最低点附近有买盘进入，推动价格上升，然而，由于实体较小，倒锤头也显示了市场的犹豫和不确定性，因此需要结合其他技术指标和图表形态进行确认。贵州茅台（600519）5min 线数据展示倒锤头形态，如图 7-21 所示。

图 7-21　倒锤头形态（数据来源于国信金太阳专业版）

7.5.3　使用 TA-Lib 库实现技术指标

本节笔者将在 BigQuant 平台上使用 Ta-Lib-Python 依次实现上述提到的指标 MA、MACD、RSI、BBANDS、CDLHAMMER、CDLINVEREDHAMMER，代码如下：

```
#导入数据库
import dai
import pandas as pd
import numpy as np
import talib

#导入数据
df = dai.query("""
SELECT *
FROM cn_stock_bar1m
WHERE instrument = '600519.SH' and date>='2023-10-01'
```

```
ORDER BY date
""").df()

#将 1min 数据转换为 5min 数据
df.set_index('date',inplace=True)
df_5min = df.resample('5min').agg({'open':'first',
    'high':'max',
    'low':'min',
    'close':'last',
    'volume':'sum',
    'amount':'sum'
    }).dropna()
df_5min
```

数据展示如图 7-22 所示。

date	open	high	low	close	volume	amount
2023-10-09 09:30:00	1796.939941	1796.939941	1777.000000	1781.329956	146681	2.616820e+08
2023-10-09 09:35:00	1781.800049	1783.689941	1775.000000	1776.579956	141180	2.510547e+08
2023-10-09 09:40:00	1776.589966	1779.790039	1775.000000	1775.310059	95300	1.693691e+08
2023-10-09 09:45:00	1775.810059	1780.189941	1775.089966	1780.189941	60085	1.067826e+08
2023-10-09 09:50:00	1780.880005	1785.000000	1779.500000	1781.050049	78300	1.394875e+08
...	...	...	...	...	...	...
2023-11-22 14:40:00	1781.150000	1784.000000	1781.000000	1784.000000	23752	4.231566e+07
2023-11-22 14:45:00	1784.000000	1784.970000	1781.510000	1783.660000	32200	5.743361e+07
2023-11-22 14:50:00	1783.660000	1785.000000	1781.500000	1782.770000	40600	7.239218e+07
2023-11-22 14:55:00	1782.770000	1782.770000	1781.510000	1781.510000	20620	3.674667e+07
2023-11-22 15:00:00	1781.510000	1781.510000	1781.510000	1781.510000	19280	3.434751e+07

1680 rows × 6 columns

图 7-22　数据展示

```
#计算 MA 指标
df_5min['MA'] = talib.MA(df_5min['close'], timeperiod=5)
#计算 MACD 指标
macd, signal, hist = talib.MACD(df_5min['close'], fastperiod=12, slowperiod=26,
signalperiod=9)
df_macd = pd.DataFrame({'MACD': macd, 'signal': signal, 'hist': hist}, index=df_
5min.index)
df_5min = pd.concat([df_5min, df_macd], axis=1)
#计算 RSI 指标
df_5min['rsi'] = talib.RSI(df_5min['close'])
#计算 BBANDS 指标
upper, middle, lower = talib.BBANDS(df_5min['close'])
df_bbands = pd.DataFrame({'upper': upper, 'middle': middle, 'lower': lower},
index=df_5min.index)
df_5min = pd.concat([df_5min, df_bbands], axis=1)
#计算 CDLHAMMER 指标
df_5min['cdl_hammer'] = talib.CDLHAMMER(df_5min['open'], df_5min['high'], df_
5min['low'], df_5min['close'])
#计算 CDLINVERTEDHAMMER 指标
```

```
df_5min['cdl_ivertedhammer'] = talib.CDLINVERTEDHAMMER(df_5min['open'], df_
5min['high'], df_5min['low'], df_5min['close'])
df_5min[['MA1', 'MA2', 'MACD', 'signal', 'upper', 'middle', 'lower', 'cdl_
ivertedhammer','cdl_hammer']].dropna()
```

处理后的数据如图 7-23 所示。

date	MA1	MA2	MACD	signal	upper	middle	lower	cdl_Hammer	cdl_InvertedHammer
2023-10-09 13:40:00	1768.300024	1771.762506	-4.107659	-4.472709	1770.205433	1768.300024	1766.394616	0	0
2023-10-09 13:45:00	1768.054028	1771.018506	-4.044600	-4.387087	1770.379043	1768.054028	1765.729013	0	0
2023-10-09 13:50:00	1767.474023	1770.413507	-3.969844	-4.303639	1769.711567	1767.474023	1765.236480	0	100
2023-10-09 13:55:00	1767.244019	1769.767511	-3.845292	-4.211969	1769.531969	1767.244019	1764.956068	0	0
2023-10-09 14:00:00	1766.444019	1769.232513	-3.796427	-4.128861	1767.462074	1766.444019	1765.425963	0	0
...	...	...	...	...	...	...	...	...	...
2023-11-22 14:40:00	1782.800000	1783.984500	-1.597333	-1.727223	1784.859126	1782.800000	1780.740874	0	0
2023-11-22 14:45:00	1782.832000	1783.807000	-1.438599	-1.669498	1784.938083	1782.832000	1780.725917	0	0
2023-11-22 14:50:00	1782.886000	1783.570500	-1.368838	-1.609366	1784.968982	1782.886000	1780.803018	0	0
2023-11-22 14:55:00	1782.588000	1783.230500	-1.399095	-1.567312	1784.930628	1782.588000	1780.245372	0	0
2023-11-22 15:00:00	1782.690000	1783.055500	-1.406857	-1.535221	1784.777716	1782.690000	1780.602284	0	0

1647 rows × 9 columns

图 7-23 处理后的数据

```
import bigcharts
from bigcharts import opts

df_5min = df_5min.tail(165).reset_index()

kline_chart = bigcharts.Chart(
    data=df_5min,
    type_="kline"
)
line_chart = bigcharts.Chart(
    data=df_5min,
    type_="line",
    x="date",
    y=["MA1","MA2"],
)
overlap_chart1 = bigcharts.Chart(
    data=[kline_chart, line_chart],
    type_="overlap",
    chart_options={"title_opts": opts.TitleOpts(title="移动平均线 MA")},
).render()

line_chart2 = bigcharts.Chart(
    data=df_5min,
    type_="line",
    x="date",
    y=["MACD","signal"],
    chart_options={"title_opts": opts.TitleOpts(title="平滑异同移动平均线
MACD")},
).render()

line_chart3 = bigcharts.Chart(
    data=df_5min,
    type_="line",
    x="date",
```

```
    y=["RSI"],
    chart_options={"title_opts": opts.TitleOpts(title="相对强弱指数 RSI")},
).render()

kline_chart = bigcharts.Chart(
    data=df_5min,
    type_="kline"
)
line_chart4 = bigcharts.Chart(
    data=df_5min,
    type_="line",
    x="date",
    y=["upper","middle","lower"],
)
overlap_chart4 = bigcharts.Chart(
    data=[kline_chart, line_chart4],
    type_="overlap",
    chart_options={"title_opts": opts.TitleOpts(title="布林带 BBANDS")},
).render()

kline_chart = bigcharts.Chart(
    data=df_5min,
    type_="kline"
)
df_5min['cdl_hammer'] = np.where(df_5min['cdl_hammer']>0, df_5min['low']-1, df_
5min['low'].min()-5)
line_chart5 = bigcharts.Chart(
    data=df_5min,
    type_="scatter",
    x="date",
    y=["cdl_hammer"],
)
overlap_chart5 = bigcharts.Chart(
    data=[kline_chart, line_chart5],
    type_="overlap",
    chart_options={"title_opts": opts.TitleOpts(title="锤头线识别 CDLHAMMER")},
).render()

kline_chart = bigcharts.Chart(
    data=df_5min,
    type_="kline"
)
df_5min['cdl_ivertedhammer'] = np.where(df_5min['cdl_ivertedhammer']>0, df_
5min['low']-1.5, df_5min['low'].min()-5)
line_chart6 = bigcharts.Chart(
    data=df_5min,
    type_="scatter",
    x="date",
    y=["cdl_ivertedhammer"],
)
overlap_chart6 = bigcharts.Chart(
    data=[kline_chart, line_chart6],
    type_="overlap",
    chart_options={"title_opts": opts.TitleOpts(title="倒锤头识别
CDLIVERTEDHAMMER")},
).render()
```

以上代码运行的结果如图 7-24～图 7-29 所示。

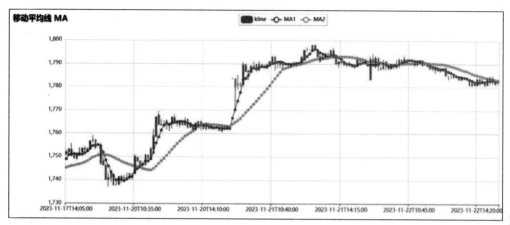

图 7-24　移动平均线 MA

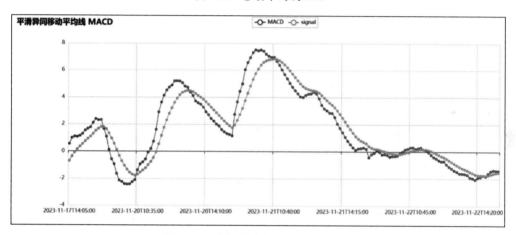

图 7-25　平滑异同移动平均线 MACD

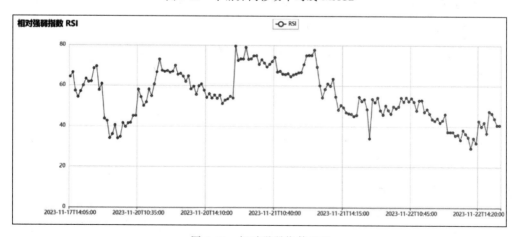

图 7-26　相对强弱指数 RSI

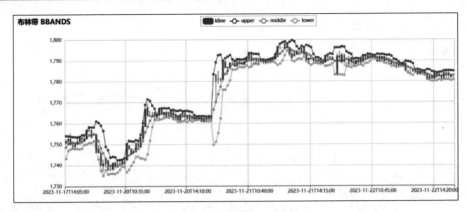

图 7-27　布林带 BBANDS

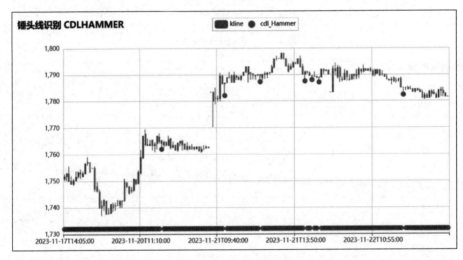

图 7-28　锤头线识别

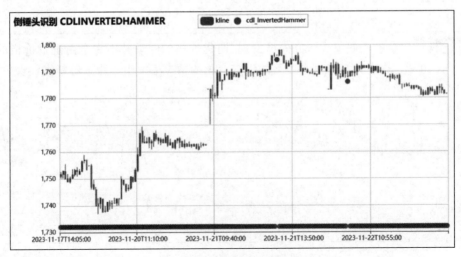

图 7-29　倒锤头识别

7.6 期货截面多因子策略

7.6.1 期货截面多因子策略的逻辑

1. 现货溢价理论

根据这一理论,期货合约的价格通常低于市场预期的未来现货价格。这是因为套保者(通常是生产者或供应商)更愿意接受一个低于预期的固定未来价格,从而把价格风险转移给投机者。为了接受这种风险,投机者希望得到一定的风险溢价,这就导致期货价格低于预期的现货价格。当期货合约到期时,预期的现货价格应该高于现在的期货价格。

现货溢价理论可以用一个简单的例子来说明:假设你是一个农民,预计在6个月后会有1000kg的小麦可以出售。你现在可以在期货市场上以每千克0.9元的价格卖出6个月后的小麦。你选择这么做是因为你害怕6个月后小麦的价格可能会低于0.9元,而投机者看到了你的期货合约,认为6个月后的小麦价格将会超过0.9元,所以他们愿意承担价格风险,从你这里买下期货合约。这就是期货价格正常逆向的一个例子,期货价格(0.9元)是低于市场预期的未来现货价格。

值得注意的是,现货溢价理论并非在所有情况下都成立。在某些市场条件下,例如在存储成本高、利率高或现货供应紧张的情况下,期货价格可能会高于预期的未来现货价格,这种现象被称为期货价格正常顺向或期货溢价。

商品期货市场的参与者可以划分为投机者与套期保值者,当套保需求以空头为主且套保仓位为净空头时,套保者需要为自己的空头套保需求支付溢价,因此期货合约价格偏低,期限结构呈期货贴水,多头投机者的获利来源本质上是套保空头为套保需求额外支付的"利息";反之,套保仓位为净多头时,期限结构呈期货升水,空头投机者能够从多头套保者处赚取风险溢价。

2. 对冲压力假说

对冲压力假说是在20世纪80年代由金融学者提出的,它主要用来解释期货市场价格变动中的一些观察到的现象。研究人员发现,期货价格的变动并不完全由现货价格的变动决定,而且这种变动往往会在没有显著的供需变化的情况下发生。为了解释这种现象,学者们提出了对冲压力假说。

对冲压力假说主张,期货价格的变动是由现货价格的变动和对冲需求的变动共同决定的。也就是说,当市场的对冲需求增大时,对冲压力也会随之增大,从而对期货价格产生影响。这个假说对我们理解期货价格的形成和期货市场的运作具有重要的指导意义。

让我们用一个例子来阐释这个假说。假设有一种商品,其供需基本平衡,现货价格也相对稳定,然而,由于某些原因,例如市场预期未来这种商品的价格会大幅度波动,市场上的企业可能会增加对冲需求,以期在未来价格波动时减少损失。这种增加的对冲需求会产生对冲压力,从而影响期货价格。

举一个具体的例子,假设石油供应商预期未来石油价格会下跌,他们可能会选择提前以期货合约的形式出售石油,以对冲未来价格下跌的风险。这种提前出售石油的行为会增加市场上的对冲需求,从而在一定程度上压低期货价格。这就是对冲压力假说的主要观点。

对冲压力假说提供了一个解释期货价格波动的重要视角,帮助我们理解除了现货价格变动以外,还有哪些因素可能影响期货价格,但我们也应该注意,这个假说的适用性可能会受到市场结构、信息透明度等因素的影响。

3. 存储理论

存储理论最初由霍布鲁克在1933年提出,用来解释期货市场的一些现象。霍布鲁克注意到,农产品价格的季节性变化模式与生产和消费模式是有关的,但现货和期货价格之间的关系则更复杂。为了解释这种复杂性,他提出了存储理论。

存储理论认为,商品的存储活动影响了现货和期货市场之间的价格关系。具体来讲,当存储成本低、存储条件好、市场预期未来价格上涨时,商人们可能会选择购买现货并储存起来,期待未来能以更高的价格出售。这种行为会使现货价格上涨,并推动期货价格与预期的未来现货价格接近。反之,当市场预期未来价格下跌时,商人们可能会选择减少存储或增加销售,这将导致现货价格下跌,期货价格也会随之下跌。

来看一个具体的例子以理解存储理论。假设我们在考虑农业市场,例如小麦。小麦的收获季节通常在一年中的特定时间,收获后的小麦需要存储起来,在未来的时间逐渐销售。储存小麦会产生成本,包括存储设施的租金、保险费用等。现在,如果市场预期未来小麦的价格会上涨,则商人可能愿意承担这些存储成本,买入现货并存储起来,期待未来能以更高的价格卖出。这会导致现货价格上涨,同时期货价格也会上升,反映出市场对未来价格的预期。这就是存储理论的主要观点。

7.6.2　八大类期货截面因子

1. 动量因子

(1) 过去 K 天的累计收益率:

$$\frac{P_T}{P_{T-K+1}} - 1 \tag{7-2}$$

(2) 过去 K 个交易日日内涨幅的均值:

$$\frac{1}{K}\sum_{t=T-K+1}^{T}\frac{\text{Close}_t - \text{Open}_t}{\text{Open}_t} \tag{7-3}$$

(3) 过去 K 个交易日日内累计步长的均值:

$$\frac{1}{K}\sum_{t=T-K=1}^{T}\frac{1}{\text{Close}_t}\left[2(\text{High}_t - \text{Low}_t)\times \text{Sign}(\text{Close}_t \quad \text{Open}_t) - (\text{Close}_t - \text{Open}_t)\right] \tag{7-4}$$

(4) 过去 K 个交易日用 GK 波动率衡量的趋势均值:

$$\frac{1}{K}\sum_{t=T-K+1}^{T}\text{Sign}(\text{Close}_t - \text{Open}_t)\times \text{GK} \tag{7-5}$$

（5）过去 K 日收益率排名的标准化得分均值

$$\frac{1}{K}\sum_{t=T-K+1}^{T} \text{rank}_t$$

$$\text{rank}_t = \frac{y(r_t) - \frac{N_t + 1}{2}}{\sqrt{\frac{(N_t + 1)(N_t - 1)}{12}}} \tag{7-6}$$

其中，N_t 为 t 日参与排序的品种数量，$y(r_t)$ 为收益率在所有品种中的排名。

2. 期限结构因子

商品的期限结构反映了期货价格的实际表现，综合体现了市场上的公开信息和投资者对未来的价格预期。

价格高于远期价格，期货期限结构向下倾斜，这种情况称为期货贴水（Backwardation）；如果远期价格高于近期价格，则期货期限结构向上倾斜，这种情况称为期货升水（Contango）。

期货贴水结构表明当前商品供需偏紧或者不足，这时市场上的买方愿意为目前购买该商品支付更高的溢价，所以现货价格及近月价格较高于远月合约。

期货升水结构表明商品供需过剩，即有较多的剩余库存，这部分库存需要在未来某个时刻卖出，从目前到未来卖出这段期间内，需要有一定的持仓成本，例如仓储费、资金成本等。

$$\text{Roll-Yield}_t = \ln(P_{t,n}/P_{t,f}) \times \frac{365}{T_{t,f} - T_{t,n}} \tag{7-7}$$

其中，$P_{t,n}$ 是 t 时刻近月合约的价格，$P_{t,f}$ 是 t 时刻远月合约的价格，$T_{t,n}$ 是近月合约交割日距离 t 时刻的剩余天数，$T_{t,f}$ 是远月合约交割日距离 t 时刻的剩余天数。采用对数收益率的计算方法，并通过两个合约到期时间的天数差异进行年化调整。

3. 基差动量因子

$$\text{Basis-Momentum}_t = \prod_{j=1}^{n}(1 + R_{t-j,n}) - \prod_{j=1}^{n}(1 + R_{t-j,f}) \tag{7-8}$$

其中，$R_{t-j,n}$ 是 $t-j$ 时刻近月合约的收益率，$R_{t-j,f}$ 是 $t-j$ 时刻远月合约的收益率。

4. 对冲压力因子

（1）投机比率（Speculate Ratio）：

$$\text{SR}_t = \frac{\text{VOL}_t}{\text{OI}_t} \tag{7-9}$$

（2）对冲比率（Hedging Ratio）：

$$\text{HR}_t = \frac{\Delta \text{OI}_t}{\text{VOL}_t} \tag{7-10}$$

5. 持仓量因子

（1）当前持仓相比过去 K 日平均持仓总量的变化率：

$$\frac{\mathrm{OI}_T}{\dfrac{1}{K}\displaystyle\sum_{t=T-K+1}^{T}\mathrm{OI}_t}-1 \tag{7-11}$$

（2）会员持仓多空净头寸与总持仓量的比值，过去 K 个交易日均值：

$$\frac{1}{K}\sum_{t=T-K+1}^{T}\frac{\mathrm{LS}_{\mathrm{raw},t}}{\mathrm{OI}_t} \tag{7-12}$$

（3）当前会员持仓多空净头寸相比过去 K 日平均净头寸的变化率：

$$\frac{\mathrm{LS}_{\mathrm{raw},T}-\dfrac{1}{K}\displaystyle\sum_{t=T-K+1}^{T}\mathrm{LS}_{\mathrm{raw},t}}{\mathrm{abs}\left(\dfrac{1}{K}\displaystyle\sum_{t=T-K+1}^{T}\mathrm{LS}_{\mathrm{raw},t}\right)} \tag{7-13}$$

其中，OI 表示持仓量，LS 表示前 20 会员多空净头寸。

6. 波动率因子

（1）过去 K 个交易日收益率的标准差

$$\sqrt{252}\,\frac{1}{K}\sum_{t=T-K+1}^{T}(r_t-\bar{r})^2 \tag{7-14}$$

（2）RS 波动率（Rogers and Satchell Estimator）：

$$\sqrt{\frac{252}{K}\sum_{t=T-K+1}^{r}\left[h_t(h_t-c_t)-l_t(l_t-c_t)\right]} \tag{7-15}$$

其中，$h=\log(\mathrm{high})-\log(\mathrm{open})$，$l=\log(\mathrm{low})-\log(\mathrm{open})$，$c=\log(\mathrm{close})-\log(\mathrm{open})$

（3）GK 波动率（Garman and Klass Estimator）：

$$\sqrt{\frac{252}{K}\sum_{t=T-K+1}^{T}\left[0.5(h_t-l_t)^2-(2\log(2)-1)c_t^2\right]} \tag{7-16}$$

（4）PK 波动率（Parkinson Estimator）：

$$\sqrt{\frac{252}{4\log(2)K}\sum_{t=T-K+1}^{T}(h_t-l_t)^2} \tag{7-17}$$

7. 偏度因子

$$\mathrm{SKEW}_t=\frac{\dfrac{1}{D}\displaystyle\sum_{d=1}^{D}(R_d-\mu_t)3}{\sigma_t^3} \tag{7-18}$$

8. 库存因子

（1）仓单的环比变化率：

$$S_{\mathrm{warehouse}}(L,K)=\frac{\displaystyle\sum_{t=T-L+1}^{T}\mathrm{warehouse}_t}{\displaystyle\sum_{t=T-L-K+1}^{T}\mathrm{warehouse}_t}-1 \tag{7-19}$$

（2）过去 K 期库存环比变化率的均值

$$S_{\text{instock}}(K) = \frac{1}{K} \sum_{t=T-K+1}^{T} \left(\frac{\text{stock}_t}{\text{stock}_{t-1}} - 1 \right) \tag{7-20}$$

7.6.3　期货多因子策略案例

1. 选取主力合约

在生成期货的因子之前,先要对基础行情数据进行处理。一个品种当天有很多合约,如何选择正确的主力合约至关重要,一般来讲主力合约是市场交易最活跃、流动性最强的合约,它会直接影响策略的有效性和盈利能力,同时也有助于确保分析和交易策略的数据代表市场的真实动态。

选取主力合约的时候,希望在保证流动性足够强的同时,尽量减少某些合约来回切换的情况,因此我们制定如下规则确定主力合约:

首先,我们找出当天成交量最大的合约和持仓量最大的合约,如果这两个是不一样的合约,我们就选择其中交割月份较早的那个合约作为新主力合约。

以下两种情况不会进行更换合约的操作:

（1）如果上述两个合约中的任意一个合约当天存在涨跌停,则不进行更换合约操作。

（2）如果新主力合约的交割月份比旧主力合约的交割月份早,则不进行更换合约操作,其余情况,如果新主力合约与旧主力合约不一致,则会切换至新的主力合约。

接下来,以豆一为例,以 hq_data 为基础行情数据,包括以下字段。

tradeDate:交易日期。

object:品种名称。

code:合约代码。

volume:成交量。

open_interest:持仓量。

last_trade_date:最后交易日期。

is_limit:当天是否到达涨跌停。

```
主力合约记录
main_code_records = []

#循环取出某品种每天的所有合约
for ((tmp_object, tmp_date), tmp_hqdata) in hq_data.groupby(['object',
'tradeDate']):
    tmp_hqdata.sort_values('code', inplace=True)

    #选择成交量最大的合约
    volume_max = tmp_hqdata.loc[tmp_hqdata.volume.idxmax()]
    #选择成交量最大的合约
    interest_max = tmp_hqdata.loc[tmp_hqdata.open_interest.idxmax()]

    #从 volume_max 和 interest_max 中选择最近的合约作为新主力合约
```

```
            new_main_contract = volume_max if volume_max.last_trade_date <= interest_
max.last_trade_date else interest_max

        #新主力合约代码
        new_code = new_main_contract['code']
        #新主力合约最后交易日
        new_last_trade_date = new_main_contract['last_trade_date']

        #如果尚未记录此品种
        if not main_code_records:
            main_code_records.append({
                'tradeDate': tmp_date,
                'object': tmp_object,
                'code': new_code,
                'last_trade_date': new_last_trade_date,
                'status': 'update',
                'reason': '',
                })

        #如果已记录此品种
        else:
            #旧主力合约代码
            old_code = main_code_records[-1]['code']
            #旧主力合约最后交易日
            old_last_trade_date = main_code_records[-1]['last_trade_date']

            #如果非涨跌停
            if not new_main_contract.limit:

                #如果新主力合约等于旧主力合约
                if new_code == old_code:

                    main_code_records.append({
                        'tradeDate': tmp_date,
                        'object': tmp_object,
                        'code': new_code,
                        'last_trade_date': new_last_trade_date,
                        'status': 'keep',
                        'reason': '非涨跌停,新旧主力合约相同',
                        })

                else:

                    #如果新主力合约最后交易日比旧主力合约晚
                    if new_last_trade_date > old_last_trade_date :
                        main_code_records.append({
                            'tradeDate': tmp_date,
                            'object': tmp_object,
                            'code': new_code,
                            'last_trade_date': new_last_trade_date,
                            'status': 'update',
                            'reason': '',
                            })
```

```
                    #如果新主力合约最后交易日小于旧主力合约
                    elif new_last_trade_date <= old_last_trade_date:
                        main_code_records.append({
                            'tradeDate': tmp_date,
                            'object': tmp_object,
                            'code': old_code,
                            'last_trade_date': old_last_trade_date,
                            'status': 'keep',
                            'reason': '非涨跌停,新主力合约比旧主力合约早',
                        })

                #如果涨跌停
                else:
                    main_code_records.append({
                        'tradeDate': tmp_date,
                        'object': tmp_object,
                        'code': old_code,
                        'last_trade_date': old_last_trade_date,
                        'status': 'keep',
                        'reason': '涨跌停',
                    })

main_code = pd.DataFrame(main_code_records)
```

最终,豆一的主力合约如下(其余合约同理):

```
main_code[['tradeDate','object','code','status']]
#         tradeDate       object      code          status
#0        2010-01-04      连豆一       A1009.XDCE    update
#1        2010-01-05      连豆一       A1009.XDCE    keep
#2        2010-01-06      连豆一       A1009.XDCE    keep
#3        2010-01-07      连豆一       A1009.XDCE    keep
#4        2010-01-08      连豆一       A1009.XDCE    keep
#...      ...             ...         ...           ...
#3366     2023-11-13      连豆一       A2401.XDCE    keep
#3367     2023-11-14      连豆一       A2401.XDCE    keep
#3368     2023-11-15      连豆一       A2401.XDCE    keep
#3369     2023-11-16      连豆一       A2401.XDCE    keep
#3370     2023-11-17      连豆一       A2401.XDCE    keep
```

2. 合成主力连续合约

确定了选取主力合约的规则后,由于期货合约不同到期日的合约之间可能存在价格差异,如果只是简单地将不同合约拼接在一起,就会存在许多价格的跳跃,这对分析某个品种的统计性质会产生很大影响。为了确保数据的一致性和连续性,事实上目前也有很多种主力合约的拼接方法(参考 *Masteika, Saulius, Aleksandras V. Rutkauskas, and Janes Andrea Alexander. "Continuous futures data series for back testing and technical analysis." Conference proceedings, 3rd international conference on financial theory and engineering. Vol. 29. IACSIT Press, 2012.*)。合成主力连续合约结果如图 7-30 所示。

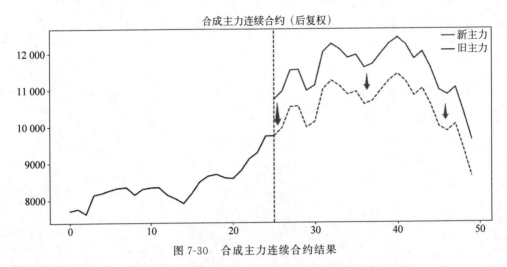

图 7-30　合成主力连续合约结果

1) 平移方法(Panama Adjustment)

在巴拿马运河(Panama Canal),船闸系统使船只能上下浮动,以便在太平洋和大西洋之间通行,即使这两个水域的水位不同。

假设在 T 日发生了合约切换,老合约的切换价格为 P_T,新合约的切换价格为 Q_T,如果为了使调整前后收益率保持不变,则

前向调整(Last True Method): T 日之前的合约价格减去 $P_T - Q_T$;

后向调整(First True Method): T 日及其之后的所有股票价格加上 $P_T - Q_T$。

在这种方法的作用下,价格有可能为负,如要保证价格为正,则需要对所有的价格加上一个足够大的正数。该方法最大的问题是趋势偏差(Trend Bias)的引入,即造成价格序列一个较显著的漂移,并且不能直接使用连续合约的价格序列计算收益率序列。

2) 比例方法(Proportional Adjustment)

该方法类似于处理股票的除权,可以使调整前后收益率保持不变。

假设在 T 日发生了合约切换,老合约的切换价格为 P_T,新合约的切换价格为 Q_T,则

前向调整(Last True Method): T 日之前的价格乘以 Q_T/P_T;

后向调整(First True Method): T 日及其之后的价格乘以 Q_T/P_T。

该方法主要的问题是对于依赖绝对价格水平的策略会产生错误的信号。此方法主要用于一些统计分析建模。

3) 江恩序列法(Gann Series)

江恩序列法用同一个到期月份的月合约价格序列相互连接生成连续合约。例如,将历史上所有 3 月到期的合约价格序列首尾相连形成连续合约价格序列。该方法的优点是合约切换次数较少,价格序列连续的区间较长,然而,一个合约作为主力合约的时间较短,大部分时间处于不活跃状态,从而这种方法得到的连续合约在大部分时间区间里持仓量、成交量都较低,日内波动性很低,该连续合约的可交易性不大。

4）滚动加权均值法（Perpetual Series Method）

该方法是在切换前一段时间计算多个合约的线性加权组合价格序列作为连续合约的价格序列来平滑合约切换引起的跳跃，其中权重可以根据记录到期日的天数或者成交量、持仓量的比值来确定。例如，以切换前 5 个交易日作为平滑区间，在第 1 个交易日，以 4∶1 的方式加权计算近月和远月合约价格作为连续合约价格，在第 2 天以 3∶2 加权，第 3 天以 2∶3 加权，第 4 天以 1∶4 加权，第 5 天将日权重切换为 0∶5，即和新合约的价格一致。

在生成期货多因子的时候，我们推荐使用方法 2 对主力数据进行处理，进而能够保证因子具有比较好的统计性质。

同样，以豆一为例，以 main_hqdata 为主力行情数据（不连续），包括以下字段。

tradeDate：交易日期（第 1 列 index）。

object：品种名称（第 2 列 index）。

code：合约代码。

open：开盘价。

close：收盘价。

high：最高价。

low：最低价。

pre_close：昨收价。

settle：结算价。

volume：成交量。

value：成交额。

open_interest：持仓量。

```python
def to_fq(data, fq: Literal['bfq', 'qfq', 'hfq']='bfq'):
    '''复权'''

    if fq == 'bfq':
        if 'pre_close' in data.columns:
            return data.drop(columns='pre_close')
        else:
            return data

    new = []
    for _, df in data.groupby(level=1):

        df = df.assign(
            #是否换合约
            is_chg = df['code'] != df['code'].shift(1),
            #初始固定复权因子
            fixed_factor = (df['close'].shift(1)/df['pre_close'])
            )
        df.loc[df.index[0], 'is_chg'] = False      #将第 1 行换成 False

        #选出 is_chg 为 False 的行,将 fixed_factor 置为空值
```

```
        df.loc[df['is_chg']==False, 'fixed_factor'] = np.nan
        #选出 is_chg 为 True 的行，将 fixed_factor 置为累积
        df.loc[df['is_chg']==True, 'fixed_factor'] = np.cumprod(df.loc[df['is_
chg']==True, 'fixed_factor'])
        #向下填充
        df['fixed_factor'] = df['fixed_factor'].fillna(method='ffill').fillna
(1)

        #update_factor 为每次更新数据时需要更新的复权因子，若为 1，等价于后复权因子
        if fq == 'qfq':
            df['update_factor'] = df['fixed_factor'].values[-1]
        elif fq == 'hfq':
            df['update_factor'] = 1
        else:
            raise ValueError("if_fq should be in ['bfq','qfq','hfq'].")

        #最终复权系数：固定复权因子/换月时更新的复权因子
        df['fq_facotr'] = df['fixed_factor']/df['update_factor']

        df = df.assign(
            close = df.close * df.fq_facotr,
            open = df.open * df.fq_facotr,
            high = df.high * df.fq_facotr,
            low = df.low * df.fq_facotr,
            settle = df.settle * df.fq_facotr,
        ).drop(columns=['code','pre_close','is_chg','fixed_factor','update_
factor','fq_facotr'])
        new.append(df)

    return pd.concat(new).sort_index()

main_hqdata_fq = to_fq(main_hqdata, 'hfq')      #后复权
```

最终，豆一的连续主力合约如下(其余合约同理)：

```
main_code[['tradeDate','object','code','status']]

openclose high low settle volume value open_interest
tradeDate     object

2010-01-04  连豆一      4080.00  4057.00  4090.00  4049.00  4069.00  160919.0
6.547878e+09  142148.0
2010-01-05  连豆一  4067.00  4066.00  4082.00  4060.00  4070.00  126820.0
5.162076e+09  141692.0
...
2023-11-15  连豆一  4589.63  4640.60  4643.38  4587.78  4616.51  127084.0
6.330410e+09  149614.0
2023-11-16  连豆一  4649.87  4672.12  4673.04  4621.14  4642.46  98982.0
4.958973e+09  145964.0
2023-11-17  连豆一  4673.04  4696.21  4702.70  4656.36  4678.60  113367.0
5.723494e+09  142631.0
```

主力合约价格如图 7-31 所示。

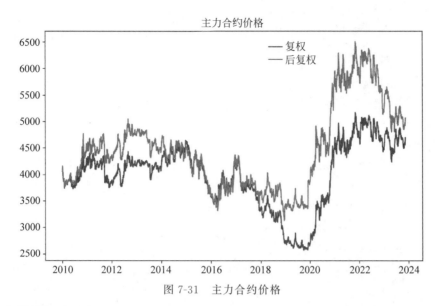

图 7-31 主力合约价格

3. 多因子组合流程

（1）使用合成后的主力连续合约，生成八大类期货因子。

（2）对因子进行预处理操作。

① 空值填充：可以选择前向填充、插值填充或者用 0 填充。

② 中位数去极值，代码如下：

```python
class MADOutlierRemover:
    '''中位数去极值'''

    def __init__(self, MAD_multiplier=5) -> None:
        self.MAD_multiplier = MAD_multiplier

        self.md_ = None
        self.mdmd_ = None
        self.Excelude_columns =[]

    def __repr__(self) -> str:
        return 'MADOutlierRemover'

    __str__ = __repr__

    def _reset(self):
        self.md_ = None
        self.mdmd_ = None
        self.Excelude_columns =[]

    def _check_factor_counts_lessthan2(self, X: pd.DataFrame):
        '''检查值域不大于两个数的因子(只含01,或者...)'''
        factor_count = X.apply(lambda x: x.value_counts().count())
        self.Excelude_columns = list(factor_count[factor_count<=2].index)
```

```
        if not not self.Excelude_columns:
            log_info(f'以下因子不需要进行异常值处理(值域不大于两个数):\n{self.
Excelude_columns}\n')

    def _check_nan(self):
        assert not pd.isnull(self.md_).any(), '[MADOutlierRemover] md_中{}有空值'.
format(list(self.md_[pd.isnull(self.md_)].index))
        assert not pd.isnull(self.mdmd_).any(), '[MADOutlierRemover] mdmd_{}有
空值'.format(list(self.mdmd_[pd.isnull(self.mdmd_)].index))

    def fit(self, X: pd.DataFrame):
        assert isinstance(X, pd.DataFrame), '[MADOutlierRemover] Assure X is pd.
DataFrame.'
        self._reset()
        self._check_factor_counts_lessthan2(X)
        X = X.loc[:, ~X.columns.isin(self.Excelude_columns)]
        self.md_ = X.median()
        self.mdmd_ = abs(X - self.md_).median()
        self._check_nan()
        return self

    def transform(self, X: pd.DataFrame):
        assert isinstance(X, pd.DataFrame), '[MADOutlierRemover] Assure X is pd.
DataFrame.'
        assert (self.md_ is not None) and (self.mdmd_ is not None), \
            f"[MADOutlierRemover] This {self.__repr__()} instance is not fitted
yet. Call 'fit' with' appropriate arguments before using this estimator."

        #calculate up down threshold
        up_threshold = self.md_ + self.MAD_multiplier * self.mdmd_
        down_threshold = self.md_ - self.MAD_multiplier * self.mdmd_

        #exlude some specificial columns
        X_exlude = X.loc[:, X.columns.isin(self.Excelude_columns)]
        X = X.loc[:, ~X.columns.isin(self.Excelude_columns)]

        n_col = X.shape[0]
        #Series -> DataFrame
        up_threshold = pd.DataFrame(up_threshold.repeat(n_col).values.reshape
(-1, n_col), index=X.columns, columns=X.index).T
        down_threshold = pd.DataFrame(down_threshold.repeat(n_col).values.
reshape(-1, n_col), index=X.columns, columns=X.index).T

        #excute X by up down threshold
        X = X.where(X < up_threshold, up_threshold).where(X > down_threshold,
down_threshold).where(~pd.isnull(X), np.nan)

        #concat
        return pd.concat([X, X_exlude], axis=1)

    def fit_transform(self, X: pd.DataFrame):
        self.fit(X)
        return self.transform(X)
```

③ 标准化,代码如下:

```python
class StandardScaler:
    '''标准化'''

    def __init__(self) -> None:
        self.mean_ = None
        self.std_ = None

    def __repr__(self) -> str:
        return 'StandardScaler'

    __str__ = __repr__

    def _reset(self):
        self.mean_ = None
        self.std_ = None

    def _check_nan(self):
        assert not pd.isnull(self.mean_).any(), '[StandardScaler] mean_{}有空值'.
format(list(self.mean_[pd.isnull(self.mean_)].index))
        assert not pd.isnull(self.std_).any(), '[StandardScaler] std_{}有空值'.
format(list(self.std_[pd.isnull(self.std_)].index))

    def fit(self, X: pd.DataFrame):
        assert isinstance(X, pd.DataFrame), '[StandardScaler] Assure X is pd.
DataFrame.'
        self._reset()
        self.mean_ = X.mean()
        self.std_ = X.std()
        self._check_nan()
        return self

    def transform(self, X: pd.DataFrame):
        assert isinstance(X, pd.DataFrame), '[StandardScaler] Assure X is pd.
DataFrame.'
        assert (self.mean_ is not None) and (self.std_ is not None), \
            f"[StandardScaler] This {self.__repr__()} instance is not fitted yet.
Call 'fit' with' appropriate arguments before using this estimator."

        X = (X - self.mean_) / (self.std_ + 1e-15)

        return X

    def fit_transform(self, X: pd.DataFrame):
        self.fit(X)
        return self.transform(X)
```

(3) 计算标签。

使用第 2 天的开盘价计算未来两日的收益率,代码如下:

```python
#当天的开盘价序列如下
tradeDate  object
```

```
2010-01-04   沪天胶            24595.000000
             郑菜油             8586.000000
             郑籼稻             2131.000000
             郑白糖             5803.000000
             郑棉花            16600.000000
                                  ...
2023-11-24   沪白银             4062.689649
             沪燃油             2649.461599
             沪热轧卷板          9941.841599
             连棕油             8743.040081
             集运指数欧线          736.000000
Name: open, Length: 153675, dtype: float64
```

```
#换仓周期
period = 2
#开盘价的截面数据
open_panel = (hqdata['open'].reset_index(drop=False)
        .pivot(index='tradeDate', columns='object', values='open')
        )
#未来收益率的截面数据
futureReturns_panel = open_panel.shift(-period) / open_panel - 1
#将截面数据转换为序列数据
futureReturns = pd.DataFrame(
        futureReturns_panel.stack(),
        columns=['future_returns']
        )
#futureReturns 数据如下
tradeDate object
2010-01-04   沪天胶             0.003456
             沪燃油             0.033958
             沪线材             0.004165
             沪螺钢             0.014150
             沪铜              0.008479
                                  ...
2023-11-22   郑苹果            -0.006383
             郑菜油            -0.007155
             郑菜籽粕           -0.015835
             郑锰硅            -0.006383
             集运指数欧线          0.000000
Name: future_returns, Length: 151464, dtype: float64
```

对每天的收益率,根据分位数进行分组,这里是六分类,将未来收益最高的一组标记为5,将未来收益最低的一组标记为0,代码如下:

```
LabelQuantile = [0, 0.1, 0.3, 0.5, 0.7, 0.9, 1]
label = futureReturns.apply(lambda x: pd.qcut(x, q = LabelQuantile, labels = False))
#label 数据如下
tradeDate object
2010-01-04   沪天胶             3
             沪燃油             5
             沪线材             3
```

```
            沪螺钢        4
            沪铜          4
                          ..
2023-11-22  郑苹果        2
            郑菜油        1
            郑菜籽粕       1
            郑锰硅        2
            集运指数欧线     2
Name: future_returns, Length: 151464, dtype: int64
```

（4）划分训练集、验证集、测试集。

（5）自定义评价指标。

这里的评价指标是计算头部样本与尾部样本的精准度，实际操作时可根据策略要求自定义实现，代码如下：

```python
class BaseFunction:
    '''
    - Notice:
        - y_pred should reshape. (num_samples * num_classes, 1) -> (num_classes,
num_samples)
    '''

    def __init__(self, y_true, y_pred, classes: list) -> None:
        self.classes = classes
        self.num_classes = len(classes)

        if isinstance(y_true, lgb.Dataset):
            y_true = y_true.label
        y_pred = y_pred.reshape(self.num_classes, -1)

        self.num_samples = len(y_true)
        self.y_true = y_true            #(num_samples,)
        self.y_pred = y_pred            #(num_classes, num_samples)

    def metric(self):
        pass

    def objective(self):
        pass


class FMetric(BaseFunction):
    '''
    func_eval = lambda y_pred, y_true: FMetric(y_true, y_pred).recall('top',
True)
    '''

    def __init__(self, y_true, y_pred, classes: list, _model='lgbm') -> None:
        super().__init__(y_true, y_pred, classes, _model)
        self.top_class = max(self.classes)
        self.bot_class = min(self.classes)
        self.y_pred = np.argmax(self.y_pred, axis=0)
```

```python
    def num_predA_trueB(self, y_true, y_pred, A, B):
        '''预测为 A，实际为 B 的数量'''
        return np.sum(np.logical_and(y_true == B, y_pred == A))

    def precision(self):
        '''
        所有预测为 top/bottom 的样本中预测正确的概率
        '''

        _sum_top = sum([self.num_predA_trueB(self.y_true, self.y_pred, self.top_
class, i) for i in self.classes if i in [self.top_class, self.bot_class]])
        _num_pred_top = self.num_predA_trueB(self.y_true, self.y_pred, self.top_
class, self.top_class) #预测头部样本正确

        _sum_bot = sum([self.num_predA_trueB(self.y_true, self.y_pred, self.bot_
class, i) for i in self.classes if i in [self.top_class, self.bot_class]])
        _num_pred_bot = self.num_predA_trueB(self.y_true, self.y_pred, self.bot_
class, self.bot_class) #预测尾部样本正确

        if _sum_top == 0 or _sum_bot == 0:
            return 'precision_tb', 0              , True
        else:
            return 'precision_tb', (_num_pred_top / _sum_top + _num_pred_bot /
_sum_bot) / 2, True

#使用如下评价指标作为模型判断早停的依据
feval = lambda y_pred, y_true: FMetric(y_true, y_pred,
            classes=classes).precision()
```

（6）使用 LightGBM 进行训练，代码如下：

```python
class LightgbmModel:

    def __init__(self, dataset, categorical_columns=None) -> None:

        self.categorical_columns = categorical_columns

        self.lgb_train = None
        self.lgb_valid = None
        self.lgb_test = None

        self.evals_result = {} #to record eval results for plotting

        self.set_lgb_dataset(dataset)

    def transform_categorical_feature(self, data) -> tuple([pd.DataFrame,
dict]):
        '''对分类特征进行转换 str -> int'''
        categorical_dims = {}
        for col in self.categorical_columns:
            l_enc = LabelEncoder()
            data[col] = l_enc.fit_transform(data[col].values)
            categorical_dims[col] = len(l_enc.classes_)
```

```python
        return data, categorical_dims

    def set_lgb_dataset(self, dataset):
        '''设置 lgb 专属格式的数据集'''

        if {'X_train', 'y_train'}.issubset(dataset.keys()):

            X_train = dataset['X_train']
            y_train = dataset['y_train']
            X_train, _ = self.transform_categorical_feature(X_train)

            self.lgb_train = lgb.Dataset(
                        data=X_train,
                        label=y_train,
                        categorical_feature=self.categorical_columns,
                        free_raw_data=False,
                        ).construct()

        else:
            raise ValueError('数据集中没有训练集，键值应包含: X_train, y_train ')

        if {'X_valid', 'y_valid'}.issubset(dataset.keys()):

            X_valid = dataset['X_valid']
            y_valid = dataset['y_valid']
            X_valid, _ = self.transform_categorical_feature(X_valid)

            self.lgb_valid = lgb.Dataset(
                        data=X_valid,
                        label=y_valid,
                        categorical_feature=self.categorical_columns,
                        reference=self.lgb_train,
                        free_raw_data=False,
                        ).construct()

        if {'X_test', 'y_test'}.issubset(dataset.keys()):

            X_test = dataset['X_test']
            y_test = dataset['y_test']
            X_test, _ = self.transform_categorical_feature(X_test)

            self.lgb_test = lgb.Dataset(
                        data=X_test,
                        label=y_test,
                        categorical_feature=self.categorical_columns,
                        free_raw_data=False,
                        ).construct()

    def train(self,
            params,
            valid_names=None,
            fobj=None,
            feval=None,
```

```
                categorical_feature: List[str]='auto',
                early_stopping_rounds=100,
                ) -> Booster:

        print('start training ...')
        booster = lgb.train(
                params,
                self.lgb_train,
                num_boost_round=5000,
                valid_sets=[self.lgb_train, self.lgb_valid],
                valid_names=valid_names,
                fobj=fobj,
                feval=feval,
                categorical_feature=categorical_feature,
                callbacks=[
                    lgb.early_stopping(early_stopping_rounds),
                    lgb.log_evaluation(100),
                    lgb.record_evaluation(self.evals_result)
                ]
            )
        return booster

#训练 LGBM
LGBMTrainer = LightgbmModel(dataset=dataset, categorical_columns='sector')

LabelQuantile = [0, 0.1, 0.3, 0.5, 0.7, 0.9, 1]
classes = list(range(len(LabelQuantile)-1))

fixed_params = {
    'objective': 'multiclass',
    'num_classes': len(classes),
    'first_metric_only': True,
    'force_col_wise': True,
    'seed': 888,
    'verbose': -1,
    }
#最优参数使用 optuna 调参得到
best_params = {
    'learning_rate': ...,
    'max_depth': ...,
    'min_data_in_leaf': ...,
    'num_leaves': ...,
    'bagging_fraction': ...,
    'bagging_freq': ...,
    'feature_fraction': ...,
    'lambda_l1': ...,
    'lambda_l2': ...
    }
#开始训练模型
model = LGBMTrainer.train(
        params={**fixed_params, **best_params},
        feval= lambda y_pred, y_true: FMetric(y_true, y_pred,
            classes=classes).precision(),
```

```
categorical_feature='sector',
early_stopping_rounds=300
)
```

（7）构建多空组合。

根据模型的预测概率值,选择多头概率值最大的五只期货,以及空头概率值最大的五只期货,组成多空组合。

（8）使用风险模型对投资组合的权重进行优化,可以选用以下方法中的一种:

① 各期货使用各自 30 日的波动率的倒数作为权重,进行优化;

② 调用 PyPortfolioOpt 中的 General Efficient Frontier,详细代码仓库网站可在本书资料文档中查询,其中优化目标可选择:最小化 Semivariance、最小化 CVaR、最小化 CDaR。

7.7　网格策略介绍

7.7.1　网格策略的逻辑

一只股票从 1 元涨到 2 元,又从 2 元跌到 1 元,应该怎么做?

假设目前有 200 元,其中 100 元用于交易,另外的 100 元空仓,在这个过程中要做的就是保持股票市值和现金总市值一样。

假设 100 元持仓会先涨到 200 元,这时,卖掉 50 元对应的市值(150 元市值,150 元现金),这样当股票跌回 1 元的时候,市值有 75 元,总资产为 225 元。

反过来也是一样的,一只股票从 2 元跌到 1 元,又从 1 元涨到 2 元。

初始 200 元现金,其中 100 元投入股市,然后股价下跌,手中资产共 150 元,此时补充 25 元到市场,保持剩余资金和在市资金一样(75 元市值,75 元现金),之后股票涨回 2 元,市值为 150 元,手中有 75 元,总资产为 225 元。

上述交易案例是网格交易法中最经典的:等比例仓位模型。

网格交易法与以往正常的震荡交易方式(高抛低吸)有以下两点不同。

正常的震荡交易策略是在震荡区间内,低位做多,高位做空,通过来回做差价获取利润,如图 7-32 所示。

香农网格交易法在震荡区间内只做多、不做空。不像以往的震荡交易策略那么灵活,既可以做多,又可以做空,如图 7-33 所示。

在笔者看来,网格交易是一类处置震荡行情很优秀且通用的方法论,需要做的是,决定在哪些品种上交易,决定在什么时候进行和停止交易,以及决定怎么交易。学习网格交易策略,有以下几个步骤。

7.7.2　网格交易的收益来源

应当看出,做网格交易策略,本身不具有市场的领先信息,不跟随主力资金征讨,不站队哪一方。本质上赚的是提供流动性,以及平抑市场波动,增强市场有效性的钱。

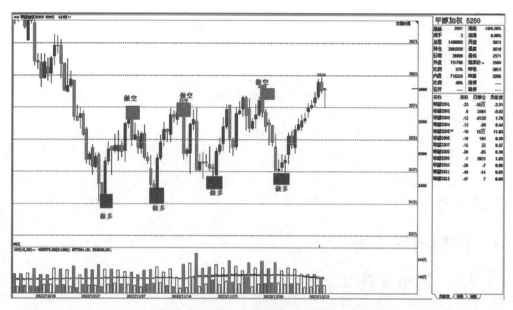

图 7-32　等比例仓位网格交易模型

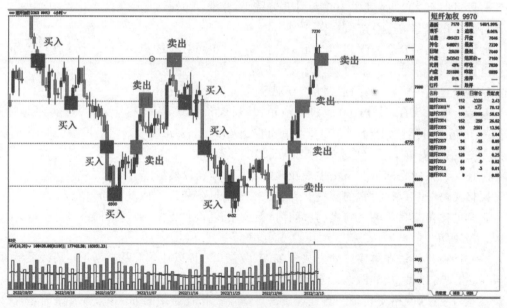

图 7-33　香农网格交易模型

对于网格交易来讲,策略的收入来源可能有以下几部分:

噪声交易者即普通交易者,这部分人本身不具备市场里的信息优势,也不具备理性的思考,只是在跟随人性做盲目的交易,这也是市场上大部分盈利者的收益来源。

为下一阶段趋势行情做准备的参与者,通常来讲,震荡行情连接着趋势行情,具有信息优势的人会在这一段阶段进场吸筹,为下一段时间趋势行情做准备,知情者进场会对市场造成冲击,网格交易者为这些人提供流动性,就像是在市场里做零售的小商贩,为知情者提供他们想要的商品。

止盈或者止损出场的参与者,在上一轮趋势中,获得胜利的参与者会有止盈出场的需求,他们的参与也会对市场造成冲击,网格交易者提供流动性,赚取收益,欢送他们离场;与此同理,止损出场的人也有类似的需求,网格交易者提供流动性,目送他们离场。

7.7.3　网格交易法步骤

1. 选择标的

网格交易标的选择的主要基本原则如下:

(1) 选择流动性好且交易相对活跃的品种,只有更多的人参与,相关的品种才能走出一段符合我们预期的行情,避免因为少数主力控盘带来的风险。

(2) 选择长期趋势是上涨或者在一定区间内震荡的标的,因为网格交易的策略逻辑是低吸高抛,没有上涨趋势的标的神仙也无力回天。

(3) 要选择波动性较大的品种:网格的收益率取决于品种的波动率,波动越强,触及买入卖出线的可能就越大,卖出次数越多,兑现出的利润就越多。

(4) 要选择交易费用尽可能低的品种:频繁交易下必然需要选择交易费用尽可能低的品种,否则收益会被手续费吃掉。

(5) 尽量在日内多次开平仓的品种,可以多次捕捉机会,以及破网的时候及时离场。

(6) 多个标的选择按走势、行业应该分散开来,品种一定要多,避免同质化,鸡蛋不能放在一个篮子里,避免选择同涨同跌的品种。

那么可选的标的,如股票指数 ETF 或者各类行业 ETF,长期来看一般是处于上涨或者震荡行情(因为经营不善的成分股往往被剔除了);或者处于震荡行情的商品期货可以考虑,当然这类策略要和别的趋势性策略配合,防止在趋势行情里亏钱。

2. 设定网格区间和交易频率

为了策略的安全性,需要先确定网格的边界条件,你想做的该标的价格区间,即仅当标的价格在该区间内时,保持正常运行;当价格超过区间上限价格或者下限价格时,策略就暂停运行。关于边界条件的选取,可以参考 K 线的压力位和支撑位,或者一段时间内 K 线运转的箱体,再简单来讲,其实就是一段时间内的最高价和最低价标定的区域。

震荡行情对于大部分品种(如商品期货)本质上是资金进行吸筹和准备的过程,是趋势行情到来前的准备阶段,因此震荡行情具有在一定程度上的持续性和阶段性,震荡行情的结束就是趋势行情的到来,因此我们要选择好策略的启动和结束时机。

网格策略可以选择振荡频率最高的区间来运行(穿越网格频率决定资金利用效率,网格收益来自频繁的碰线交易),也可以选择较大的网格边界(可以减少人工操作,省心)。如果网格边界选小了,则可能很快就超过区间了,就得暂停或者调整;如果网格边界选大了,则资金利用效率就小了,并且资金要求量就多了。这里需要根据标的属性和个人偏好去平衡取舍。

对于交易频率,个人认为主要还是取决于具体的策略和品种情况,这部分是一个基于实践能给出的说法,在实践中来感悟应该是最好的。

但是很重要的一点,要注意自己策略的普适性,即策略应该是一个尽量广谱稳健的策略,意思就是,策略的同一组参数下,可以在尽量多的品种上同时运行;策略在重新调优下,应当可以在不同的时间频率上运行;策略的参数在一段时间内表现相对比较稳定,不会很快失效;策略的参数不是处于一个局部最优点,在对其中的一些参数进行微调后,策略应该可以得到一个表现衰减不大的效果。

很多时候,行情在不同的K线周期下的走势是具有一定的相似性的,如做网格策略,可以参考的箱体震荡行情就是其中的一种。打开任何一个行情软件,我们都可以观察到其中的相似性,在5min的时间周期上和在30min的时间周期上都能观察到这种相似性,当然转移到不同的品种上也能观察到这样的相似性。人性是相似的,资金的操作手法与此类似。

3. 设定网格值大小

网格值是指网格之间的距离,网格值大小需要能匹配标的平均真实波幅或标准差大小,专业的人可以借助专业软件技术指标进行分析(以后可详细讲解),新手刚接触大概看一看觉着合适就行,主要注意标的平均真实波幅至少2倍于网格大小,这样可以提高网格成交的概率。相对来讲,网格越小,成交的概率肯定越高,但是对资金量要求就越高(初始情况下,不知道该设置多大,保险起见可以采用先大后小的原则试试水,再适应性调整)。

震荡行情可适当收小,尽量多地抓住每个小的波动;趋势行情可适当放大,防止过早满仓或者空仓。如果网格值设置过小,则要考虑资金效率和交易费率的影响,如果有相当部分的盈利缴纳了手续费,就要适当拉大网格值。

4. 计算建仓份数

选好标的、设定完价格区间和网格值大小后,我们就开始建立一个用于网格交易的底仓,建仓仓位大小需根据标的当前的价位相对设定价格区间的相对位置而定,如果当前价格相对较低,则底仓可以稍微提高;如果价格相对较高,则可以先轻仓。

具体建仓份数=1+(上限价格-当前价格)/网格值大小。

5. 设定每格份额

每格份额需要根据投入资金、网格区间边界及网格值大小来推算。

如果是固定仓位网格,则每格买入份额=投入资金/(建仓份数+((当前价格-1格+下限价格)/2))×(当前价格-下限价格)/网格值大小))。

如果是固定资金网格,则直接是投入资金/格子数量就行了。

7.7.4 网格交易的问题

网格交易法适合做震荡行情,但行情除了震荡,还有上涨和下跌的单边行情,适合做震荡的网格交易法就会很受伤,必然会出现以下两个问题。

(1)当行情一路下跌时,一次次分挡位买入增大仓位会占用大把资金。直到资金买完了还在继续下跌,导致破最低价而出场(俗称破网),亏损巨大。

(2)当价格一路上涨时,一次次分挡位卖出份额,份额卖完了价格还在断续上涨,而已经无仓位可卖,在该赚钱的时候却赚少了(俗称卖飞了)。

解决方法:

(1)选择周期大的震荡区间,因为周期大,最高价和最低价短时间内突破难度大,降低破网风险。

(2)选择震荡区间内波动大的品种,波动越大单位之间越利于收割利润,波动越小收割利润的效率会降低。

(3)选择稳定性强,暂时无趋势的行情;选择成交量大,交易成本低的品种。

将等差网格替换为等比网格,等比网格数量无限,换言之就是不会破网,但是交易频率相对等差网格要低一些,资金利用率不高。例如香农版的网格就是等比网格,50-50的仓位分配,无论行情怎么走都是永不破网的。

7.7.5 动态网格设置

等差网格就是基准线确定后,沿着基准线上下用固定的差价布网,每个格子之间都是固定的价差,例如2元。这样的好处是每成功跑一格,收益就是固定的金额,格子数量也是清晰可见的。坏处就是一旦价格超过区间,就卖光了或者买光了。

等比网格就是基准线确定后,沿着基准线上下用固定的比例布网,每个格子之间都是固定的比例,例如5%。这样的好处是每成功跑一格,收益就是固定比例的,格子数量理论上是无限可分的。坏处是前期交易频率不高,资金利用率有限。

动态网格就是价差或比例不固定,人工根据场景来定。动态网格为解决破网问题和提高资金利用率问题提供了可能。

动态网格:一般先等差网格,后等比网格,各自比例多少及切换时机是多少是优化的超参。前期用等差网格来运行,因为格子固定,所以交易频率比等比网格大,其次网格运行后期切换成等比网格,那么手里的资金就不会被耗光,只要价格有波动,有钱加仓赚差价,就不会破网。

以支撑线和压力线作为网格买卖的交易方式,以支撑买入,压力卖出,因支撑压力的位置级别、时间周期大小等不同而不同。

以布林线、日周月的平均线或者金叉死叉等其他一些交易指标来作为网格的动态交易的买卖方式。

不对称网格也是动态网格之一,例如上涨5%卖出,下跌2.5%买入相同单位。或者上涨2.5%卖出,下跌5%买入。

步长分段,头小尾大或者头大尾小的动态网格交易法,也可以分为头、中、尾等多段区间不同步长动态网格。例如中轨之上10%的步长,中轨之下5%的步长,中间的可以7%左右的步长。同样地,可以中轨之上5%的步长,中轨之下10%的步长。

7.7.6　网格交易仓位管理

调节底仓的水平和加仓头寸的大小,还有出场格子的区间,就可以拉低交易均价,从而快速解套。

进场优化(仓位管理用123法):如前1~10格下1份基仓,10~20格下2份基仓,30~无限格下3份基仓。进场优化一般也可以结合一些技术指标进行使用,如能够反映品种在一段时间超卖的指标RSI,可以选择在RSI处于较低位置的时候加重仓,在处于一般位置的时候轻仓。

出场优化:通过增加止盈距离来形成浮盈加仓的效果,靠增加的利润来抵消更多被套的仓位。此外,除了上面说的那种RSI的方法以外,结合一些趋势类型的策略,例如箱体突破类策略,当策略处于箱体内部的时候,按照正常的网格交易的思路进行,当行情运转到箱体外部的时候,果断停止策略,或止盈平仓,或者止损出场,不要迟疑。

7.7.7　网格策略案例

这部分策略样例,笔者推荐大家可以在两个平台上学习,其中一个是TradingView,另一个是发明者量化,这两个平台上都有非常详细的样例代码及技术指标等资料,可以加快大家在网格交易,以及各类别的基于技术分析的CTA策略学习。

对于策略平仓,我们以发明者量化平台为例,介绍一个集合技术指标的策略,在商品期货一小时行情上的表现,选择的时间区间为从2022年1月1日到2023年12月底这段时间,参数设置如下:

```
/*backtest
start: 2023-11-12 00:00:00
end: 2023-12-12 00:00:00
period: 1h
basePeriod: 15m
exchanges: [{"eid":"Futures_CTP","currency":"FUTURES","minfee":3,"fee":[0,
0]}]
*/

//This source code is subject to the terms of the Mozilla Public License 2.0 at
https://mozilla.org/MPL/2.0/
//© Aayonga

//@version=5
strategy("fib trend grid", overlay=true, initial_capital=2000, default_qty_type=
strategy.fixed, default_qty_value=1)

//回测时间
useDateFilter=input.bool(true,title = "启用回测时间范围限定(backtest)", group =
"回测范围(backtest)")
backtesStarDate=input(timestamp("1 Jan 2015"),title = "开始时间(Start)", group = "回
测范围(backtest)")
```

```
backtestEndDate=input(timestamp("1 Jan 2040"),title = "结束时间(finish)",group =
"回测范围(backtest)")
inTradeWindow=true

//入场位 entry
bolllen=input.int(defval=20,minval=1,title="布林长度,(boll length)",group = "入
场位(entry)")
sma=ta.sma(close,bolllen)
avg=ta.atr(bolllen)
fib1=input(defval=1.236,title="Fib 1",group = "入场位(entry)")
fib2=input(defval=2.382,title="Fib 2",group = "入场位(entry)")
fib3=input(defval=3.618,title="fib 3",group = "入场位(entry)")
fib4=input(defval=4.236,title="Fib 4",group = "入场位(entry)")
r1=avg *fib1
r2=avg *fib2
r3=avg *fib3
r4=avg *fib4
top4=sma+r4
top3=sma+r3
top2=sma+r2
top1=sma+r1
bott1=sma-r1
bott2=sma-r2
bott3=sma-r3
bott4=sma-r4


//趋势 trend

t4=plot(top4,title="卖(sell)4",color=color.rgb(244, 9, 9))
t3=plot(top3,title = "卖(sell) 3",color=color.rgb(211, 8, 8))
t2=plot(top2,title = "卖(sell)2",color=color.rgb(146, 13, 13))
t1=plot(top1,title="卖(sell) 1",color=color.rgb(100, 3, 3))

b1=plot(bott1,title="买(buy)1",color=color.rgb(4, 81, 40))
b2=plot(bott2,title="买(buy)2",color=color.rgb(15, 117, 46))
b3=plot(bott3,title = "买(buy) 3",color =color.rgb(8, 176, 42) )
b4=plot(bott4,title="买(buy)4",color=color.rgb(15, 226, 103))
plot(sma,style=plot.style_cross,title="SMA",color=color.rgb(47, 16, 225))

//趋势
LengthF=input(defval = 25,title = "快线长度(fastlength)")
LengthS=input(defval=200,title = "慢线长度(slowlength)")
emaF=ta.ema(close,LengthF)
smaS=ta.sma(close,LengthS)
longTrend=emaF>smaS
longb=ta.crossover(emaF,smaS)
bgcolor(longb ?color.new(color.green,40):na,title = "多头强势(bull trend)")
shortTrend=smaS>emaF
shortb=ta.crossunder(emaF,smaS)
bgcolor(shortb ?color.new(#951313, 40):na,title = "空头强势(bear trend)")

//pinbar
```

```
bullPinBar = ((close > open) and ((open - low) > 0.6* (high - low))) or ((close <
open) and ((close - low) > 0.9 * (high - low)))
//plotshape(bullPinBar , text ="pinbar", textcolor =color. rgb (9, 168, 144),
location=location.belowbar, color=color.rgb(29, 103, 67), size=size.tiny)
bearPinBar = ((close > open) and ((high - close) > 0.7 * (high - low))) or ((close <
open) and ((high - open) > 0.7 *(high - low)))
//plotshape(bearPinBar , text ="pinbar", textcolor =color. rgb (219, 12, 12),
location=location.abovebar, color=color.rgb(146, 7, 7), size=size.tiny)

buy1=ta.crossunder(close,bott1) and longTrend and close>ta.ema(close,100)
buy2=ta.crossunder(close,bott2) and longTrend and close>ta.ema(close,80)
buy3=ta.crossunder(close,bott3) and longTrend and close>ta.ema(close,80)
buy4=ta.crossunder(close,bott4) and longTrend and close>ta.ema(close,80)
buyclose=bearPinBar or ta.crossunder(close,smaS)



if buy2 or buy3 or buy4 or buy1 and inTradeWindow
    strategy.order("多(buy)",strategy.long)

if buyclose and inTradeWindow
    strategy.close("多(buy)")

sell1=ta.crossover(close,top1) and shortTrend and close<ta.ema(close,200)
sell2=ta.crossover(close,top2) and shortTrend and close<ta.ema(close,200)
sell3=ta.crossover(close,top3) and shortTrend and close<ta.ema(close,200)
sell4=ta.crossover(close,top4) and shortTrend and close<ta.ema(close,200)
sellclose=bullPinBar or ta.crossover(close,ta.sma(close,220))

if sell1 or sell2 or sell3 or sell4 and inTradeWindow
    strategy.order("空(sell)",strategy.short)

if sellclose and inTradeWindow
    strategy.close("空(sell)")
```

结果如图 7-34 和图 7-35 所示,可以看出在纯碱和甲醇上面表现很好。

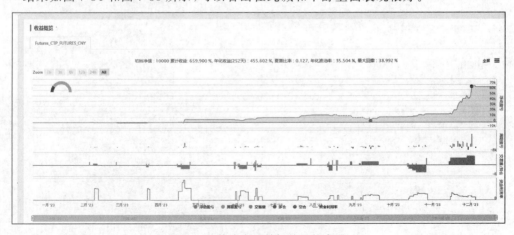

图 7-34　策略在纯碱标的上的表现

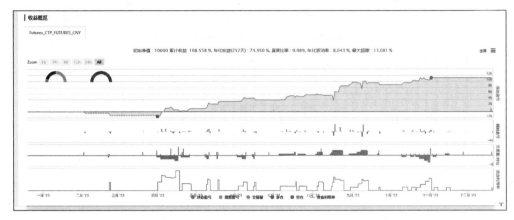

图 7-35　策略在甲醇上的表现

7.7.8　笔者寄语

从笔者自己的实操感受来看,网格交易的思想无处不在,它是在交易里的一个很好的仓位资金管理的思路,从统计套利的仓位管理,到日内 T0 的仓位控制。网格交易往低频化处理,可以走到基于压力位和支撑位的主观交易,往高频化走,就可以走到 Market Making,即做市策略的范畴。希望读者可以掌握这项工具,在资产管理的路上做大做强。

7.8　风险管理和资金分配

7.8.1　品种选择

期货品种选择遵循以下规则:

(1) 范围广,本书基于国内期货市场,可选的期货资产可以是选择目前上期所、郑商所、大商所、上海国际能源交易中心的全部商品期货。

(2) 上市时间较早。

(3) 流动性较好。

(4) 剔除上市时间较晚的期货品种。

(5) 剔除流动性较差的期货品种。

流动性是指市场的宽度、深度和效率,对于期货市场,流动性越大,价格波幅越小,风险也越小,因此,有必要考虑剔除流动性较差的期货品种。一般而言,交易额能比较直观地体现市场交易的活跃程度,其变动反映了期货市场流动性的高低变化。通常交易额在刻画流动性上比交易量指标更合适。

将剔除了上市时间较晚品种后的期货主力合约按 2015/3/20—2023/6/30 的日平均交易额大小进行排序,其中交易额是经对数化处理之后的,排序结果如图 7-36 所示。

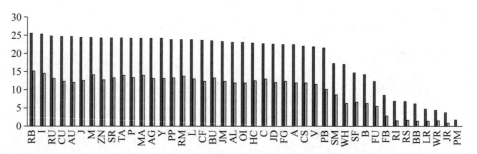

图 7-36　不同期货品种的日平均交易额排序(对数处理)(图片来源：BigQuant，截至 2023 年 9 月 30 日)

7.8.2　杠杆控制

CTA 交易采用的是保证金交易制度，可以通过最大保证金比例和开仓乘数控制策略杠杆。

根据品种特性进行板块划分并把板块划分为大板块、小版块和单品种板块。大板块包括有色金属板块、黑色产业链、化工板块、股指期货板块。小板块包括豆类、产业链、贵金属、玉米产业链、国债期货。单独品种包括白糖、棉花。详细分类介绍见表 7-2。

表 7-2　板块分类

有色金属	沪铜	沪铝	沪锌	沪铅	沪镍	沪锡	
黑色产业链	焦炭	焦煤	动力煤	铁矿石	螺纹钢	热轧卷板	玻璃
化工板块	乙醇	甲醇	PTA	PVA	聚丙烯	沥青	
豆类产业链	豆油	菜油	棕榈油				
贵金属	沪金	沪银					
玉米产业链	玉米	玉米淀粉					
走势独立类	白糖	棉花					
股指期货类	沪深 300	上证 50	中证 100				
国债期货类	5 年期国债期货	10 年期国债期货					

不同板块赋予的最大保证金比例有所不同，具体介绍见表 7-3。

表 7-3　最大保证金比例

总最大保证金占比	30％
大板块最大保证金占比	10％
小板块最大保证金占比	5％
单个品种最大保证金占比	4％

在计算开仓数量时，可使用根据净值波动的保证金比例控制方法。每年年初该年净值为 1，年初计算开仓数量时可用保证金比例为 20％，随着该年收益的增加，当净值超过 1.1 时，可将可用最大保证金比例上调到 25％，当收益下跌时，下调最大保证金比例，最低时为 10％。在最大可用保证金比例给定的情况下，各个板块在不同净值水平下的最大可用保证

金比例可按比例得出。具体情况如表 7-4，表中 MMR 值即为表 7-3 中的值。开仓时占用的保证金比例不得高于 25%，这是因为在持仓过程中，可能会因为价格的波动导致使用的保证金比例骤然上升，从而超过最大保证金比例的限制。详细动态仓位管理见表 7-4。

表 7-4　动态仓位管理

级别	净值范围开始	净值范围结束	计算开仓手数时使用的保证金比例	板块最大保证金比例	开仓乘数
1	1.1	—	25%	MMR	1
2	1	1.1	20%	MMR×(20/30)	1
3	0.95	1	15%	MMR×(10/30)	0.9
4	—	0.95	10%	MMR×(5/30)	0.8

开仓乘数是在计算开仓数量时添加的仓位管理条件。当净值回撤时，开仓时添加该条件，以减缓净值回撤速度，概念上类似于海龟体系中的缩仓。公式如下：

$$\text{Hands 1} = \text{fix}\left(\frac{\text{VirtualRate} \times \text{Asset} \times \text{Rate}}{\text{InitialStopLoss} \times \text{Lever}}\right) \tag{7-21}$$

其中，Hands 1 表示计算出的交易手数。

fix 在金融交易中，将计算结果四舍五入到最接近的整数，或者调整到特定的精度。在式(7-21)中用来确保计算出的交易手数是一个合理的整数，因为交易手数通常是整数。

VirtualRate：表 7-4 开仓乘数。

Asset：资产，在这里指的是用于交易的资产总额，也就是你有多少可用资金。

InitialStopLoss：初始止损点，即单个品种每次最大预期亏损多少百分比。

Rate：风险敞口，通常指的是交易中愿意承担的风险量，以资产的比例或者绝对值来表示。

Lever：杠杆，杠杆交易允许交易者借用资金来放大交易规模，从而放大潜在的盈利或亏损。也就是表 7-4 保证金比例的倒数。例如，保证金比例为 10%，那么杠杆就是 10 倍。也就是联合表 7-3 和表 7-4 可以得到每个品种持仓量。

开仓后，在持仓过程中，当保证金比例超过 30% 时，按照所持仓位进行固定比例的平仓，使持仓保证金比例低于 30%。Rate 为风险敞口暴露，属于仓位管理部分，在开仓时根据此参数计算开仓数量，若该值过低，则长期来看使用仓位过低，策略表现较差；若该值过大，虽然开仓时满足仓位管理需要，但在持仓状态中会经常超过最大持仓比例，需要进行建仓操作，若减仓时该持仓为亏损，也会影响策略表现。为了避免参数风险，回测过程中使用三组参数。策略参数中，长期均线参数最为关键，代表着对长期趋势的判断，这里直接规定长期均线的三组参数为 90、120、160，对每组长期均线下的其他参数分别优化，以此来决定其他参数。为了更好地区别顺势和中期整理的测试效果，这里分开进行展示。

7.8.3　资金分配

Moskowitz 等(2012)和 Hurst 等(2017)在设计趋势跟踪组合的时候，均采用单个品种波动率倒数的方式进行加权，由于名人的加持，使波动率倒数加权成为业界标杆。Yang、

Qian 和 Belton(2019)对此不以为然,认为波动率倒数加权可能并不是最优选择。

Yang 等(2019)认为,波动率倒数加权至少面临两个问题。首先,因为只考虑了单个品种自己的波动情况,而没有考虑不同品种之间的相关关系,所以该方法并不能精确地使组合实现目标波动率,除非所有的品种之间的相关系数都为 1。为了处理这个问题,学术上一般会让每个品种的目标波动率更大一点(如 40%),企图让最终实现的波动率刚好等于目标水平,这样做暗含的假设是品种之间的相关性保持稳定,然而,品种之间的相关性是时刻变化的,虽然长期确实能使组合达到目标水平,但短期可能会有较大偏离。第 2 个问题也很重要,也是因为没有将成分的相关性结构考虑进来,可能导致某一版块过度集中,风险的分配集中在少数品种上,不利于组合的分散性。

在表达了不认可波动率倒数加权方式后,Yang 等(2009)建议将组合成分的方差-协方差纳入进来,即通过风险平价进行权重分配。实证结果表明,考虑了品种之间的相关关系后,组合的风险来源更加多样化,夏普比率提升明显。

1. 等权重法

当没有任何信息或者偏好时,等权重是最简单的办法,它认为组合中每个成分具有同等的重要性,因此平等对待每个成分。假设在换仓日 t 组合内共有 $S(t)$ 个成分,那么每个成分权重的计算公式如下:

$$\omega_i = \frac{1}{S_t} \tag{7-22}$$

等权重不需要进行任何预测,也不需要进行复杂的数学求解,常被用来作为比较基准。DeMiguel、Garlappi 和 Uppal(2009),以及 Plyakha、Uppal 和 Vikov(2012)等的研究表明,等权重虽然看起来简单,但业绩表现十分抢眼,丝毫不逊色其他复杂的模型。

2. 最大分散度法

最大分散度优化由 Choueifaty 和 Coignard(2008)提出,其目标函数的计算公式如下:

$$\text{Max } D(\omega) = \frac{\omega'\sigma}{\sqrt{\omega'\Sigma\omega}} \tag{7-23}$$

其中,目标函数被称为分散比率(Diversification Ratio,DR),分母为组合波动率,分子为成分的波动率加权平均。从直觉上看,当资产预期收益率与其波动率成正比时,最大分散度就等价于最大夏普比,此时能达到马科维茨均值方差最优;同时,当所有证券波动率都相等时,最大多元化又等同于最小方差。Choueifaty 和 Coignard(2008),以及 Choueifat、Froidure 和 Reynier(2013)等在股票市场的研究表明,最大分散度组合能获得较优的风险调整后收益。

3. 风险加权法

为了让不同风险的成分尽量保持平衡,可以使用风险倒数加权,给予高风险的成分较低的权重,给予低风险的成分较高的权重,其计算公式如下:

$$\omega_i = \frac{(\sigma_i^k)^{-1}}{\sum_{j=1}^{S_t}(\sigma_j^k)^{-1}} \tag{7-24}$$

其中,σ 为风险定义,当 k 等于 1 时,即为波动率倒数加权;当 k 等于 2 时,即为方差倒数加权。前面 Moskowitz 等(2012)在研究时间序列动量组合时,就采用了该方法确定每个期货品种的权重。风险加权只需考虑每个成分的风险,不需要对成分之间的相关关系进行预测,因此也被称为 Naive Risk Parity。风险加权是风险平价的简化形式,当成分之间的相关系数相等时,波动率倒数加权等同于风险平价。

4. 风险平价法

风险平价最早由磐安基金的 Qian(2005)提出,理解起来比较容易,和资金等权重分配不同,其从风险的角度进行均衡配置,以追求所有成分对组合的风险贡献相同。

风险平价的构建思想非常简单,首先定义边际风险贡献(Marginal Risk Contributions,MRC),计算公式如下:

$$\mathrm{MRC}_i = \frac{\partial \sigma_p}{\partial \omega_i} = \frac{\omega_i \sigma_i^2 + \sum_{j \equiv i} \omega_j \sigma_{ij}}{\sigma_p} \tag{7-25}$$

即组合风险对成分的权重的一阶导数,反映了成分每增加一单位权重对组合风险的影响大小。知道了成分的边际风险贡献后,乘以其权重则可以得到风险贡献,计算公式如下:

$$\mathrm{RC}_i = \omega_i \mathrm{MRC}_i = \omega_i \frac{\partial \sigma_p}{\partial \omega_i} = \frac{\omega_i^2 \sigma_i^2 + \sum_{j \equiv i} \omega_i \omega_j \sigma_{ij}}{\sigma_p} \tag{7-26}$$

风险贡献可以理解为组合总风险中成分的贡献比例。所有成分的风险贡献之和即为组合风险:

$$\sigma_p = \sum_{i=1}^{S_t} \mathrm{RC}_i \tag{7-27}$$

风险平价组合要实现的是,组合内所有证券对组合的风险贡献相同,即

$$\mathrm{RC}_i = \mathrm{RC}_j \tag{7-28}$$

因此,风险平价组合的目标函数如下:

$$\mathrm{Min} \sum_{i=1}^{S_t} \sum_{j=1}^{S_t} (\mathrm{RC}_i - \mathrm{RC}_j)^2 \tag{7-29}$$

风险平价组合和最大分散度组合在逻辑上非常相似,它们都是为了达到组合的最大分散作用,但是两者的目标函数并不一样。首先,组合中波动较高的证券和相关性高的证券在权重计算时会受到惩罚,获得更小的权重,其次,因为风险平价的解是内生性的,因此只能通过数值方法求解。另外,当所有成分的相关系数相同并且夏普也相等时,风险平价组合是马科维茨最优的;当组合所有成分相关系数相等时,风险平价即为波动率倒数加权。

Baltas(2015)详细比较过波动率倒数加权和风险平价在趋势跟踪中的应用,结果发现,在 2004 年之前,两个权重方式几乎表现一样,因为 2004 年之前各个品种之间的相关关系稳定并且较低,而 2004 年之后,由于品种间相关系数的增加,风险平价会给予低相关性的品种更高的权重,使组合更加分散,从而波动率倒数加权更优;尤其是 2009—2013 年,风险平价的表现具有明显的优势。整体来看,风险平价在夏普、收益率和风险等方面都有显著改善。

7.8.4　风险控制

同任何策略一样,商品期货 CTA 策略也会遇到风险,从而产生巨大损失,需要有完整的风险控制体系,对其风险的控制可以从多样性策略分散投资、衍生品对冲和控制止损 3 方面进行。通过交易相关性较低的资产,使用多样性的策略都能达到分散风险、降低波动率的目的。也可以通过期货期权帮助投资者对冲风险、锁定账面利润。任何交易都有亏损的可能,趋势策略的盈利强烈依赖于市场的波动性,在市场波动性不足时,策略捕捉的交易信号可能不能反映真实趋势,是个假突破,从而导致亏损,从而需要有相应的止损方法,下面从止损策略和止损位的设置进行介绍。

1. 止损策略

基本的投资止损策略包括技术指标止损策略、成本损失止损策略、盈利减少止损策略、时间周期止损策略和趋势研判止损策略。前 3 种投资止损策略在本质上和期货 CTA 的量化策略一致,不同的是前者设置的是价格的止损位,而后者设置的是价格的上下轨。

1）技术指标止损策略

技术指标止损策略,根据技术指标发出交易指示,作为止损信号。此方法类似于前面的趋势策略,包括股价跌破某种均线(SMA、WMA、EMA 等)时止损,是一种以小亏赌大盈的策略。

2）成本损失止损策略

成本损失止损策略是根据自身的损失程度决定止损的方法。损失程度一般可根据损失金额多少和根据损失程度百分比大小两种方式进行判断和衡量。一般适用于无法准确判断市场趋势的情况。

3）时间周期止损策略

时间周期止损策略是先设定一个预定目标,若买入资产的一段确定时间内价格没有达到预定目标,则到期后不论盈亏都应卖出资产。这种策略和技术指标止损策略一样设置了止损线,不同的是止损线是固定的,难以有效减小回撤。时间周期止损策略通常与其他止损方案组合使用,即在使用其他止损方案的同时给价格变化设定时间期限,通常为 20～30 天。这种策略往往适用于具有高成功率的量化程序化策略。

4）趋势研判止损策略

趋势研判止损策略从政策、公司基本面、市场资金等角度分析市场,如果市场总体趋势向上,则不轻易卖出资产;如果趋势已转换为向下,则不论是否亏损都要卖出。这种方法在对趋势水平的把握上要求较高。

2. 止损位设置

上述止损策略中技术指标止损策略、成本损失止损策略都需要对相应指标设置止损位。与趋势策略类似,止损位的设置通常也要依据一定的参照物作为标准,参照物的选取一般有以下几种。

(1) 根据亏损程度设置:如限价止损,设置一个固定的保本止损价,如果价格跌破这一止损价,则立即卖出。通常投机性短线买入的止损位设置小于投资型长线买入的止损位设

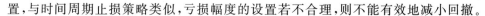

置,与时间周期止损策略类似,亏损幅度的设置若不合理,则不能有效地减小回撤。

（2）根据与今日最高价的相对关系设置：这种大多数用于处于盈利状态时止盈,即当价格从最高价下跌在达到一定幅度时卖出。

（3）根据技术指标的支撑位设置：在这种情况下一般要选择一些趋势性较强的指标,指标的选择与趋势策略类似,包括平均线、布林线、MACD 等。这种止损位的设置属于动态追踪止损,与限价止损不同的是,当股价脱离保本止损价持续向上时,若盘面量价关系正常,表明市场趋势向上,设置的止损价会随之上移,若不正常,则表明价格可能下跌,应立即出局。

（4）根据历史上有重大意义的关键位置设定,如历史上出台重大政策的位置。

（5）根据 K 线形态设置参照物：主要有趋势线的切线、头肩顶或圆弧顶等头部形态的颈线位、上升通道的下轨、缺口边缘等。

7.9 使用 Optuna＋Vectorbt 调优交易策略

本节将尝试 Optuna 和 Vectorbt 的协同作用,用于优化交易策略。Optuna 是一个多功能的超参数优化库,与 Vectorbt 这个高性能的回测和分析库结合起来,形成了一个强大的组合,从而用于增强交易策略。

本节将深入研究 Optuna 的调优能力和 Vectorbt 的分析能力,并展示这两者的组合在算法交易领域的实际应用。通过利用 Optuna 的超参数优化技术和 Vectorbt 的强大回测和分析工具,可以帮助我们简化开发和微调交易策略的过程,最终提高性能和盈利能力。

在接下来的几节中,我们将结合具体案例介绍如何配置和运行 Optuna 及 Vectorbt 回测框架,以自动搜索最佳的超参数配置,并进行超参数的可视化,从而提高策略的效果。

7.9.1 Optuna 基础

Optuna 具有以下现代化功能。

（1）轻量级、多功能和跨平台架构：通过简单的安装,只需少数的依赖包,便可以处理各种各样的任务。

（2）Python 格式的搜索空间：使用熟悉的 Python 语法定义搜索空间,包括条件和循环等语句。

（3）高效的优化算法：采用先进的算法来采样超参数,可以通过设置有效地修剪不太有希望的尝试（Trial）实现。

（4）简便的并行化：将试验（Study）扩展到数十或数百个工作节点,几乎不需要更改代码。

（5）快速可视化：使用各种绘图函数检查优化历史记录。

在正式介绍优化过程之前,首先介绍 Optuna 的两个概念。

Trial：代表一个优化过程的单次执行。在一个 Trial 中,Optuna 会根据定义的搜索空间中的超参数进行采样,并根据目标函数的返回值来评估超参数的性能。在一个优化过程中,可以创建多个 Trial,每个 Trial 都是独立的,互不影响。

Study：代表了一个超参数优化的试验。每个研究都是一个独立的超参数搜索任务,其目标是找到最佳的超参数配置,以最小化或最大化定义的目标函数。

在正式的优化过程中,需要定义一个目标函数(Objective),这个目标函数是 Python 函数,这个函数可以接收一组超参数,并返回一个代表模型性能的数值,在回测系统中通常是夏普值。Optuna 的目标是最小化(或最大化)这个目标函数的输出,以找到最佳的超参数配置。随后创建一个 Study,并设置优化的目标,例如最大化夏普值,此外还要设置 Trial 的次数与分配的计算资源。最后,调用 optimize()方法,开始优化过程。在结束优化后,可以使用 Optuna 附带的一个内置的 Web 仪表板(Optuna Dashboard),在浏览器中查看可视化的调优结果。

7.9.2　Vectorbt 基础

Vectorbt(Vector Backtesting)是一个用于高性能回测和分析的 Python 库,专注于量化金融和算法交易领域。它提供了一系列功能强大且灵活的工具,以帮助开发者快速进行策略回测、分析策略性能和进行交易策略研究。Vectorbt 提供了以下功能。

(1) 高性能回测引擎：Vectorbt 使用高度优化的 NumPy 和 Numba 代码,包括移动平均线、布林带、相对强度指标(RSI)、随机指标、移动平均收敛散度(MACD)等,以实现快速的回测和分析,这使它非常适合处理大规模的时间序列数据。

(2) 向量化操作：将向量化操作与 Pandas DataFrame 结合,以简化策略开发和回测过程。

(3) 交互式可视化：Vectorbt 集成了 Plotly,一个交互式可视化库,能够创建各种交互式图表,包括性能曲线、交易信号、仓位管理等,以更好地理解策略的表现。

7.9.3　Optuna 案例分析

首先给出一段 Optuna 的示例代码,用于说明 Optuna 是怎么使用 Study 和 Trial 进行工作的。后续章节会给出更复杂的示例,并说明 Optuna 在交易中的应用。首先需要导入Optuna 库,代码如下：

```
import optuna
```

接下来,需要定义一个名为 objective 的函数。这个函数是要优化的目标函数,通常用于评估模型性能。在这个例子中,objective 函数接受一个 trial 对象作为参数,它用于定义要优化的超参数。在函数内部,它通过 trial.suggest_float 方法提供了一个名为 'x' 的超参数,其取值范围为 $-10 \sim 10$,然后它返回了一个与超参数值相关的目标函数值,即 $(x-2) ** 2$,这是一个简单的二次函数,代码如下：

```
#//第 7 章/section_Optuna_ver2.ipynb
def objective(trial):        #objective 定义了目标函数
    x = trial.suggest_float('x', -10, 10) #trial.suggest_float 的 3 个参数分别表示
#超参数的名字、下界与上界
    return (x - 2) **2
```

之后使用 create_study 方法创建一个 optuna study 对象。study 对象用于跟踪优化过

程中的试验和结果。使用 study 对象的 optimize 方法来执行优化过程。在这里，objective 函数被传递给 optimize 方法，表示要优化的目标函数。n_trials 参数指定了要执行的优化试验次数，这里设置为 100 次，代码如下：

```
study = optuna.create_study()              #使用 Optuna 创建 Study
study.optimize(objective, n_trials=100)    #设置 Study 的优化次数
study.best_params
```

代码运行的结果如图 7-37 所示。

```
is trial 21 with value: 1.5500933327610787e-06.
[I 2023-09-19 21:59:25,863] Trial 94 finished with value: 0.004483426694116583 and parameters: {'x': 2.0669583952474713}. Be
st is trial 21 with value: 1.5500933327610787e-06.
[I 2023-09-19 21:59:25,866] Trial 95 finished with value: 0.33789469982926507 and parameters: {'x': 2.581287106195609}. Best
is trial 21 with value: 1.5500933327610787e-06.

[I 2023-09-19 21:59:25,869] Trial 96 finished with value: 0.8355133491782842 and parameters: {'x': 1.08593580686131}. Best i
s trial 21 with value: 1.5500933327610787e-06.
[I 2023-09-19 21:59:25,872] Trial 97 finished with value: 0.09073708501565961 and parameters: {'x': 2.3012259700219415}. Bes
t is trial 21 with value: 1.5500933327610787e-06.
[I 2023-09-19 21:59:25,875] Trial 98 finished with value: 1.4763603404464125 and parameters: {'x': 3.2150556943804727}. Best
is trial 21 with value: 1.5500933327610787e-06.
[I 2023-09-19 21:59:25,878] Trial 99 finished with value: 6.104678524736414 and parameters: {'x': 4.470764765156006}. Best i
s trial 21 with value: 1.5500933327610787e-06.
```

Out[3]: {'x': 1.9987549725574265}

图 7-37　Optuna 输出最优超参数

最终通过访问 study.best_params 属性，可以获取优化过程中得到的最佳超参数组合。在这个例子中，由于只有一个超参数 x，因此 study.best_params 将返回一个包含最佳 x 值的字典。这段代码的目标是找到使目标函数$(x-2)$ ** 2 最小化的 x 值，并通过 Optuna 的优化过程来搜索合适的超参数值。在实际的任务中，可以将 objective 函数替换为模型评估函数，使用 Optuna 来搜索最佳的超参数组合，以提高模型的性能。

在采样过程中，可能需要不同的采样器。

在 Optuna 中，采样器(Sampler)是用于选择超参数的一组候选值的组件之一。Optuna 的采样器负责在超参数搜索空间中生成不同的 Trial，以便优化算法能够评估这些试验并找到最佳超参数组合。

Optuna 提供了几种不同的采样器，包括以下常用的若干种采样器：

（1）optuna.samplers.TPESampler 实现的 Tree-structured Parzen Estimator 算法。

（2）optuna.samplers.CmaEsSampler 实现的 CMA-ES 算法。

（3）optuna.samplers.GridSampler 实现的网格搜索。

（4）optuna.samplers.RandomSampler 实现的随机搜索。

下面是使用 Optuna 默认采样器的代码实例，代码如下：

```
study = optuna.create_study()                                #使用 Optuna 创建 Study
print(f"Sampler is {study.sampler.__class__.__name__}")      #输出默认采样器
```

代码运行的结果如图 7-38 所示。

```
>>> print(f"Sampler is {study.sampler.__class__.__name__}") # 输出默认采样器
Sampler is TPESampler
```

图 7-38　Optuna 输出采样器

可以借助 Sampler 参数传入来使用不同的采样器，代码如下：

```
study = optuna.create_study(sampler=optuna.samplers.RandomSampler())
print(f"Sampler is {study.sampler.__class__.__name__}")    #输出随机采样器
study = optuna.create_study(sampler=optuna.samplers.CmaEsSampler())
print(f"Sampler is {study.sampler.__class__.__name__}")    #输出 CMA-ES 采样器
```

对于网格搜索,需要传入一个字典来表示搜索空间,代码如下:

```
#定义超参数搜索空间(这里示例使用了两个超参数 x 和 y,分别有 3 种取值)
space = {"x": [-50, 0, 50], "y": [-99, 0, 99]}
study = optuna.create_study(sampler=optuna.samplers.GridSampler(space))
```

此外,Optuna 还提供了超参数的剪枝策略,在剪枝策略中往往配合深度学习模型一起使用。Optuna 的 Pruner(剪枝器)是用于在超参数优化过程中剪枝不佳试验的组件。Pruner 的作用是根据试验的中间结果,提前停止那些可能不会达到更好结果的试验,从而提高优化过程的效率。Optuna 提供了不同类型的 Pruner,包括 MedianPruner、PercentilePruner 等。下面是使用 Optuna Pruner 的一般步骤,代码如下:

```
#定义剪枝方法(这里的示例使用了中位数剪枝)
study = optuna.create_study(pruner=optuna.pruners.MedianPruner())
```

在目标函数中,可以使用 trial.should_prune() 来检查是否应该剪枝,如果返回值为 True,则说明试验应该被剪枝,可以使用 raise optuna.TrialPruned() 来标记试验为剪枝状态,代码如下:

```
#//第 7 章/section_Optuna_ver2.ipynb
def objective(trial):
    #计算过程
    if trial.should_prune():         #如果当前可以被剪枝
        raise optuna.TrialPruned()   #标记该次 Trial 被剪枝
```

关于 Pruner 的选择,可以基于任务分为两大类,对于非深度学习来讲,根据 optuna/optuna-wiki: Benchmarks with Kurobako 里的基准测试结果表明:

(1) optuna.samplers.RandomSampler 采样器推荐使用 optuna.pruners.MedianPruner 作为剪枝方案。

(2) optuna.samplers.TPESampler 采样器推荐使用 optuna.pruners.Hyperband 作为剪枝方案。

对于深度学习来讲,推荐参考表 7-5 进行判断。

表 7-5　推荐算法

并行计算资源	是否为分类超参数/条件超参数	推 荐 算 法
有限	否	TPE. GP-EI(如果搜索空间低维且连续)
	是	TPE. GP-EI(如果搜索空间低维且连续)
充足	否	CMA-ES,随机搜索
	是	随机搜索、遗传算法

本节提供了一段略微复杂的代码,用于演示如何使用 Optuna 库进行超参数优化,例如用于优化 XGBoost 分类模型的超参数,代码如下:

```python
#//第 7 章//section_Optuna_ver2.ipynb
import numpy as np
import optuna
import sklearn.datasets
import sklearn.metrics
from sklearn.model_selection import train_test_split
import xgboost as xgb

#定义目标函数,用于 Optuna 的超参数优化
def objective(trial):
    #载入数据集(这里使用了乳腺癌数据集)
    data, target = sklearn.datasets.load_breast_cancer(return_X_y=True)
    #划分训练集和验证集
    train_x, valid_x, train_y, valid_y = train_test_split(data, target, test_
size=0.25)
    #创建 XGBoost 的数据矩阵
    dtrain = xgb.DMatrix(train_x, label=train_y)
    dvalid = xgb.DMatrix(valid_x, label=valid_y)

    #定义 XGBoost 的超参数范围
    param = {
        "verbosity": 0,
        "objective": "binary:logistic",
        "eval_metric": "auc",
        "booster": trial.suggest_categorical("booster", ["gbtree", "gblinear",
"dart"]),
        "lambda": trial.suggest_float("lambda", 1e-8, 1.0, log=True),
        "alpha": trial.suggest_float("alpha", 1e-8, 1.0, log=True),
    }

    #根据不同的 booster 类型定义对应的超参数
    if param["booster"] == "gbtree" or param["booster"] == "dart":
        param["max_depth"] = trial.suggest_int("max_depth", 1, 9)
        param["eta"] = trial.suggest_float("eta", 1e-8, 1.0, log=True)
        param["gamma"] = trial.suggest_float("gamma", 1e-8, 1.0, log=True)
        param["grow_policy"] = trial.suggest_categorical("grow_policy",
["depthwise", "lossguide"])
    if param["booster"] == "dart":
        param["sample_type"] = trial.suggest_categorical("sample_type",
["uniform", "weighted"])
        param["normalize_type"] = trial.suggest_categorical("normalize_type",
["tree", "forest"])
        param["rate_drop"] = trial.suggest_float("rate_drop", 1e-8, 1.0, log=
True)
        param["skip_drop"] = trial.suggest_float("skip_drop", 1e-8, 1.0, log=
True)

    #训练 XGBoost 模型
    bst = xgb.train(param, dtrain, evals=[(dvalid, "validation")])
    preds = bst.predict(dvalid)
    pred_labels = np.rint(preds)
    #计算模型的准确度
```

```
        accuracy = sklearn.metrics.accuracy_score(valid_y, pred_labels)
        return accuracy


if __name__ == "__main__":
    #创建 Optuna Study 对象,设置剪枝器和优化方向
    study = optuna.create_study(
        pruner=optuna.pruners.MedianPruner(n_warmup_steps=5), direction=
"maximize"
    )
    #运行 Optuna 的超参数优化
    study.optimize(objective, n_trials=100)
    #打印最佳的尝试(Trial)信息
    print(study.best_trial)
```

对代码的一些额外说明如下,用于提供可供参考的 Optuna API:

trial.suggest_categorical 用于定义分类型超参数的搜索空间,这里是 booster 的类型。

trial.suggest_float 用于定义浮点型超参数的搜索空间,例如正则化参数 lambda 和 alpha。

用于剪枝的回调函数: optuna.integration.XGBoostPruningCallback()

在 XGBoost 模型的训练中,这个回调函数用于根据验证集的 AUC 进行剪枝,以提高超参数搜索的效率。

总之,在这段代码中 Optuna 的相关部分主要包括目标函数的定义、超参数搜索空间的设定、剪枝回调函数的使用、创建 study 对象及优化过程的执行。Optuna 通过这些组件来自动搜索并返回最佳的超参数配置,以提高模型的性能。

7.9.4　使用 Vectorbt 进行回测

本节给出一个使用快速移动平均线与慢速移动平均线的策略框架,并基于该策略框架完成回测任务,代码如下:

```
#//第 7 章//section_Optuna_ver2.ipynb
import numpy as np
import pandas as pd
import vectorbt as vbt
#1. 读取价格数据
price_series = pd.Series(...)          #在此处替换为价格数据,这可以是一个 NumPy 数
#组、列表或其他可迭代对象

#2. 使用 Vectorbt 计算移动平均
fast_window, slow_window = ..., ...      #选择适当的快速和慢速移动平均窗口大小

#计算快速移动平均
fast_ma = vbt.MA.run(price_series, fast_window)

#计算慢速移动平均
slow_ma = vbt.MA.run(price_series, slow_window)

#使用快速和慢速移动平均计算交易信号
entries = fast_ma.ma_crossed_above(slow_ma)   #快速移动平均交叉上穿慢速移动平均的信号
exits = fast_ma.ma_crossed_below(slow_ma)     #快速移动平均交叉下穿慢速移动平均的信号
```

```
#使用信号生成投资组合
pf = vbt.Portfolio.from_signals(
    price_series,                        #价格数据
    entries,                             #买入信号
    exits,                               #卖出信号
    init_cash=...,                       #初始资金
    fees=...                             #交易费用设置
)

#打印投资组合的总利润
print(pf.total_profit())
```

从 NumPy 数组、列表或其他可迭代对象中读取价格数据，并将其存储在 Pandas 的 Series 对象中(price_series)。

(1) 使用 Vectorbt 库计算快速和慢速移动平均(fast_ma 和 slow_ma)。

(2) 基于快速和慢速移动平均的交叉情况生成买入(entries)和卖出(exits)信号。

(3) 使用这些信号来创建投资组合(pf)，并设置初始资金和交易费用参数。

(4) 最后，通过调用 pf. total_profit()来计算并打印投资组合的总利润。

需要注意，这段代码需要根据实际情况填充占位符，例如价格数据、移动平均窗口大小、初始资金和交易费用等。

也可以对代码进行高度抽象，得到以下回测框架，这在以后几节中会有所用到，代码如下：

```
#//第 7 章//section_Optuna_ver2.ipynb
import vectorbt as vbt
#创建价格数据和交易信号数据(entries 和 exits)
price_series = ...
entries = ...
exits = ...

#创建投资组合
pf = vbt.Portfolio.from_signals(
    price_series,                        #价格数据
    entries,                             #买入信号
    exits,                               #卖出信号
    init_cash=100000,                    #初始资金
    fees=0.001,                          #交易费用(百分比)
    slippage=0.001,                      #滑点(百分比)
    name="My Portfolio"                  #投资组合名称
)

#计算并获取投资组合的各种性能指标
returns = pf.returns()                   #投资组合收益率时间序列
total_profit = pf.total_profit()         #总利润
max_drawdown = pf.max_drawdown()         #最大回撤
```

price_series：包含价格数据的 Pandas Series 或 DataFrame。

entries：包含买入信号的 Pandas Series 或 DataFrame，通常由策略生成。

exits：包含卖出信号的 Pandas Series 或 DataFrame，通常由策略生成。

init_cash：初始资金，用于模拟投资组合的起始资本。

fees：交易费用，以百分比表示，用于模拟每笔交易的成本。

slippage：滑点，以百分比表示，用于模拟每笔交易的滑动成本。

name：投资组合的名称。

7.9.5　使用 Optuna 进行交易策略优化

在上面的案例中，我们理解了如何用 Optuna 创建一个目标函数，并对目标函数进行超参数优化，同时对 Vectorbt 回测框架也有了简单的了解。下面更进一步，使用 Optuna 来优化一个交易策略。本案例选取的策略是 MACD＋布林线策略，通过判断当前收盘价是否突破布林线，结合 MACD 线的金叉死叉，生成买入和卖出信号，代码如下：

```python
#//第7章//section_Optuna_ver2.ipynb
import os
import pandas_ta as ta
import optuna
import pandas as pd
import numpy as np
import vectorbt as vbt
from optuna.trial import TrialState
import warnings

warnings.filterwarnings('ignore')

def extract_files_from_JQDATA():
    """
    从 JQData 中提取所有连续竞价的 CSV 文件路径
    :return: CSV 文件路径列表，在本例中我们关注 IC9999 的结果
    """
    target_csv_paths = []
    target_dir = "JQData"
    for root, dirs, files in os.walk(target_dir):
        for file in files:
            if file.endswith(".csv") and file.startswith("IC9999"):
                target_csv_paths.append(os.path.join(root, file))
    return target_csv_paths

class Objective:
    """
    目标函数:通过定义一个 callable 类实现函数的功能
    """
    def __init__(self, csv_path):
        self.csv_path = csv_path
        self.df = pd.read_csv(csv_path)
        self.df.set_index(self.df.columns[0], inplace=True)
        self.df.rename_axis('Open Time', inplace=True)
        self.df.index = pd.to_datetime(self.df.index)
```

```python
#该方法用于计算交易信号
def calculate_signals(self, df, macd_patience, boll_dev, stoploss, stopwin,
boll_window, fast_window, slow_window, macd_window):
    #计算MACD指标
    df[['macd', 'macd_signal', 'macd_hist']] = ta.macd(df['close'], fast=
fast_window, slow=slow_window, signal=macd_window)
    df['macd_signal'] = df['macd'].ewm(span=macd_window, adjust=False).mean()
    dk = ta.bbands(df['close'], length=boll_window, std=boll_dev)
    df['bb_upper'], df['bb_middle'], df['bb_lower'] = dk[f'BBU_{boll_window}_
{boll_dev}'], dk[f'BBM_{boll_window}_{boll_dev}'], dk[f'BBL_{boll_window}_
{boll_dev}']

    #计算MACD金叉和死叉信号
    df['macd_golden_cross'] = (df['macd'] > df['macd_signal']) & (df['macd'].
shift() < df['macd_signal'].shift())
    df['macd_death_cross'] = (df['macd'] < df['macd_signal']) & (df['macd'].
shift() > df['macd_signal'].shift())

    #计算金叉和死叉信号的计数
    df['macd_golden_cross_count'] = df['macd_golden_cross'].rolling(macd_
patience).sum()
    df['macd_death_cross_count'] = df['macd_death_cross'].rolling(macd_
patience).sum()

    #根据信号计算买入和卖出信号
    df['macd_buy_signal'] = np.where((df['macd_golden_cross_count'] > 0) &
(df['macd_death_cross_count'] == 0), 1, 0)
    df['macd_sell_signal'] = np.where((df['macd_death_cross_count'] > 0) &
(df['macd_golden_cross_count'] == 0), 1, 0)

    #计算买入和卖出点
    entries_long = (df['macd_buy_signal'] == 1) & (df['close'] > df['bb_upper'])
    entries_short = (df['macd_sell_signal'] == 1) & (df['close'] < df['bb_
lower'])

    exits_long = (df['macd'] < df['macd_signal']) & (df['close'] < df['bb_
lower'])
    exits_short = (df['macd'] > df['macd_signal']) & (df['close'] > df['bb_
upper'])

    entries_long = entries_long.astype(bool)
    entries_short = entries_short.astype(bool)
    exits_long = exits_long.astype(bool)
    exits_short = exits_short.astype(bool)

    return entries_long, entries_short, exits_long, exits_short

#定义一个__call__方法,该方法是Optuna用于评估超参数性能的核心函数
#def __call__(self, trial)
    #从Optuna中获取超参数
    macd_patience = trial.suggest_int('macd_patience', 2, 10)
    boll_dev = trial.suggest_float('boll_dev', 1.5, 3.0, step=0.1)
```

```
        stoploss = trial.suggest_int('stoploss', 3, 10)
        stopwin = trial.suggest_int('stopwin', int(stoploss * 1.5), int(stoploss *
3.0))

        boll_window = trial.suggest_int('boll_window', 20, 50)
        fast_window = trial.suggest_int('fast_window', 6, 15)
        slow_window = trial.suggest_int('slow_window', 21, 40)
        macd_window = trial.suggest_int('macd_window', 2, 5)

        #将数据分为训练集和测试集
        train_size = int(len(self.df) * 0.7)
        train_df = self.df.head(train_size)
        entries_long, entries_short, exits_long, exits_short = self.calculate_
signals(train_df, macd_patience, boll_dev, stoploss, stopwin, boll_window, fast_
window, slow_window, macd_window)

        #使用 Vectorbt 库计算投资组合收益
        pf = vbt.Portfolio.from_signals(
            close=train_df['close'],
            entries=entries_long,
            exits=exits_long,
            short_entries=entries_short,
            short_exits=exits_short,
            fees=0.03 / 100,
            sl_stop=stoploss / 100,
            sl_trail=True,
            tp_stop=stopwin / 100,
            size=1,
            freq='1min',
            direction='both'
        )
        #返回投资组合的夏普比率作为优化目标
        return pf.sharpe_ratio()

    #定义一个测试函数,用于评估在测试集上的性能
    def test(self, **kwargs):
        test_df = self.df.tail(len(self.df) - int(len(self.df) * 0.7))
        macd_patience, boll_dev, stoploss, stopwin, boll_window, fast_window,
slow_window, macd_window = kwargs.values()

        entries_long, entries_short, exits_long, exits_short = self.calculate_
signals(test_df, macd_patience, boll_dev, stoploss, stopwin, boll_window, fast_
window, slow_window, macd_window)

        pf = vbt.Portfolio.from_signals(
            close=test_df['close'],
            entries=entries_long,
            exits=exits_long,
            short_entries=entries_short,
            short_exits=exits_short,
            fees=0.03 / 100,
            sl_stop=stoploss / 100,
            sl_trail=True,
```

```
                tp_stop=stopwin / 100,
                size=1,
                freq='1min',
                direction='both'
            )
            return pf.sharpe_ratio()

target_csv_paths = extract_files_from_JQDATA()
for csv_path in target_csv_paths:
    study = optuna.create_study(
        study_name="quadratic-{}".format(csv_path), #Unique identifier of the
study.
        direction="maximize",
        storage="sqlite://db.sqlite3", #Specify the storage URL here.
        load_if_exists=True
    )
    obj = Objective(csv_path)
    study.optimize(obj, n_trials=100, n_jobs=20)
    trial = study.best_trial
    print("-" * 40)
    print("csv_path:", csv_path)
    if trial.state == TrialState.COMPLETE:
        print("Best Params: ")
        print(trial.params)
        print("Best Train Sharpe: ")
        print(trial.value)
        print("Best Test Sharpe: ")
        print(obj.test(**trial.params))
    #输出最优超参数
    print(trial)
```

代码运行的结果如图 7-39 所示。

```
----------------------------------------
csv_path: JQData\IC\IC9999.CCFX.csv
Best Params:
{'macd_patience': 5, 'boll_dev': 2.2, 'stoploss': 7, 'stopwin': 19, 'boll_window': 26, 'fast_window': 8, 'slow_window': 38,
'macd_window': 2}
Best Train Sharpe:
1.8342578487748955
Best Test Sharpe:
1.9161461374200912
FrozenTrial(number=68, state=TrialState.COMPLETE, values=[1.8342578487748955], datetime_start=datetime.datetime(2023, 9, 19,
21, 59, 48, 693254), datetime_complete=datetime.datetime(2023, 9, 19, 21, 59, 53, 854109), params={'macd_patience': 5, 'boll
_dev': 2.2, 'stoploss': 7, 'stopwin': 19, 'boll_window': 26, 'fast_window': 8, 'slow_window': 38, 'macd_window': 2}, user_at
trs={}, system_attrs={}, intermediate_values={}, distributions={'macd_patience': IntDistribution(high=10, log=False, low=2,
step=1), 'boll_dev': FloatDistribution(high=3.0, log=False, low=1.5, step=0.1), 'stoploss': IntDistribution(high=10, low=Fal
se, low=3, step=1), 'stopwin': IntDistribution(high=21, log=False, low=10, step=1), 'boll_window': IntDistribution(high=50,
log=False, low=20, step=1), 'fast_window': IntDistribution(high=15, log=False, low=6, step=1), 'slow_window': IntDistributio
n(high=40, log=False, low=21, step=1), 'macd_window': IntDistribution(high=5, log=False, low=2, step=1)}, trial_id=269, valu
e=None)
```

图 7-39 代码运行的结果

上述代码使用了 optuna 库进行超参数优化，这里使用了 100 次试错，每次试错都会输出当前的最优超参数，最后输出的是最优的超参数，以及在训练集和测试集上的 Sharpe Ratio。我们没有使用一个简单的 objective_function，而是使用了一个类，这个类的 __ call __ 方法用来计算训练集上的 Sharpe Ratio，test 方法用来计算测试集上的 Sharpe Ratio，这样做的好处是,可以在__ call __方法中使用训练集的数据来计算交易信号,然后在 test 方法中使用测试集的数据来计算交易信号,这样就可以避免数据的泄露。上述代码在回测时,使用了1min 的数据通过 Vectorbt 库进行回测,使用了它的 Portfolio. from_signals 方法,这种方法可以根据交易信号进行回测,这里使用了 MACD 信号,以及布林带的上下轨作为进出场信号,同时还使用了止损止盈,以及手续费等参数。在调用 Portfolio. from_signals 方法时,传入了一系列与回测相关的参数,这里使用了 sl_stop 参数设置止损,sl_trail 参数用于设置是否使用追踪止损,tp_stop 参数用于设置止盈,size 参数用于设置每次交易的数量,freq 参数用于设置回测的频率,direction 参数用于设置交易方向,这里使用了 both,表示既可以做多也可以做空,其余参数是一些交易信号,这里使用了 MACD 信号,以及布林带的上下轨作为进出场信号。

在运行结束后,搜索出的超参数会保留在 sqlite 中(这里使用了 sqlite 作为存储),下次再次运行时,可以从 sqlite 中读取已经搜索出的超参数,基于历史的超参数继续搜索。当然,还可以使用 Optuna 的可视化工具来查看搜索过程,这里使用了 optuna. visualization 库中的 plot_optimization_history 方法来绘制搜索过程的历史,如图 7-40 所示,图中横轴代表搜索次数,纵轴代表 Sharpe Ratio,可以看到随着搜索次数的增加,Sharpe Ratio 也在不断增加,最后达到了一个稳定的值,代码如下:

```
from optuna.visualization import plot_optimization_history
plot_optimization_history(study)
```

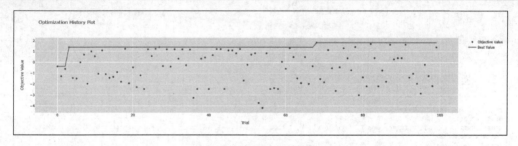

图 7-40　代码运行结果(1)

还可以使用 plot_param_importances 方法来绘制超参数的重要性,如图 7-41 所示。图中横轴代表超参数,纵轴代表超参数的重要性,可以看到 boll_window 和 boll_dev 对 Sharpe Ratio 的影响最大,代码如下:

```
from optuna.visualization import plot_param_importances
plot_param_importances(study)
```

还可以使用 plot_slice 方法来绘制超参数的分布,如图 7-42 所示,图中横轴代表超参数,纵轴代表 Sharpe Ratio,通过分析超参数的分布,可以更好地理解超参数的影响,代码如下:

```
from optuna.visualization import plot_slice
plot_slice(study)
```

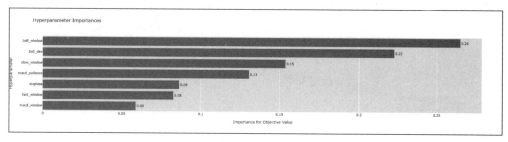

图 7-41 代码运行结果(2)

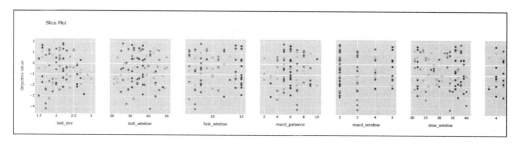

图 7-42 代码运行结果(3)

还可以使用 plot_contour 方法来绘制超参数的相关性,如图 7-43 所示,plot_contour 的横轴和纵轴都对应一个超参数,图中的颜色代表了 Sharpe Ratio 的大小,颜色越深,Sharpe Ratio 越大。在 optuna_dashboard 中能够自由通过选项卡选择不同的超参数组合,以此来查看它们之间的关系与对应 Sharpe Ratio 的大小,这样就能够更好地理解超参数之间的关系,代码如下:

```
from optuna.visualization import plot_contour
plot_contour(study, params=["alpha","booster","lambda"])
```

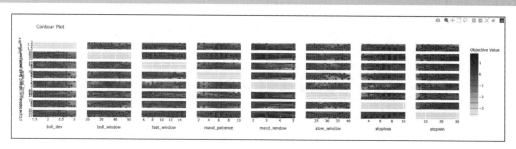

图 7-43 代码运行结果(4)

还可以使用 plot_timeline 来绘制搜索过程的时间线,如图 7-44 所示,图中横轴代表时间,纵轴代表第几次搜索,通过时间线图可以看到搜索过程的完成过程的代码如下:

```
from optuna.visualization import plot_timeline
plot_timeline(study)
```

不仅如此,可以在命令行直接输入 optuna-dashboard sqlite://db.sqlite3 来查看搜索过

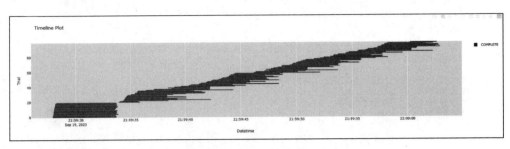

图 7-44　代码运行结果(5)

程存储的全部相关数据与图标,通过浏览器的 localhost：8080/dashboard,就能够访问 optuna_dashboard 界面。打开界面左侧的第 1 个菜单栏,可以很容易地获取最佳一次实验的 Sharpe Ratio,以及对应的超参数,如图 7-45 所示。

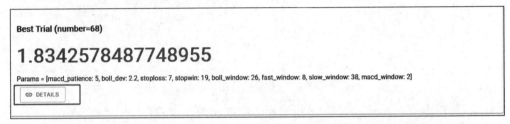

图 7-45　超参数

单击 DETAILS 按钮,跳转到每次实验的界面,如图 7-46 所示。

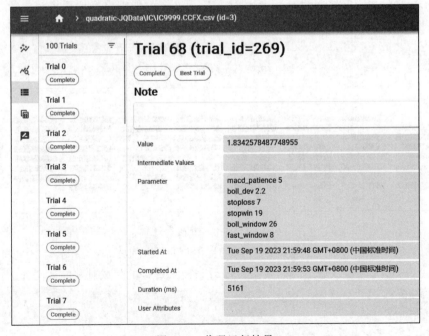

图 7-46　代码运行结果

此外，在左侧的菜单栏中，可以选择第 2 个菜单栏，对应统计信息，这可以获取搜索过程中指定某两个超参数之间的关系，例如 contour 图，我们可以通过 contour 图获取 boll_window 和 boll_dev 之间的关系，如图 7-47 所示。

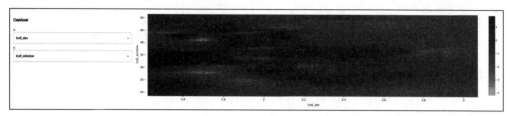

图 7-47　代码运行结果

虽然在示例代码中，最终在测试集上 Sharpe Ratio 达到了 1.91，但现实世界中情况往往不会这么乐观，实例代码的 Sharpe Ratio 只是作为一个参考，在实际运用中需要考虑更多因素。例如交易滑点、执行延迟、保证金、交易限制等，这些因素都会对策略的表现产生影响，需要在实际运用中进行更多测试，这样才能更好地评估策略的表现。

第8章

多因子选股策略

8.1 中国股市简介

中国的股票市场,主要包括上海证券交易所(SSE)和深圳证券交易所(SZSE)。中国股市经历了多次改革和发展,目前是全球规模最大的股票市场之一。上海证券交易所成立于1990年,是中国最早的证券交易所,主要交易上市公司的 A 股(人民币普通股)和 B 股(以外币计价的股票)。深圳证券交易所成立于1991年,也是中国的证券交易所,主要交易上市公司的 A 股和 B 股,以及中小企业板股票(创业板)。A 股是指在中国注册的公司发行的人民币普通股票,只能由中国的投资者购买。A 股市场分为主板和创业板,主板上市公司规模较大,而创业板主要面向创新型和成长型企业。B 股是指以外币计价的股票,主要面向境外投资者,但中国境内的合格机构投资者也可以购买。B 股市场规模相对较小。

中国股票市场主要的有关机构包括以下几类。

(1) 中国证券监督管理委员会(CSRC):CSRC 是中国的证券市场监管机构,负责监督和管理中国的证券市场,包括股票市场。CSRC 制定并执行证券市场的法律法规,监督证券公司、基金管理公司等市场参与者的行为,保护投资者权益,维护市场秩序。

(2) 上海证券交易所(SSE):SSE 是中国最大的证券交易所之一,位于上海。SSE 负责运营和监管上海股票市场,包括 A 股和 B 股的交易。A 股是面向中国投资者的股票,B 股是面向境外投资者的股票。

(3) 深圳证券交易所(SZSE):SZSE 是中国的另一个主要证券交易所,位于深圳。SZSE 也负责运营和监管股票市场,包括 A 股和 B 股的交易。

(4) 中国证券登记结算有限责任公司(China Securities Depository and Clearing Corporation Limited,CSDC):CSDC 是中国的证券登记结算机构,负责股票的登记、结算和清算工作。它提供证券账户管理、股票交收等服务。

(5) 证券公司:中国的证券公司提供股票交易、投资咨询、研究报告等服务。一些知名的证券公司包括国泰君安证券、中信证券、华泰证券等。

(6) 中国证券投资基金业协会(China Securities Investment FundAssociation,

CSIFA)：CSIFA 是中国的证券投资基金行业协会,负责监管和推动中国的投资基金市场发展。它制定行业规范、提供行业信息和指导,维护投资者权益。

这些机构在中国股票市场中发挥着重要的作用,如监管市场行为、维护市场秩序、保护投资者权益,并提供相关的市场信息和服务。投资者在与这些机构打交道时,需要遵守相关规定,并根据自身需求和目标做出决策。

中国股票市场中的投资者类型：

(1) 个人投资者：中国股市中有大量的散户投资者,他们通过券商开立的证券账户进行股票交易。

(2) 机构投资者：包括保险公司、基金管理公司、证券公司等专业机构,他们管理着大量的资金,并参与股票市场的投资。

中国股市经历了多次改革,包括注册制改革、沪港通和深港通等,旨在提高市场透明度、保护投资者权益、促进市场稳定及吸引更多境外投资者参与中国股市,但仍需要注意的是,股票市场存在一定的风险和波动性,投资者在进行投资时应谨慎,并根据自身的风险承受能力和投资目标做出明智的决策。同时,建议投资者在进行股票交易前充分了解相关法规和市场信息,并寻求专业的投资建议。

中国股市和美国股市是世界上最大的两个股票市场之一,它们在许多方面存在着相同点和不同点。

主要相同点如下。

(1) 市场规模：中国股市和美国股市都是全球最大的股票市场之一,拥有庞大的市值和交易量。

(2) 市场结构：两个市场都有主板和创业板等不同板块,提供了多样化的股票选择。

(3) 监管机构：中国股市由中国证券监督管理委员会(CSRC)监管,美国股市由美国证券交易委员会(SEC)监管,两个市场都有专门的监管机构负责维护市场秩序和保护投资者权益。

(4) 投资机会：中国股市和美国股市都提供了丰富的投资机会,包括成长股、价值股、分红股等。

主要不同点如下。

(1) 市场结构和交易时间：中国股市通常有上海证券交易所(SSE)和深圳证券交易所(SZSE),交易时间为周一至周五的上午和下午。美国股市包括纽约证券交易所(NYSE)和纳斯达克证券交易所(NASDAQ),交易时间为周一至周五的上午和下午,还有一些交易所提供延长交易时间。

(2) 股票类型：中国股市有 A 股和 B 股,其中 A 股是人民币普通股票,只能由中国的投资者购买,而 B 股是以外币计价的股票,主要面向境外投资者。美国股市主要有普通股和优先股等类型。

(3) 投资者类型：中国股市中有大量的散户投资者,而美国股市有更多的机构投资者,包括投资基金、养老基金、保险公司等。

（4）法律体系和信息披露：中国股市的法律体系和信息披露规定与美国股市有所不同。美国股市遵循成熟和严格的法律体系，并有严格的信息披露要求，例如，上市公司需要定期披露财务报表和重要事件。

（5）波动性和风险：中国股市和美国股市的波动性和风险因素也不尽相同，受到不同的经济、政治和市场因素的影响。

需要注意的是，投资者在参与中国股市或美国股市时，应了解各自市场的特点、法规和风险，并根据自身的投资目标和风险承受能力做出明智的投资决策。同时，建议投资者在进行股票交易前充分了解相关法规、市场信息和投资产品，并寻求专业的投资建议。

8.2　选股策略概述

多因子模型是相对于单一因子模型而言的，它考虑了更多的相关因素来解释资产回报率的变化。随着学者们对投资组合风险和回报的研究不断深入，多因子模型逐渐成为金融学和投资领域的研究热点。

多因子模型最早可以追溯到 20 世纪 70 年代，当时经济学家 Sharpe 提出了 CAPM 模型（资本性资产定价模型），该模型仅考虑市场因素对股票回报的影响。随后，Fama 和 French 提出了三因子模型，包含市值、价值和盈利能力 3 个主要因子，以便更好地解释股票回报的变化。

在此基础上，学者们又不断探索新的因子对股票回报的影响，如动量、质量、流动性等因子。相应地，多因子模型也应运而生，例如四因子模型和五因子模型等。这些模型都是在三因子模型的基础上添加新的具有统计显著性的因子。

此外，随着机器学习和人工智能技术的发展，越来越多的因子被引入多因子模型中，以更准确地预测资产回报的变化。这些因子包括社会和环境因素（如气候、政治稳定性等）、行业因素、公司治理因素等。

8.2.1　资本性资产定价模型

资本性资产定价模型（Capital Asset Pricing Model，CAPM）是一种用于评估证券投资风险和收益的理论模型。它最初由美国学者 William Sharpe、John Lintner 和 Jan Mossin 在 20 世纪 60 年代提出，是现代金融学的基石之一。

CAPM 认为，投资风险可以分解成系统性风险和非系统性风险两部分，其中，系统性风险是无法通过分散投资来消除的整体风险，如宏观经济环境变化、政策法规变化等因素所带来的风险，而非系统性风险则只针对某个特定的股票或行业，可以通过分散投资来降低风险。

CAPM 认为，每个投资组合的期望收益率应该与市场的系统性风险有关。具体来讲，CAPM 的核心公式为

$$E(R_i) = R_f + \beta_i [E(R_m) - R_f] \tag{8-1}$$

其中，$E(R_i)$表示投资组合 i 的期望收益率；R_f 表示无风险收益率；β_i 表示投资组合 i 相对于市场风险的敞口或暴露程度；$E(R_m)$表示市场的期望收益率。

公式中的第 2 项 $\beta_i[E(R_m)-R_f]$ 表示市场风险溢价，即投资组合在承担市场风险时可以获得的额外收益，而 β_i 则是反映投资组合相对于市场的风险敞口程度，即 β_i 越高，意味着投资组合对市场风险的敏感程度越高，但也可能带来更高的回报。

通过 CAPM 模型，可以计算出每个投资组合的预期收益率，并根据这些预期收益率和风险敞口选择最优的投资组合。同时，CAPM 还为投资者提供了一种衡量股票或投资组合风险的方法，即用其 β 值判断它是否与市场相关联，以及相关程度的大小。

8.2.2 Fama-French 三因子模型

Fama-French 三因子模型是一种常用的股票收益率预测和投资组合构建模型，由经济学家 Eugene Fama 和 Kenneth French 于 1992 年提出并于 1993 年进一步发展和完善。该模型基于 CAPM 模型的基础上，加入了公司规模和市值比两个因子，以便更全面地解释股票回报的差异。

具体来讲，Fama-French 三因子模型认为，股票的超额回报（除去无风险收益后的回报）可以通过 3 个因素来解释。

（1）市场风险因子：与 CAPM 模型中的市场风险溢价相同，反映了整体市场的变动对股票收益的影响。该因子通常用市场指数来表示，如标普 500 指数或纳斯达克指数。

（2）公司规模因子：反映了小公司相对于大公司的投资回报差异。该因子通常使用市值指标来衡量，例如将所有股票按市值大小排序并分成几个组别，然后计算不同组别之间的平均回报率。

（3）市值比因子：反映了公司股票价格相对于其账面价值的溢价情况。该因子通常使用市值比指标来衡量，例如将所有股票按市值比大小排序并分成几个组别，然后计算不同组别之间的平均回报率。

Fama-French 三因子模型认为，股票的超额回报可以通过上述 3 个因素线性组合得到。具体来讲，其核心公式为

$$E(R_i)-R_f=\beta_{i1}[E(R_m)-R_f]+\beta_{i2}\mathrm{SMB}+\beta_{i3}\mathrm{HML} \tag{8-2}$$

其中，$E(R_i)$表示股票 i 的预期收益率；R_f 表示无风险收益率；β_{i1}、β_{i2} 和 β_{i3} 分别为市场风险因子、公司规模因子和市值比因子的敞口系数（也称为因子载荷）；表示市场的预期收益率；SMB 为小型股票与大型股票之间的收益率差异；HML 为高价值股票与低价值股票之间的收益率差异。

通过 Fama-French 三因子模型，可以更全面地解释股票回报的差异，并根据不同因子的敞口系数构建出最优的投资组合。同时，该模型也为投资者提供了一种衡量股票或投资组合风险的方法，即用其因子载荷来判断它是否与市场相关联，以及与公司规模和市值比等因子相关程度的大小。

8.2.3　Barra 因子模型

Barra 因子模型是一种用于风险管理和投资组合构建的数学模型。该模型最初由美国金融数据分析公司 Barra Inc. 于 20 世纪 80 年代开发,并在行业中得到广泛应用。

Barra 因子模型基于 CAPM(资本资产定价模型)理论,通过将一个证券的预期回报与市场因素及其他宏观经济因素相关联,来描述其风险特征。该模型假设证券的预期回报可以被表示为多个因素的线性组合,这些因素包括市场因素、行业因素和公司特定因素等。

具体而言,Barra 因子模型通常采用以下公式:

$$R_i = \alpha_i + \beta_{1i}F_1 + \beta_{2i}F_2 + \cdots + \beta_{ki}F_k + \varepsilon_i \tag{8-3}$$

其中,R_i 表示证券 i 的收益率,α_i 表示证券 i 的无风险收益率,β_{ki} 表示证券 i 对第 k 个因子的敏感度,F_k 表示第 k 个因子的收益率,ε_i 表示证券 i 的残差项。

通常情况下,Barra 因子模型使用大量历史数据来确定每个因子的权重和特征,以便在给定的时间内预测证券的预期回报和风险。该模型还可以用于评估投资组合的风险敞口,并帮助投资者有效地进行资产配置和风险管理决策。

8.2.4　模型关联

资本性资产定价模型假设资本资产的预期收益率等于无风险利率加上市场风险溢价乘以该资产与市场组合之间的系统风险(Beta 系数),Fama-French 三因子模型在 CAPM 模型的基础上加入了两个附加因子:规模因子和价值因子。规模因子指的是小公司股票与大公司股票收益率之间的差异,而价值因子是指高估值股票与低估值股票之间的差异,因此,CAPM 模型只考虑了市场风险对资产收益率的影响,而 Fama-French 三因子模型则同时考虑了市场风险、规模和价值 3 个因素。由于规模和价值因子可能会影响到某些特定类型的资产,因此 Fama-French 三因子模型在一些情况下比 CAPM 模型更准确地解释了资本资产的收益率。

Fama-French 模型和 Barra 模型都是用于风险管理和投资组合优化的重要工具。这两个模型都旨在帮助投资者理解不同因素对资产回报的影响,并为他们提供更好的投资策略。

Fama-French 模型基于 3 个因子来解释股票回报的多元线性回归模型:市场风险、公司规模和公司估值(价值与成长)。市场风险通常被表示为市场风险溢价,可以通过市场指数的回报率来衡量。公司规模则反映了公司规模与回报之间的关系,通常用市值或总资产来衡量,而公司估值则涉及价值股和成长股之间的区别,通常使用账面市值比等指标进行衡量。Barra 模型则是内容更加丰富和复杂的多因子模型,它包含了许多不同的风险因子,用于解释证券价格波动并评估投资组合风险。相比于 Fama-French 模型只有 3 个因子,Barra 模型包含了最多 100 个以上的因子,根据不同的需求和选择可以灵活地构建出不同的因子模型。

尽管 Fama-French 模型和 Barra 模型在构建过程中使用的因子数量有所不同,但它们都拥有共同的核心目标:通过解释股票回报率背后的因素来识别投资风险,从而辅助投资者做出更好的决策,而且,这两种模型也可以互为补充。例如,在构建一个多因子模型时,可以使用 Barra 模型来识别潜在的风险因素,然后使用 Fama-French 模型来进一步细化每个因子的贡献度,以便更好地理解不同的因素对投资组合的影响。

总之,Fama-French 模型和 Barra 模型是用于投资组合管理和优化的两个重要工具,它们都旨在更好地解释和管理投资组合的风险,帮助投资者做出更明智的投资决策。

8.3 经典选股因子

经典的选股因子包括以下几方面。

(1)市场因子:例如市值、市盈率、市净率等。这些因子可以用来评估一只股票的价值和成长潜力,以及其在市场上的相对表现。

(2)财务因子:例如营业收入、净利润、资产负债率等。这些因子可以用来评估一只股票的财务状况和盈利能力,以及风险水平。

(3)行业因子:例如行业龙头、行业景气度等。这些因子可以用来评估一只股票所处行业的竞争优势和前景,以及行业整体的风险水平。

(4)技术因子:例如价格趋势、交易量等。这些因子可以用来分析股票价格的走势和波动,以及市场供需关系的变化。

(5)市场情绪因子:例如投资者情绪、媒体报道等。这些因子可以用来评估市场参与者的情绪和预期,以及市场的整体风险水平。

这些因子不是必须全部考虑的,应该根据具体情况进行选择和权衡。

8.3.1 市场因子

市场因子是指影响市场整体表现的各种因素。这些因素可以分为两类:宏观经济因素和公司特定因素。

宏观经济因素包括通货膨胀、利率、汇率、政策法规、国内生产总值(GDP)等,这些因素会影响整个市场或整个行业的表现。例如,当通货膨胀率上升时,投资者可能会购买更多的黄金和其他实物商品来保值,从而推高了相应市场的价格。

公司特定因素包括公司业绩、财务状况、管理层能力和竞争环境等,这些因素通常只对某些公司或特定行业有影响。例如,当一家公司发布的业绩报告超出市场预期时,其股价可能会上涨。

除了以上因素外,市场因子还包括投资者情绪、消息面、技术面等。投资者情绪可以影响市场波动,消息面的好坏也会对股市产生影响,技术面则反映了市场交易的趋势和市场的技术支撑水平等。理解市场因子对于投资者来讲非常重要,因为只有深入了解市场因子,才能更好地制定投资策略和做出决策。

8.3.2 财务因子

财务因子是指影响企业财务表现的各种因素。这些因素通常可以从企业的财务报表中反映出来,如资产负债表、利润表和现金流量表等。

财务因子可以分为两类:收入相关因素和支出相关因素。

收入相关因素包括销售额、市场份额、产品定价、销售渠道等。这些因素直接关系到企业的业务收入和利润水平。例如,一个公司增加了其市场份额,其销售额和利润往往会相应上升。

支出相关因素包括成本、开支和投资等。这些因素直接影响企业的盈利能力和财务状况。例如,一个公司如果能够控制成本和开支,减少浪费,其利润就会相应上升。

除了以上因素外,财务因素还包括资本结构、负债水平、现金流状况等。资本结构涉及企业的融资方式,负债水平反映企业的偿债能力,现金流状况则反映企业的流动性和运营能力。这些因素对于企业的财务表现至关重要。

理解财务因素对于股票投资者来讲非常重要,因为只有深入了解企业的财务表现和财务状况,才能更好地做出投资决策。

8.3.3　行业因子

行业因子是指影响特定行业表现的各种因素。这些因素可以分为宏观经济因素和行业特定因素。

宏观经济因素包括通货膨胀、利率、汇率、政策法规、国内生产总值(GDP)等,这些因素对整个行业或多行业都会产生影响。例如,当利率上升时,银行和金融行业公司的利润可能会下降,而房地产市场也可能受到冲击,从而导致整个行业下滑。

行业特定因素包括供需关系、竞争环境、技术进步、政府政策、消费者偏好等。这些因素只对某个特定行业或少数几个行业产生影响。例如,在汽车行业中,政府税收政策、能源价格、消费者需求和竞争格局等都会影响汽车制造商的销售和盈利状况。

除了以上因素外,行业因素还包括供应链、生产成本、产品品质等因素。供应链相关因素包括原材料采购、物流运输、库存管理等,这些因素直接影响着企业的生产和运营效率。生产成本指的是企业生产产品所需的人力、物力和财力成本,而产品品质则直接影响着销售和市场占有率。

理解行业因素对于投资者来讲非常重要,因为只有深入了解行业因素,才能更好地制定投资策略和做出决策。针对不同行业的因素差异,投资者可以选择适合的投资策略,以取得最优的收益。

8.3.4　技术因子

技术量化因子是用来衡量股票或其他金融资产的投资价值的指标。以下是几个常用的技术量化因子。

(1) 均线:均线是一种基本的技术分析工具,它能够显示出一段时间内的平均价格走势。通过计算股价在一定时间内的平均值,可以确定当前市场趋势并进行交易决策。

(2) 相对强弱指数(RSI):RSI是一种测量股票或其他金融资产强度的技术指标。它通过比较最近一段时间内资产价格上涨和下跌的数量,来判断市场情绪和价格趋势。

（3）策略信号：策略信号是一种基于特定规则的技术指标,在交易时给出买入或卖出信号。这些规则可能包括均线交叉、MACD 交叉等。

（4）布林带：布林带是一种用来衡量价格波动性的技术指标。它由三条线组成,中间线为均线,上下两条线则为标准差的倍数。当价格接近上下限时,通常意味着价格即将发生变化。

（5）移动平均线收敛/发散指标（MACD）：MACD 是一种基于趋势分析的技术指标,它通过比较两条移动平均线的差异来判断市场趋势。当短期移动平均线穿越长期移动平均线时,通常意味着市场趋势已经发生了变化。

8.3.5　情绪因子

市场情绪因子是指影响投资者情绪和预期的各种因素,包括但不限于以下几方面。

投资者情绪：投资者情绪是指市场上投资者的整体心态和情绪状况。投资者情绪通常会受到诸如政治、经济、社会等方面因素的影响,例如财务数据、国际关系、自然灾害等。当投资者情绪积极向上时,市场通常会呈现出上涨趋势；反之,当投资者情绪悲观或恐慌时,市场通常会下跌。

（1）媒体报道：媒体报道可以对市场情绪产生直接或间接的影响。新闻报道可以引起市场的关注和反应,进而影响投资者的情绪和预期。负面报道可能会导致市场情绪恶化,而正面报道则可能会提高市场情绪。

（2）社交媒体：社交媒体平台已成为许多投资者获取信息和交流的重要渠道。社交媒体中的言论和评论可以反映投资者情绪和预期,并对市场走势产生一定的影响。

这些因素在市场中互相作用,共同影响着市场的整体风险水平和投资者的预期。投资者需要密切关注这些因素,以便做出更准确的交易决策。

在金融领域,主要聚焦于两类因子,即时间序列因子和横截面因子。它们在股票选择模型和金融风险预测等方面具有广泛应用。下面是它们的主要异同点。

（1）时间序列因子（TSF）：时间序列因子是基于时间进展的,对特定资产的历史价格、交易量和其他相关信息等进行分析,从而预测该资产的未来价格。例如,可以说,基于历史波动率的动量因子或者基于历史价格和交易数据的技术分析因子都可以被视为时间序列因子。它的独特之处在于,因子值源自同一只股票（或其他投资工具）的历史数据,时间成为主要维度。

（2）横截面因子（CSF0）：横截面因子主要用于比较不同资产之间的差别,例如根据公司财务健康状况的评级、市盈率、市净率等指标,通过这些指标在一个特定时间点对多只股票进行比较分析,然后进行排名,并据此进行投资决策。这样的差异可以视为是横截面因子。它的独特之处在于,因子值主要来源于在同一时间点上不同的股票（或其他投资工具）之间的对比。

两者的主要差异在于研究的角度不同,即时间序列因子主要关心的是一个资产随时间变化的特点,着重分析的是"当",而横截面因子主要关心的是在同一时间点不同资产之间的差别,着重分析的是"何"。

虽然这两类因子在分析角度和使用场景上可能不同,但是实际上,它们在投资策略制定过程中往往会结合使用,以得到更全面的信息和更准确的投资决策。

8.4　因子组合方法

8.4.1　相关定义

(1) 因子收益率:将第 T 期的因子暴露度向量与 $T+1$ 期的股票收益向量进行线性回归,所得到的回归系数即为因子在 T 期的因子收益率。

(2) RankIC:因子的 IC 值是指因子在第 T 期的暴露度向量与 $T+1$ 期的股票收益向量的相关系数,即上式中因子暴露度向量一般不会直接采用原始因子值,而是经过去极值、中性化等手段处理之后的因子值。在实际计算中,使用 Pearson 相关系数可能受因子极端值影响较大,使用 Spearman 秩相关系数则更稳健一些,这种方式下计算出来的 IC 一般称为 RankIC。

8.4.2　等权法

所有待合成因子等权重相加,得到新的合成后的因子。例如换手率风格因子,将近 1 个月、3 个月、6 个月日均换手率因子及近 1 个月、3 个月、6 个月日均换手率除以近 2 年日均换手率因子等权重相加(每个因子权重为 1/6),合成新的换手率风格因子,然后重新进行标准化等处理。

8.4.3　历史因子收益率(半衰)加权法

所有待合成因子,按照最近一段时期内历史因子收益率的算术平均值(或半衰权重下的加权平均值)作为权重进行相加,得到新的合成后的因子。此处的因子收益率见相关定义。以上面的换手率风格因子为例,如果这 6 个因子的历史因子收益率的均值分别是 1、2、3、4、5、6,则每个因子的权重分别为 1/(1+2+3+4+5+6)=1/21,2/(1+2+3+4+5+6)=2/21,3/21,4/21,5/21,6/21,即分别为 4.76%、9.52%、14.29%、19.05%、23.81%、28.57%。此种方式合成的因子具有比较大的历史因子收益率,但是由于待合成因子往往具有多重共线性,回归稳定的数值解不稳定,即历史因子收益率可能不稳定,影响合成权重的计算。因子收益率序列在半衰权重下的加权平均值计算过程可以参考 8.4.4 节的详细描述。

8.4.4　历史因子半衰加权法

所有待合成因子,按照最近一段时期内历史 RankIC 的算术平均值(或半衰权重下的加权平均值)作为权重进行相加,得到新的合成后的因子。RankIC 见相关定义。该方法与8.4.3 节提出的方法的基本思想相同,只是核心关注指标有所区别。

我们在此处统一介绍半衰加权法的详细计算方式。若要计算最近一段时期内历史 RankIC 的算术平均值,则只需将每一期的 RankIC 等权相加,再除以期数,而半衰加权每一期 RankIC 的权重不同,将按照指数半衰权重进行加权。半衰加权的基本原则是距离现在越近的截面期权重越大、越远权重越小。这里存在一个参数,即半衰期 H,其意义为每经过 H 期(向过去前推 H 期),权重变为原来的一半,半衰期参数可取 1、2、4 等。具体来讲,假设对某个因子来讲,其过去 T 期的 RankIC 序列为 $ic = (ic_1, ic_2, \cdots, ic_T)$,$ic_1$ 是距离现在最远一期的 RankIC 值,ic_T 是距离现在最近一期的 RankIC 值,半衰权重 $\omega = (\omega_1, \omega_2, \cdots, \omega_T)$,$\omega_1$ 是距离现在最远一期的权重,则 ω 的计算公式为

$$\omega_t = 2^{\frac{t-T-1}{H}} \ (t = 1, 2, \cdots, T) \tag{8-4}$$

在实际计算中,上述权重需要归一化,即 $\omega t' = \omega t / \Sigma \omega t$。从上式可以验证,设现在是 H 期,权重为 $2^{\frac{t-T-1}{H}}$,经过 H 期,$\omega_{t-H} = 2^{\frac{t-H-T-1}{H}} = 2^{\frac{t-T-1}{H}} \times 2^{-1}$,即为 ω_t 的一半。

8.4.5 最大化 IC_IR 加权法

Qian 在 *Quantitative Equity Portfolio Management* 一书中提出最大化复合因子 IC_IR 的方法,其基本思想是,以历史一段时间的复合因子平均 IC 值作为对复合因子下一期 IC 值的估计,以历史 IC 值的协方差矩阵作为对复合因子下一期波动率的估计,根据 IC_IR 等于 IC 的期望值除以 IC 的标准差,可以得到最大化复合因子 IC_IR 的最优权重解。以 $w = (w_1, w_2, \cdots, w_N)^T$ 表示因子合成时所使用的权重,$\mathbf{IC} = (IC_1, IC_2, \cdots, IC_N)^T$ 表示因子 IC 均值向量,其中 $IC_k (k = 1, 2, \cdots, N)$ 表示第 k 个因子在历史一段时间内的 IC 均值,$\boldsymbol{\Sigma}$ 为因子 IC 的协方差矩阵。则最优化复合因子 IC_IR 的问题可以表示为

$$\max \text{IC\_IR} = \frac{w^T \times \mathbf{IC}}{\sqrt{w^T \boldsymbol{\Sigma} w}} \tag{8-5}$$

上述优化问题具有显式解 $w = \boldsymbol{\Sigma}^{-1} \times \mathbf{IC}$,对计算出的 w 需进行归一化。实际上,我们仍然使用因子的 RankIC 而非简单的 IC(Pearson IC)参与上述计算,后文中若未明确指出,则所有的 IC 均指代 RankIC。

该方法在运用中值得注意的有两点。首先,对协方差矩阵的估计常常有偏差。统计学中以样本协方差矩阵代替总体协方差矩阵,但在样本量不足时,样本协方差矩阵与总体协方差矩阵差异过大,另外估计出的协方差矩阵可能是病态的,从而造成上述优化问题难以求解,因此,在求解权重的过程中,协方差矩阵的估计也是一个重要的问题。

其次,因协方差矩阵估计不准确或存在其他干扰因素,由显式解解出的权重常常出现负数,这与因子本身的逻辑相反,违反了因子的实际意义。我们推荐直接求解上述优化问题,并加上权重为正的约束条件,即求解以下优化问题:

$$\max \text{IC\_IR} = \frac{w^T \times \mathbf{IC}}{\sqrt{w^T \boldsymbol{\Sigma} w}}, \quad w \geqslant 0 \tag{8-6}$$

经实际检验,含约束条件的优化问题求解出的权重更为合理,用于合成因子的效果也更

好。本书采用两种协方差矩阵估计方法,并将结果进行对比。一种是采用样本协方差矩阵代替总体协方差矩阵(直接用历史 IC 协方差阵进行简单估计);另一种是采用 Ledoit 和 Wolf(2004)提出的压缩估计方法,目标矩阵采用单位矩阵,即将样本协方差矩阵向单位矩阵压缩。压缩的具体方法如下。

设矩阵 $\boldsymbol{\Sigma}$ 是真实的协方差矩阵,$\boldsymbol{\Sigma}^*$ 是有限样本下对 $\boldsymbol{\Sigma}$ 的渐进一致估计,$\boldsymbol{I}$ 是单位矩阵(目标矩阵),$\boldsymbol{S}$ 是样本协方差矩阵。要寻找这样一组参数 ρ_1,ρ_2,使均方误差 $E\left[\|\boldsymbol{\Sigma}^*-\boldsymbol{\Sigma}\|^2\right]$ 最小,这里 $\|\cdot\|$ 是矩阵的 Frobenius 范数,可以用于衡量两个矩阵差异的大小,Frobenius 范数越大,两个矩阵差异越大,其定义为 $\|\boldsymbol{A}\|=\sqrt{\mathrm{tr}(\boldsymbol{A}\boldsymbol{A}^{\mathrm{T}})/N}$,$N$ 是 $\boldsymbol{A}$ 的行数。使均方误差最小的 $\boldsymbol{\Sigma}^*$ 有以下估计式:

$$\boldsymbol{\Sigma}^*=\rho_1\boldsymbol{I}+\rho_2\boldsymbol{S} \tag{8-7}$$

设 $\boldsymbol{S}$ 是 $\boldsymbol{X}$(N 行 T 列矩阵,对应 N 个因子在 T 个截面期的因子 IC)的样本协方差矩阵,$\boldsymbol{X}$ 的第 t 列为 x_t。ρ_1,ρ_2 的具体表达式如下:

$$\rho_1=\frac{b^2}{d^2}m,\quad \rho_2=\frac{a^2}{d^2} \tag{8-8}$$

其中

$$m=\|\boldsymbol{S}-\boldsymbol{I}\|^2,\quad d^2=\|\boldsymbol{S}-m\boldsymbol{I}\|^2,\quad \overline{b}^2=\frac{1}{T^2}\sum_{t=1}^{T}\|x_t\times x_t^{\mathrm{T}}-\boldsymbol{S}\|^2 \tag{8-9}$$

$$b^2=\min(\overline{b}^2,d^2),\quad a^2=d^2-b^2 \tag{8-10}$$

由以上公式可以计算得出 ρ_1,ρ_2,进而得到经压缩估计的协方差矩阵 $\boldsymbol{\Sigma}^*$。

8.4.6　最大化 IC 加权法

最大化 IC 加权法同样源于 *Quantitative Equity Portfolio Management* 一书,与 8.4.5 节中提及的最大化 IC_IR 加权法非常类似。对应的最优化问题为

$$\max\mathrm{IC}=\frac{\boldsymbol{w}^{\mathrm{T}}\times\mathbf{IC}}{\sqrt{\boldsymbol{w}^{\mathrm{T}}\boldsymbol{\Sigma}\boldsymbol{w}}} \tag{8-11}$$

其中,$\boldsymbol{w}$ 和 $\mathbf{IC}$ 的含义同 8.4.5 节,$\boldsymbol{V}$ 是当前截面期因子值的相关系数矩阵(由于因子均进行过标准化,自身方差为 1,因此相关系数矩阵亦是协方差阵)。上述优化问题具有显式解 $\boldsymbol{w}=\boldsymbol{V}^{-1}\times\mathbf{IC}$,对计算出的 $\boldsymbol{w}$ 需进行归一化。这样求解出的 $\boldsymbol{w}$ 可以使复合因子单期 IC 最大,如果因子值相关系数矩阵 $\boldsymbol{V}$ 在不同截面期近似不变,则 $\boldsymbol{w}$ 也是使复合因子在历史一段时间的平均 IC 最大的解(证明详见 *Quantitative Equity Portfolio Management*)。

与 8.4.5 节相同,求解上述优化问题并添加约束条件 $\boldsymbol{w}\geqslant0$。对于协方差阵 $\boldsymbol{V}$ 的估计,统一采用压缩协方差矩阵估计方式。

8.4.7　主成分分析法

主成分分析(Principal Component Analysis,PCA)是一种常见的降维方法,可以将高维

数据映射到低维空间中。在这个过程中,我们将原始数据投影到一个新的坐标系上,使新坐标系下的方差最大化,从而保留原始数据中的主要特征。

具体地,假设我们有一个 $n \times d$ 的矩阵 $\boldsymbol{X}$,其中每行表示一个样本,每列表示一个特征。希望找到一个 $d \times k$ 的线性变换 $\boldsymbol{W}$,将输入数据 $\boldsymbol{X}$ 转换为 $\boldsymbol{Z} = \boldsymbol{XW}$,其中 $k < d$ 表示希望的输出维度。为了使转换后的数据能够捕捉到原始数据的主要结构,需要选择一个合适的 $\boldsymbol{W}$,使转换后的数据的方差最大化。

具体来讲,可以通过以下步骤来计算主成分:

(1) 对原始数据进行中心化,即减去每个特征的均值,使每个特征的均值为 0。

(2) 计算原始数据的协方差矩阵 $\boldsymbol{C} = \dfrac{1}{n-1} \boldsymbol{X}^{\mathrm{T}} \boldsymbol{X}$,其中 n 表示样本数。

(3) 对协方差矩阵 $\boldsymbol{C}$ 进行特征值分解,得到特征值和特征向量。

(4) 选择前 k 个最大的特征值对应的特征向量构成变换矩阵 $\boldsymbol{W}$。

(5) 将原始数据 $\boldsymbol{X}$ 通过变换矩阵 $\boldsymbol{W}$ 转换为 $\boldsymbol{Z} = \boldsymbol{XW}$。

在实际应用中,可以根据特征值的大小来确定保留多少个主成分,也可以根据转换后的数据捕获了多少原始数据的方差来确定保留的主成分数。PCA 可以在数据压缩、可视化、特征提取等领域广泛应用。

8.4.8　机器学习法

机器学习组合因子的原理是通过机器学习算法将多个因子组合成一个更强大的因子。这种方法的目标是利用机器学习的能力来发现因子之间的非线性关系和交互作用,以提高预测能力和决策效果。

以下是机器学习组合因子的详细原理。

(1) 数据准备:收集和整理用于训练和测试的因子数据和标签数据。因子数据是用于预测的特征,标签数据是用于训练模型的目标变量。

(2) 特征工程:对因子数据进行特征工程处理,包括数据清洗、缺失值处理、特征选择、特征变换等。这些步骤旨在提取和构造对预测目标有意义的特征。

(3) 模型选择:选择适合问题的机器学习模型。常见的模型包括线性回归、决策树、随机森林、支持向量机、神经网络等。根据问题的性质和数据的特点,选择合适的模型。

(4) 数据划分:将数据集划分为训练集和测试集。训练集用于模型的训练和调整,测试集用于模型的评估和验证。

(5) 模型训练和调优:使用训练集对选定的模型进行训练,并通过交叉验证等方法对模型进行调优,选择最佳的模型参数。

(6) 特征选择:利用机器学习模型的特征重要性或特征选择算法,对每个因子的重要性进行评估和排序。这可以帮助我们确定哪些因子对预测目标最有贡献,从而进行因子的筛选和组合。

(7) 因子组合:根据模型的结果,对多个因子进行组合。常见的组合方法包括加权平均、逻辑回归、随机森林等。加权平均是一种简单直观的方法,根据每个因子的重要性给予不同的权重,然后将各个因子加权求和得到组合因子的值。逻辑回归和随机森林等方法可以通过训练一个分类器来预测目标变量,并利用各个因子的系数或特征重要性来组合因子。

(8) 模型应用:使用训练好的因子组合模型对新的数据进行预测和决策。根据模型的预测结果进行买入、卖出或持有的决策。

机器学习组合因子的优势在于它可以发现因子之间的复杂关系和非线性效应,从而提高预测能力和决策效果,然而,需要注意的是,因子组合的过程需要谨慎地选择模型和特征,避免过拟合和过度优化。此外,因子组合的效果也需要进行实时监测和调整,以适应市场的变化。

8.5　案例:多因子选股

8.5.1　因子挖掘概述

因子挖掘主要指的是收益因子挖掘,即通过数学方法处理基础数据,进而得到股票在时序和横截面上的特征,并使该特征对股票未来固定一段时间的收益率有良好的预测性。股票的特征可以有多个维度,因此需要各种各样的单因子加以刻画。多因子模型通过对刻画不同特征的单一因子进行组合,最终依据因子给出收益率预测,并通过收益率预测进行有效选股的过程。

股票因子挖掘的数学过程可以简单地表达为如下形式:

(1) 给定 N 只股票$(S_1, S_2, \cdots, S_N)$,在每个时间截面上这些股票的信息为特征 $\boldsymbol{F} = (f_1, f_2, \cdots, f_N)$。

(2) 基于该信息特征,投资者得到对下一期股票超额收益率的预测 $\boldsymbol{R}_p = (E(r_1), E(r_2), \cdots, E(r_N))$。

(3) 如果投资者没处理该信息特征,则其对下一期超额收益率的预测 $\boldsymbol{R}_o = (0, 0, \cdots, 0)$。

(4) 投资者在两种情况下选择的股票权重向量为 $\boldsymbol{W}_p = G(\boldsymbol{F})$ 和 $\boldsymbol{W}_o = \left(\dfrac{1}{N}, \dfrac{1}{N}, \cdots, \dfrac{1}{N}\right)$。

(5) 历史数据中有 T 个资产调仓时点截面,根据 $\boldsymbol{F}$ 特征调仓到权重 $\boldsymbol{W}_p$ 得到 T 次收益,保持权重 $\boldsymbol{W}_o$ 也得到 T 次收益。

(6) 记每次调仓后 N 只股票的实际收益为 $\boldsymbol{R}_{\text{real}, t} = (r_{1,t}, r_{2,t}, \cdots, r_{N,t})$,$t = 1, 2, \cdots, T$,构建如下假设检验。

H0:信息/特征 $\boldsymbol{F}$ 不具备有效的选股能力

H1:信息/特征 $\boldsymbol{F}$ 具备有效的选股能力

$$T\_stat = \sum_{t=1}^{T} (\boldsymbol{W}_{p,t} - \boldsymbol{W}_{o,t}) \times \boldsymbol{R}_{\text{real}, t} > 0 \tag{8-12}$$

由于在因子挖掘实践中将会处理其他细节和分析过程,具体的因子挖掘主要包括"单因子测试体系""市场风格与因子监测体系"和"因子挖掘基本方法"三大模块,下文将分节介绍这些具体内容。

8.5.2　单因子测试体系

单因子测试体系是在挖掘和计算得到一个因子后,通过历史数据进行因子回测和因子评价的体系,其中因子回测需要基础数据准备、股票异常值处理、计算分组权重矩阵、计算分组回测净值4个主要步骤,在这4步过程中完成因子评价指标的计算,具体流程如图8-1所示。

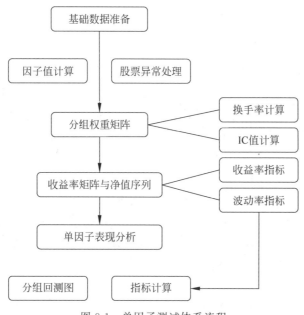

图 8-1　单因子测试体系流程

因子回测的4个步骤分别要完成以下操作。

(1)基础数据准备:除计算得到的单因子数据外,还需要的基础数据有股票日度价格行情(至少需要连续5年以上的日度开盘价和收盘价)、股票复权因子、股票涨跌停数据、股票ST标签和上市日期。计算分组回测净值需要使用复权因子得到股票复权收益率,处理异常数据,则需要余下的内容。

(2)股票异常值处理:在股票因子回测过程中,"交易日触发涨跌停""股票处于ST/ST*/停牌状态""股票上市日期不足20/40/60个交易日"这三类股票一般被认为是不可交易股票,需要剔除即不参与后续的排序和权重生成。在这三类条件中,上市日期较短的股票其收益性质并不稳定,其异常值可能会对单因子表现产生影响,因此需要剔除,而在涨跌停股票的处理上,可以选择"只要当日触发涨跌停就剔除该股票"或者"只有当日触发一字涨跌停才剔除该股票",由于非一字涨跌停股票在封板后仍然可能打开,事实上可以交易,如果选择后一种剔除方式,则认为当日的涨跌停现象也是因子收益能力的一种反应,因而可以保留。在实际操作过程中,这两种涨跌停处理方法都可以使用。

(3) 计算分组权重矩阵:在处理异常值和基本数据后,在每个时间点的横截面上,按照因子值大小进行排序,分为 10 分组或者 5 分组,将对应分组的股票取出,赋予对应的权重,进而得到分组的权重矩阵。权重矩阵的生成方式即 8.5.1 节中的 $\boldsymbol{W}_p = G(\boldsymbol{F})$,常见的权重生成方法有 3 种,分别代表不同的实践考量。①等权法:同一组股票等权重分配,认为同一组内因子值带来的未来收益是一致的;②因子值法:同一组股票按照因子值大小归一化分配权重,认为同一组内因子值对应的未来收益存在边际变化;③自由流通市值法:同一组股票按照当期自由流通市值分配权重,则同一组内股票持有的股数相同。

(4) 计算分组净值序列:T 日的因子值经过处理得到 $T+1$ 的权重矩阵,乘以 $T+2$ 日的股票收益率向量得到当日的因子收益,其中收益率要求收盘对收盘,开盘对开盘。由于受数据获取和交易条件的限制,个人投资者并不能在收盘前计算因子值,同时获得收盘价,因此使用隔天调仓计算的收益更符合可获得收益率。

在完成因子回测后,需要分别评价因子表现,其中重要的几个指标为多空收益率,多头/空头超额收益率;多空收益的波动率,夏普比率;因子换手率和因子 ICIR,具体的指标所对应的含义如下。

(1) 多头/空头超额收益率与因子多空收益率:

$$\begin{cases} \text{longexcess} = \text{group1} - \text{passive} \\ \text{shortexcess} = \text{group10} - \text{passive} \\ \text{longshort} = \text{group1} - \text{group10} \end{cases} \tag{8-13}$$

其中,group1 和 group10 分别为多头组和空头组净值(如果因子是负向因子,则多空组相反),passive 组代表全样本股票等权组,即一直持有 8.5.1 节中的 $\boldsymbol{W}_o$ 权重的净值。

(2) 因子多空对冲的波动率/夏普比率:

$$\begin{cases} \text{年化波动率} = \text{该年度单日收益率波动率} \times \text{sqrt}(T) \\ \text{年化收益率} = \text{该年度单日多空收益率之和} \\ \text{年化多空夏普比率} = \text{年化收益率} / \text{年化波动率} \end{cases} \tag{8-14}$$

其中,T 为该年度的交易日长度,同理可以计算因子多头/空头超额的波动率和夏普比率。

(3) 单因子的 IC 和 IR 计算和评价体系包括以下内容:①IC 的全称为信息系数 Information Coefficient,具体的 IC 计算公式为 $\text{IC}_t = \text{SpearmanCorr}(\boldsymbol{f}_t, \boldsymbol{R}_{\text{real},t+2})$;②IC 代表的是因子值排序和下期实现收益率排序的相关系数(秩相关系数),是根据因子进行收益率判断的准确度的一种度量;③IR(Information Ratio),在得到 $t=1,2,\cdots,T$ 期的 IC 值后,可以得到 IR 的计算公式为 $\text{IR} = \dfrac{\sqrt{T} \times \text{mean(IC)}}{\text{std(IC)}}$,IR 实际上就是对 IC 序列做单样本均值为 0 的 T 检验的 T-stat 统计量,IR 越大说明 IC 越显著地不为 0,即说明因子的预测效果越强;④为进一步分析因子在不同位置的效果,有必要同时计算多头 IC、空头组 IC 和多空组合的 IC,以观察因子在不同位置的选股效果是否一致。

进行简易单因子回测类的函数,代码如下:

```
#//第 8 章/single_factor_cal.ipynb
import pandas as pd
import numpy as np
import datetime as dt
import matplotlib.pyplot as plt
from TradeCalCN import Cal

class Factorcal():
    #因子回测与表现类
    #1.因子值进行涨跌停处理
    #2.因子值形成分组权重矩阵
    #3.因子分组权重生成回测净值矩阵
    #4.因子 ICIR 值:全样本 ICIR、多头组 ICIR、空头组 ICIR
    #5.五分组单组换手率 + 多空组合换手率
    #6.因子回测表现:多空年化收益率 + 夏普比率 + 最大回撤 + 卡玛比率
    #6.因子回测表现:多头组年化超额收益率 / 夏普比率 + 空头组年化超额收益率 / 夏普比率

    def __init__(self, fdf, rdf, updown, cal, fn):
        '''
        初始化类 Factorcal
        Parameters
        ----------
        fdf : pandas.DataFrame
            因子值矩阵,要求 index 为交易日序列,日期格式为 datetime.date,columns 为
股票代码,6 位数字+'.SZ/.SH'
        rdf : pandas.DataFrame
            收益率矩阵,对 index 和 columns 的要求同 fdf
        updown : pandas.DataFrame
            涨跌停矩阵,对 index 和 columns 的要求同 fdf,值取 1、-1、0 分别代表一字涨停、
跌停、正常可交易
        cal : TradeCalCN.Cal
            处理交易日的类,来自库 TradeCalCN,需要传入 Cal()初始化后的结果
        fn : str
            fn 为字符串对象,用于标记该因子的因子命名
        Returns
        -------
        None.
        '''
        self.cal = cal
        self.ddays = cal.ddays
        self.fdf = fdf
        self.rdf = rdf
        self.updown = updown
        self.ordf = rdf.copy()
        self.fn = fn
    def remove_maxupdown(self, value = False):
        '''
        1.使用涨跌停,处理因子值矩阵
        2.按照日频交易的逻辑对应收益率矩阵和因子值矩阵的日期,二者交易日的有效对应为
td 交易日的有效因子值和 td + 2 交易日的收益率相对应
        Parameters
        ----------
```

```
        value : bool, optional
            是否返回处理后的因子值矩阵. The default is False.
        Returns
        -------
        pandas.DataFrame
            处理后的因子值矩阵
        '''

        fdf, updown = self.fdf, self.updown

        #当日一字涨跌停的股票不可以买入/卖出
        #需要在上一个交易日把这些股票对应的因子值改为 np.nan,不参与排序和之后的计算
        f = fdf.copy()
        updown = updown.shift(-1)
        f[updown.isin([1,-1])] = np.nan

        #调整日期对齐,对于因子值和收益率矩阵

        r = self.rdf.copy()
        cal = self.cal

        #取出最初因子值和收益率的起点终点
        t1, t2 = f.index[0], f.index[-1]
        t3, t4 = r.index[0], r.index[-1]

        #对于起点,如果收益率矩阵起点先于因子值起点的对应点,则将收益率起点重新设置为
        #因子值起点向后两个交易日
        if t3 <= cal.get_tdc(t1, 2):
            r = r.loc[cal.get_tdc(t1, 2):]
        #如果收益率矩阵起点晚于因子值起点的对应点,则将因子值起点重新设置为收益率矩阵
        #起点向前两个交易日
        else:
            f = f.loc[cal.get_tdc(t3, -2):]

        #对于终点,如果收益率矩阵的终点先于因子终点的对应点,则将因子值终点重新设置为
        #收益率终点向前两个交易日
        if t4 <= cal.get_tdc(t2, 2):
            f = f.loc[:cal.get_tdc(t4, -2)]

        #如果收益率矩阵的终点晚于因子终点的对应点,则将收益率终点重新设置为因子值终点
        #的对应点
        else:
            r = r.loc[:cal.get_tdc(t2, 2)]

        #存在截取时间段后,因子值彻底缺失段情况(因为上市日期较晚,只有尾部有数据,所以
        #被剔除)
        r, f = r.dropna(axis=1, how = 'all'), f.dropna(axis=1, how = 'all')
        stks = np.intersect1d(f.columns, r.columns)
        self.fdf, self.rdf = f[stks], r[stks]
        if value: #如果 value 为 True,则返回处理后的因子值矩阵,默认不返回
            return self.fdf

    def group_factor_2_vector(self, gr, value = False):
```

```
        '''
        #根据因子值,在横截面进行 gr=5/10 分组后,得到权重矩阵
        Parameters
        ----------
        gr : int
            分组使用的组数,一般选择 5 或者 10 分组
        value : Bool, optional
            是否返回处理后的分组权重大矩阵,The default is False.
        Returns
        -------
        pandas.DataFrame
            一个 MultiIndex 的矩阵,index 为 gr 分组和日期相组合的 MultiIndex,columns
为股票代码
            使用 wgrs.loc[int]获取某个分组的持仓权重
        '''

        #复制一份收益率矩阵
        r,f = self.rdf, self.fdf

        #对横截面因子值生成百分比排序,乘以 gr 得到对应分组值
        fq = f.rank(pct=True, axis=1, method = 'dense')
        fd = pd.melt(fq.reset_index(), 'tradingdate', fq.columns, 'stockcode',
'fv').dropna(subset = 'fv')
        fd['gr'] = gr+1 - np.ceil(fd['fv'] *gr) #gr 值从 1 组到 gr 组,代表因子值从最大
                                                #组到最小组
        fd['w'] = 1

        #按分组将每组所有股票展开,并赋予等权权重
        grs = fd.groupby('gr').apply(lambda x: x.pivot('tradingdate','stockcode',
'w'))
        wgrs = grs.div(grs.sum(axis=1), axis=0).fillna(0)

        #再做一次并集,确保 stk_ret 和 wgrs 的列数量相同,为接下来求乘积做准备
        stks = np.intersect1d(r.columns, wgrs.columns)
        self.wgrs = wgrs[stks]
        self.rdf = r[stks]
        if value:
            return self.wgrs

    def group_wgrs_2_nvdf(self, ct, gr, value = False):
        '''
        从分组权重矩阵获得分组回测净值矩阵
        Parameters
        ----------
        ct : int
            回测间隔天数
        gr : int
            分组回测组数,注意需要和 group_factor_2_vector 中的 gr 保持一致
        value : bool, optional
            是否返回净值回测矩阵 The default is False.
        Returns
        -------
        pandas.DataFrame
```

```
            净值序列矩阵
        '''

        #第1步,从 self.group_factor_2_vector 函数生成分组持仓权重,转换成纯向量,并
        #生成一个 passive 全市场等权的矩阵
        cal = self.cal
        wgrs = self.wgrs
        wp = self.fdf.notna().astype(int)
        wp = wp.div(wp.sum(axis=1), axis=0)
        warray = np.array(np.vsplit(wgrs.values, gr))
        warray = np.concatenate([warray, np.expand_dims(wp, axis=0)], axis=0)
        #第2步,根据回测间隔天数 ct 修改权重矩阵

        #ct = 1 说明每日换仓,权重矩阵就是结果
        if ct == 1:
            self.warray = warray.copy()

        #其他情况下,不是每日换仓,需要对原始权重矩阵取持仓后复制 ct 遍
        else:
            fdts = wgrs.loc[1].index
            ddays = self.ddays
            cdts = np.intersect1d(ddays[ddays >= fdts[0]][::ct], fdts)

            ids = np.where(np.isin(fdts, cdts))[0]

            rdf = self.rdf

            urdf = self.ordf.loc[cal.get_tdc(cdts[0], 1):cal.get_tdc(fdts[-1],
1), rdf.columns]
            urdf_ = urdf.copy() + 1
            urdf_.iloc[ids] = urdf_.iloc[ids].notna().astype(int)
            urdf_.iloc[0] = urdf.iloc[0].notna().astype(int)

            #计算分换仓点的累乘收益率,用以计算和扩充权重
            urs = np.vsplit(urdf_, ids[1:])
            curs = pd.concat([ur.cumprod() for ur in urs], axis=0).fillna
(0).values

            def weight_repeat(wdf, ct, ids):
                '''
                Parameters
                ----------
                wdf : numpy.ndarray
                    原初权重矩阵,取自 wgrs 的某个子矩阵,大小必须相同
                ct : int
                    回测间隔天数
                ids : numpy.ndarray
                    符合要求的回测日期 cdts 在 wdf 原始的位置
                Returns
                -------
                repeat_wdf : numpy.ndarray
                    重复后得到的间隔权重矩阵,ct 间隔之间的权重保持一致
                '''
```

```
            length = wdf.shape[0]
            repeat_wdf = np.repeat(wdf[ids], ct, axis=0)[:length]

            rwdf = curs * repeat_wdf

            return rwdf
        self.warray = np.vstack(([np.expand_dims(weight_repeat(arr, ct,
ids), axis=0) for arr in warray]))


    warray, stk_ret = self.warray, self.rdf
    rs = np.einsum('ijk, jk -> ij', warray, stk_ret.fillna(0).values)

    #按照收益率计算平均收益率和累加净值
    rdf = pd.DataFrame(rs.T, columns = ['group%d' % i for i in range(1, gr+1)] +
['passive'], index = stk_ret.index)
    rdf.loc[cal.get_tdc(stk_ret.index[0], -1)] = 0
    nvdf = rdf.sort_index(ascending = True).cumsum() + 1
    self.nvdf = nvdf

    if value:
        return self.nvdf

def turn_gr(self, ct, gr, value = False):
    '''
    计算分组换手率的函数,同时计算多空换手率
    Parameters
    ----------
    ct : int
        回测天数
    gr : int
        分组组数
    value : bool, optional
        是否返回计算结果 The default is False.
    Returns
    -------
    List
        [分组换手矩阵,多空组合换手序列]
    '''

    #先取出分组持仓矩阵
    wgrs = self.wgrs

    #对单个持仓矩阵,设计一个计算换手率的函数
    def cal_turn(wdf, ct = ct):
        dw = wdf.diff(ct).iloc[ct:]
        return dw.abs().sum(axis=1)

    #wgrs 持仓矩阵按照 level=0 也就是 gr 的 index 进行 groupby.应用 cal_turn 函数
    self.grtdf = wgrs.groupby(level = 0, group_keys = False).apply(lambda x:
cal_turn(x, ct = ct)).unstack(0)
    self.lst = self.grtdf[[1,gr]].sum(axis=1)
```

```
            if value:
                return [self.grtdf, self.lst]

    def ic_ls(self, ct, gr, value = False):
        '''
        计算有效因子值和有效收益率内部每期的因子 IC 值,即当期因子与下期因子收益率的秩
相关系数,最后返回一个 IC 值序列
        除去计算全市场的因子 IC 值,还计算多头组和空头组内部的 IC 值,作为多头有效性和空
头有效性的观察
        Parameters
        ----------
        ct : int
            回测天数
        gr : int
            分组数量,必须和 group_factor_2_vector 一致,并且需要在该函数运行后运行
        value : int, optional
            是否返回 ics 值序列 The default is False.

        Returns
        -------
        lics : pandas.Series
            group1 的历史 ic 值序列
        sics : pandas.Series
            group5/10 的历史 ic 值序列
        lsics : pandas.Series
            多空组合的历史 ic 值序列
        '''
        f,r = self.fdf.copy(),self.rdf.copy()
        p = (r + 1).cumprod().dropna(how = 'all')
        cal = self.cal
        def cross_corr(rdf, fdf, ranked = False):
            if ranked:
                r,f = rdf.rank(axis=1), fdf.rank(axis=1)
            else:
                r,f = rdf, fdf
            cr = r.sub(r.mean(axis=1), axis=0).values
            cf = f.sub(f.mean(axis=1), axis=0).values
            ic = np.nanmean((cf *cr), axis=1) / (np.nanstd(cr,axis=1) *np.nanstd
(cf,axis=1))
            ics = pd.Series(ic, index = fdf.index)
            return ics
        #考虑 ct 回测天数,选出因子值部分和对应的收益率部分
        cdts = f.index.values[ct:-2*ct:ct]
        mdts = cal.get_dates_vectorize(cdts, cal.get_tdc, {'ct':1 + ct})

        rc = p.pct_change(ct)
        #全市场因子相关系数
        ics = cross_corr(rc.loc[mdts], f.loc[cdts], True)
        self.ics = ics

        #多头组因子相关系数
        lw, sw = self.wgrs.loc[1], self.wgrs.loc[gr]
        lp, sp, lsp = (lw!=0), (sw!=0), ((lw!=0) | (sw!=0))
```

```
            lpr, spr = pd.DataFrame(lp.values, index = rc.index, columns = rc.
        columns), pd.DataFrame(sp.values, index = rc.index, columns = rc.columns)
            lspr = pd.DataFrame(lsp.values, index = rc.index, columns = rc.columns)

            self.lics = cross_corr(rc[lpr].loc[mdts], f[lp].loc[cdts], True)
            self.sics = cross_corr(rc[spr].loc[mdts], f[sp].loc[cdts], True)
            self.lsics = cross_corr(rc[lspr].loc[mdts], f[lsp].loc[cdts], True)

            if value:
                return [self.lics, self.sics, self.lsics]

    def stage1_cal(self, ct, gr):
        '''
        因子回测第一阶段:完成步骤 1~5,去涨跌停,分组持仓矩阵,分组回测净值,分组换手率,
ic序列计算
        Parameters
        ----------
        ct : int
            回测天数
        gr : int
            分组数
        '''
        self.remove_maxupdown()
        self.group_factor_2_vector(gr)
        self.group_wgrs_2_nvdf(ct, gr)
        self.turn_gr(ct, gr)
        self.ic_ls(ct, gr)

    def perf(self, ct, value = False):
        '''
        Parameters
        ----------
        ct: int
            回测天数
        value : Bool, optional
            是否返回 yperf. The default is False.
        Returns
        -------
        yperf : pandas.DataFrame
            因子收益率:多头组超额收益率、空头组超额收益率、多空超额收益率、多空组夏普、
多空组胜率
            因子换手率:多头组换手率、空头组换手率、多空组换手率、平均值
            因子 ICIR 值:全样本 IC 均值、多头组 IC 均值、空头组 IC 均值、多空组 IC 均值、全
样本 ICIR
        '''
        nvdf, grtdf = self.nvdf, self.grtdf

        lr = (nvdf.iloc[:,0] - nvdf.iloc[:,-1]).rename('lret')
        sr = (nvdf.iloc[:,-2] - nvdf.iloc[:,-1]).rename('sret')
        lsr = (nvdf.iloc[:,0] - nvdf.iloc[:,-2]).rename('lsret')

        ltvr = grtdf.iloc[:,0].rename('ltvr')
        stvr = grtdf.iloc[:,-1].rename('stvr')
```

```
            lstvr = self.lst.rename('lstvr')

            ics = self.ics.rename('allic')
            lic = self.lics.rename('lic')
            sic = self.sics.rename('sic')
            lsic = self.sics.rename('lsic')

            perf_df = pd.concat([lr, sr, lsr, ltvr, stvr, lstvr, ics, lic, sic, lsic],
axis=1)
            perf_df['year'] = perf_df.index.to_series().apply(lambda x: x.year)

        def get_yperf(d, ct = ct):

            #收益率计算年化,因子的夏普比率为多空曲线的夏普,胜率为多空收益率当年为正
            #的比率
            n = d['year'].unique().shape[0]
            rs = d.iloc[:,:3].diff()
            rp = rs.sum() / n
            rp.loc['sharp'] = rp.loc['lsret'] / rs['lsret'].std() / ((d.shape[0]/
n) **0.5)
            rp.loc['win'] = (rs['lsret'] > 0).sum() / d.shape[0]

            #换手率直接求平均
            tp = d.iloc[:,3:6].mean() *(d.shape[0] / ct) / n

            #ic分组求平均,因子ir值表现为全市场ic的t-stat统计量
            icp = d.iloc[:,6:-1].mean()
            icp.loc['ir'] = d['allic'].mean() / d['allic'].std() * ((d.shape[0]/
n) **0.5)

            yp = pd.concat([rp, tp, icp], axis=0)
            yp.loc['tdays'] = d.shape[0]
            return yp

        #分年段表现指标,加上全时段的各项表现指标
        yperf = perf_df.groupby('year', group_keys = False).apply(get_yperf)
        yperf.loc['period'] = get_yperf(perf_df)

        self.yperf = yperf
        if value:
            return yperf

    def group_plot_nv(self):
        '''
        生成分组回测图和多空超额图
        Returns
        -------
        None.
        '''
        nvdf = self.nvdf
        fig, axes = plt.subplots(1, 2, figsize = (20, 6))
        lr = nvdf.iloc[:,0] - nvdf['passive']
        sr = nvdf.iloc[:,-2] - nvdf['passive']
```

```
        ls = nvdf.iloc[:,0] - nvdf.iloc[:,-2]
        ax1, ax2 = axes[0], axes[1]
        nvdf.plot(ax = ax1, title = 'group_cal_'+self.fn)
        ax1.grid()
        ax2.plot(ls.index, ls.values, label = 'longshort')
        ax2.plot(lr.index, lr.values, label = 'longexcess')
        ax2.plot(sr.index, sr.values, label = 'shortexcess')
        ax2.set_title('longshort_' + self.fn)
        ax2.legend(loc = 2)
        ax2.grid()
    def stage2_cal(self, ct, gr):
        self.stage1_cal(ct, gr)
        self.perf(ct)
        self.group_plot_nv()
        print(self.yperf)
```

8.5.3 市场风格与因子监测体系

单因子测试体系和相关步骤用于测算单因子在历史时段的表现,如果想在实盘中使用,则需要在样本外跟踪一段时间因子的表现,即市场风格与因子监测体系。

Barra 风险模型在前文部分有所介绍,其是用来刻画市场状态和行情风格的重要模型。通过数理方法挖掘出来的因子既不是纯粹的"风险因子",也不是纯粹的"收益因子",而是二者兼而有之。因子收益中由风险模型贡献的部分会在让投资者使用该因子时,增加投资组合的风险暴露。

为了刻画因子的"风险部分"和"收益部分",借助 Barra 风险模型可以分为两步,首先,在横截面上通过计算因子与 Barra 模型诸个大类因子的秩相关系数,并在时序上求平均,得到新因子和风险因子的平均相关性,该相关性指标代表挖掘得到的因子的"风险"水平,其次,通过将单因子对 Barra 风险因子做横截面中性化,可以得到因子的残差部分,再将因子残差进行同样的单因子测试,此时的因子残差表现代表了该因子在控制风险水平之后的收益能力,代表了真实的因子Alpha 水平,市场风格和因子检测流程如图 8-2 所示。

因子监测体系用于监测样本外的因子表现,通过刻画因子的风险水平和收益水平,可以观察出因子所代表的收益是否稳健和充分,为因子的实盘使用奠定

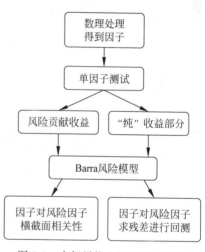

图 8-2 市场风格和因子监测流程

基础,如果因子的风险性质发生变化(如在样本外和某类风险因子的相关性相比样本内突然放大)或者收益性质衰退乃至逆向(如因子残差的 ICIR 水平下降或者残差多空收益与样本内方向相反),则需要及时停止该因子的使用,重新评估其性质并寻找新的因子。根据Barra 模型处理因子风险和收益部分的函数,代码如下:

```
#//第 8 章/barra_ana.ipynb
import pandas as pd
import numpy as np
import datetime as dt
import matplotlib.pyplot as plt
import statsmodels.api as sm
def barra_ananlyst(fdf, stkbarra):
    '''
    进行因子的 Barra 风格分析
    Parameters
    ----------
    fdf : pd.DataFrame
        股票横截面因子值,为竖向矩阵,要求 index 为交易日序列,日期格式为 datetime.
date,columns 为股票代码,6 位数字+'.SZ/.SH'
    stkbarra : pd.DataFrame
        股票的横截面 barra 因子值,需要包括 tradingdate、stockcode 和 10 个风格因子
        beta, momentum, size, BP, residual_volatility, nonlinearsize, earning,
growth, leverage, liquidity
    Returns
    -------
    fcbm : pandas.DataFrame 因子原始值和 Barra 风险模型主要风险因子的平均横截面相关
系数
    fbres : pandas.DataFrame 因子原始值在横截面对风险因子回归后得到对残差部分
    '''
    fdf = fdf.copy()
    stkf = pd.melt(fdf.reset_index(), 'tradingdate', fdf.columns, 'stockcode',
'f').dropna(subset = ['f'])
    stkbf = pd.merge(stkf, stkbarra, on = ['tradingdate', 'stockcode']).dropna
(axis = 0, how = 'any')

    fbcorr = stkbf.groupby('tradingdate').apply(lambda x: x.corr()['f'])
    fbcm = fbcorr.mean()
    fbcm.iloc[1:].plot(kind = 'bar')

    def reg_resid(bf):
        reg = sm.OLS(bf.iloc[:,2], sm.add_constant(bf.iloc[:,3:])).fit()
        res = reg.resid
        res.index = bf['stockcode']
        return res.rename(bf.columns[2])

    fbres = stkbf.groupby('tradingdate').apply(reg_resid)
    return fbcm, fbres
```

8.5.4 收益因子基本模块与性质

在介绍了单因子测试体系和 Barra 因子监测体系后,本节将正式介绍因子基本模块和性质,为之后的因子挖掘方法提供基础。常见的如"因子挖掘""因子构造"的表达都是指收益因子挖掘,即不断提升单因子中由纯 Alpha 贡献的收益比例和收益能力,降低风险部分的占比,而与之相对的风险因子的处理过程一般被称为"风险模型构建",本节及下文的"因子挖掘"在含义上都取前者。

更进一步地,风险因子和收益因子存在如下区别。

(1) 经济意义上:风险因子刻画了风险源并提供风险补偿带来的收益,收益因子刻画Alpha源并提供等风险水平下的超额回报。

理解"超额":如图8-3所示,2023年6月20日,AI概念的股票结束上涨开始下跌,小市值、估值、动量、成长等风格集体回撤,但在同样暴露这些风险的股票中,中际旭创(300308.SZ)比浪潮信息(000977.SZ)更"抗跌",这种相同风险水平下的超额收益来自基本面收益因子——中际旭创和AI芯片厂商英伟达有稳健商务合作及订单增长带来的切实利润,而浪潮信息只有存在于"账面上的大模型开发",缺乏和估值相匹配的盈利水平。

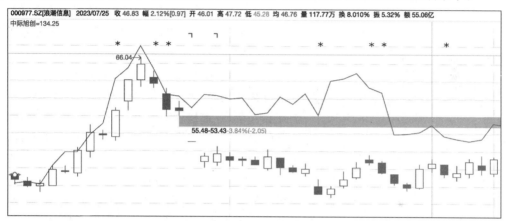

图 8-3　中际旭创与浪潮信息走势对比图

(2) 从统计意义上:风险因子的 IC 时间序列不平稳,可以阶段性显著为正,也可以阶段性显著为负,拉长时间段检验 IC 是否异于 0 则不显著;与之相对地,收益因子的 IC 序列平稳且显著为正/为负。

本节及之后的案例都集中于收益因子的介绍和实践处理,在介绍具体方法之前,本节还需要讨论收益因子的重要性质。正如上文所述,收益因子刻画了股票在相同风险水平下的特异性收益能力,在股票市场中,股票的特异性收益有 3 种主要来源。

(1) 交易者/投资者行为带来的 Alpha:与技术高速迭代不同,人群的行为长期具有稳定性,投资者非理性行为使短期收益率偏离于期望水平,在后续的过程中会给套利者提供交易机会,从而形成收益率的均值回归。

(2) 资产性质优劣带来的 Alpha:股票本质上是公司的股权资产,资产优劣往往取决于企业家精神带来的公司特质,具体表现为在市场环境高度竞争和剧烈变化下,承受相同的风险水平,能够长期存活且业绩稳健的优质公司能带来超额回报。

(3) 信息观点产生的 Alpha:内幕信息、市场信息乃至新闻舆情代表了信息传递的速度,因此捕捉有效观点能获取信息优势,通过采取比一般投资者更快的行动获取超额收益。

按照 3 种 Alpha 来源,收益因子存在不同的模块,现有的收益因子都可以划分为 3 类。

(1) 量价因子:以量价数据、情绪指标、资金流动为主体的刻画交易者行为的因子。

（2）基本面因子：以财务数据和经济统计数据为核心构建的刻画企业自身优劣的因子。

（3）观点类因子：以分析师预期、新闻舆情、文本关联为核心的刻画市场信息传递过程的因子。

按照超额收益的来源对因子进行模块划分有重要意义，首先 Alpha 源的多样性决定了收益的上限，Alpha 的维度越多，对收益的拟合越准确，其次不同模块下的 Alpha 需要采用对应的因子挖掘处理方法，最后即使产生的因子公式无比复杂，最终也需要理解因子赚取的收益属于哪一部分，因子收益归因如图 8-4 所示。

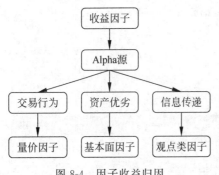

图 8-4　因子收益归因

在 Alpha 源分模块的性质之外，收益因子的另一个重要性质是因子竞争，这两个性质在收益因子身上同时存在。因子竞争是指刻画同一类 Alpha 源的因子彼此竞争，该类因子中表现最好，即收益部分纯度最高，噪声含量最低的因子在竞争中胜出而被保留，一直持续到新的因子战胜它。具体在业界的应用层面，一般通过因子迭代的方法实现，一个被挖掘出来的因子在经过风险模型拆分后，其残差因子需要和其他已有的收益因子做相关性分析和收益分析，如果因子相关性过高，则说明新的因子和已有因子刻画的是同一 Alpha 源，按照收益能力决定是否迭代，如果新的因子和已有收益因子相关性很低，则说明来自不同的 Alpha 源，可以直接进入后续的因子模型。

收益因子的第 3 个性质是周期性，即因子的 Alpha 水平存在波动。根据 Adaptive Market Hypothesis 市场适应性假说（Lo，Andrew W.，The Adaptive Markets Hypothesis：Market Efficiency from an Evolutionary Perspective. Journal of Portfolio Management）当一个策略在市场上获取超额收益时，资金会迅速地涌入这类策略，从而使超额收益下降，最终超额收益清零，乃至转负，进而导致资金退出，直到超额收益回暖，下一轮循环开始。市场一直处于和策略相互适应的状态。在现代社会的投资市场中，先有经济发展和经济周期，后有非理性行为和企业家冒险精神，因此当市场整体的风险水平和经济冒险行为下降时，资本市场的超额收益水平也会整体性下降。落在股票市场的因子实践上，收益因子的方向虽然或许可以长期保持，但是其收益能力和强度却存在一个周期性潮涨潮落的过程。

8.5.5　因子挖掘基本方法

业界最常见的因子挖掘的理论思想有两类，一类可以被概括为 IC 分割法，另一类可以被概括为条件概率法。本节将详细介绍这两类思想。

IC 分割法是指将因子从内部结构进行拆分，通过将整个因子的 IC 分解到具体的分量 IC 上，通过区分不同分量的 IC 性质进行纯化和剔除，从而得到新的因子构成，使其因子是原因子中符合理想要求的 IC 部分，从 IC 的计算公式出发，该过程可以如下表述。

（1）对于因子 F，其每个横截面上的向量 f 的 IC 计算公式如下：

$$IC(f,r) = \frac{Cov(f,r)}{Std(f) \times Std(r)} = \frac{\sum (f - \bar{f})(r - \bar{r})}{(n-1)\sqrt{S(f)}\sqrt{S(r)}} \tag{8-15}$$

（2）考虑一种最常见的因子构建方法，即 N 日窗口期的累加法/平均法：$f = \sum_{t=1}^{T} f_t$ 大部分量价因子可以改写为该方式，以最简单的 T 日动量为例，$Momentum = \log\left(\frac{P_T}{P_0}\right) = \sum_{t=1}^{T} \log\left(\frac{P_t}{P_{t-1}}\right)$，这类因子 f 和构成自身的每个分量 f_t 的 IC 存在如下关系：

$$IC(f,r) = \frac{Cov(\sum_{t=1}^{T} f_t, r)}{Std(\sum_{t=1}^{T} f_t) \times Std(r)} = \frac{\sum_{t=1}^{T} Cov(f_t, t)}{\sqrt{T} Std(\bar{f}_t) \times Std(r)} = \frac{1}{\sqrt{T}} \sum_{t=1}^{T} IC(f_t, t) \tag{8-16}$$

根据上述推导，即因子 IC 由每个基本元素/因子分量 IC 之和贡献，挖掘因子的方法之一就是对原始因子进行拆分，然后研究分量的 IC 分布情况并进行再次提纯和强化，保留强 IC 的分量，剔除弱 IC/反向 IC（或者给强 IC 分量赋予多权重，弱 IC 分量给予小权重）。

（3）IC 切割法适用于大部分量价因子，特别是短窗口周期量价因子，因为短窗口期内可以近似地认为因子分量 IC 的波动率是相同的，直接等权相加或者变权相加都是等效的。

条件概率法是通过贝叶斯理论将基本面变化事件和信息传递转换为条件概率问题。在股票市场中，当外部信息进入市场开始传播时，基本面发生变化，市场给出涨跌幅反应，分析师给出研报评级，三者往往同时发生或者先后发生。在这个过程中，公司发布财报、市场反应、分析师预期 3 种情况互为条件和主事件，通过形成不同的组合，可以判断条件事件是否有显著收益，由于基本面调整和信息传递并不具备连续性，所以直接进行 IC 拆分并不可行，使用条件概率方法能够划分不同情况下的基本面事件的 IC 强度，从而得到强化的基本面因子。

8.5.6　量价因子挖掘案例

本节将介绍量价因子的挖掘案例，主要展现 IC 切割思想的应用。第 1 个因子为风险调整动量因子 UMR，因子构建的内容参考了研报《国信证券：金融工程专题研究——风险溢价视角下的动量反转统一框架》。

正如在前文所述，简单的 N 日动量在对数收益率下可以改写为逐日动量累计之和，即 N 日动量对未来收益率的 IC 是由每天的涨跌幅对未来收益率的 IC 所贡献的。现在结合 IC 切割思想，不妨考虑以下问题：

（1）涨跌幅相同的两个交易日，对未来收益率的 IC 影响大概率是不一样的，因为两个交易日股票所在的价格位置可能有很大区别，在日内交易实现相同涨跌幅的方式也不相同。

（2）在风险较高日，获得的收益往往是通过承担高风险带来的，其更多来源于投资者的过度自信导致的反应过度,因此未来更倾向于反转效应,表现为负向 IC,而低风险日获得的收益并不源于承担高风险,因此未来更偏向于动量效应,表现为正向 IC。

基于上述逻辑,可以按照以下步骤构建 UMR 因子的表达式:

(1) 构建一个日度风险指标 R,那么一只股票的当日风险水平 Risk 可以如下刻画:

$$\text{Risk}_t = \frac{1}{d}\sum_{i=t-d+1}^{t} R_i - R_t \tag{8-17}$$

该公式说明,Risk 是过去 d 日 R 指标的均值减去当日 R 指标,即当日风险和过去一段时间平均日度风险的差值,如果当日 R 指标高于均值,则说明处于高风险日,如果 Risk 为负,则说明当日动量可能呈现反转效应,反之亦然。

(2) 使用该日度风险指标 R 对每日的涨跌幅做出调整,得到风险调整后的动量:

$$f_t = \sum_{i=t-m+1}^{t} w_i \times \text{Risk}_i \times (\text{Ret}_i - r_{\text{mkt},i}) \tag{8-18}$$

考虑到同一窗口期内的信息有效性会发生衰退,因此需要对每日的权重进行半衰期调整,w_i 为经过半衰期调整后的权重,$r_{\text{mkt},i}$ 为当日市场指数的收益率,$(\text{Ret}_i - r_{\text{mkt},i})$ 用于刻画个股相对于市场的超额收益。

(3) 风险指标 R 的选择最好能够反映当日涨跌幅所承受的日内风险,常见的代理指标如真实波动率(TR)、分钟收益率的标准差、异常换手率等,本案例使用日度真实波动率 TR(True Range):

$$\text{TR}_t = \frac{\max(\text{high}_t - \text{low}_t, \text{abs}(\text{high}_t - \text{close}_{t-1}), \text{abs}(\text{low}_t - \text{close}_{t-1}))}{\text{close}_{t-1}} \tag{8-19}$$

不难看出,TR 刻画的是给定昨日收盘价后,当日发生在一只股票上的最大振幅。给出计算 UMR 因子的函数,代码如下:

```
#//第 8 章/umr.ipynb
import pandas as pd
import numpy as np
import datetime as dt
import matplotlib.pyplot as plt
import statsmodels.api as sm
from tqdm import tqdm
def get_umr(stkohlc, waret, nd, nm, nh):
    '''
    Parameters
    ----------
    stkohlc : pd.DataFrame
        股票基础数据,竖矩阵,包括 tradingdate、stockcode、open、high、low、close 共 6 列
的全部样本数据
    waret : pd.Series
        市场收益率序列,市场收益率应该选取 Wind 全 A 指数或者使用中证全指,这两个指数更
能代表整个市场的收益水平
    nd : int
        用来计算风险代理变量的时间窗口参数
    nm : int
```

用来计算风险调整动量的动量时间窗口长度,即计算多少天的动量
```
    nh : int
        计算风险调整动量需要半衰期调整的权重,nh 代表半衰期长度
    Returns
    umr_tr
    -------
    TYPE
        pd.DataFrame
        使用真实波动率 TR 作为代理,计算得到的风险调整动量
    '''
    #计算每日 TR 的函数
    def get_tr(d):
        ud = d.set_index('tradingdate')[['open','close','high','low']]
        tr = pd.concat([(ud['high']-ud['low']), (ud['high'] - ud['close'].shift
(1)).abs(), (ud['low'] - ud['close'].shift(1)).abs()], axis=1).max(axis=1) / ud
['close'].shift(1)
        tr = tr.rename('TR').iloc[1:]
        return tr
    stktr = stkohlc.groupby('stockcode').progress_apply(lambda d: get_tr(d)).
reset_index()
    stk_tr = stktr.pivot('tradingdate','stockcode','TR')

    #将每日 TR 转换成风险代理变量
    risk_tr = (stk_tr.rolling(nd, min_periods = None).mean() - stk_tr).iloc[nd:]

    #计算个股每日动量相对于市场的超额收益
    stk_clo = stkohlc.pivot('tradingdate','stockcode','close')
    stk_clo_ret = stk_clo.pct_change()
    stk_clo_er = stk_clo_ret.sub(waret, axis=0)

    def cal_umr(risk, nd=nd, nm=nm, nh=nh, stk_clo_ret = stk_clo_ret):

        stks, ds = np.intersect1d(risk.columns, stk_clo_er.columns), np.
intersect1d(risk.index.values, stk_clo_er.index.values)
        er,rk = stk_clo_er.loc[ds, stks], risk.loc[ds, stks]

        rks = rolling_windows(rk, nm)
        ers = rolling_windows(er, nm)
        wo = np.exp2(-np.arange(nm,0,-1)/nh)
        w = np.expand_dims(wo/wo.sum(), axis=0)
        rkers = (rks *ers)
        rkwer = np.apply_along_axis(lambda x: w.dot(x)[0], axis=1, arr = rkers)
        umr = pd.DataFrame(rkwer, index = er.index[nm-1:], columns = er.columns)
        return umr
    umr_tr = cal_umr(risk_tr)
    return umr_tr
```

结合上方的 UMR 计算代码,取时间窗口参数{nd:5,nm:60,nh:30}及因子回测类
Factorcal,对 UMR 因子进行计算和单因子测试。将回测条件设置为 5 日回测,回测时期为
2014.1.1—2023.8.20,股票池为全部 A 股,在 Factorcal 类内部已经做涨跌停等异常处理,
得到的 10 分组回测结果如图 8-5 所示。

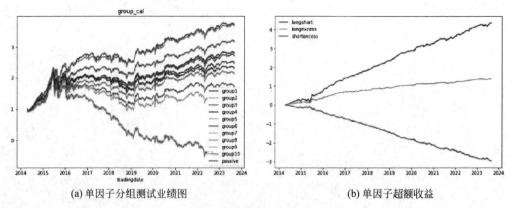

(a) 单因子分组测试业绩图 (b) 单因子超额收益

图 8-5　UMR 单因子分组测试

UMR 因子对应的统计指标如图 8-6 所示。

year	lret	sret	tret	sharp	win	ltvr	stvr	lshr	alic	slc	slc	tslc	ir	tdays
2014	0.098108	-0.09898	0.19709	1.9154	0.56897	17.547	14.997	32.545	0.059417	0.10812	0.17942	0.17942	8.7477	174
2015	0.25433	-0.28719	0.54151	2.3843	0.51639	23.19	24.95	48.14	0.073655	0.0074192	0.13314	0.13314	8.9367	244
2016	0.33245	-0.33536	0.66781	5.5214	0.64344	26.311	20.731	47.043	0.10582	0.051215	0.15172	0.15172	18.352	244
2017	0.085777	-0.34086	0.42664	3.581	0.57787	23.081	20.353	43.433	0.077051	0.071534	0.17501	0.17501	11.195	244
2018	0.11784	-0.3709	0.48874	4.3421	0.59671	22.913	22.32	45.232	0.077773	0.050916	0.19786	0.19786	15.42	243
2019	0.15873	-0.39107	0.5498	4.4242	0.59836	24.901	22.195	47.096	0.090607	0.060891	0.19475	0.19475	15.147	244
2020	0.070022	-0.28279	0.35281	1.7939	0.52675	25.381	20.301	45.682	0.069737	0.072527	0.16811	0.16811	11.162	243
2021	0.090093	-0.29206	0.38215	2.0942	0.56379	24.184	18.495	42.679	0.078629	0.054085	0.14241	0.14241	11.212	244
2022	0.14639	-0.39628	0.54268	3.308	0.56198	23.823	18.157	41.979	0.086756	0.047983	0.14028	0.14028	12.163	242
2023	0.024253	-0.15024	0.17449	1.2438	0.5375	15.078	10.689	25.767	0.091673	0.048608	0.10941	0.10941	10.004	160

图 8-6　UMR 因子对应的统计指标

结合回测图和统计表格,可以对该因子做如下评价:

(1) 因子分组效果良好,单调性强。

(2) 因子的空头强,2017 年后年化超额收益约为 -33%,多头效果中等,2017 年后年化超额收益为 10%。

(3) 因子的多空对冲收益和超额收益走势异常稳健,2017 年后多空年化夏普达到 3.5 左右。

(4) 该因子换手率中等,在 5 日(接近周度频率)调仓下,多空年化双边换手率为 40 倍。

本节的第 2 个因子将介绍高收益率大单主动买入占比因子,该因子的构建过程参考了研报《开源证券-开源证券市场微观结构研究系列(9):主动买卖因子的正确用法》,由于使用的资金流数据不同于普通的成交量和成交额数据,所以此处需要先对资金流数据进行介绍。

股市资金流数据是根据 Level2 逐笔成交数据计算得到的,按照每笔订单的金额大小,每天的成交额可以划分出四类资金流,具体的定义和计算方式,见表 8-1。

表 8-1　资金流划分

资 金 类 型	主要下单方	界 定 方 式
超大单	机构	单笔订单金额在 100 万元以上
大单	主力	单笔订单金额在 20～100 万元
中单	大户	单笔订单金额在 4～20 万元
小单	散户	单笔订单金额在 2 万元以下

值得注意的是,由于机构存在拆单行为,这里所谓的"机构,散户"一般数据服务商的主观命名,实际上主力和机构资金也会使用小单进行操作,按照大单/小单的定义方式理解资金流更加准确。

除了可以按照每笔订单的金额大小分类,还可以按照每笔订单的主动买卖方向分类,如果买单是按照挂单后即期的卖方一档价格成交,则为主动买单,如果卖单是按照挂单后即期的买方一档价格成交,则为主动卖单,其他均为非主动订单,因此,按照主动/非主动＋买/卖＋超大/大/中/小单一共可以将每天的资金流数据划分为 16 种细分资金。

对天然存在的 16 种资金,关注主动的 8 种资金流是一个自然的想法,对每天的主动资金流,四类订单都可以计算一个净流入占比:

$$\text{ActPct} = \frac{\text{ACTBUY} - \text{ACTSELL}}{\text{ACTBUY} + \text{ACTSELL}} \tag{8-20}$$

使用 N 日平均法构建出平均主动净流入占比因子:

$$\text{ActPct}_{\text{type}} = \sum_{i}^{N} \text{ActPct}_i / N, \quad \text{type} \in \{\text{Exlarge}, \text{Large}, \text{Med}, \text{Small}\} \tag{8-21}$$

取 $N=20$,测试 4 类资金的主动净流入占比 ActPct 的表现,大单的结果如图 8-7 所示。

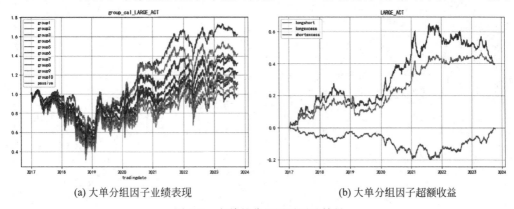

(a) 大单分组因子业绩表现　　　　　　　　(b) 大单分组因子超额收益

图 8-7　大单的分组因子测试结果

(1) 可以看到主动大单净流入占比因子的风险成分占比较高,呈现出更接近风险因子的成分,即阶段性呈现出正向或者负向的多空收益,不论是多头/空头超额还是分组效果表现均不佳,因此不能作为一个有效因子使用。

(2) 该因子表现了简单跟随大单/跟大资金买入卖出的风险 ——机构集中买入后直接

跟随容易被套在高处,因为大单流入后会自然推动股价上升。

现在需要对该因子进行改进,结合 IC 切割的思想,不难想到不同价格/不同收益率位置对应的主动资金占比 ActPct 有不同的 IC 强度。下面给出一种用收益率切割主动买入占比 ACT_PCT 的因子构建方法:

(1) 对于大单,高收益主动买入占比应该呈现出正向效应,因为高收益交易日大单主动买入仍然多的情况说明大资金有信息优势,从而采用更加激进的报价,换言之,大资金愿意承受冲击成本主动大幅买入,说明对未来收益有一定的信心。

(2) 考虑到订单覆盖度和机构拆单的问题,超大单资金在全市场所有股票的覆盖度较低,而机构拆单会有部分订单落入中单的范围,因此选择放弃超大单,将大单和中单资金合并,得到新的"大中单"资金流,并计算"大中单的主动净买入占比"。

(3) 给定 20 日窗口期,取出收益率排序前 20%的交易日的 ActPct 求平均,得到高收益率平均主动净流入占比:

$$\text{High\_ret\_ActPct} = \sum_{i=1}^{N} B_i \text{ActPct}_i, \quad B_i = \begin{cases} 1, & \text{ret}_i > Q(0.2) \\ 0, & \text{其他} \end{cases} \tag{8-22}$$

给出高收益率大中单主力净流入占比因子的计算函数,代码如下:

```
#//第 8 章/feature_split.ipynb
def feature_split_feature(fda, fdp, hq, lq, win = 20, func = 'sum'):
    '''
    Parameters
    ----------
    fda : pd.DataFrame
        作为切割标准的因子/特征,需要包括 tradingdate、stockcode、fna 三列,其中 fna 为
因子列名
        此处应传入日收益率数据
    fdp : pd.DataFrame
        作为被切割标准的因子/特征,需要包括 tradingdate、stockcode、fnp 三列,其中 fnp
为因子列名
        此处应传入日度的大中单资金主动买入占比
    hq : float
        切割的上分位数,hq = 80 说明上界为 80%,高于 hq 的标记为 high = 1
    lq : float
        切割的下分位数,lq = 20 说明下界为 20%,低于 lq 的标记为 low = -1
    win : int, optional
        回溯切割的时间窗口. The default is 20.

    Returns splitdf
    -------
    pd.DataFrame
        切割分后的 high 和 low 因子值

    '''

    from tqdm import tqdm
    from pyfinance.utils import rolling_windows
    tqdm.pandas()
```

```python
def get_hl_fa(arr, hq = hq, lq = lq):
    h, l = np.percentile(arr, [hq, lq])
    ids = np.where(arr > h, 1, np.where(arr < l, -1, 0))
    return ids

mergedf = pd.merge(fda, fdp, on = ['tradingdate','stockcode'])
fna, fnp = fda.columns[2], fdp.columns[2]

def get_one_fsplit(d):
    if d.shape[0] < win:
        pass
    else:
        fa, fp = d[fna], d[fnp]

        #切割因子 a,按照 hq 和 lq 将交易日打上标签
        fas = rolling_windows(fa, win)
        ids = np.apply_along_axis(get_hl_fa, axis = 1, arr = fas)
        idh, idl = np.where(ids == 1,1,0), np.where(ids == -1, 1, 0)

        #被切割因子 b,根据 a 的标签对因子 b 的值计算均值/求和(两者只差一个倍数)
        fps = rolling_windows(fp, win)
        if func == 'sum':
            fph, fpl = (idh * fps).sum(axis = 1), (idl * fps).sum(axis=1)
        elif func == 'mean':
            fph, fpl = (idh * fps).sum(axis = 1) / idh.sum(axis=1), (idl * fps).sum(axis=1) / idl.sum(axis=1)
        res = pd.DataFrame({'h' : fph, 'l' : fpl}, index = d['tradingdate'][win-1:])
        return res
    splitdf = mergedf.groupby('stockcode').progress_apply(get_one_fsplit)
    return splitdf
```

给定 hq＝80,lq＝20,N＝20 计算 HRLAP 因子(High_ret_largemed_act_pct),回测设置如下：5 日 10 分组回测,回测区间 2014.1.1 — 2023.10.16,分组回测结果如图 8-8 所示。

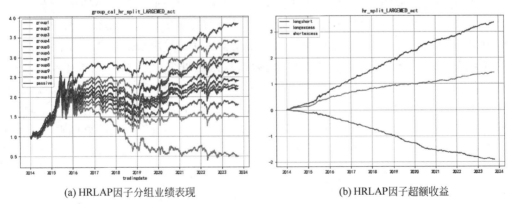

(a) HRLAP因子分组业绩表现　　　　(b) HRLAP因子超额收益

图 8-8　HRLAP 因子的分组因子测试结果

主要回测表现指标如图 8-9 所示。

结合回测图和统计表格,可以对该因子做如下评价：

	stvr	lstvr	allic	lic	sic	lsic
year						
2014	42.504525	85.776785	0.037046	-0.016064	0.026464	0.026464
2015	36.798523	83.560797	0.057755	0.015462	0.027430	0.027430
2016	39.588419	81.594762	0.056737	-0.012077	0.041355	0.041355
2017	42.963548	85.017574	0.041760	-0.052930	0.042177	0.042177
2018	38.588884	79.832485	0.051745	-0.041949	0.061858	0.061858
2019	36.643742	78.164567	0.042349	-0.062973	0.083417	0.083417
2020	38.304716	80.309553	0.046111	-0.049588	0.055089	0.055089
2021	38.392975	79.212217	0.033759	-0.023119	0.016391	0.016391
2022	35.434635	77.034817	0.043247	-0.027722	0.050101	0.050101
2023	31.682399	64.985520	0.037176	-0.008796	0.026721	0.026721
period	38.082760	79.539475	0.045018	-0.028549	0.043637	0.043637

(a)

	lret	sret	lsret	sharp	win	ltvr
year						
2014	0.124118	-0.114729	0.238847	3.885747	0.577869	43.272260
2015	0.331216	-0.152365	0.483581	3.439174	0.594262	46.762274
2016	0.200022	-0.212975	0.412996	4.870245	0.577869	42.006343
2017	0.151246	-0.230245	0.381491	4.804458	0.543055	42.054027
2018	0.124513	-0.261294	0.385807	3.935084	0.555556	41.243601
2019	0.051899	-0.293337	0.345236	3.350792	0.561475	41.520825
2020	0.077957	-0.256499	0.334457	2.944496	0.596708	42.004837
2021	0.119529	-0.109956	0.229485	2.698310	0.576132	40.819243
2022	0.169800	-0.160588	0.330388	3.508130	0.574380	41.600182
2023	0.076475	-0.099811	0.176286	3.042441	0.614973	33.303121
period	0.143548	-0.191235	0.334784	3.538583	0.589151	41.456715

(b)

图 8-9　HRLAP 因子的回测表现指标

(1) 因子分组效果良好,单调性强。

(2) 因子的空头强,2017 年后年化超额收益约为−30%,多头效果中等,2017 年后年化超额收益为 12%。

(3) 因子的多空对冲收益和超额收益走势异常稳健,2017 年后多空年化夏普达到 3.5 左右。

(4) 该因子换手率较高,在 5 日(接近周度频率)调仓下,多空年化双边换手率为 80 倍。

8.5.7　高频因子挖掘案例

本节主要介绍高频交易衍生因子的理论和挖掘案例。股票因子中的高频因子是指基于高频数据通过日内低频化得到的选股因子,注意此处高频因子和高频交易中的含义有差异,因子生成信号后不在日内即时交易而是在隔日使用。截至本书撰写完成时,中国 A 股市场仍然不支持广义上的日内 T+0 操作,虽然部分机构投资者可以事实上实现 T+0 交易,但前提是它们有充足的底层持仓及获取足以覆盖融券成本的收益,考虑到这两个限制,对于个人投资者而言,直接在 A 股市场实现股票日内 T+0 几乎不可能实现的,因此数据低频化因子是高频数据和高频交易思想在 A 股市场上最主要的应用。

在介绍高频因子之前,本节内容需要先讨论股票高频数据本身,高频数据按照频率从低到高划分,主要包括分钟 K 线数据、逐笔成交数据和委托报价数据。按照数据的生成性质又分为结果型数据和过程型数据,结果型数据是指交易完成后用来记录交易结果的数据,传统的 K 线和逐笔成交数据都是结果型的;过程型数据也叫切片型数据,是指达成交易过程中用来记录交易过程变化的数据,最重要的切片型数据是买卖 5 档/10 档的委托报价。结果型数据和过程型数据的差别在于,结果型数据对于任意交易者而言都是同一个数据,而过程型数据由于切片频率的不同可能存在异质性,不同数据服务商提供的结果也不完全相同。

高频数据低频化因子是指高频数据经过数学处理得到的和普通量价数据类似的日度特征/因子,最终在中低频维度上使用。对于这种方法,有必要讨论的一个核心问题是:为什么初始日内数据在低频化处理后的因子仍然有额外的选股效果?换言之,为什么日内高频数据对未来多日收益的 IC 不衰退且不显著为 0?这个问题的关键在于两点,一是高频数据的 IC 在短期(1 日/1 周/1 月)并不显著衰退,二是高频数据在日度的量价数据之外依然贡献了额外的 IC,即高频因子的预测能力并不完全被日度的量价因子所解释。由于单个高频因子的逻辑并不如简单量价那样稳健,因此关注高频因子底层生效逻辑是使用高频因子的重要前提,主要逻辑关系如图 8-10 所示。

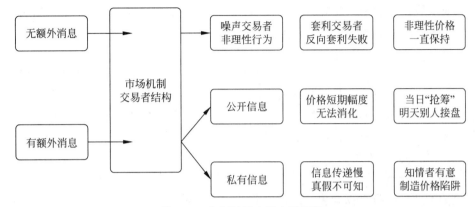

图 8-10 高频因子底层生效逻辑

笔者从两个角度给出解释。在交易者构成维度,在没有额外信息(包括公开和非公开信息)时,噪声交易者产生的非理性过程,套利交易者不足以迅速消弭,换言之,从噪声产生到噪声消除的过程需要时间太长,并且套利交易者缺乏足够的工具来反向竞争噪声交易者,这导致了日内高频数据刻画的交易特征在较长的维度上呈现出 IC 不衰减的现象。在信息与价格形成维度,当新的额外信息进入市场时,从无信息的当前市场价格到信息传递完成后的期望价格存在较长的过程,对于公开的信息,1~2 日的价格变化不足以消化信息,导致"抢筹效应",即出现公开利好消息时,投资者会抢买,而当出现公开利空消息时,投资者会抢卖。对于私有信息,较慢的传递速度给了知情者制造"真假消息陷阱"的机会,因此股票市场上常常出现所谓的"讲故事者赚钱,听故事者亏钱"现象。

思考高频因子底层的生效逻辑是有益的,因为高频因子低频化在 A 股市场上的有效性反过来可以解释 A 股市场一些特有的现象:

(1)追涨杀跌的冒险行为和非理性行为在各个资本市场都存在,但 A 股市场将这种现象发展到了极致,"涨停板敢死队"和"每日龙头战法"等以"打板"操作为核心的投资策略一直受到追捧且确实有部分投资者用这些策略赚取了高收益。

(2)A 股市场上资深散户和庄家同时长期存在。价格形成机制决定了 A 股短期博弈能从日内扩散到周度和月度上长期持续,实际价格对于内在价值的反应速度不足,因此庄家和散户在这个市场上都能存活,截至撰稿之日,在全球主要资本市场中,A 股的自然人投资者占比远远高于其他市场,截至 2023 年 Q1,A 股市场按持有的流通股市值占比计,一般法人、自然人和专业机构分别占比 44%、29% 和 27%,机构和自然人基本相当。

(3)在关于股票市场结构和发展的讨论中,市场上常见的论调是"A 股散户占比过高,导致市场非理性,波动剧烈,而美股机构投资者占比高,走势更加平稳有效",诸如此类的观点将中外资本市场表现差异归因于投资者结构上。笔者认为这是颠倒因果,并非是投资者结构决定了市场性质,而是市场性质决定了投资者结构,A 股的市场性质和定价机制决定了散户群体在市场中能获得收益并长期存活,这才是 A 股市场散户占比一直较高的本质,即单个散户或许非理性,但散户群体未必不聪明。

(4)股票投资中长期存在"基本面"和"技术面"的方法论之争,从高频因子的底层逻辑看,技术分析长期有效是因为基本面消息可能被操纵,但委托下单是真实的资金流入,更能代表投资者的真实意图。

高频因子生效的 3 条路径同样能提示我们高频因子低频化这一方法有效性下降的可能情景。首先,如果套利交易者有足够多的工具在短期消除非理性波动,则此时日度量价因子足以覆盖有效信息,高频日内因子的 IC 下降,其次,如果价格形成机制允许股价对市场上的公开信息形成有效反应,则抢筹打板行为将不再能带来收益,此时高频因子效果也会减弱。最后,如果市场能有完善的信息披露机制,打击私有信息造假和内幕交易,则此时基本面因子的 IC 上升,高频日内因子就会逐渐失效。

本节的剩余内容将重点介绍高频因子的具体应用。正如上文基本理论中讨论的那样,高频因子主要是对日内交易做出刻画,市场主流的高频因子可以划分为以下十大类:收益率分布特征、成交量分布特征、量价相关性、量价弹性、流动性特征、波动率特征、极端行情特征、上下行走势特征、订单簿资金流特征、订单簿挂单报价特征。

下面给出各个大类的含义及部分高频因子例子,见表 8-2。

表 8-2 高频因子分类及案例

因子大类	意　义	案例因子
收益率分布特征	刻画日内收益率序列的统计量	收益率方差,偏度,峰度
成交量分布特征	刻画日内成交量序列的统计量	成交量的偏度、峰度,集中度指数
量价相关性	成交量和价格相关系数	错位成交量-收盘价相关系数
量价弹性	推动价格变化需要的成交量强度	分钟频收益率绝对值除以成交量
流动性特征	不同价格位置的流动性强弱	日内高低价位的换手率变化率
波动率特征	日内波动率序列的分布	早尾盘波动率在全天波动占比
极端行情特征	出现极端行情时的量价表现	收益率极值前后 5min 成交量
上下行走势特征	刻画日内走势极值点区间内特征	上下行区间价格-时间斜率/凸性
订单簿资金流特征	基于逐笔成交刻画资金流性质	大单成交推动涨跌幅
订单簿挂单报价特征	基于订单簿报价刻画买卖报价分布	成交量加权的买卖报价偏离度

在日内的量价大类下,本节介绍实现因子构建的两个主要思考方向,一是理解并重构 K线,二是理解并刻画量价关系。

1. 理解并重构 K 线

K 线是由开盘价、最高价、最低价、收盘价和成交量(OHLCV)5 个基础数据和数据采样时间 T 构成的样本点按照时间顺序形成的一组样本。抽象来看,K 线数据需要采样时间、采样时间内部量价数据的统计量及排序方式这 3 个基本要素,如果需要重构 K 线,实际上就是从这 3 个基础元素上做出修改。

最常见的重构 K 线的方法是改变数据采样时间,除去 1minK 线,使用较多的还包括5/15/30/60minK 线,考虑到一天的交易时间是 240min,另走偏锋可以得到 3/8/24/48min

的 K 线,采样时间的变化影响的不仅是 K 跨越的时间长度,还影响每个交易日所能提供的样本数量,如果计算较为复杂的统计量,则需要通过高频率重采样的方式重构,例如设定频率为 5min,为增加样本量,将第 1~5min 作为第 1 个样本,将第 2~6min 作为第 2 个样本。

第 2 种改变统计量,由于除去 OHLCV 之外,在采样区间内还有其他的统计量可以增加,例如相比最高价和最低价,价格的分位数也是有意义的统计量,除了区间的总成交量,区间内总成交笔数和平均挂单水平也是有效统计量。

最后一种改变排序方式,简单按照时间排序的 K 线被称为 Time Bar,类似地,按照一定成交量排序的 K 线被称为 Volume Bar,按照成交量从高到低排序可以得到另类 K 线。此外,还可以按照涨跌幅排序等,即时间 T 只是用于排序的指标,在实际操作中可以计算任意指标来对 K 线排序,得到新的日内走势。

2. 刻画量价关系

刻画量价关系本身并没有具体的详细路径,主要以经验式刻画为主,除去量和价自身的统计量,常见的思路是量价配合,此处列举几种常见的思路,这些思路常常被技术投资者所使用,而量化交易中会用数学方法表达这些关系:

(1) 隔夜收益对应的量体现在下一个交易日的盘前集合竞价和开盘后 5~30min。

(2) 开盘前 1h 的成交量反映了信息优势者的交易意愿,区间价格变化代表信息优势者愿意承担的交易成本。

(3) 日内越过成交额高峰后,到最后半小时之前,日内交易处于缩量 + 价格低波动状态。

(4) 当盘中出现临时信息时,基本会日内出现成交量放大型 K 线,而该 K 线伴随着极端收益,形成短期反转。

(5) 日内实时委托价格存在买卖不平衡,结合挂单量和成交量,买卖不平衡程度代表日内不同价格的合理程度。

(6) 下跌行情区间,日内最后半小时存在抄底导致的价格反弹,反弹区间价格比当日收盘价更接近套牢者的成本。

值得注意的是,在这些日内高频因子计算完毕后,得到了一个日度频率的数据,它们既可以直接作为因子使用,同样可以作为一个特征参与 IC 切割的方法,和其他的日度特征组成新的因子,例如在 8.5.6 节"量价因子挖掘案例"中提到的 UMR 因子,使用真实波动率 TR 作为风险的代理变量来给日度的收益率加权,而高频因子中的波动率大类可以衍生出其他的风险代理变量代替 TR,构成新的 UMR 因子。

下面本节给出日内价格跳跃因子的案例,将具体展示高频数据的应用。在没有高频数据之前,我们只能将每日的收益率分解为日内收益和隔夜收益,在获得分钟 K 线之后,可以对每日的收益率做如下分解:

在每个交易日,交易日的日收益率和分钟收益率记为

$$\text{ret}_t = \frac{\text{close}_t}{\text{close}_{t-1}} - 1 = \log\left(\frac{\text{close}_t}{\text{close}_{t-1}}\right) \tag{8-23}$$

$$\text{minret}_i = \frac{\text{close}_i}{\text{close}_{i-1}} - 1 = \log\left(\frac{\text{close}_i}{\text{close}_{i-1}}\right) \tag{8-24}$$

根据泰勒展开,有

$$\begin{cases} \log\left(\dfrac{\text{close}_t}{\text{close}_{t-1}}\right) = \text{ret}_t - \dfrac{1}{2}\text{ret}_t^2 \\[3mm] \log\left(\dfrac{\text{close}_t}{\text{close}_{t-1}}\right) = \sum_{i=1}^{240}\log\left(\dfrac{\text{close}_i}{\text{close}_{i-1}}\right) = \sum_{i=1}^{240}\left(\text{minret}_i - \dfrac{1}{2}\text{minret}_i^2\right) \end{cases} \tag{8-25}$$

因此理论上,每日收益和分钟收益存在如下关系:

$$\text{ret}_t - \frac{1}{2}\text{ret}_t^2 = \sum_{i=1}^{240}\left(\text{minret}_i - \frac{1}{2}\text{minret}_i^2\right) \tag{8-26}$$

但显然这个等式两边不严格相等,两者之间还差一个 $O(n^3)$ 的高阶小量,用左边和右边相减可以得到高阶小量的估计值。正常情况下该高阶小量可以忽略,但当股价发生跳跃时,该高阶小量显著不为 0,因此该特征可以作为日内股价跳跃程度/非连续性的代理变量。此外,上述推导都建立在收益率 Ret 是时间 t 的连续光滑函数的基础上(可微性),如果读者有关于随机过程的知识,则可以知道这是收益率序列做一个较强的假设,因此可以引入几何布朗运动等建模,通过考虑二阶变差(Quadratic Variation)来对该小量做出更有效的估计。对于该因子的后续使用,本节不再给出具体的结果,读者可以自行组合测试。

在本节的最后,笔者给出关于高频因子一些经验性的观点,虽然没有具体的理论支撑,但依然是有意义的观察结果。具体来讲可以分为幻想和现实两部分。

1)高频因子的幻想

相比传统的 K 线量价数据,高频视角下基础数据量成指数型增加,可构建的特征/因子数量级也上升,研究员都希望引入高频数据来拓宽因子库,获取更多的有效因子。此外,由于高频数据的处理对算力有较高的要求,属于机构对于普通投资者的信息优势和技术壁垒,因此研究员在研究高频因子时,希望高频因子带来更稳健的收益能力和贡献,提高样本外表现。

2)高频因子的现实

高频因子面临几个重要的现实障碍,使上述关于因子的幻想并不能如愿,一位理性的研究员应当对"高频因子""高频交易"等概念迷惑,从现实的角度出发看待各类因子。

(1)所有高频因子都面临两种平衡,一是收益能力与换手成本的平衡;二是数据量与IC 含量的平衡。

(2)高频因子的测试环节收益能力普遍强于低频量价和基本面,但天然换手更高,换手更高不仅是导致手续费上升的问题,还同时导致新的潜在风险。同样的时间窗口期,一旦出现因子收益反向的情况,高频因子失效时造成的样本外损失比其他因子更高。

(3)高频数据的数据含量上升,但自身的噪声也更多,基础数据的 IC 含量不一定和低频量价、基本面相当。如果数据处理方式(处理函数)的强度不够,则高频因子表现不如简单因子也是很正常的现象,同时意味着按照简单因子的处理函数放在高频数据构建因子可能没有效果。

(4)高频因子彼此的潜在相关性很高,处理函数和数据都不同的因子往往表述了相同的特征,例如大部分的收益率统计量和成交量统计量最后是反转因子或者和反转因子高度相关。

8.5.8 基本面因子挖掘案例

本节将介绍基本面因子的处理方法和挖掘案例。基本面因子是使用财务指标等反映上市公司基本面信息构建的选股因子,具体来讲主要有 3 类数据,分别是公司财务报表指标、公司的公告文本和统计局行业协会的第三方数据。许多和基本面指标相关,但与刻画公司收益能力无关的指标不足以构建收益因子,而呈现出风险因子特征,基本面因子的核心依然是由于刻画上市公司创造超额收益的能力而产生 Alpha,其中最重要的就是给股东带来回报的能力。

这里需要区分基本面因子和观点类/预期类因子的差别,从使用的数据来看,基本面因子的底层数据是客观存在的 Raw Data,观点类因子的底层数据本身被他人加入了观点。从因子底层的 Alpha 来源看,基本面因子的核心是刻画公司创造收益能力,观点因子的核心是反映信息传递。

在思考如何构建基本面因子时,借鉴基本面投资方法论是重要的,但显然基本面因子并不能完整地等价于基本面投资。基本面因子是将基本面方法论因子化的过程,在信息完备程度上并不超过完整的基本面投资,其产生的结果因子最终还要参与到因子模型中,并不能直接指导投资,此外一个重要的区别是基本面因子是被动的,其高度依赖于财务报表等数据的发布,而基本面投资的研究员基金经理可以通过上市公司调研,高管电话会来主动地获取信息。

在基本面投资中,对企业进行估值的方法非常重要,本节在此介绍自由现金流模型 DCF 和剩余收益 RIM 模型。对于模型的每步计算和估值方法我们并不关心,量化研究员关心的是在这些模型中提取出核心变量,最终作为基础指标合成有效因子。

1. 自由现金流折现模型

在自由现金流模型(Discounted Cash Flow Model)中,企业内在价值等于未来企业能创造的自由现金流的现值(Present Value),具体计算公式如下:

$$\text{EV} = E\left(\sum_{t} \frac{\text{FCFF}_t}{(1 + r_{\text{wacc}})^t}\right) \tag{8-27}$$

其中,FCFF(Free Cash Flow to Firm)代表归于公司的自由现金流,r_{wacc} 代表加权平均资本成本(Weighted Average Capital Cost),每期的自由现金流等于调整后的息税前利润减去净营运资本变化加折旧摊销。

$$\text{FCFF} = \text{EBIT} \times (1 - \tau) - \Delta \text{NWC} + \text{Dep} \tag{8-28}$$

2. 剩余收益模型

剩余收益模型(Residual Income Model)从股权所有者的视角出发,即归于股东的公司价值等于当前公司的账面价值加未来所有剩余收益的现值,其中账面价值即公司净资产,剩余收益是指公司利润中扣除了已投入资本回报的剩余利润,其公式如下:

$$P_t = B_t + \sum_{i=1}^{\infty} \frac{E_t\big[(\text{ROE}_{t+i} - r_e) \times B_{t+i-1}\big]}{(1 + r_e)^i} \tag{8-29}$$

其中,B_t 代表公司当期净资产,ROE_{t+i} 为净资产收益率,r_e 为股权资本成本。

从这两个模型中,不难总结出在基本面估值中,最核心的基础指标是净利润、净资产收益率、周转率、资本结构、估值。基于这些指标,下面以净利润指标为例,衍生出常用的基本面因子。

3. ROE 净资产收益率

在杜邦分析法中,有净资产收益率等于销售净利率乘以总资产周转率除以权益乘数,因子 ROE 指标同时包括净利润、周转率和资本结构,本身就可以作为一个基础因子。

$$ROE = ROA \times \frac{A}{E} = NPM \times AU \times \frac{A}{E} \tag{8-30}$$

4. SUE 盈利惊喜

盈利超预期惊喜(Standard Unexpected Earning Surprise,SUE)是净利润的一阶衍生指标,按照计算方式又被称为净利润同比增速超预期倍数。

$$SUE = \frac{Earning_t - Earning_{t-4}}{Std(Earning_t - Earning_{t-4})} \tag{8-31}$$

5. EAV 盈利加速度

盈利加速度(Earnings Accelerate Velocity,EAV)是净利润的二阶衍生指标,按照计算方式被称为净利润同比增速的环比变化率。

$$EAV = \frac{Earning_t - Earning_{t-4}}{Earning_{t-4}} - \frac{Earning_{t-1} - Earning_{t-5}}{Earning_{t-5}} \tag{8-32}$$

ROE、SUE 和 EAV 的关系可以如下理解,ROE 刻画当期盈利水平,SUE 刻画盈利水平增长速度,EAV 刻画盈利增速的加速度,三者可以近似理解为原函数、一阶导数、二阶导数。从底层逻辑出发,3 个因子共同刻画了公司的盈利能力。

经济繁荣期,ROE 是第一性指标,此时 ROE 代表了外部约束较少时公司所能达到的理想盈利水平,也是股权投资者的长期收益率的期望上限,在经济稳定期,SUE 是 ROE 的补充,相近 ROE 水平的同类公司,较高的 SUE 意味着在产业竞争中呈现优势,获得了更高的市场份额和产业链利润,经济转型期,EAV 的重要性上升,盈利增长环比边际保持上升的公司,往往是下一周期经济发展的驱动力,代表了下一个繁荣期 ROE 水平最高的"新"公司。由于经济时期的准确判断不在选股因子的覆盖范围,常见的做法是三者都作为因子使用,投资者根据自身的认知赋予不同权重,如果 3 个因子用得得当,则在 2019—2020 年的牛市及 2021 年的震荡市都能选出优秀的股票。

在构建基本面因子时,应当注意数据挖掘的问题,基本面因子和高频因子在数据分布上完全相反,高频因子数量多,噪声大,可以拟合样本分布。基本面因子数量少,噪声有限,呈不规则分布。正如 IC 切割理论告诉我们的那样,当原始数据信息含量低时需要更复杂的数据处理方法,而当原始数据信息含量高时,应该使用简洁的加工方法,此外,由于基本面因子的频率低数据样本不足,所以单个基本面指标应该避免复杂建模操作和预测,否则当样本不足时过拟合问题会非常严重。

第 9 章

量 化 回 测

9.1 量化回测简介

9.1.1 量化回测的定义

 12min

量化回测是指通过历史市场数据,对一个或多个量化交易策略进行模拟和测试的过程。在回测中,交易策略按照预先设定的规则和逻辑,在历史数据上执行模拟交易,以评估策略在过去的市场条件下的表现。

回测过程主要包括以下几个步骤。

(1) 数据获取:首先需要获取历史市场数据,如股票价格、期货合约价格等。这些数据通常包括开盘价、收盘价、最高价、最低价和成交量等。

(2) 策略编写:交易者或开发者根据自己的交易思路,使用编程语言(如 Python)编写量化交易策略代码。策略代码包含买入、卖出和持仓逻辑,以及相关的止损、止盈等风险管理规则。

(3) 回测执行:将策略代码应用于历史数据上,按照设定的规则模拟执行交易操作。在回测期间,策略会根据历史数据和规则进行买卖交易决策。

(4) 绩效评估:回测执行完成后,需要对策略的绩效进行评估。这包括计算回测期间的收益、风险指标(如夏普比率、最大回撤等)、交易频率、胜率等。

(5) 策略优化:根据回测结果,可以对策略进行优化和改进。优化的目标是寻找能在历史数据上表现良好,并有望在未来市场中获得良好表现的交易策略。

需要强调的是,尽管量化回测是对交易策略进行评估和优化的重要工具,但回测结果仅基于过去的历史数据,不能保证在未来市场中的表现相同。市场条件可能会发生变化,因此在实际交易中,应持续监控和评估策略的表现,并根据市场状况进行必要的调整和修正。

9.1.2 量化回测的目的和意义

量化回测在金融交易和投资领域扮演着重要的角色,主要有以下几个原因。

(1) 策略验证和优化:量化回测允许交易者验证他们的交易策略在历史数据上的表

现。通过回测,可以了解策略在过去的市场条件下是否盈利,并对策略进行优化和改进,以提高其在未来市场中的表现。

(2)风险管理:通过回测,交易者可以评估策略在不同市场环境下的风险水平。这有助于制定合理的风险管理策略,防范潜在的巨额损失。

(3)决策支持:回测结果可以为交易者提供在制定投资决策时的参考依据。交易者可以了解不同策略的表现,从而更加理性地做出投资决策。

(4)有效性验证:回测可以帮助交易者确认一个新的交易策略是否真正有效,而不仅仅是因为过度拟合了历史数据而看似有效。

(5)心理调节:交易者可能因市场波动或不确定性而产生情绪化的决策。回测可以为他们提供客观的基于历史数据的交易结果,有助于调整心态,更加冷静地面对市场。

(6)交易规则制定:回测可以帮助交易者制定具体的交易规则,如入场和出场条件、止损和止盈点等,从而让交易更加系统化和规范化。

(7)学习和教育:通过回测,交易者可以学习和理解不同交易策略的工作原理,并在实践中积累经验,为进一步优化策略和做出更明智的决策提供基础。

总体来讲,量化回测是一种非常有用的工具,可以帮助交易者提高交易效率、优化策略并增加对市场的理解,然而,需要注意的是,回测结果仅基于历史数据,并不能保证在未来的市场表现相同,因此,在实际交易中,以及时跟踪和调整策略是必要的。

9.2　量化回测的准备工作

在进行量化回测之前,需要做一些准备工作,确保回测的有效性和准确性。以下是量化回测的准备工作。

(1)确定交易策略:首先,需要明确要回测的交易策略。交易策略包括入场和出场条件、止损和止盈规则,以及其他的交易规则。确保策略明确、具体,并且能够在历史数据上实施。

(2)获取历史市场数据:回测需要使用过去的历史市场数据来模拟交易。需要获得相关资产(如股票、期货、外汇等)的历史价格、成交量等数据。可以从金融数据提供商、交易所或开源数据库等渠道获取数据。

(3)数据清洗和处理:获取的历史市场数据可能存在缺失值、异常值或错误数据,需要进行数据清洗和处理,确保数据质量和完整性。此外,可能需要将数据转换为适合回测的格式。

(4)确定回测的时间范围:确定回测的时间范围是很重要的。通常,需要选择一个足够长的历史时间段,包括不同市场环境,以充分测试策略的稳健性。

(5)设置回测参数:确定回测的交易成本(手续费、滑点等)、资金管理规则(固定资金、百分比风险等)和其他相关参数。这些参数会影响策略的绩效和风险。

(6)编写回测代码:根据确定的交易策略和参数,使用合适的编程语言(如 Python、C++

等)编写回测代码。在代码中实现交易逻辑、数据读取和处理、绩效评估等功能。

（7）执行回测：在准备好回测代码后，运行回测程序，模拟在历史数据上执行交易策略。确保回测程序能够正确地读取数据、按照策略执行交易，并计算绩效指标。

（8）绩效评估：完成回测后，对回测结果进行绩效评估。计算回测期间的收益、风险指标（如夏普比率、最大回撤等）、交易频率、胜率等，以及与基准的比较。

（9）优化和调整：根据回测结果，优化和调整交易策略的参数和规则。反复进行回测和优化，直至找到符合预期的交易策略。

（10）实际交易前准备：一旦找到满意的策略，确保已经准备好后可以进行实际交易。需要考虑交易平台的选择、资金管理、风险控制等方面。

综上所述，量化回测的准备工作包括确定交易策略、获取历史市场数据、数据清洗和处理、设置回测参数、编写回测代码、执行回测、绩效评估及最终的优化和调整。这些准备工作是确保量化回测有效和可靠的重要步骤。

9.3 回测平台选择

做量化回测工作可以在本地自建数据库，选择自研平台、开源平台、云平台进行回测，目前主流的回测框架有以下几种。

（1）WonderTrader：WonderTrader 依托于高速的 C++核心框架，是一个高效易用的应用层框架（wtpy），致力于打造一个从研发、回测、交易到运营、调度全部环节全自动一站式的量化研发交易场景。

（2）QuantConnect：QuantConnect 是一种基于云的开源量化交易平台，支持使用 Python、C♯和 F♯进行算法开发。它提供了大量金融数据，允许用户在历史数据上回测他们的策略，并在云端实时交易。

（3）Zipline：Zipline 是 Python 语言的量化回测引擎，由 Quantopian 开发。它可用于研究和执行投资策略，支持交易算法的快速回测。

（4）Backtrader：Backtrader 是一个灵活且强大的量化回测平台，它提供了广泛的工具和指标来帮助用户开发自己的交易策略。

（5）PyAlgoTrade：PyAlgoTrade 是另一个流行的 Python 量化回测库，提供了易于使用的 API，使用户能够快速地实施和测试自己的策略。

（6）vnpy：vnpy 是一个基于 Python 的开源量化交易系统框架，专注于国内期货市场，但也支持其他金融市场。它提供了许多常用的交易策略和指标。

（7）Quantlib：Quantlib 是一个功能强大的开源量化金融库，它提供了许多金融工具和计算功能，可以用于回测和定价。

（8）BigQuant：提供了完善的回测功能。用户可以通过在 BigQuant 平台上编写和测试策略代码，再利用回测功能进行历史数据的模拟回测。在回测过程中，用户可以自定义回测的时间范围、资金规模、交易成本等参数，以及选择不同的回测评价指标来评估策略的表现。用户还可以通过回测结果的可视化分析和统计报告来进一步优化和改进策略。为了使读者可以方便地使用回测功能,本书推荐采用 BigQuant 云平台进行回测。

9.4　量化回测

9.4.1　回测引擎介绍

为了让读者完全掌握从策略编写到回测再到实盘的过程,经过认真筛选和评测,推荐在 BigQuant 上使用数据、编码、回测、交易一体化平台。BigTrader 是宽邦科技推出的致力于为用户提供便捷、功能强大的量化策略编写、回测分析、仿真模拟和实盘交易的工具。在量化研究的过程中,量化研究员(宽客)需要在历史数据里回放模拟,验证策略的效果,这就是 BigTrader 交易引擎的应用场景。

(1) 交易引擎有哪些优势:①回测研究贴近真实交易,最大程度地保证回测的准确性;②回测研究、模拟交易、实盘交易为同一套代码,无须做任何修改;③交易引擎是一个有体系、结构化的工程框架,能大幅地提升策略开发的效率。

(2) 支持的品种:股票、基金、期货、可转债、指数、自定义品种等。

(3) 交易频率:日线、分钟、Tick、逐笔。

(4) 交易引擎介绍:BigQuant 回测引擎为事件驱动的回测引擎,当设定好每一根 K 线后会根据 K 线频率读取数据。如当在回测引擎中设置为 daily 时,回测引擎会按照天从传入的数据中读取数据,如图 9-1 所示。

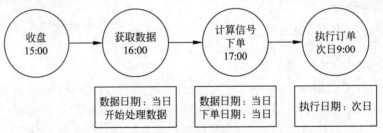

图 9-1　交易引擎数据读取逻辑

回测引擎的运行逻辑为每根 K 线运行一次,在当前 K 线进行下单操作时会在下一根 K 线开始撮合成交,如图 9-2 所示。

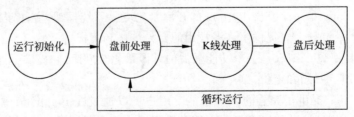

图 9-2　交易引擎运行逻辑

9.4.2 策略回测架构

BigQuant 回测引擎有特定的架构,架构包含以下多个事件函数,见表 9-1。

表 9-1 事件函数说明

名 称	说 明
initialize	策略初始化函数,只触发一次。可以在该函数中初始化一些变量,如读取配置等
before_trading	策略盘前交易函数,每日盘前触发一次。可以在该函数中进行一些启动前的准备工作,如订阅行情等
handle_bar	bar 行情通知函数,每根 bar 时间周期会触发,包括日线和分钟。当注册多个合约时,每个合约都会调用一次 handle_bar。handle_bar 和 handle_data 不能同时使用
handle_data	行情通知函数,频率支持日线和分钟。当注册多个合约时,handle_data 会等待所有合约数据到齐后统一触发一次。例如多合约套利时,需要同时处理多个合约,建议使用 handle_data。handle_data 和 handle_bar 不能同时使用
handle_tick	tick 快照行情通知函数,每个标的行情有变化时会触发
handle_l2trade	逐笔成交行情更新时的处理函数
handle_order	委托回报通知函数,当每个订单状态有变化时会触发
handle_trade	成交回报通知函数,当有成交时会触发

1. 主要事件函数说明

有两个使用频率很高的函数:initialize 函数和 handle_data(handle_bar)函数,理解了这两个函数开发策略就再也不是什么难事了,读者可以结合 K 线图理解这两个函数,如图 9-3 所示。

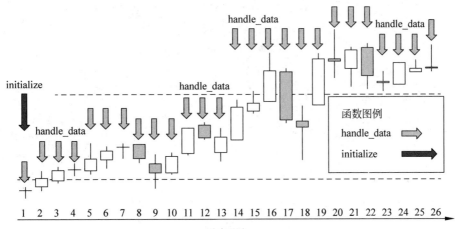

图 9-3 K 线图

其中,一共有 26 个事件,即 26 根 K 线,第 1 根 K 线既对应黑色箭头,又对应灰色箭头,其余都只对应灰色箭头。initialize 函数只在第 1 个事件上调用,即第 1 根 K 线,因此很多初始设置可以放在 initialize 函数里面。每根 K 线都对应灰色箭头,表示每个事件都会调用

handle_data 函数,即从第 1 根 K 线到最后一根 K 线都会运行 handle_data 一次,于是很多策略逻辑部分就可以放在 handle_data 里。

2. 策略典型代码结构

下面给出一个典型策略需要的代码结构,代码如下:

```python
#//第 9 章/demo_backtest_strategy.ipynb
from biglearning.api import M

#给每个策略取一个名字
STRATEGY_NAME = "STRATEGY_name"

def initialize(context):
    """策略初始化函数,只触发一次。可以在该函数中初始化一些变量,如读取配置和全局使用
数据"""
    #输出关键日志
    msg = "initialize:"
    context.write_log(msg, stdout=1)

def before_trading(context, data):
    """盘前处理,策略盘前交易函数,每日盘前触发一次。可以在该函数中完成一些启动前的准
备工作,如订阅行情等"""
    #输出关键日志
    msg = "before_trading dt:{}".format(data.current_dt)
    context.write_log(msg, stdout=1)

    #如果需要处理 tick 数据,则需要添加 tick 处理函数:handle_tick(context, tick):
    #如果需要使用 handle_data,则需要添加处理函数:handle_data(context, data):
def handle_data(context, data):
    """Bars 行情通知函数,每个 bar 时间周期会触发,包括日线和分钟"""
    #输出关键日志
    msg = "handle_bar dt:{}".format(data.current_dt)
    context.write_log(msg, stdout=1)

def handle_order(context, order):
    """委托回报通知函数,当每个订单状态有变化时会触发"""
    #输出关键日志
    msg = "handle_order data:{}".format(order.log_str())
    context.write_log(msg, stdout=1)

def handle_trade(context, trade):
    """成交回报通知函数,当有成交时会触发"""
    #输出关键日志
    msg = "handle_trade data:{}".format(trade.log_str())
    context.write_log(msg, stdout=1)

backtest_result = M.hftrade.v2(
    instruments=['000002.SZA'],
    start_date='2022-01-01',
    end_date='2023-01-01',
    handle_data=handle_data,
    initialize=initialize,
```

```
volume_limit=0.025,
order_price_field_buy='open',
order_price_field_sell='close',
capital_base=1000000,
frequency='daily',
price_type='真实价格',
product_type='股票',
plot_charts=True,
backtest_only=False,
benchmark='000300.HIX'
)
```

9.4.3 常见对象说明

（1）TradingAccount（StockTradingAccount 或者 FutureTradingAccount）交易账户资金相关，可访问如下属性。

trading_day：交易日 YYYYmmdd。

portfolio_value：总资产，主要是资金＋持仓市值。

positions_value：总持仓市值。

available：可用资金，主要是账户资金-冻结资金。

pre_balance：昨日账户结算净值。

balance：账户资金。

frozen_cash：冻结资金。

realized_pnl：平仓盈亏。

total_used_cash：：margin＋commission＋frozen_cash。

commission：今日手续费。

margin：保证金占用。

total_margin：冻结保证金＋保证金占用。

total_frozen_margin：冻结保证金。

（2）Position（StockPosition 或者 FuturePosition）合约持仓数据，可访问以下属性。

trading_day：交易日 YYYYmmdd。

direction：持仓方向 Direction. LONG/SHORT。

last_price：最新价。

cost_price：持仓均价。

current_qty：当前数量。

avail_qty：可用数量。

today_qty：今持仓。

yd_qty：昨持仓。

frozen_qty：冻结数量。

margin：保证金占用。

market_value：持仓市值。

realized_pnl：平仓盈亏。

long：多头持仓,期货专用。

short：空头持仓,期货专用。

(3) Portfolio 投资组合对象,主要为兼容 zipline 框架,可访问以下属性。

positions_value：持仓市值。

portfolio_value：总资产。

cash：可用资金(TradingAccount 中的 available)。

actual_cash：实时资金(TradingAccount 中的 balance)。

positions：Dict 获取持仓字典,可通过标的获取各持仓对象。

(4) OrderData 委托数据,可访问以下属性。

trading_day：交易日 YYYYmmdd。

instrument：合约代码,如 000001/RB2105。

exchange：交易所代码,如 SSE/SZSE/SHFE/CFFEX/SHFE/INE/CZCE/DCE。

symbol：内部合约标识,如 000001.SZA,RB2105.SHF。

order_id：本地委托编号(主要为本地生成)。

order_sysid：柜台/交易所报单编号(服务器端生成)。

bt_order_sysid：本地唯一标识的柜台/交易所报单编号。

direction：买卖方向 Direction.LONG/SHORT。

offset：开平标志 Offset.OPEN/CLOSE/CLOSETODAY。

order_qty：委托数量。

order_price：委托限价。

filled_qty：成交数量。

order_type：委托类型 OrderType.LIMIT/MARKET。

order_status：委托状态 OrderStatus.NOTTRADED/ALLTRADED/CANCELLED。

order_key：本地订单唯一标识。

order_time：委托时间。

insert_date：委托日期。

status_msg：委托状态描述。

(5) TradeData 成交数据,可访问以下属性。

trading_day：交易日 YYYYmmdd。

instrument：合约代码,如 000001/RB2105。

exchange：交易所代码,如 SSE/SZSE/SHFE/CFFEX/SHFE/INE/CZCE/DCE。

symbol：内部合约标识,如 000001.SZA,RB2105.SHF。

order_id：本地委托编号(主要为本地生成)。

order_sysid：柜台/交易所报单编号(服务器端生成)。

bt_order_sysid：本地唯一标识的柜台/交易所报单编号。

trade_id：成交编号。

bt_trade_id：本地唯一标识的成交编号。

direction：买卖方向 Direction. LONG/SHORT。

offset：开平标志 Offset. OPEN/CLOSE/CLOSETODAY。

filled_price：成交价格。

filled_qty：成交数量。

filled_money：成交金额。

trade_time：成交时间。

trade_date：成交日期。

order_key：本地订单唯一标识。

（6）TickData 行情快照数据，可访问以下属性。

trading_day：交易日 YYYYmmdd。

instrument：合约代码，如 000001/RB2105。

exchange：交易所代码，如 SSE/SZSE/SHFE/CFFEX/SHFE/INE/CZCE/DCE。

symbol：内部合约标识，如 000001. SZA，RB2105. SHF。

last_price：最新成交价。

volume：当日累计成交量。

turnover：当日累计成交金额。

open_price：当日开盘价。

high_price：当日最高价。

low_price：当日最低价。

open_interest：最新持仓量。

bid_priceX：买盘价格。bid_price1 表示买一挡盘口委托价格，以此类推。

bid_volumeX：买盘数量。bid_volume1 表示买一挡委托数量，以此类推。

ask_priceX：卖盘价格。

ask_volumeX：卖盘数量。

pre_close：昨收盘（股票里为调整后的价格）。

upper_limit：涨停价。

lower_limit：跌停价。

datetime：当前日期时间。

time：当前更新时间 HH：MM：SS. fff。

time_int：当前整数时间 93520500，毫秒精度。

（7）BarDataBar 行情数据，可访问以下属性。

datetime：当前日期时间。

symbol：内部合约标识，如 000001. SZA，RB2105. SHF。

turnover：当根 bar 成交金额。

close：当根 bar 收盘价。

high：当根 bar 最高价。

low：当根 bar 最低价。

open：当根 bar 开盘价。

open_interest：最新持仓量。

trading_day：交易日期。

product_code：品种代码。

（8）策略对象属性。

instruments：List 运行前时指定的代码列表。

account_id：str 账户号。

account：AccountEngine 策略的账户对象。

portfolio：Portfolio 账户资产组合对象，包含当前资金和持仓。

run_mode：RunMode 当前运行模式。

trading_calendar：TradingCalendar 交易日历对象。

options：Dict 运行前时指定的'options'参数。

（9）常量定义说明。

① Direction：买卖方向/持仓方向。

LONG：买(多)。

SHORT：卖(空)。

② Offset：开平标志。

OPEN：开仓。

CLOSE：平仓。

CLOSETODAY：平今。

③ OrderType：委托类型。

LIMIT：限价。

MARKET：市价。

④ OrderStatus：委托状态。

UNKNOWN：未知。

NOTTRADED：未成交。

PARTTRADED：部分成交。

ALLTRADED：全部成交。

CANCELLED：全部撤单。

PARTCANCELLED：部分撤单。

REJECTED：拒单。

⑤ Frequency：频率。

DAILY：日级别。

MINUTE：分钟级别。

TICK：Tick 级别。

TICK2：Tick2 级别。

⑥ AdjustType：复权类型。

NONE：不复权。

PRE：前复权。

POST：后复权。

⑦ Product：产品类别。

EQUITY：股票。

FUND：基金。

FUTURE：期货。

OPTION：期权。

INDEX：指数。

NONE：未知。

9.4.4　回测引擎 API

1. 策略回调函数 API

策略回测函数 API 指事件驱动的回测引擎的事件调用函数。

1) initialize(context)

策略初始化函数,只触发一次。可以在该函数中初始化一些变量,如读取配置等。

context：策略上下文对象。

2) before_trading(context,data)

策略盘前交易函数,每日盘前触发一次。可以在该函数中完成一些启动前的准备工作,如订阅行情等。

（1）context：策略上下文对象。

（2）data：BarDatas 对象。

3) on_timer(context,t)

策略定时触发函数,每秒前触发一次。可以在该函数中一些秒级的定时处理工作。

（1）context：策略上下文对象。

（2）t：datetime 对象,生成该事件的时间点。

4) handle_tick(context,tick)

Tick 快照行情通知函数,当每个标的行情有变化时会触发。

（1）context：策略上下文对象。

（2）tick：TickData 对象。

5) handle_bar(context,bar)

bar 行情通知函数,每个 bar 时间周期会触发,包括日线和分钟。

(1) context:策略上下文对象。

(2) bar:BarData 对象。

6) handle_data(context,data)

行情通知函数,每个时间周期会触发,包括日线和分钟。

(1) context:策略上下文对象。

(2) data:BarDatas 对象。

7) handle_l2trade(context,l2trade_data)

逐笔成交行情通知函数,每笔逐笔成交都会触发,包括上海和深圳。

(1) context:策略上下文对象。

(2) l2trade_data:L2TradeData 对象。

8) handle_l2order(context,l2order_data)

逐笔委托行情通知函数,每笔逐笔委托都会触发,只包括深圳。

(1) context:策略上下文对象。

(2) l2order_data:L2OrderData 对象。

9) handle_order(context,order)

委托回报通知函数,当每个订单状态有变化时会触发。

(1) context:策略上下文对象。

(2) order:OrderData 对象。

10) handle_trade(context,trade)

成交回报通知函数,当有成交时会触发。

(1) context:策略上下文对象。

(2) trade:TradeData 对象。

11) subscribe_bar(symbols,period,my_handle_bar)

订阅自定义周期回调函数。每周期(period)每个标的调用自定义函数 my_handle_bar。

(1) symbols:list,标的列表,例如[RB2105.SHF,HC2105.SHF]。

(2) period:str,时间周期,支持 5m、10m、15m、30m、60m、120m、240m。

(3) myhandle_bar:func,自定义函数 my_handle_bar(context,bar),context 表示策略上下文对象,bar 表示 BarData 对象。

2. 策略订单 API

策略订单 API 指策略中交易买卖下单的接口如下。

(1) 下单[股票、期货],必须指定标的、下单数量、下单价格,代码如下:

```
order(symbol, volume, price, order_type=OrderType.LIMIT, offset=Offset.NONE)
```

参数如下。

symbol：str，下单标的 000001.SZA/600000.SHA/510050.HOF/RB2110.SHF。

volume：int，如果下单数量大于 0，则为买，如果下单数量小于 0，则为卖。

price：float，下单价格。

order_type：OrderType 委托类型。

MARKET：市价指令。

LIMIT：限价指令（默认）。

offset：开平方向，股票不需要指定。

Offset.NONE：自动决定开平方向（上期所会区分平今，内部会自动处理）。

Offset.OPEN：开仓。

Offset.CLOSE：平仓。

Offset.CLOSETODAY：平今。

return：int，下单状态码，如果显示 0，则表示成功，否则表示失败。

（2）按比例下单［股票］，必须指定标的、资金仓位比例、下单价格，只针对买单，代码如下：

```
order_percent(symbol, percent, price, order_type=OrderType.LIMIT)
```

参数如下。

symbol：str，下单标的 000001.SZA/600000.SHA。

percent：float，资金仓位比例。

price：float，下单价格。

order_type：同上。

return：int，下单状态码，如果显示 0，则表示成功，否则表示失败。

（3）按价值下单［股票］，必须指定标的、资金、下单价格，只针对买单，代码如下：

```
order_value(symbol, value, price, order_type=OrderType.LIMIT)
```

参数如下。

symbol：str，下单标的 000001.SZA/600000.SHA。

value：float，资金量。

price：float，下单价格。

order_type：同上。

return：int，下单状态码，如果显示 0，则表示成功，否则表示失败。

（4）下单［股票］，必须指定标的、目标数量、下单价格，多用于清空持仓，代码如下：

```
order_target(symbol, target, price, order_type=OrderType.LIMIT)
```

参数如下。

symbol：str，下单标的 000001.SZA/600000.SHA。

target：float，目标数量。

price：float，下单价格。

order_type：同上。

return：int，下单状态码，如果显示0，则表示成功，否则表示失败。

(5) 按目标比例下单[股票]，必须指定标的、资金仓位比例、下单价格，只针对买单，代码如下：

```
order_target_percent(symbol, target_percent, price, order_type=OrderType.
LIMIT)
```

参数如下。

symbol：str，下单标的 000001.SZA/600000.SHA。

target_percent：float，目标资金仓位比例。

price：float，下单价格。

order_type：同上。

return：int，下单状态码，如果显示0，则表示成功，否则表示失败。

(6) 期货下单，买开，代码如下：

```
buy_open(symbol, volume, price, order_type=OrderType.LIMIT)
```

参数如下。

symbol：str，下单标的 RB2105.SHF、AP2101.CZC、JD2013.DCE、IF2103.CFX。

volume：int，下单数量。

price：float，下单价格。

order_type：同上。

return：int，下单状态码，如果显示0，则表示成功，否则表示失败。

(7) 期货下单，买平，代码如下：

```
buy_close(symbol, volume, price, order_type=OrderType.LIMIT)
```

参数如下。

symbol：str，下单标的。

volume：int，下单数量。

price：float，下单价格。

order_type：同上。

return：int，下单状态码，如果显示0，则表示成功，否则表示失败。

(8) 期货下单，卖开，代码如下：

```
sell_open(symbol, volume, price, order_type=OrderType.LIMIT)
```

参数如下。

symbol：str，下单标的。

volume：int，下单数量。

price：float，下单价格。

order_type：同上。

return：int，下单状态码，如果显示 0，则表示成功，否则表示失败。

（9）期货下单，卖平，代码如下：

```
sell_close(symbol, volume, price, order_type=OrderType.LIMIT)
```

参数如下。

symbol：str，下单标的。

volume：int，下单数量。

price：float，下单价格。

order_type：同上。

return：int，下单状态码，如果显示 0，则表示成功，否则表示失败。

（10）取消订单，代码如下。

```
cancel_order(order_param)
```

参数如下。

order_param：order_key or OrderData or OrderCancelReq。

return：int，撤单状态码，如果显示 0，则表示成功，否则表示失败。

（11）取消当前账户所有未成交订单，代码如下：

```
cancel_all()
```

return：None。

（12）订阅标的行情。分钟回测或 tick 回测，需要在盘前处理函数中每日订阅当天需要的行情，代码如下：

```
subscribe(symbol)
```

参数如下。

symbol：str，订阅标的，如 000001.SZA/510050.HOF/RB2105.SHF。

3．数据获取相关接口

（1）获取资金账户信息，代码如下：

```
get_trading_account()
```

具体参考下面的介绍。

return：TradingAccount(StockTradingAccount/FutureTradingAccount)。

（2）获取指定标的持仓，代码如下：

```
get_account_position(symbol, direction=Direction.NONE, create_if_none=True)
```

参数如下。

symbol：str，代码，如 600000.SHA/000001.SZA/RB2010.SHF/IF2012.CFX/AP2103.CZC。

direction：Direction,持仓方向,如 Direction. LONG/SHORT。

create_if_none：bool,当仓位不存在时是否创建新的对象。

return：StockPosition/FuturePosition。

（3）获取指定标的持仓,代码如下：

```
get_position(symbol, direction=Direction.NONE, create_if_none=True)
```

同 get_account_position(),具有相同功能。

（4）获取所有持仓,代码如下：

```
get_account_positions()
```

return：Dict[symbol,Position]。

（5）获取当前挂单,即未完全成交订单,代码如下：

```
get_open_orders(symbol='')
```

参数如下。

symbol：str,当指定了标的时,只获取该标的所有挂单。

return：List[OrderData]。

（6）获取当日所有订单,代码如下：

```
get_orders(symbol='')
```

参数如下。

symbol：str。

return：List[OrderData]。

（7）获取当日所有成交数据,代码如下：

```
• get_trades(symbol='')
```

参数如下。

symbol：str。

return：List[TradeData]。

4. 回测专用 API

在策略回测中,需要设置费率、保证金率、滑点、是否支持 T0 交易等,这些接口统称回测专用 API,一般在初始化函数中调用。

（1）设置回测费率,一般股票和期货有不同的费率模式,代码如下：

```
set_commission(equities_commission=None, futures_commission=None)
```

参数如下。

equities_commission：PerOrder or dict like {"buy_cost"：0.0002,"sell_cost"：0.0012}。

futures_commission：PerContract or dict like {"RB"：(2,2,2)}。

return：None。

（2）获取回测费率，代码如下：

```
get_commission(symbol)
```

参数如下。

symbol：str，标的代码。

return：CommissionRateData。

（3）设置回测保证金率，期货专用，代码如下：

```
set_margin(symbol, margin)
```

参数如下。

symbol：str，期货品种代码，例如 RB、A、SR。

margin：float，保证金率，例如 0.05。

return：None。

（4）获取多头保证金率，期货专用，代码如下：

```
get_margin_rate(symbol).long_margin_ratio_by_money
```

参数如下。

symbol：str，期货品种代码，例如 RB2201.SHF。

return：float。

（5）获取空头保证金率，期货专用（一般多空保证金率一样，取其中一个即可），代码如下：

```
get_margin_rate(symbol).short_margin_ratio_by_money
```

参数如下。

symbol：str，期货品种代码，例如 RB2201.SHF。

return：float。

（6）设置回测撮合模型，代码如下：

```
set_slippage(slippage)
```

参数如下。

slippage：sub-class of SlippageModel object。

return：None。

（7）获取合约乘数，期货专用，代码如下：

```
get_contract(symbol).multiplier
```

参数如下。

symbol：str，期货品种代码，例如 RB、RB2201.SHF。

return：float。

(8) 获取合约最小变动价格,期货专用,代码如下:

```
get_contract(symbol).price_tick
```

参数如下。

symbol:str,期货品种代码,例如 RB、RB2201. SHF。

return:float。

(9) 设置滑点和成交量比率限制,代码如下:

```
set_slippage_value(slippage_type, slippage_value,volume_limit)
```

参数如下。

slippage_type:SlippageType. FIXED 固定价位/SlippageType. PERCENT 固定比率。

slippage_value:float,滑点值。

volume_limit:float,限制最大成交量的比率,1 表示不限制。

return:None。

(10) 设置股票是否是 T1,默认为 True,代码如下:

```
set_stock_t1(value)
```

参数如下。

value:bool,如果设置成 0,则表示支持 T0。

return:None。

(11) 设置买入时间点,代码如下:

```
get_slippage().price_field_buy = value
```

例如 context. get_slippage(). price_field_buy="open"。

value:str。"open"表示在开盘时买入,日线和高频回测默认都是"open";"close"表示在收盘时买入。

return:None。

(12) 设置卖出时间点,代码如下:

```
get_slippage().price_field_sell = value
```

例如 context. get_slippage(). price_field_sell="open"。

value:str。"open"表示在开盘时卖出,高频回测默认为"open";"close"表示在收盘时卖出,日线回测默认为"close"。

return:None。

(13) 设置是否支持收盘时下单,代码如下:

```
set_enable_auto_planed_order(value)
```

此函数主要用于分钟级跨日的波段交易策略,日频回测不涉及,参数如下。

value:bool,如果设置成 True,则表示在收盘时(例如 15:00)的下单在下一个开盘时成交,如果值为 False,则表示收盘的下单作废。

return:None。

5. 其他接口

在量化回测执行中,BigQuant 回测引擎还提供了一些其他接口。

(1) 获取当前交易日,代码如下:

```
get_trading_day()
```

无参数。

return:str,YYYYmmdd 格式。

(2) 获取策略设置,代码如下:

```
get_conf_param(name, d=None)
```

获取策略变量,如未获取,则返回 d,参数如下。

name:需要获取的设置。

d:默认值。

return:对象的值。

(3) 获取错误信息,代码如下:

```
get_error_msg(error_id)
```

参数如下。

error_id:错误代码。

return:str,错误信息。

(4) 记录日志,代码如下:

```
write_log(content, level="info", stdout=0)
```

参数如下。

content:str,需要记录的内容。

level:str,日志级别 debug/info/warn/error。

stdout:是否打印到标准输出,如果小于 0,则不记录日志,如果等于 0,则不将日志打印到前端,如果等于 1 时,则会将日志打印到前端。

(5) 计算指标标的可买入数量,代码如下:

```
calc_buy_volume(symbol, price, value)
```

参数如下。

symbol:str,证券代码。

price:float,指定价格。

value:float,指定金额。

return:int,可买入数量。

9.4.5　重要 API 介绍

1.【查询】实例方法

1）持仓查询

单只标的持仓信息查询 context. get_position(instrument：str,direction＝Direction. NONE)。当查询单只标的持仓信息时,可使用 context. get_position()获取该标的信息,见表 9-2。

表 9-2　单只标的持仓查询参数介绍

实例参数	参数类型	是否必填	参数描述
instrument	Str	是	查询传入参数标的持仓信息

示例代码如下：

```
def m7_handle_data_bigquant_run(context, data):

    instrument = '000001.SZA'
    #获取股票持仓信息
    pos = context.get_position(instrument)

    print(pos)
```

通过以上代码,将返回一个字典,该字典的数据格式如下：

```
StockPosition(bkt000,002875.SZA,LONG,current_qty:2100,avail_qty:0,cost_price:
9.44,last_price:9.44,margin:0.0)
```

返回值解释见表 9-3。

表 9-3　单只标的持仓结果查询参数介绍

返回值	返回值含义	获取方式
current_qty	当前持仓	context. get_position(ins). current_qty
avail_qty	可用持仓	context. get_position(ins). avail_qty
cost_price	持仓成本	context. get_position(ins). cost_price
last_price	最新价格	context. get_position(ins). last_price
margin	保证金占用	context. get_position(ins). margin
last_sale_date	最后交易日	context. get_position(ins). last_sale_date

2）context. get_positions

当查询多只标的持仓信息时可以使用 context. get_positions()获取标的信息,参数介绍见表 9-4。

表 9-4　多只标的持仓查询参数介绍

实例参数	参数类型	是否必须	参数描述
instrument	List	是	标的列表
direction	Str	否	可通过 direction＝Direction. LONG/SHORT 进行持仓方向过滤

示例代码如下：

```
def m7_handle_data_bigquant_run(context, data):

    instruments = ['000001.SZA','000002.SZA']

    #获取股票持仓信息
    pos = context.get_positions(instruments)

    print(pos)
```

通过以上代码，可以获得一个如下字典：

```
{'603176.SHA': StockPosition(bkt000, 603176.SHA, LONG, current_qty:0, avail_qty:
0, cost_price:0.0, last_price:2.97, margin:0.0),
 '600768.SHA': StockPosition(bkt000, 600768.SHA, LONG, current_qty:2000, avail_
qty:0, cost_price:9.72, last_price:9.57, margin:0.0)}
```

返回值解释见表 9-5。

表 9-5　多只标的持仓结果查询参数介绍

返回值	返回值含义	获取方式
keys()	全部持仓列表	context.get_positions(instrument_list).keys()
current_qty	持仓数量	context.get_positions(instrument_list).instrument.current_qty
avail_qty	可用持仓	context.get_positions(instrument_list).instrument.avail_qty
cost_price	持仓成本	context.get_positions(instrument_list).instrument.cost_price
last_price	最新价格	context.get_positions(instrument_list).instrument.last_price
last_sale_date	最后交易日	context.get_positions(instrument_list).instrument.last_sale_date

3）当前时间查询

可以通过 data.current_dt 方法获取当前日期，主要用于从引擎中提取当日数据使用。

通常在初始化时将全部数据读到引擎，并将 index 转换为日期形式，在每日 K 线处理函数运行时，获取当前日期。通过当前日期从全部数据中获取当日数据。

以下是一个示例，代码如下：

```
#初始化模块中的全部数据
def m7_initialize_bigquant_run(context):
    """

    #================== 加载预测数据 ==========================
    #传入的 options 是一个字典，字典中'data'对应着 DataSource 文件，我们可将 DataSource 文
    #件转换为 DataFrame 中并存入回测引擎
    """

    #将全部数据存入 all_data, 并重新设定索引
    context.all_data = context.options['data'].read_df()
    context.all_data.set_index('date', inplace=True) #用日期作为索引，可提高之后数
                                                      #据读写速度
```

```
def m7_handle_data_bigquant_run(context, data):

    #获取当前时间 pydatetime
    time = data.current_dt
    #将时间格式转换为年、月、日
    date = data.current_dt.date()

    #读取数据,根据时间进行索引,再将索引重置
    try:
        today_data = context.all_data.loc[date,:]
        today_data.reset_index(inplace=True)
    except:
        return
```

4)账户投资组合信息查询

可以通过 context.portfolio 查询当前账户信息,见表 9-6。

表 9-6 账户投资组合信息查询参数介绍

实例方法	返回值含义	获取方式
positions_value	持仓市值	context.portfolio.positions_value
portfolio_value	总资产(资金＋持仓市值)	context.portfolio.portfolio_value
cash	可用资金	context.portfolio.cash
actual_cash	实际资金	context.portfolio.actual_cash

5)当前标的价格查询

可通过 data.history()获取股票当前价格,见表 9-7。

表 9-7 当前标的价格查询实例参数

参数	类型	是否必须	参数含义
Instrument	str	是	需要获取的代码
Fields	list[str]	是	需要获取的字段,如["close","volume"]
bar_count	int	是	需要的 Bar 条数
Frequency	str	默认 '1d'	可选 '1d'、'1m',按照该频率返回数据

以下是一个实例,在回测引擎中获取当日股票分钟数据,代码如下:

```
def m7_handle_data_bigquant_run(context, data):

    #获取股票代码
    instrument = '000001.SZA'
    now_time = context.current_df

    #获取该股票截至当前分钟的全部日内分钟数据
    df = data.history(instrument, ["close", "volume"], 30, '1m')
```

2.【下单】实例方法

1)按照数量下单

可通过 context.order()方式进行按数量下单。

order(instrument,volume,price＝0,offset＝Offset. NONE，＊＊ kwargs)，参数详情见表 9-8。

表 9-8　按照数量下单参数介绍

参数	参数类型	是否必选	参数含义
instrument	str	是	需要交易的代码
volume	int	是	需要交易的数量，＞0 表示买入，＜0 表示卖出
price	float	否	交易的价格，默认为 0，表示市价单
order_type	orderType	默认为 MARKET	下单类型：LIMIT(限价单)、MARKET(市价单)

以下是一个使用 context. order()下单的示例，代码如下：

```
def m7_handle_data_bigquant_run(context, data):

    #获取股票代码
    instrument = '000001.SZA'

    #获取当前价格
    price = data.current(instrument, "close")

    #获取当前账户现金
    cash = context.portfolio.cash

    #计算买入数量
    buy_num = cash//price

    #买入
    context.order(instrument, buy_num)
```

2）按照目标持仓金额下单

可通过 context. order_value()方式按目标持仓金额进行下单。

order_value(instrument,value,price＝0，＊＊ kwargs)，参数详情见表 9-9。

表 9-9　按照目标持仓金额下单参数介绍

参数	参数类型	是否必选	参数含义
instrument	Str	是	需要买入的代码
value	Int	是	需要买入的金额
price	Float	否	交易的价格，默认为 0，表示市价单
order_type	orderType	默认为 MARKET	下单类型：LIMIT(限价单)、MARKET(市价单)

以下是一个使用 context. order_value()下单的示例，代码如下：

```
def m7_handle_data_bigquant_run(context, data):

    #获取股票代码
    instrument = '000001.SZA'

    #获取当前价格
    price = data.current(instrument, "close")
```

```
#获取当前账户现金
cash = context.portfolio.cash

#计算要买入的现金,假如在这里为半仓买入
buy_cash = cash * 0.5

#买入
context.order(instrument, buy_cash)
```

3) 按照目标持仓百分比下单 context.order_percent()

当买入某只标的时,如希望最终可以按照某百分比持仓,则可通过 context.order_percent()方式按目标持仓百分比进行下单,通常用于买单。

order_percent(instrument,percent,price=0,**kwargs),实例参数介绍见表 9-10。

表 9-10 按照目标持仓百分比下单参数介绍

参数	参数类型	是否必选	参数含义
instrument	str	是	需要买入的标的代码
percent	int	是	目标持仓百分比
price	float	否	交易的价格,默认为 0,表示市价单
order_type	orderType	默认为 MARKET	下单类型:LIMIT(限价单)、MARKET(市价单)

以下是一个使用 context.order_percent()下单的示例:

```
def m7_handle_data_bigquant_run(context, data):

    #获取股票代码
    instrument = '000001.SZA'

    #买入 50%仓位
    context.order_percent(instrument, 0.5)
```

4) 按照目标持仓数量下单 context.order_target()

如希望将持仓变动到某个固定数量,则可通过 context.order_target()实现,通常用于清空某只标的。

order_target(symbol,target,price=0,order_type=OrderType.LIMIT),详见表 9-11。

表 9-11 按照目标持仓数量下单参数介绍

参数	参数类型	是否必选	参数含义
instrument	str	是	需要买入的标的代码
target	int	是	目标持仓数量
price	float	否	交易的价格,默认为 0,表示市价单
order_type	OrderType	默认为 MARKET	下单类型:LIMIT(限价单)、MARKET(市价单)

以下是一个使用 context.order_target()平仓的示例:

```
def m7_handle_data_bigquant_run(context, data):

    #获取全部持仓股票代码
```

```
holding_list = list(context.get_positions().keys())

#全部平仓
for ins in holding_list:
    context.order_target(ins,0)
```

9.5 量化回测结果分析

策略逻辑编写完成后通过接口函数 M.hftrade(也是一个可视化模块的入口)进行回测,如下是此函数的详细说明:

```
M.hftrade.v2(                              #v2 表示 hftrade 的版本号
    start_date,                            #回测开始日期
    end_date,                              #回测结束日期
    instruments=None,                      #回测股票/基金/期货列表
    initialize=None,                       #初始化函数,initialize(context)
    on_stop=None,                          #策略运行结束处理函数,on_stop(context)
    before_trading_start=None,             #在每个交易日开始前的处理函数
before_trading_start(context, data)
    handle_bar=None, #每个 bar 更新时的处理函数,即 handle_bar(context, bar),不能和
#handle_data 同时注册
    handle_data=None, #数据更新时的处理函数,即 handle_data(context, data),不能和
#handle_bar 同时注册
    handle_tick=None,                      #在每个 Tick 快照行情更新时的处理函数
handle_tick(context, tick)
    handle_l2trade=None,                   #在每个逐笔成交行情更新时的处理函数
handle_l2trade(context, l2trade)
    handle_trade=None, #在成交回报更新时的处理函数,即 handle_trade(context,
#trade)
    handle_order=None, #在委托回报更新时的处理函数,即 handle_order(context,
#order)
    capital_base=1000000,                  #初始资金,默认为 1 000 000
    slippage_type=SlippageType.FIXED,      #指定滑点模式
    slippage_value=0,                      #指定买卖双向的滑点
    volume_limit=0.25, #执行下单时控制成交量参数,若设置为 0 时,则不进行成交量检查;默
#认值为 0.25,如果下单量超过该 K 线成交量的 2.5%,则多余的订单量会自动取消
    product_type=None, #回测产品类型,如 stock/future/option 等,一般不用指定,系统会
#自动根据合约代码判断产品类型
    price_type=None,                       #回测复权类型,如真实价格[real],后复权[post]
    frequency='1m',                        #回测频率,如 1d/1m/tick
    benchmark='000300.HIX',        #benchmark:回测基准数据,可以是 DataSource、
#DataFrame 或者股票/指数代码,如 000300
    plot_charts=True,                      #是否画回测评估图
    options=None,      #其他参数从这里传入,可以在 handle_data 等函数里使用
    disable_cache=0, #默认为 0,表示不启用数据缓存。设置为 1,如果本次回测的数据范围之
#前已经读取过,则不会重复读取,这样能加快回测速度
    show_debug_info=False #默认为 False,表示是否打印回测框架的 Debug 信息
)
```

在 BigQuant 平台上,新建一个空白的代码策略模板,把编写好的策略逻辑代码和回测

代码复制进去(也可以建好模板后,直接在模板的 Notebook 里面编写代码),如图 9-4 所示。

图 9-4　BigQuant 平台代码策略建立示意图

单击"全部运行"按钮就可以进行回测了。当完成一个策略回测时会得到结果,如图 9-5 所示。

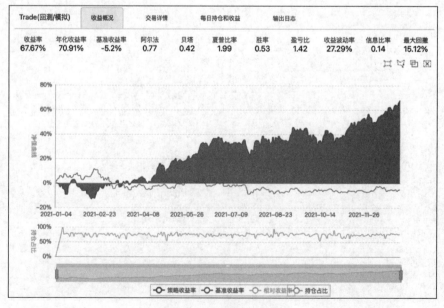

图 9-5　策略回测结果图

图 9-5 为策略回测结果图,包含策略的主要信息,如收益概况、交易详情、每日持仓及收益、输出日志。接下来,我们详细介绍这几部分。

9.5.1 收益概况

收益概况以折线图的方式显示了策略在时间序列上的收益率,黄色曲线为策略收益率。同时也显示了沪深 300 收益率曲线作为比较基准,蓝色曲线为基准收益率。同时,最下面的绿色曲线为持仓占比,持仓占比即仓位,10%的持仓占比表示账户里股票价值只占 10%。相对收益率的曲线并没有直接绘制在图上,单击图例相对收益率,就可以将其绘制出来。

不仅如此,衡量一个策略好坏的关键指标在收益概况页面也得到展示。

9.5.2 绩效分析

以下是量化策略评估常用的绩效指标及其计算公式,绩效指标用于对策略进行整体绩效分析。虽然在第 7 章有部分绩效指标的简介,但介绍有限且是单利模式,因此本节从量化实际应用的视角以复利模式再进行详细介绍。

1. 收益率

策略整个回测时间段上的总收益率(Total Returns)。例如,如果收益率为 30%,则表明起始时间是 1 万元的本金,结束时间本金就变成 1.3 万元,一共赚了 3000 元。计算过程如下:

$$\text{Total Returns} = \frac{\text{PV}_{\text{end}} - \text{PV}_{\text{start}}}{\text{PV}_{\text{start}}} \times 100 \tag{9-1}$$

其中,PV_{end} 表示策略最终股票和现金总价值;PV_{start} 表示策略开始股票和现金总价值。

2. 年化收益率

年化收益率(Total Annualized Returns)策略计算每年的收益率。例如,如果回测时间段为 2 年,总收益率为 30%,则每年的年化收益率就在 15% 附近(不考虑复利)。计算过程如下:

$$\text{Total Annualized Returns} = R_p = \left((1+P)^{\frac{252}{n}} - 1 \right) \times 100 \tag{9-2}$$

其中,R_p 表示策略年化收益率;P 表示策略总收益;n 表示策略执行天数。

3. 基准收益率

基准收益率(Benchmark Returns)策略需要有一个比较基准,比较基准为沪深 300。若基准收益率为 15%,则表明在整个回测时间段,大盘本身就上涨了 15%,如果策略收益率小于基准收益率,则说明策略表现并不好,连大盘都没有跑赢。计算过程如下:

$$\text{Benchmark Returns} = \frac{M_{\text{end}} - M_{\text{start}}}{M_{\text{start}}} \times 100 \tag{9-3}$$

其中,M_{end} 表示基准最终价值;M_{start} 表示基准开始价值。

$$\text{Benchmark Annualized Returns} = R_m = \left((1+M)^{\frac{252}{n}} - 1 \right) \times 100 \tag{9-4}$$

其中,R_m 表示基准总收益;M 表示基准总收益;n 表示策略执行天数。

4. 阿尔法

投资中面临着系统性风险(Beta)和非系统性风险(Alpha),阿尔法(Alpha)是投资者获得与市场波动无关的回报。例如投资者获得了 15% 的回报,其基准获得了 10% 的回报,那么 Alpha 或者价值增值的部分就是 5%。计算过程如下:

$$\text{Alpha} = \alpha = R_p - (R_f + \beta_p (R_m - R_f)) \tag{9-5}$$

其中,R_p 表示策略年化收益率;R_m 表示基准年化收益率;R_f 表示无风险利率(默认为 0.03);β_p 表示策略 Beta 值。

Alpha 值的解释如下:

alpha＞0,策略相对于市场,获得了超额收益;

alpha＝0,策略相对于市场,获得了适当收益;

alpha＜0,策略相对于市场,获得了较少收益。

5. 贝塔

贝塔(Beta)表示投资的系统性风险,反映了策略对大盘变化的敏感性。例如一个策略的 Beta 为 1.5,则表示大盘涨 1% 的时候策略可能涨 1.5%,反之亦然;如果一个策略的 Beta 为 −1.5,则说明大盘涨 1% 的时候策略可能跌 1.5%,反之亦然。计算过程如下:

$$\text{Beta} = \beta_p = \frac{\text{Cov}(D_p, D_m)}{\text{Var}(D_m)} \tag{9-6}$$

其中,D_p 表示策略每日收益;D_m 表示基准每日收益;$\text{Cov}(D_p, D_m)$ 表示策略每日收益与基准每日收益的协方差;$\text{Var}(D_m)$ 表示基准每日收益的方差。

6. 夏普比率

夏普比率(Sharpe)表示每承受一单位总风险会产生多少超额报酬,可以同时对策略的收益与风险进行综合考虑。计算过程如下:

$$\text{Sharpe Ratio} = \frac{R_p - R_f}{\sigma_p} \tag{9-7}$$

其中,R_p 表示策略年化收益率;R_f 表示无风险利率(默认为 0.03);σ_p 表示策略年化波动率。

7. 信息比率

信息比率(Information Ratio)用来衡量单位超额风险带来的超额收益。信息比率越大,说明该策略单位跟踪误差所获得的超额收益越高,因此,信息比率较大的策略的表现要优于信息比率较低的基准。合理的投资目标应该是在承担适度风险下,尽可能地追求高信息比率。计算过程如下:

$$\text{Information Ratio} = \frac{R_p - R_m}{\sigma} \tag{9-8}$$

其中,R_p 表示策略年化收益率;R_m 表示基准年化收益率;σ 表示超额收益率的波动率。

8. 策略日收益标准差(Daily Volatility)

策略日收益标准差(Daily Volatility)的公式如下:

$$\text{Daily Volatility} = \sigma = \sqrt{\frac{1}{n} \sum_{i}^{n} (R - \overline{R})^2} \tag{9-9}$$

其中，R 表示策略每日的收益率；$\overline{R}$ 表示策略每日收益率的平均值，等于 $\frac{1}{n} \sum_{1}^{n} R$；$n$ 表示策略执行天数。

9. 策略波动率

策略波动率（Algorithm Volatility）计算每日收益率的标准差的年化值，即年度波动率。用来测量策略的风险性，波动越大代表策略风险越高。计算过程如下：

$$\text{Algorithm Volatility} = \sigma_p = \sqrt{\frac{252}{n} \sum_{i}^{n} (R - \overline{R})^2} \tag{9-10}$$

其中，R 表示策略每日收益率；$\overline{R}$ 表示策略每日收益率的平均值；n 表示策略执行天数。

注意：波动率按不同的时间框架划分为年度波动率（年化）、月度波动率（月化）。一般策略波动率指的是年度波动率。

$$\text{Annual Volatility} = \sqrt{252} \times 策略日收益率标准差 \tag{9-11}$$

$$\text{Monthly Volatility} = \sqrt{12} \times 策略日收益率标准差 \tag{9-12}$$

10. 基准波动率

基准波动率（Benchmark Volatility）计算每日收益率的标准差的年化值。用来测量基准的风险性，波动越大代表基准风险越高。计算过程如下：

$$\text{Benchmark Volatility} = \sigma_m = \sqrt{\frac{252}{n} \sum_{i}^{n} (R - \overline{R})^2} \tag{9-13}$$

其中，R 表示基准每日收益率；$\overline{R}$ 表示基准每日收益率的平均值；n 表示策略执行天数。

11. 最大回撤

最大回撤（Max Drawdown）用于描述策略可能出现的最糟糕的情况，以及最极端可能的亏损情况。计算过程如下：

$$\text{Max Drawdown} = \frac{\text{Max}(P_x - P_y)}{P_x} \tag{9-14}$$

其中，P_x，P_y 表示策略某日股票和现金的总价值，$y > x$。

9.5.3　交易及持仓

1. 交易详情

交易详情主要显示了策略在整个回测过程中每个交易日的买卖信息，包括买卖时间、股票代码、交易方向、交易数量、成交价格、交易成本，如图 9-6 所示。

2. 每日持仓及收益

每日持仓及收益主要呈现每日持有股票代码、当日收盘价、持仓股票数量、持仓金额、收益等指标，如图 9-7 所示。

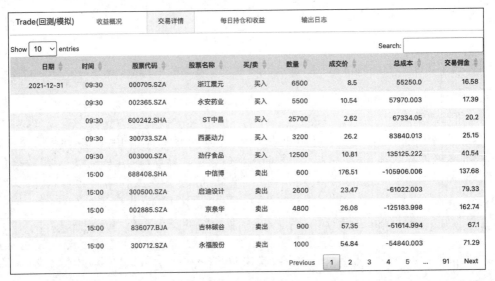

| Trade(回测/模拟) | 收益概况 | 交易详情 | 每日持仓和收益 | 输出日志 |

Show 10 ∨ entries　　　　　　　　　　　　　　　　　　　　　　　Search:

日期	时间	股票代码	股票名称	买/卖	数量	成交价	总成本	交易佣金
2021-12-31	09:30	000705.SZA	浙江震元	买入	6500	8.5	55250.0	16.58
	09:30	002365.SZA	永安药业	买入	5500	10.54	57970.003	17.39
	09:30	600242.SHA	ST中昌	买入	25700	2.62	67334.05	20.2
	09:30	300733.SZA	西菱动力	买入	3200	26.2	83840.013	25.15
	09:30	003000.SZA	劲仔食品	买入	12500	10.81	135125.222	40.54
	15:00	688408.SHA	中信博	卖出	600	176.51	-105906.006	137.68
	15:00	300500.SZA	启迪设计	卖出	2600	23.47	-61022.003	79.33
	15:00	002885.SZA	京泉华	卖出	4800	26.08	-125183.998	162.74
	15:00	836077.BJA	吉林碳谷	卖出	900	57.35	-51614.994	67.1
	15:00	300712.SZA	永福股份	卖出	1000	54.84	-54840.003	71.29

Previous　1　2　3　4　5　…　91　Next

图 9-6　交易详情

| Trade(回测/模拟) | 收益概况 | 交易详情 | 每日持仓和收益 | 输出日志 |

Show 10 ∨ entries　　　　　　　　　　　　　　　　　　　　　　　Search:

日期	股票代码	股票名称	持仓均价	收盘价	股数	持仓价值	收益
2021-12-31	002952.SZA	亚世光电	12.997	13.270	13300	176490.993	3635.449
2021-12-31	002963.SZA	豪尔赛	16.9	17.240	2600	44823.994	883.98
2021-12-31	000605.SZA	渤海股份	5.65	5.590	12200	68198.002	-732.078
2021-12-31	601007.SHA	金陵饭店	5.55	5.720	7800	44615.998	1325.948
2021-12-31	688037.SHA	芯源微	168.68	168.800	1200	202560.004	143.999
2021-12-31	688005.SHA	容百科技	103.43	115.580	700	80906.001	8505.001
2021-12-31	002696.SZA	百洋股份	5.73	5.910	11200	66191.998	2015.941
2021-12-31	000705.SZA	浙江震元	8.246	8.880	12700	112776.001	8049.99
2021-12-31	003000.SZA	劲仔食品	10.799	10.810	19600	211876.008	212.73
2021-12-31	600829.SHA	人民同泰	6.48	6.720	8100	54431.998	1943.989

Previous　1　2　3　4　5　…　103　Next

图 9-7　每日持仓及收益

9.6　量化回测经典案例

9.6.1　买入并持有策略

1. 策略原理

买入并持有策略是一种非常基础的股票投资策略,它的主要思想是投资者在购买股票后,不论市场如何波动都持有到最后。这种策略主要适用于长期投资者,投资者认为长期来看,股票的价格总体上会上涨,因此选择持有股票,从而获得长期的收益。

2.策略构建

(1)确定股票池和回测时间:在这个策略中,我们选取的股票池是 300059.SZA(东方财富)和 600519.SHA(贵州茅台),回测时间为 2018 年 1 月 1 日到 2021 年 12 月 31 日。

(2)设置交易费用:在 initialize 函数中,我们设置了每笔交易的费用为购买成本的 0.0001,卖出成本的 0.001,最小费用为 5 元。

(3)买卖原则:在 handle_data 函数中,我们设定的买卖原则是在回测的开始就等权买入股票,一旦持有股票后,既不卖出,也不再买入。这是通过检查每只股票是否在持仓中,如果不在,则按照现金的百分比等权重下单,买入股票。

(4)执行交易:最后,我们通过 M.hftrade.v2 函数来执行交易,设置了开始和结束日期、初始化和处理数据的函数、初始资本、交易频率、价格类型、产品类型等参数,从而完成了该策略的构建。

3.策略总结

买入并持有策略的主要逻辑是在初始化时设定一只或多只目标股票,然后在回测开始时买入,之后则持有到回测结束。通过这个策略,可以观察在一段时间内,如果仅仅买入并持有某些股票,则能够获得怎样的收益,代码如下:

```
#//第 9 章/buy_and_hold_strategy.ipynb
#交易引擎:初始化函数,只执行一次
def initialize(context):
    #加载预测数据
    from zipline.finance.commission import PerOrder
    context.set_commission(PerOrder(buy_cost=0.0001, sell_cost=0.001, min_cost=5))
#设置交易费


#交易引擎:每个单位时间开盘前调用一次
def before_trading_start(context, data):
    #盘前处理,订阅行情等
    pass


#交易引擎:bar 数据处理函数,每个时间单位执行一次
def handle_data(context, data):
    instruments = context.instruments                    #标的池
    weight = 1 / len(instruments)                        #等权重
    positions =[equity for equity in context.portfolio.positions]   #持仓
    for i in instruments:
        if i not in positions:
            context.order_target_percent(i, weight)   #按百分比等权重下单
            print('时间:', data.current_dt, '计划买入股票:', i)        #打印下单日志
from biglearning.api import M
m = M.hftrade.v2(
    instruments=['300059.SZA', '600519.SHA'],        #回测标的
    start_date='2018-01-01',                         #回测开始时间
    end_date='2021-12-31',                           #回测结束时间
```

```
        initialize=initialize,
        before_trading_start=before_trading_start,
        handle_data=handle_data,
        capital_base=1000000,              #回测资金量
        frequency='daily',
        price_type='真实价格',
        product_type='股票',
        before_start_days='0',
        order_price_field_buy='open',      #回测中买单撮合价格
        order_price_field_sell='open',     #回测中卖单撮合价格
        benchmark='000300.HIX')            #回测基准指数
```

策略结果如图 9-8 所示。

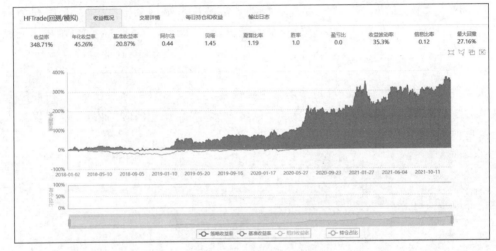

图 9-8 买入持有策略结果

9.6.2 基金双均线策略

1. 策略原理

金叉死叉策略其实就是双均线策略。此策略的思想是：当短期均线上穿长期均线时，形成金叉，此时买入股票。当短期均线下穿长期均线时，形成死叉，此时卖出股票。研究表明，双均线系统虽然简单，但只要严格执行，也能长期盈利。

2. 策略构建

基金双均线模板策略是一种常用的基于技术分析的量化交易策略，其核心思想是通过观察短期均线和长期均线的交叉情况来决定买卖点，具体来讲，当短期均线上穿长期均线（金叉）时买入，当短期均线下穿长期均线（死叉）时卖出。

以下是这个策略的构建逻辑和步骤。

（1）确定投资标的：在这个策略中，投资标的是广发纳指 100ETF(159941.ZOF)和华夏新汽车 ETF(515030.HOF)，这两只基金的仓位等权重，各占 50%。

（2）设置交易费用：在初始化函数中，设置了每笔交易的费用，包括购买成本、卖出成

本和最小费用。

（3）设置均线参数：在初始化函数中，设置了短期均线（5天）和长期均线（30天）的参数。

（4）编写交易策略：在 handle_data 函数中，对每个交易日和每只基金，计算其短期均线和长期均线的值，然后根据金叉和死叉的条件来决定是否买入或卖出。具体来讲，如果短期均线上穿长期均线，并且当前没有持仓，则买入；如果短期均线下穿长期均线，并且当前有持仓，则卖出。

（5）执行交易：使用 M. trade. v4 函数来执行交易，其中设置了开始和结束日期、初始化函数、处理数据函数、初始资本、价格类型、产品类型等参数。

3．策略总结

策略的主要逻辑是利用短期均线和长期均线的交叉情况来决定买卖点，它是一种基于趋势跟随的量化交易策略。尽管策略本身比较简单，但是在实际的交易中，需要注意控制风险，避免在市场波动大的时候产生大的回撤，代码如下：

```python
#//第 9 章/dual_sma_strategy.ipynb
#交易引擎:初始化函数,只执行一次
def initialize(context):
    #加载预测数据
    from zipline.finance.commission import PerOrder
    context.set_commission(PerOrder(buy_cost=0.0001, sell_cost=0.001, min_cost=5))
    context.short_period = 5
    context.long_period = 30


#交易引擎:每个单位时间开盘前调用一次
def before_trading_start(context, data):
    #盘前处理,订阅行情等
    pass
#交易引擎:bar 数据处理函数,每个时间单位执行一次
def handle_data(context, data):
    instruments = context.instruments              #标的池
    weight = 1 / len(instruments)                  #等权重
    #当前支持的 K 线数量还达不到长均线时直接返回
    if context.trading_day_index < context.long_period:
        return


    for instr in instruments:
        #将标的转换为 equity 格式
        sid = instr
        #最新价格
        price = data.current(sid, 'price')
        #短周期均线值
        hist = data.history(sid, ["high", "low", "open", "close"], context.short_
period, "1d")
        short_mavg = hist['close'].mean()
        #长周期均线值
        hist = data.history(sid, ["high", "low", "open", "close"], context.long_
period, "1d")
```

```
        long_mavg = hist['close'].mean()
        #账户资金
        cash = context.portfolio.cash;
        #账户持仓
        cur_pos = context.portfolio.positions[sid].amount
        #策略逻辑部分
        #空仓状态下,如果短周期均线上穿(大于)长周期均线性成金叉,并且该股票可以交易,则
        #买入
        #持仓状态下,如果短周期均线下穿(小于)长周期均线性成死叉,并且该股票可以交易,则
        #卖出
        if (short_mavg > long_mavg and cur_pos == 0 and data.can_trade(sid)):
            context.order_target_percent(sid, weight)
        elif (short_mavg < long_mavg and cur_pos > 0 and data.can_trade(sid)):
            context.order_target_percent(sid, 0)

from biglearning.api import M
m = M.hftrade.v2(
    instruments=[ '600519.SHA', '300750.SZA'],
    start_date='2018-01-01',
    end_date='2021-08-31',
    initialize=initialize,
    before_trading_start=before_trading_start,
    handle_data=handle_data,
    capital_base=1000000,
    frequency='daily',
    price_type='真实价格',
    product_type='股票',
    before_start_days='0',
    order_price_field_buy='open',
    order_price_field_sell='open',
    benchmark='000300.HIX')
```

策略结果如图 9-9 所示。

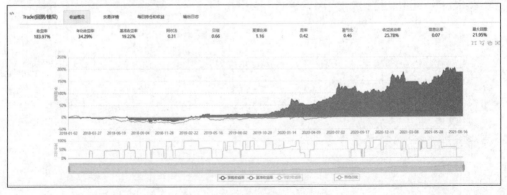

图 9-9　基金双均线策略结果

9.6.3　可转债双低策略

1. 策略构建

可转债双低策略主要的目标是通过分析市场上转债的双低值(市场价格＋溢价率)来选

择投资的可转债。以下是具体的构建逻辑和步骤。

(1) 数据获取和预处理：从 market_performance_CN_CONBOND 数据源获取所有可转债的数据，包括其市场价格、溢价率等信息，并计算每只转债的双低值（市场价格＋溢价率）。同时还设定了一些筛选条件，如转债的规模要大于 1.5 亿元，剩余期限大于半年，上市超过 1 个月等。

(2) 策略初始化：在 initialize 函数中，设置了交易手续费、想要买入的股票数量（20只）、调仓的频率（每 22 个交易日，即大约每个月调仓一次）等参数。

(3) 交易逻辑：在 handle_data 函数中，首先检查是否到了需要调仓的日期，如果不到，则不进行任何操作；如果到了，则执行以下步骤。①获取当前日期的可转债数据，按照双低值排序，选择双低值最低的前 20 只可转债作为本次调仓需要买入的股票；②获取当前已经持有的股票，计算出需要卖出的股票（那些在新的买入列表中不存在的股票）并执行卖出操作；③对新的买入列表中的股票进行等权重买入。

(4) 策略回测：使用 M.hftrade.v2 函数进行回测，设置了回测的相关参数，例如起始日期、结束日期、初始资本、价格类型（真实价格）等，并使用真实价格进行回测。

2. 策略总结

该策略的核心逻辑是通过定期调仓，持有市场上双低值最低的可转债，以期获取稳定的收益。在每次调仓时都会卖出不再满足条件的可转债，并买入新的满足条件的可转债，代码如下：

```
#//第9章/conbond_double_low_strategy.ipynb
def initialize(context):
    #加载股票指标数据,数据继承自 m6 模块
    context.indicator_data = conbond_df
    #系统已经设置了默认的交易手续费和滑点,如果要修改手续费,则可使用如下函数
    context.set_commission(PerOrder(buy_cost=0.0003, sell_cost=0.0013, min_
cost=5))
    #设置股票数量
    context.stock_num = 20
    #调仓天数,22 个交易日大概就是一个月,可以理解为一个月换仓一次
    context.rebalance_days = 22
    context.extensions = {}
    #如果策略运行中需要保存数据,则可以借用 extension 这个对象,类型为 dict
    #例如当前运行的 K 线的索引,例如个股持仓天数、买入均价
    if 'index' not in context.extensions:
        context.extensions['index'] = 0

def handle_data(context, data):
    context.extensions['index'] += 1
    #不在换仓日就返回,相当于后面的代码只会一个月运行一次,买入的股票会持有一个月
    if context.extensions['index'] % context.rebalance_days != 0:
        return

    #当前的日期
    date = data.current_dt.strftime('%Y-%m-%d')
    cur_data = context.indicator_data[context.indicator_data['date'] == date]
```

```
        cur_data = cur_data.sort_values('doublelow')

        #根据日期获取调仓需要买入的股票的列表
        stock_to_buy = list(cur_data.instrument[:context.stock_num])
        #通过 positions 对象使用列表生成式的方法获取目前持仓的股票列表
        stock_hold_now = [equity for equity in context.portfolio.positions]
        #继续持有的股票:调仓时,如果买入的股票已经存在于目前的持仓里,则应继续持有
        no_need_to_sell = [i for i in stock_hold_now if i in stock_to_buy]
        #需要卖出的股票
        stock_to_sell = [i for i in stock_hold_now if i not in no_need_to_sell]

        #卖出
        for stock in stock_to_sell:
            context.order_target_percent(stock, 0)

        #如果当天没有买入的股票,就返回
        if len(stock_to_buy) == 0:
            return

        #等权重买入
        weight = 1 / len(stock_to_buy)

        #买入
        for stock in stock_to_buy:
            try:
                context.order_target_percent(stock, weight)
            except:
                pass

start_date = '2019-01-01'
end_date='2023-03-30'

from bigdatasource.api import DataSource
from zipline.finance.commission import PerOrder
from biglearning.api import M
import warnings
warnings.filterwarnings('ignore')

#读取并计算双低因子
conbond_df = DataSource('market_performance_CN_CONBOND').read(start_date=
start_date,end_date=end_date)
ins = conbond_df.instrument.unique().tolist()
conbond_df['doublelow'] = conbond_df['close']+conbond_df['bond_prem_ratio']
conbond_df['is_filter'] = conbond_df['remain_size']>1.5

m = M.hftrade.v2(
    instruments=ins,
    start_date=start_date,
    end_date=end_date,
    initialize=initialize,
    handle_data=handle_data,
    capital_base=1000000,
    price_type='真实价格',
```

```
    volume_limit=1,
    order_price_field_buy='open',
    order_price_field_sell='open',
    benchmark='000300.HIX',
    frequency='1d',
    plot_charts=True,
    backtest_only=False)
```

策略结果如图 9-10 所示。

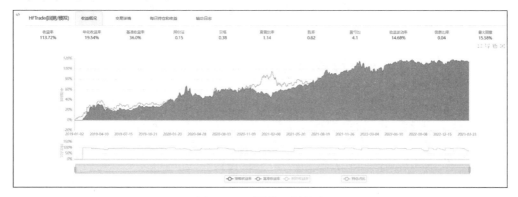

图 9-10 可转债双低策略

9.6.4 AS 模型做市策略

1. 策略原理

AS(AvellanedaStoikov)模型是一个用于做市策略的模型,它通过优化订单簿的摆放位置和数量来尽可能地提高做市商的利润。在 AS 模型中,做市商在每个时间步长会设置一个买入价格和一个卖出价格,并决定在这两个价格点上的订单数量。这个模型假设市场价格是一个随机过程,并且订单的到来也是一个随机过程。

模型的目标是通过调整报价和订单数量,使做市商在一定期限内的期望利润最大化,其期望利润由以下几部分组成:做市商通过买卖差价收取的服务费、通过市场波动获得的统计套利收益,以及持有库存的机会成本。在具体实施做市策略时,AS 模型可以使用各种优化算法来找到最优的报价和订单数量。这个模型的一个优点是它可以很自然地考虑到订单簿的深度和市场的流动性,这是许多其他做市策略模型所忽视的。

然而,AS 模型也有一些局限性。它假设市场价格和订单到达是随机的,这在实际的金融市场中并不总是成立的。此外,它也假设做市商可以无限制地调整其报价和订单数量,这在实际的交易环境中也是不可能的,因此,尽管 AS 模型是一个很有用的工具,但在实际应用中,还需要结合其他因素和模型进行做市策略的设计和优化。

2. 策略构建

基于库存和价格的交易策略:该策略基于一个库存和价格的模型进行交易。AvellanedaStoikov 类是该策略的核心,用于根据当前的价格和库存计算下一个时间点的预期价格和交易价格区间。

中间价和交易区间的计算：该模型计算一个"预期价格"和一个"距离"。预期价格是由当前价格、当前库存、库存最大值、参数 gamma 和参数 sigmoid 计算而来的。距离则是基于参数 gamma 和 sigmoid 计算出来的一个值。

基于计算结果进行交易：当价格走到预期价格加距离（卖出价格）时，尝试卖出；当价格走到预期价格减距离（买入价格）时，尝试买入。

日终清仓：在交易接近结束时，无论价格如何，清空所有仓位。

3. 交易设置

1）初始化设置

设置交易成本，选定交易的股票（或其他交易标的）。

初始化一个 AvellanedaStoikov 模型实例。

设置交易的最大持仓。

2）盘前准备

输出盘前日志。

订阅所需交易的股票（或其他交易标的）的行情。

3）每个 Tick 执行

根据当前时间判断是否在有效交易时段。

检查当前未成交的订单数量，如果超过一定限制，则取消部分订单。

获取当前买一和卖一的价格，计算中间价。

调用 AvellanedaStoikov 模型计算预期价格和距离。

根据预期价格和距离计算买单和卖单的价格。

根据当前持仓情况，下达买单和卖单。

在交易接近结束时，清空所有仓位。

4）订单和成交处理

监听订单和成交回报，输出日志。

5）盘后处理

目前该函数为空，可以用于盘后数据整理和分析。

4. 构建步骤

1）定义核心模型类（AvellanedaStoikov）

该类接受初始化参数，例如最大库存量（max_q）、参数 gamma 和 sigmoid。

next 方法根据当前价格和库存计算下一个时间点的预期价格和交易价格区间。

2）定义交易逻辑和辅助函数

initialize 函数用于初始化交易设置。

before_trading_start 函数用于盘前准备工作。

handle_tick 函数用于每个 Tick 时执行的交易逻辑。

handle_trade 和 handle_order 函数用于处理订单和成交回报。

after_trading 函数用于盘后处理。

cal_orders 函数用于计算交易的买卖价格。

3）运行回测和交易

使用特定的回测或交易引擎运行策略。

这个策略中有几个重要的参数，例如 max_q、gama 和 sigmoid，这些参数可能需要通过历史数据回测来优化。此外，策略还涉及一系列的交易限制和订单管理逻辑，以尝试在高频环境中有效地执行交易。

代码如下：

```
#//第9章/AS_market_maker_strategy.ipynb
#定义 AS 模型
class AvellanedaStoikov(object):
    def __init__(self, q=2, gama=0.5, sigmoid=1):
        self.max_q = q
        self.gama = gama
        self.sigmoid = sigmoid

    def next(self, price, q):
        """ 根据当前的 price 和库存，计算 AS 模型的 mid_price 和 distance
        args:
            price: orderbook 的当前价格
            q: 库存
        return:
            mid_price: 定价
            distance: 网格的距离
        """
        #r = s - q * gama * sigmoid ** 2
        pred_price = price - (q/self.max_q) * self.gama * self.sigmoid ** 2

        #d = 1/2 (self.gama * self.sigmoid ** 2) + (1/gama) * ln(1 + gama/k)
        k = 0.5
        distance = 1/2 * (self.gama * self.sigmoid ** 2) + (1/self.gama) * np.log(1
+ self.gama/k)
        return pred_price, distance

#交易引擎:初始化函数,只执行一次
def initialize(context):
    context.set_commission(equities_commission=PerOrder(buy_cost=0.0001, sell_
cost=0.0003, min_cost=5))
    context.ins = context.instruments[0]    #从传入参数中获取需要交易的合约
    context.as_model = AvellanedaStoikov()
    context.max_size = 1000
    context.closetime = "14:56"
    context.set_slippage_value(volume_limit=1)
    context.set_stock_t1(0)                  #0 表示回测支持当天买和卖。1 表示不支持 T0
    context.cnt = 0

#交易引擎:每个单位时间开盘前调用一次
def before_trading_start(context, data):
```

```python
    """盘前处理,策略盘前交易函数,每日盘前触发一次。可以在该函数中完成一些启动前的准
备工作,如订阅行情等"""

    #输出关键日志
    msg = "before_trading"
    context.write_log(msg, stdout=1)

    #订阅要交易的合约的行情
    context.subscribe(context.ins, subscribe_flags=6)

def cal_orders(context, data, instr):

    buy_orders = []
    sell_orders = []

    position = context.get_position(instr)
    pos_size_ = position.current_qty

    mid_pirce = (data.ask_price1+data.bid_price1) * 0.5
    pred_price, distance = context.as_model.next(mid_pirce, pos_size_)

    sell_prices = [round(pred_price + distance, 2)]
    buy_prices = [round(pred_price - distance, 2)]

    for price in sell_prices:
        sell_orders.append({"price": price, "size": 100})
    for price in buy_prices:
        buy_orders.append({"price": price, "size": 100})

    return buy_orders, sell_orders

#交易引擎:tick 数据处理函数.每个 tick 执行一次
def handle_tick(context, data):
    context.cnt += 1
    cur_hm = data.datetime.strftime('%H:%M')

    if cur_hm < "09:30":
        """非集合竞价阶段"""
        return

    unfilled_orders = context.get_open_orders()
    buy_unfilled_orders = [o for o in unfilled_orders if o.direction == '1']
    sell_unfilled_orders = [o for o in unfilled_orders if o.direction == '-1']

    if len(buy_unfilled_orders) >10:
        need_cancel = len(buy_unfilled_orders) -10
        for o in buy_unfilled_orders[:need_cancel]:
            rv = context.cancel_order(o)
            #print("buy cancel rv={} for order={}".format(rv, o.log_str()))

    if len(sell_unfilled_orders) >10:
        need_cancel = len(sell_unfilled_orders) -10
        for o in sell_unfilled_orders[:need_cancel]:
```

```
                rv = context.cancel_order(o)
                #print("sell cancel rv={} for order={}".format(rv, o.log_str()))

    ap = data.ask_price1
    bp = data.bid_price1
    #print('===========: ', cur_hm, ap, bp)

    for instr in context.instruments:
        #获取持仓情况
        position = context.get_position(instr)
        #最新价格
        price = data.last_price

        #尾盘平仓
        if(cur_hm>=context.closetime and cur_hm<="15:00" and position.current_
qty>0):
            #如果有持仓，则卖出
            if (position.avail_qty != 0):
                rv = context.order(instr, -position.avail_qty, price, order_type=
OrderType.MARKET)
                msg = "{}尾盘卖出{}最新价={:.2f}下单函数返回={}".format(cur_hm,
context.ins, price, rv)
                context.write_log(msg, stdout=1)
            #尾盘不开新仓，直接返回
            continue

        buy_orders, sell_orders = cal_orders(context, data, instr)

        position = context.get_position(instr)
        pos_size_ = position.current_qty

        for order in buy_orders:
            if pos_size_ < context.max_size:
                rv = context.order(instr, order['size'],order['price'], order_
type=OrderType.LIMIT)
                #print('buybuy-----------', data.datetime, order['price'],order
['size'])

        for order in sell_orders:
            if pos_size_ > 0:
                rv = context.order(instr, -1*order['size'],order['price'],
order_type=OrderType.LIMIT)
                #print('sellsell-----------', data.datetime, order['price'],
order['size'])

#交易引擎：bar数据处理函数，每个时间单位执行一次
def handle_data(context, data):
    pass

#交易引擎：成交回报处理函数，当每个成交发生时执行一次
def handle_trade(context, data):
    msg = "handle_trade data:{}".format(data.log_str())
    context.write_log(msg, stdout=1)
```

```python
    #分别获取最新的多头持仓和空头持仓
    position_long = context.get_position(data.symbol, Direction.LONG)
    position_short = context.get_position(data.symbol, Direction.SHORT)
    msg = "当前多头持仓:{} 当前空头持仓:{}".format(str(position_long), str
(position_short))
    context.write_log(msg, stdout=1)

#交易引擎:委托回报处理函数,当每个委托变化时执行一次
def handle_order(context, data):
    #print("handle_order:", data.log_str(), data.order_status, data.status_
msg)
    pass

#交易引擎:盘后处理函数,每日盘后执行一次
def after_trading(context, data):
    pass


import numpy as np
from biglearning.api import M
from bigtrader.constant import OrderType
from bigtrader.constant import Direction
from zipline.finance.commission import PerOrder

m = M.hftrade.v2(
    instruments=['300750.SZA'],
    start_date='2022-04-25',
    end_date='2022-06-15',
    initialize=initialize,
    before_trading_start=before_trading_start,
    handle_tick=handle_tick,
    handle_data=handle_data,
    handle_trade=handle_trade,
    handle_order=handle_order,
    after_trading=after_trading,
    capital_base=1000000,
    frequency='tick2',
    price_type='真实价格',
    product_type='股票',
    before_start_days='0',
    volume_limit=1,
    order_price_field_buy='open',
    order_price_field_sell='open',
    benchmark='000300.HIX',
    plot_charts=True,
    disable_cache=False,
    replay_bdb=False,
    show_debug_info=False,
    backtest_only=False)
```

9.6.5 跨期套利策略

1. 策略构建

此策略针对的是两个不同到期月份的合约,通过计算它们的价差,并根据价差的变化来

确定开仓与平仓的方向。一般来讲,跨期套利的核心逻辑是对冲掉市场的系统风险,仅对两个合约之间的价差进行投资。

1) 合约筛选

选取 RB2109. SHF 和 RB2111. SHF 这两个螺纹钢期货合约作为交易标的,其中,通过合约代码后 4 位的数字确定其到期月份。

通过 context. instruments 获取这两个合约,然后确定最近月合约(instrument_nearby_contract)和最远月合约(instrument_forward_contract)。

2) 数据采集与处理

使用 DataSource('bar1d_CN_FUTURE')从 BigQuant 平台中获取这两个合约的每日数据,特别是收盘价。

对两个合约的收盘价进行合并,并计算出它们之间的价差(spread)。

3) 交易信号的计算

计算两个关键的交易信号:正向信号(positive_signal)和负向信号(negative_signal)。

正向信号:价差在上一日大于 -200,但当日小于或等于 -200。

负向信号:价差在上一日小于 100,但当日大于或等于 100。

根据这两个信号,可以确定交易的方向。

4) 交易逻辑

在接收到正向信号时:买进近月合约、卖空远月合约。

在接收到负向信号时:买进远月合约、卖空近月合约。

需要注意,策略在进行任何开仓操作之前,首先会执行 close_orders 函数以平掉所有持仓,确保策略的持仓方向始终单一。

5) 订单的处理

使用 BigQuant 平台的 API(buy_open、sell_open、buy_close 和 sell_close)进行具体的交易操作。

通过检查持仓方向(Direction. LONG 或 Direction. SHORT)和数量,确定平仓的方向和数量。

6) 日志输出

在策略的关键位置,例如初始化、交易执行等都可以使用 context. write_log 来输出相关日志。这对于策略的调试和运行状态的跟踪是非常有帮助的。

7) 策略回测设置

使用 M. hftrade. v2 模块进行策略的回测,指定回测的起止日期、初始资金、数据频率、价格类型等参数。

2. 策略总结

该策略是一个经典的期货跨期套利策略。通过对两个不同到期月份的期货合约的价差进行观察,当价差出现异常偏离时,即认为存在套利机会,从而触发交易信号。这种策略的核心假设是市场会在一段时间内回归其均衡状态,从而价差也会回归到一个正常的范围。

不过,需要注意,套利策略虽然在理论上存在风险较低的机会,但在实际操作中仍然可能面临多种风险,例如流动性风险、执行风险等。在实盘操作前,建议充分地进行策略测试和准备。

代码如下:

```
#//第 9 章/future_arbitrage_strategy.ipynb
#交易引擎:初始化函数,只执行一次
def initialize(context):
    #输出关键日志
    msg = "initialize:"
    context.PRINT = 1
    context.write_log(msg, stdout=context.PRINT)
    contract_date_list=[]
    for ins in context.instruments:
        contract_date_list.append(int(ins.split('.')[0][-4:]))

    context.start_date = start_date
    context.end_date = end_date

    #获取每个合约代码
    for ins in context.instruments:
        if int(ins.split('.')[0][-4:]) == min(contract_date_list):
            context.instrument_nearby_contract = ins
        elif int(ins.split('.')[0][-4:]) == max(contract_date_list):
            context.instrument_forward_contract = ins

    #下单手数
    context.order_num = 1
    #获取数据,提前算出开平仓信号,减少回测时间
    all_data = DataSource('bar1d_CN_FUTURE').read(start_date=context.start_
date, end_date=context.end_date, instruments=context.instruments)
    df_nearby_contract = all_data[all_data.instrument==context.instrument_
nearby_contract][["date","close"]].rename(columns={"close":"close_nearby_
contract"})
    df_forward_contract = all_data[all_data.instrument==context.instrument_
forward_contract][["date","close"]].rename(columns={"close":"close_forward_
contract"})
    merge_df = pd.merge(left=df_nearby_contract,right=df_forward_contract,on=
["date"])

    merge_df["spread"] = merge_df["close_nearby_contract"]-merge_df["close_
forward_contract"]

    #现货正向信号
    positive_signal = (merge_df["spread"].shift(1)>-200)&(merge_df["spread"]<=
-200)
    merge_df["signal"] = np.where(positive_signal,1,np.NAN)
    #现货负向信号
    negative_signal = (merge_df["spread"].shift(1)<100)&(merge_df["spread"]>=
100)
    merge_df["signal"] = np.where(negative_signal,-1,merge_df["signal"])
```

```
        context.mydata = merge_df

#交易引擎:每个单位时间开盘前调用一次
def before_trading_start(context, data):
    #订阅要交易的合约的行情
    context.subscribe([context.instrument_nearby_contract, context.instrument_
forward_contract])
#平仓
def close_orders(context,data):
    from bigtrader.constant import Direction
    #获取当前时间
    cur_date = data.current_dt.strftime('%Y-%m-%d')

    for ins in [context.instrument_nearby_contract,context.instrument_forward_
contract]:
        #分别获取多头持仓和空头持仓
        position_long = context.get_position(ins, Direction.LONG)
        position_short = context.get_position(ins, Direction.SHORT)
        price = data.current(ins,"close")

        if(position_long.current_qty != 0):
            rv = context.sell_close(ins, position_long.avail_qty, price, order_
type=OrderType.MARKET)
            msg = "{} 平多 for {} 最新价={} 下单函数返回 {}".format(cur_date,ins,
price,context.get_error_msg(rv))
            context.write_log(msg, stdout=context.PRINT)
        if(position_short.current_qty != 0):
            rv = context.buy_close(ins, position_short.avail_qty, price, order_
type=OrderType.MARKET)
            msg = "{} 平空 for {} 最新价={} 下单函数返回 {}".format(cur_date,ins,
price,context.get_error_msg(rv))
            context.write_log(msg, stdout=context.PRINT)

#交易引擎:bar 数据处理函数,每个时间单位执行一次
def handle_data(context, data):
    #获取当前时间
    cur_date = data.current_dt.strftime('%Y-%m-%d')
    #获取当天开仓信号
    now_data = context.mydata[context.mydata.date==cur_date]

    if len(now_data)==0:
        context.write_log("{}无数据,直接返回".format(cur_date), stdout=context.
PRINT)
        return
    #正向开仓
    if now_data.signal.iloc[0]==1:
        #先平掉所有持仓
        close_orders(context,data)
        #做多 2109
        price = data.current(context.instrument_nearby_contract,"close")
        rv = context.buy_open(context.instrument_nearby_contract, context.order_
num, price, order_type=OrderType.MARKET)
```

```
        msg = "{} 开多 for {} 最新价={} 下单函数返回 {}".format(cur_date,context.
instrument_nearby_contract,price,context.get_error_msg(rv))
        context.write_log(msg, stdout=context.PRINT)
        #做空 2111
        price = data.current(context.instrument_forward_contract,"close")
        rv = context.sell_open(context.instrument_forward_contract, context.order_
num, price, order_type=OrderType.MARKET)
        msg = "{} 开空 for {} 最新价={} 下单函数返回 {}".format(cur_date,context.
instrument_forward_contract,price,context.get_error_msg(rv))
        context.write_log(msg, stdout=context.PRINT)

    #反向开仓
    elif now_data.signal.iloc[0]==-1:
        #先平掉所有持仓
        close_orders(context,data)
        #做多 2111
        price = data.current(context.instrument_forward_contract,"close")
        rv = context.buy_open(context.instrument_forward_contract, context.order_
num, price, order_type=OrderType.MARKET)
        msg = "{} 开多 for {} 最新价={} 下单函数返回 {}".format(cur_date,context.
instrument_forward_contract,price,context.get_error_msg(rv))
        context.write_log(msg, stdout=context.PRINT)
        #做空 2109
        price = data.current(context.instrument_nearby_contract,"close")
        rv = context.sell_open(context.instrument_nearby_contract, context.order_
num, price, order_type=OrderType.MARKET)
        msg = "{} 开空 for {} 最新价={} 下单函数返回 {}".format(cur_date,context.
instrument_nearby_contract,price,context.get_error_msg(rv))
        context.write_log(msg, stdout=context.PRINT)

#显式导入 BigQuant 相关 SDK 模块
import pandas as pd
import numpy as np
from bigtrader.constant import OrderType
from bigdatasource.api import DataSource
from biglearning.api import M

m = M.hftrade.v2(
    instruments=['RB2109.SHF', 'RB2111.SHF'],
    start_date='2021-04-01',
    end_date='2021-08-30',
    initialize=initialize,
    before_trading_start=before_trading_start,
    handle_data=handle_data,
    capital_base=100000,
    frequency='daily',
    price_type='真实价格',
    product_type='期货',
    before_start_days='0',
    benchmark='000300.HIX'
)
```

回测效果如图 9-11 所示。

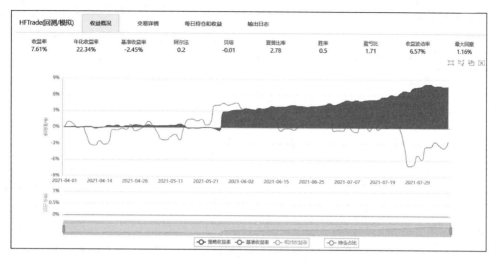

图 9-11 跨期套利策略回测效果

9.6.6 期货海龟交易策略

1. 策略原理

海龟交易策略基于突破交易,它用过去 N 天的最高价和最低价来确定当前市场的"突破"水平,当价格突破这些水平时,策略会开仓买入或卖空。核心思想是市场有趋势存在,而突破某一阈值(高点或低点)是趋势形成的信号,策略通过捕捉这些信号,追随趋势获取利润。不过,实盘交易中,需要关注交易成本、滑点和可能的突发市场事件,这些因素都可能对策略的表现产生重大影响。

2. 策略构建

(1) 确定交易标的:策略交易的合约是 JM8888.DCE,这是一个焦煤期货合约。

(2) 获取历史数据:对于当前交易日,策略获取了过去 30 天的高、低、开、收价格数据。这个参数(窗口大小)可以根据需要进行优化。不同的窗口大小可能导致不同的交易信号和回测表现。

(3) 计算突破水平:上突破水平(high_line)为过去 30 天的最高价。下突破水平(low_line)为过去 30 天的最低价。

(4) 交易规则:当价格突破上突破水平并且当前是空仓或空头持仓时,策略买入开仓。当价格跌破下突破水平并且当前是空仓或多头持仓时,策略卖出开仓。如果是多头或空头持仓,则策略首先会平仓,然后执行相反方向的开仓操作。

(5) 订单处理:当前策略使用市价单进行交易。每次开仓的数量为 4 手。在实际应用中,可能需要根据账户的权益、风险承受能力来动态地计算每次的开仓数量。

(6) 输出日志:在执行交易时,策略会打印相关的交易操作和日期,以便于跟踪和调试。

3．构建步骤

（1）导入必要的库：首先，导入 BigQuant 平台提供的 DataSource、M 模块，还要导入 Pandas 和 NumPy 库进行数据处理。

（2）初始化函数：在 initialize 函数中，可以设置策略的初始化参数和运行前的设置，但在你的策略中，该函数为空。

（3）每日开始前的处理：在 before_trading_start 函数中，通常用于执行每日开始前的操作，如订阅行情数据等，但在你的策略中，此函数也为空。

（4）处理交易逻辑：handle_data 函数是策略的核心部分，它每日被调用一次来执行交易逻辑。这包括获取历史数据、计算突破水平、判断交易条件、执行交易等步骤。在本策略中使用了 OrderType. MARKET，也就是市价单来执行交易，这种方式可以更快地进入或退出市场，但可能会受滑点的影响。

（5）策略回测设置：使用 M. hftrade. v2 模块进行策略回测，需要指定回测的起止日期、初始资金、数据频率、价格类型等参数。

4．策略总结

该策略是基于经典的海龟交易策略构建的，它利用过去的历史数据来确定市场的突破水平，并在价格突破这些水平时开仓。这种策略基于趋势跟随的理念，即市场在一段时间内会保持其趋势，但与所有的交易策略一样，它也有风险。在实际操作中，建议充分地进行回测和风险管理。

对于这种趋势跟踪策略，重要的是要有严格的风险管理和仓位管理。例如，可以设定一个固定的风险比例，根据这个比例计算每次的交易仓位。需要考虑交易成本和滑点，这些都会影响策略的净利润。可以在回测中设定这些参数，以便更真实地模拟策略的表现，代码如下：

```
#//第 9 章/future_turtle_trading_strategy.ipynb
#交易引擎:初始化函数,只执行一次
def initialize(context):
    pass


#交易引擎:每个单位时间开盘前调用一次
def before_trading_start(context, data):
    pass


#交易引擎:bar 数据处理函数,每个时间单位执行一次
def handle_data(context, data):

    today = data.current_dt.strftime('%Y-%m-%d')    #当前交易日期
    instrument = context.instruments[0]             #交易标的
    hist = data.history(instrument, ["high", "low", "open", "close"], 30, "1d")
    high_line = hist['close'].max()
    low_line = hist['close'].min()
    price = hist['close'].iloc[-1]
```

```
    long_position = context.get_account_position(instrument, direction=
Direction.LONG).avail_qty#多头持仓
    short_position = context.get_account_position(instrument, direction=
Direction.SHORT).avail_qty#空头持仓
    curr_position = short_position + long_position      #总持仓

    if short_position > 0:
        if price >= high_line:
            context.buy_close(instrument, short_position, price, order_type=
OrderType.MARKET)
            context.buy_open(instrument, 4, price, order_type=OrderType.
MARKET)
            print(today,'先平空再开多')

    elif long_position > 0:
        if price < low_line:
            context.sell_close(instrument, long_position, price, order_type=
OrderType.MARKET)
            context.sell_open(instrument, 4, price, order_type=OrderType.
MARKET)
            print(today,'先平多再开空',curr_position)

    elif curr_position==0:
        if price >= high_line:
            context.buy_open(instrument, 4, price, order_type=OrderType.
MARKET)
            print('空仓开多')
        elif price<=low_line:
            context.sell_open(instrument, 4, price, order_type=OrderType.
MARKET)
            print('空仓开空')

#显式导入 BigQuant 相关 SDK 模块
import pandas as pd
import numpy as np
from biglearning.api import M
from bigdatasource.api import DataSource
from bigtrader.constant import Direction
from bigtrader.constant import OrderType

m = M.hftrade.v2(
    instruments=['SR8888.CZC'],
    start_date='2022-10-01',
    end_date='2023-08-01',
    initialize=initialize,
    before_trading_start=before_trading_start,
    handle_data=handle_data,
    capital_base=100000,
    frequency='daily',
    price_type='真实价格',
    product_type='期货',
    before_start_days='0',
    benchmark='000300.HIX')
```

回测效果如图 9-12 所示。

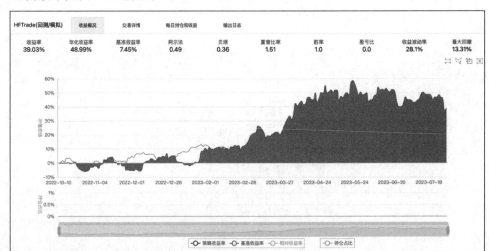

图 9-12　期货海龟交易策略回测效果

9.6.7　期货布林带趋势策略

1．策略构建

布林带是一个常用于捕捉价格的短期波动和确认趋势的技术分析工具。该策略主要通过观察价格相对于布林带上下轨的位置来确定交易方向，是典型的趋势跟踪策略。

（1）中轨＝N 时间段的简单移动平均线，代表价格的中期均值。

（2）上轨＝中轨＋$K \times N$ 时间段的标准差，代表价格的上方极限。

（3）下轨＝中轨－$K \times N$ 时间段的标准差，代表价格的下方极限。

一般情况下，设定 $N=20$ 和 $K=2$，这两个数值也是在布林带中使用最多的。在日线图里，$N=20$ 其实就是"月均线"（MA20）。依照正态分布规则，约有 95％ 的数值会分布在距离平均值有正负 2 个标准差的范围内。交易规则：价格突破上轨（大于或等于 1），买入开仓；价格突破下轨（%b 小于或等于 0），卖出开仓。这 3 个构建方式基于正态分布的统计特性，其中约 95％ 的数据将分布在均值的正负两个标准差范围内。

2．交易逻辑

（1）空头持仓情况：当价格上穿上轨时，平仓并转向开多仓。

（2）多头持仓情况：当价格跌破中轨时，平仓并转向开空仓。

（3）没有持仓的情况：价格上穿中轨，开多仓；价格跌破下轨，开空仓。

3．构建步骤

（1）初始化参数：在 initialize 函数中设定 $N=2$ 和 length＝20，分别对应标准差的倍数和计算布林带的历史数据长度。

（2）历史数据获取：在 handle_data 函数中，首先定义当前交易日和交易标的。随后，利用 data.history 函数获取指定交易标的的历史价格数据。

（3）布林带计算：计算 20 日简单移动平均值，即中轨。计算 20 日价格的标准差。利用上述结果，计算布林带的上轨和下轨。

（4）交易操作判断：根据当前价格与布林带的关系，以及当前的持仓情况来决定是开仓、平仓或是换方向开仓。

（5）策略参数与设置：如果选择 JM8888.DCE 作为交易标的，则需要设定初始资金、交易频率、价格类型、产品类型等策略参数。

4. 策略总结

该策略利用布林带的上、中、下轨来指导交易决策。在市场中，布林带策略在明确的趋势市场中往往表现更好，而在震荡市中可能会产生错误信号，因此，在实际操作中建议结合其他指标或方法提高策略的准确性。同时，为了验证策略效果，建议对历史数据进行回测，并根据回测结果进行策略优化和调整，代码如下：

```python
#//第 9 章/future_bolling_strategy.ipynb
start_date='2022-03-01'
#交易引擎:初始化函数,只执行一次
def initialize(context):
    context.N = 2
    context.length = 20


#交易引擎:每个单位时间开盘前调用一次
def before_trading_start(context, data):
    pass
    #订阅要交易的合约的行情


#交易引擎:bar 数据处理函数,每个时间单位执行一次
def handle_data(context, data):
    today = data.current_dt.strftime('%Y-%m-%d')        #当前交易日期
    instrument = context.instruments[0]
    hist = data.history(instrument, ["high", "low", "open", "close"], context.
length, "1d")
    bbands = hist['close'].mean()                       #布林带中轨
    stddev = hist['close'].std()                        #标准差
    bbands_up = bbands + stddev *context.N              #布林带上轨
    bbands_low = bbands - stddev *context.N             #布林带下轨
    price = hist['close'].iloc[-1]                      #价格

    long_position = context.get_account_position(instrument, direction=
Direction.LONG).avail_qty                               #多头持仓
    short_position = context.get_account_position(instrument, direction=
Direction.SHORT).avail_qty                              #空头持仓
    curr_position = short_position + long_position      #总持仓

    if short_position > 0:
        if price >= bbands_up:
            context.buy_close(instrument, short_position, price, order_type=
OrderType.MARKET)
            context.buy_open(instrument, 4, price, order_type=OrderType.MARKET)
```

```
            print(today,'先平空再开多')

        elif long_position > 0:
            if price < bbands:
                context.sell_close(instrument, long_position, price, order_type=
OrderType.MARKET)
                context.sell_open(instrument, 4, price, order_type=OrderType.
MARKET)
                print(today,'先平多再开空',curr_position)

        elif curr_position==0:
            if price > bbands:
                context.buy_open(instrument, 4, price, order_type=OrderType.MARKET)
                print('空仓开多')
            elif price <= bbands_low:
                context.sell_open(instrument, 4, price, order_type=OrderType.
MARKET)
                print('空仓开空')

#显式导入 BigQuant 相关 SDK 模块
import pandas as pd
import numpy as np
from biglearning.api import M
from bigdatasource.api import DataSource
from bigtrader.constant import Direction
from bigtrader.constant import OrderType

m = M.hftrade.v2(
    instruments=['JM8888.DCE'],
    start_date='2022-03-01',
    end_date='2023-08-01',
    initialize=initialize,
    before_trading_start=before_trading_start,
    handle_data=handle_data,
    capital_base=100000,
    frequency='daily',
    price_type='真实价格',
    product_type='期货',
    before_start_days='0',
    benchmark='000300.HIX')
```

回测效果如图 9-13 所示。

9.6.8 基于小市值的因子选股策略

1. 策略原理

市值因子也被称为规模因子。1981 年 Banz 基于纽交所长达 40 年的数据发现,小市值股票月均收益率比其他股票约高 0.4%,其背后的原因可能是投资者普遍不愿意持有小公司股票,使这些小公司股票的价格普遍偏低,甚至低于成本价,因此会有较高的预期收益率。由此产生了小市值策略,即投资于市值较小的股票。市值因子也被纳入大名鼎鼎的 Fama 三因子模型和五因子模型之中。

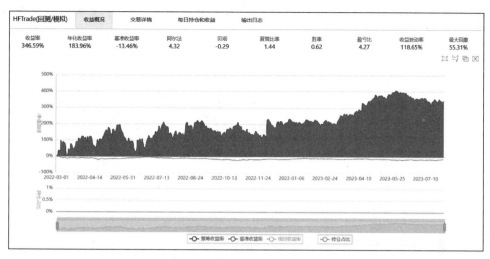

图 9-13　期货布林带趋势策略回测效果

2．策略构建

1）数据获取与预处理

首先读取全市场的总市值因子数据。

2）标的过滤

其次,过滤掉未来收益可能为负的三类股票,如 ST 股票、价格低于 1.2 元的股票、上市时间不足一年的股票。第一类股票是被交易所执行了风险警示特别处理,第二类股票是价格较低,连续跌停可能会触发退市,第三类股票是因为新股上市股东解禁,因此,出于风险管控的角度进行标的过滤。

3）交易执行

在每个调仓期,将全部股票标的按照总市值因子升序排序,买入前 100 只标的构建投资组合。

4）策略参数

调仓天数:20 天。

股票数量:100 只。

权重分配方式:等权重。

撮合价格:开盘价。

交易成本:买入成本为万分之 3,卖出成本为千分之 1.3。

3．策略总结

基于小市值因子的选股策略取得了不错的绩效表现,如图 9-14 所示。

该投资策略长期有效有以下参考因素。

潜在高收益:小市值股票通常是相对较新的成长潜力较大的公司股票。由于市场对这些公司的认知较低,它们可能被低估,因此投资者有机会在其价值逐渐被发现时获得较高的回报。

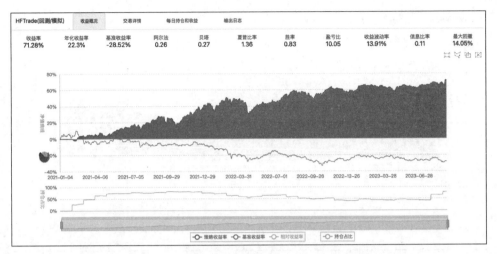

图 9-14　基于组合优化的股票多因子策略的回测效果

多样化投资组合：小市值股票与大型蓝筹股和中型股票具有较低的相关性。通过将小市值股票纳入投资组合，可以提高整体的多样性和分散风险。当其他市场部分表现不佳时，小市值股票可能会有良好的表现，从而平衡整体投资组合的回报。

发现未来龙头企业：一些小市值股票可能是未来的行业领导者。通过仔细研究和筛选，投资者可以发现并投资那些在特定行业或领域中具有创新能力和竞争优势的小公司。随着这些公司的成长，投资者可以获得显著的资本增值。

早期投资机会：小市值股票往往是初创或新兴行业中的公司，它们可能是未来的独角兽企业。通过投资这些公司的股票，投资者可以参与到早期阶段的增长和成功故事中，并在其成长过程中受益。

敏捷性和机会灵活性：相对于大型公司，小市值股票的决策链条较短，管理层较灵活，能够更快地适应市场变化和利用机会。投资者可以通过持有小市值股票来捕捉市场的快速变化和短期机会，代码如下：

```python
#//第 9 章 / small_cap_factor_selection_strategy.ipynb
#回测引擎:初始化函数,只执行一次
def initialize(context):
    #加载预测数据
    context.pred_df = pred_df
    #系统已经设置了默认的交易手续费和滑点,如果要修改手续费,则可使用如下函数
    context.set_commission(PerOrder(buy_cost=0.0003, sell_cost=0.0013, min_cost=5))
    context.rebalance_day = 20          #调仓天数
    context.portfolio_nums = 100        #组合数量
    context.cnt = 0                     #交易日期序号

#回测引擎:每日数据处理函数,每天执行一次
def handle_data(context, data):
```

```python
    context.gamma_threshold = 0
    context.cnt += 1
    if context.cnt % context.rebalance_day != 0:
        return

    dt = data.current_dt.strftime('%Y-%m-%d')
    print('当前日期:', dt)
    #按日期过滤得到今日的预测数据
    ranker_prediction = context.pred_df[context.pred_df.date == dt].sort_values
('factor')
    stock_to_buy = list(ranker_prediction.instrument[:context.portfolio_nums])

    #通过 positions 对象,使用列表生成式的方法获取目前持仓的股票列表
    stock_hold_now = [equity for equity in context.portfolio.positions]
    #持仓

    #继续持有的股票:调仓时,如果买入的股票已经存在于目前的持仓里,则应继续持有
    no_need_to_sell = [i for i in stock_hold_now if i in stock_to_buy]
    #需要卖出的股票
    stock_to_sell = [i for i in stock_hold_now if i not in no_need_to_sell]
    #卖出
    for stock in stock_to_sell:
        context.order_target_percent(stock, 0)

    #如果当天没有买入的股票,就返回
    if len(stock_to_buy) == 0:
        return
    #买入
    for stock in stock_to_buy:
        weight = 1/context.portfolio_nums
        try:
            context.order_target_percent(stock, weight)
        except Exception as e:
            print('>>>>>>>>:', e, stock)

import dai
import math
import pandas as pd
import numpy as np
import warnings
from biglearning.api import M
warnings.filterwarnings('ignore')
from biglearning.api import tools as T
from zipline.finance.commission import PerOrder
print('导入包完成!')

#读取市值因子数据
start_date = '2021-01-01'
end_date = '2023-08-31'
sql = """
SELECT date, instrument, total_market_cap as factor
FROM cn_stock_valuation
WHERE date >= '{0}' and date <= '{1}'
```

```
ORDER BY instrument, date;
""".format(start_date, end_date)
df_market_cap = dai.query(sql).df()

#读取其他因子数据以便股票池过滤
sql = "select date, instrument, st_status, list_days, close, adjust_factor from
cn_stock_factors_base where date >= '%s' order by date, instrument"%start_date
filter_df = dai.query(sql).df()
#过滤掉 ST、股价低于 1.2 元、上市天数小于一年的股票
filter_df = filter_df[(filter_df['st_status'] == 0) & (filter_df['close'] /
filter_df['adjust_factor'] > 1.2) &(filter_df['list_days']>=365)]
pred_df = pd.merge(df_market_cap[['date','instrument','factor']], filter_df
[['date', 'instrument']], how='right', on=['date', 'instrument'])
pred_df = pred_df.dropna()

m = M.hftrade.v2(
    instruments=list(pred_df.instrument.unique()),
    start_date=start_date,
    end_date=end_date,
    initialize=initialize,
    handle_data=handle_data,
    volume_limit=0.03,
    order_price_field_buy='open',
    order_price_field_sell='open',
    capital_base=200000000,
    frequency='daily',
    price_type='真实价格',
    product_type='股票',
    benchmark='000300.HIX')
```

9.7　量化回测注意事项

量化回测是量化投资的重要环节,但与实盘存在差异。注意事项包括数据准确性、未来函数、交易成本、滑点、过拟合等,以确保回测结果能在实盘中得到有效复制。合理的注意事项考虑将提高策略的可靠性和稳定性,为量化研究员带来更好的投资收益。整体的流程如图 9-15 所示。

9.7.1　理解回测的目的和意义

1. 了解回测的定义和作用

在量化投资中,回测是一种通过历史数据来评估和验证投资策略的方法。回测可以模拟将投资策略应用于过去的市场数据,并计算出在不同市场条件下策略的表现。回测的目的是确定策略的有效性、稳定性和可行性,并提供了一种在实际交易之前评估和改进策略的方式。

回测的作用是确定策略的有效性、稳定性和可行性,并提供了一种在实际交易之前评估和改进策略的方式。从作用上来看,回测不是指简单的策略回溯模拟验证,而是综合全面的

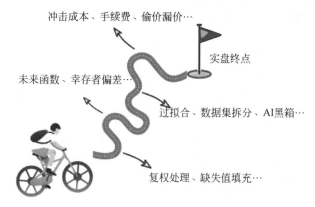

冲击成本、手续费、偷价漏价…

实盘终点

未来函数、幸存者偏差…

过拟合、数据集拆分、AI黑箱…

复权处理、缺失值填充…

图 9-15 量化回测流程

测试，但回测只是回测，与实盘交易有一定出入，因此对回测需要有清醒的认识和保守的投产预估。

2．确定回测的目标和评估指标

确定回测的目标和评估指标是一个关键的步骤，它们可以帮助投资者评估策略的表现和达到投资目标。以下是确定回测目标和评估指标的一些建议。

（1）投资目标：首先要明确投资的目标。这可能是追求绝对收益、超越市场指数、风险控制或者其他特定的目标。了解投资目标将有助于确定适合的评估指标。

（2）收益指标：常用的收益指标包括年化收益率、累计收益率、夏普比率、索提诺比率等。选择适合的收益指标取决于投资目标和风险偏好。例如，如果风险控制是首要考虑因素，则夏普比率可能更适合。

（3）风险指标：评估策略的风险表现也是至关重要的。常用的风险指标包括最大回撤、波动率、Beta 系数等。选择适当的风险指标可以帮助投资者了解策略在不同市场环境下的表现。

（4）其他指标：除了收益和风险指标外，还可以考虑其他衡量策略表现的指标，如胜率、信息比率、年化超额收益等。根据具体的投资策略和目标，选择适合的指标进行评估。

需要注意的是，不同的投资策略和目标可能需要不同的评估指标，因此，在确定回测的目标和评估指标时，应根据具体情况进行选择，并结合定量和定性的因素进行综合评估。本文以中证 1000 指数增强策略为例，该策略的回测目标是找到一个持续具有超额收益的量化交易策略，市面上该类型的基金经理比拼的是战胜中证 1000 指数的各项指标，即使在熊市绝对收益为负，只要依然具备超额收益那也是不错的产品，因此评估指标不是常见的绝对收益，而是超额收益、跟踪误差及月度胜率。

9.7.2 数据准备和清洗

1．收集和整理历史市场数据

在量化回测中，收集和整理历史市场数据至关重要。准确、完整、丰富的历史数据是构建可靠模型和评估策略性能的基础,也是当前百亿私募的发展重点。数据种类包括价量、财务指标、高频数据、另类数据等。

即使是市面上主流的数据商,也可能会出现包括价格错误、时间错位、乱序,重复、缺失、中断、乱码、列错位、代码错位等问题,非官方数据源的问题会更多。若不做数据整理,则这些瑕疵或者错误的数据被代入后续的计算,一定会导出错误的结果,直接影响策略的实盘绩效表现,可谓失之毫厘谬以千里。

最后,付出大量时间和精力及时更新数据、对数据进行清洗和校验也是必要的。仔细整理历史数据能提高回测的准确性,为投资决策提供有力支持。

2. 处理和清洗数据中的异常值和缺失值

异常值是指与其他数据点明显不符的极端值。这些异常值可能是由于数据采集错误、数据源错误或市场异常情况引起的。在量化回测中,如果不处理异常值,则可能会对模型和策略的性能评估产生严重偏误,对于机器学习、深度学习的策略,异常值处理不当会导致模型训练缓慢、损失函数无法收敛、缺乏稳健性等常见问题,因此,需要对异常值进行识别、分析和处理。处理异常值的方法可以是删除异常值、替换为合理的值或使用插值方法进行填充。

缺失值是指在数据中存在的空白、未记录或无效的数值。缺失值不一定是差错,可能只是没有成交,或者涨跌停,或者停牌,或者退市等。对于这种缺失值,不一样的处理会得出不一样的结果,结果之间的差异可能是天差地别的,也可能影响后续回测的结果,因此,量化研究员一定要仔细思考,什么数据应该填0,什么数据向前填充,什么数据不要填充。

在量化回测中,如果不适当地处理缺失值,则可能会导致模型训练不准确、回测结果失真。处理缺失值的方法可以是删除缺失值所在的行或列、使用均值或中位数进行填充、使用行业均值填充、使用插值方法进行填充等。选择合适的方法要根据数据的特点和问题的要求来决定。

处理和清洗异常值和缺失值的目的是确保数据的准确性和完整性。这可以提高回测结果的可靠性,为投资决策提供更准确的参考。处理异常值和缺失值需要谨慎,需要结合专业知识和经验,以避免对回测结果产生不良影响。

3. 将数据集拆分为训练集和测试集

无论是技术指标量化择时策略还是多因子投资策略,抑或者 AI 量化交易策略。在回测之前,均推荐进行数据集的拆分,便于探测和检验策略在测试集数据上的表现,以获得有效性和稳定性更强的策略。

金融数据是标准的时间序列数据,时间序列数据最主要的特征就是具有自相关性,因此使用机器学习、深度学习对金融数据进行建模不能完全照搬传统的机器学习模式。传统的机器学习模式对训练集和测试集进行划分时采取随机划分方式,样本之间没有时间先后顺序,完全是独立的样本,因此可以把数据打乱,随机抽取 80% 的数据作为训练集,将剩下的 20% 数据作为测试集,但是金融市场不同的时间段市场状况是不一样的,时间是划分训练集和测试集最好的直尺。可以参考 40 *Interview Questions asked at Startups in Machine*

Learning/Data Science。

对于 AI 量化策略,训练集和测试集不能有重合。人工智能和机器学习的基本思路就是在训练集上发现模式(pattern),训练出模型(model),然后对样本外的测试集数据进行预测。这好比老师平时布置的作业就是训练集,学生通过平时的作业学习到知识,然后期末老师通过期末试卷来检验学生的学习掌握情况,如果期末试卷和平时作业一模一样,则学生测试效果就会很好,因为之前他们就见过答案,这样就做不到对学生平时学习能力、知识掌握能力的测试,因此测试集不能和训练集一样。对于 AI 量化策略同样如此,如果拿模型预测训练集,则效果一定很好,毕竟训练模型的时候模型已经"见过"了实际值。

最后,训练集和测试集需保证一定的比例,建议训练集达到 70%以上,数据量不能太少。刚刚提到训练数据好比老师给学生平时布置的作业,如果作业太少、题目类型单一,则学生求解问题也不可以得到很好的训练。机器学习算法比较复杂,参数也较线性回归模型更多,如果训练集数据不够,则可能会导致模型泛化能力太差,因为训练集可能并不能反映出整体数据的分布,这有点类似"欠拟合",因此在预测集上偏差很大。

4. 标准化、中性化等数据处理

标准化、中性化是量化研究中常见的数据处理方式。标准化处理不仅可以统一量纲,将不同规模数值的因子横向进行比较、加工,在因子组合中还使多个因子得以横向合成。此外,标准化还能加速模型的训练速度,减少模型在各个迭代中的训练时间。

中性化处理可以消除因子数据中的行业和市值效应,使因子之间的比较更加准确。因为不同行业和市值的股票在因子数值上可能存在差异,中性化处理可以将这些差异消除,使因子之间的比较更具有可比性。

对于以指数增强策略、多因子策略、AI 量化交易策略为主要研究对象的宽客,上述两种数据处理方式非常关键,其处理顺序和处理细节的差异会直接导致回测绩效的参差不齐。

9.7.3　策略参数优化

量化回测是一种归纳方法,在科学哲学的语境下,归纳是有局限的,其中一个限制是休谟问题,即我们观察到的现象不能排除其他可能性。即使一个量化模型在历史测试和实盘交易中表现良好,我们也不能确保它在未来仍然有效。物理学家戴森曾向费米请教一个问题,费米回答道:"我记得我的朋友约翰·冯·诺依曼曾经说过,用 4 个参数我可以拟合出一头大象,而用 5 个参数我可以让它的鼻子摆动。"这说明参数过多可能导致过拟合,使模型在未知数据上的预测能力下降。策略参数的选择和优化在量化回测中值得重视。

1. 策略稳健性

稳健性是指在异常和危险情况下系统生存的能力。例如,计算机系统在输入错误、磁盘故障、网络过载或有意攻击的情况下,能否不死机、不崩溃,这就是该系统的稳健性。所谓"稳健性",也指控制系统在一定(结构、大小)的参数扰动下维持其他某些性能的特性。在量化回测中,稳健性一般指策略在样本外测试数据中的表现和回测时间段的表现一致,不会因行情的差异而绩效变化很大。

策略稳健性评估点：

(1) 适应不同品种。

(2) 适应不同时间段。

(3) 适应不同策略参数和超参数。

(4) 从广义上讲，品种、时间段也是参数，因此提升策略稳健性的方法之一是参数优化。

2. 参数优化

在量化投资中，定量投资模型设计得好坏无疑是成功的关键，单纯从数学角度来看，一个交易系统(交易模型)仅仅是一个从行情序列到资金曲线的映射：

$$f(\text{ts}, \text{para}) = E$$

其中 f 是一个交易系统，ts 是某个投资标的(股票、期货、期权、外汇等)的行情时间序列，para 是交易系统的参数组，E 是资金曲线。

任何一个模型几乎会有参数(包括所谓的自适应模型)。有参数，那么就会碰到参数寻优、过拟合等问题。

3. 参数优化方法

先来看几种常见的量化回测中参数优化的方法。

1) 前进分析法

前进分析法(Walk Forward Analysis，WFA)的具体形式如图 9-16 所示。

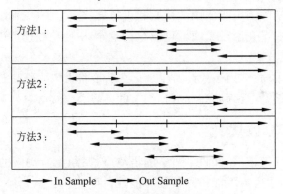

图 9-16　前进分析法示意图

由于金融市场中的行情都是由人交易出来的，所以量化交易系统要比数据挖掘领域中的模型复杂很多，参数的分布区域也是随时间变化的一个函数，WFA 并不能非常有效地避免过拟合和选出合理参数区间。参数平原法是对其局限性的一个补充。

2) 参数平原法

当策略通过批量的量化回测后，在最终确定实际交易参数(组)时，可能好多团队或 Quant 会选择那些所谓的"参数平原"，以此来避免"参数孤岛"。例如下面的参数分布的某些区域。在某种程度上看，参数寻优的目的不是"寻优"，而是"避劣"，如图 9-17 所示。

参数优化或参数搜索也是机器学习、深度学习等算法应用在量化投资领域的一个场景，AI 量化回测模型中参数最佳值的确定一般有以下几种常见的方法。

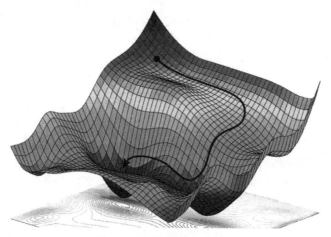

图 9-17 参数平原法示意图

（1）网格搜索（Grid Search）：该方法基于预定义的超参数组合网格，在每个组合上进行模型训练和评估，并选择具有最佳性能的超参数组合。

（2）随机搜索（Random Search）：该方法在超参数的搜索空间中随机选择一组超参数进行模型训练和评估，通过多次随机搜索来寻找最佳超参数组合。

（3）贝叶斯优化（Bayesian Optimization）：该方法通过建立超参数性能的概率模型来选择下一个超参数组合进行评估。贝叶斯优化根据当前已评估的超参数组合的性能结果，更新超参数性能的概率模型，从而更加高效地搜索最佳超参数组合。

（4）遗传算法（Genetic Algorithm）：该方法基于进化生物学中的遗传思想，通过模拟进化过程中的选择、交叉和变异等操作，对超参数组合进行搜索和优化。

（5）强化学习（Reinforcement Learning）：该方法将超参数搜索问题看作一个强化学习问题，通过不断试验和评估不同的超参数组合，利用强化学习算法来优化超参数选择策略。

在人工智能算法快速发展的今天，越来越多的算法和模型应用在参数优化这一课题上。

最后，简单整理在量化回测参数寻优过程中应如何避免过拟合，提高策略的稳健性的一些要点。

（1）风险收益比的适度追求：不要过于追求高风险收益比，要保持合理的风险控制。

（2）参数数量的控制：尽量减少参数的数量，或者将参数数量与交易次数保持足够小的比例。

（3）策略条件的简化：尽量减少策略条件的数量，只保留必要的条件。

（4）参数寻优的方法：通过参数寻优找到平稳地带的参数，可以考虑将参数分散化，在数据样本足够大的情况下避免过于依赖历史参数的稳定区域。

（5）前进分析法：预留一段时间用于测试参数，定期更新参数以适应市场变化。

（6）多样化的数据测试：扩大数据测试范围，包括更长的时间段和更多的标的市场。

（7）多策略开发：保持谨慎态度，开发多个策略，并淘汰不盈利的策略。

9.7.4 交易成本、滑点、实盘一致性处理

1. 考虑交易成本对回测结果的影响

交易成本是指执行每笔交易所需支付的费用,包括佣金、交易税等。这些成本会直接减少交易的盈利或增加亏损。在回测中,可以根据实际情况设置一个固定的交易费用或者根据交易量的比例来计算交易费用。对于市场而言,由于监管政策的变化,交易成本也会动态地改变,因此可以设置不同的交易成本,以便评估交易成本对策略回测结果的影响。对于一些高频策略,尤其是在期货期权等衍生品领域,如果策略最终收益率为 0,即没有亏损,则该策略也可以算是盈利策略,因为一部分交易者正是靠手续费的返还来盈利的。

为了考虑交易成本对回测结果的影响,可以采取以下几种方法。

(1)考虑固定的交易费用:在回测中设置一个固定的交易费用,以模拟实际交易中的成本。这可以通过将每笔交易的费用直接从回测收益中扣除实现。

(2)基于交易量的交易费用:根据交易量的比例来计算交易费用。这可以更准确地模拟实际交易中的成本,尤其是当交易量较大时。

(3)敏感性分析:进行敏感性分析,评估交易成本对回测结果的影响。可以通过改变交易费用或滑点参数的值观察回测结果的变化,以评估策略对交易成本的敏感性。

总之,考虑交易成本对于量化回测至关重要。通过合理地设置交易费用,可以更准确地评估策略的盈利能力,并为实际交易提供更可靠的参考。

2. 使用合适的滑点模型进行模拟

滑点是指实际交易价格与回测时使用的理论价格之间的差异。在实际交易中,市场的流动性和订单执行速度可能会导致交易价格发生变化。滑点可以是正向的(买入时价格高于预期)或负向的(买入时价格低于预期)。滑点对于高频交易策略的影响尤为重要。如果不考虑滑点,则很可能会将一个稳定亏损的策略错误地估计为稳定盈利。

为了评估策略收益的稳定性,一般会设置不同的滑点模型,如固定价格滑点模型、固定百分比滑点模型或者基于某些算法的滑点模型,在买入时以更高的价格撮合成交,在卖出时以更低的价格撮合成交,以评估策略的收益稳定性。

3. 回测与实盘一致性处理

1)分红送股复权处理

量化回测中进行分红送股复权处理的目的是更准确地反映实际股票价格的变动。在实际交易中,公司会定期向股东分红和进行送股(或配股)操作,这会导致股票价格的调整。如果在回测中不进行分红送股复权处理,就会导致回测结果与实际情况不符,影响策略的评估和决策。

分红送股复权处理可以分为两种方式:前复权和后复权。前复权是在回测开始前对历史数据进行调整,使回测期间的价格与实际交易价格相匹配;后复权是在回测结束后对回测期间的价格进行调整,使回测结果更准确地反映实际情况。进行分红送股复权处理可以避免回测结果受到分红送股操作的干扰,保证回测结果更加准确和可靠。

2）一字板、停牌

在量化回测中，对于一字板和停牌需要单独处理。一字板分为一字涨停和一字跌停，在实盘中，一字涨停时，买单几乎很难成交，一字跌停时，卖单几乎很难成交，因此需要按订单交易方向设置无法成交。对于停牌的股票，也不会产生成交。这类细节处理对某些抓涨停、涨停敢死队、盘中异动的策略影响很大。

3）偷价漏价

量化回测撮合中的偷价漏价是指在实际交易中，由于市场的波动性或者撮合算法的问题，导致实际成交价格与回测时使用的价格存在差异，从而影响回测结果的准确性。

避免量化回测中的偷价漏价需要使用准确的历史数据、考虑交易成本、选择合适的撮合算法，并进行敏感性分析。这些步骤能够提高回测结果的准确性，并更好地反映实际交易环境中的情况。

9.7.5 其他量化回测中常见的坑

1. 幸存者偏差问题

在第二次世界大战期间，军队面临了对飞机进行装甲的决策。他们收集了飞机的装甲数据，即已经返回的飞机的弹孔位置和数量。根据这些数据，军队希望在飞机上增加装甲以提高生存率，然而，这种方法存在幸存者偏差问题。因为他们只考虑了返回的飞机，而没有考虑那些被击落的飞机，因此，他们只能通过已经返回的飞机的弹孔数据进行决策。

实际上，返回的飞机的弹孔数据并不能全面地反映战场上真实的情况。被击落的飞机可能存在着不同的弹孔分布，因为被击落的飞机通常是被集中攻击的，而那些能够返回的飞机可能只是被轻微击中，因此，仅根据返回的飞机的弹孔数据来决策装甲位置和数量可能会导致错误的结论。为了解决幸存者偏差问题，军队需要考虑到所有飞机的数据，包括被击落的飞机，以获取更准确的装甲决策。

量化回测中的幸存者偏差问题指的是在回测过程中，由于样本选择的偏差导致回测结果的不准确性。这种偏差是由于只选择了那些在回测期间表现良好的策略或股票，而忽略了那些在回测期间失败的策略或股票。例如，我们观察到的只是存活下来的股票，而那些已经消失在历史长河中的已经退市的股票，你可能连回测数据都找不到，事后的回测自然而然就被剔除了，但当时这些股票是确实存在的，在历史的时间点上并不能剔除这些标的。

2. 过度优化问题

量化回测的过度优化指的是在模型开发和测试过程中，由于使用了过多的自由度或者过于复杂的模型，导致模型在历史数据上表现良好，但在实际交易中表现不佳的情况。过度优化会导致模型对历史数据的过度拟合，无法泛化到未来的市场环境中。

为了规避量化回测的过度优化，可以采取以下几种方法。

（1）简化模型：避免使用过于复杂的模型，尽量减少自由度。过于复杂的模型往往会过度拟合历史数据，而无法适应未来的市场环境。

（2）使用交叉验证：将历史数据划分为训练集和验证集，通过验证集的表现来评估模型的泛化能力。交叉验证可以有效地检验模型是否过拟合,同时可以用于调整模型参数。

(3)引入正则化:通过正则化方法,如岭回归、Lasso回归等,对模型进行约束,防止模型过于复杂。正则化可以有效地降低模型的过拟合风险。

(4)增加样本量:增加回测样本的数量可以提高模型的稳定性和泛化能力。更多的样本可以减少模型对特定市场环境的过度拟合。

(5)验证外部数据:除了可以使用历史数据进行回测外,还可以使用独立的外部数据集来验证模型的泛化能力。外部数据集可以对模型在不同市场环境下的表现进行评估。

通过采取以上方法,可以降低量化回测的过度优化风险,提高模型的稳定性和可靠性。同时,需要持续监控和评估模型的表现,以及时进行调整和优化,以适应不断变化的市场环境。

3．未来函数问题

量化回测的未来函数指的是在回测过程中使用了未来数据的情况。未来函数的使用会导致回测结果产生偏差,使策略看起来表现良好,但在实际交易中却无法复现这样的结果。

规避量化回测的未来函数有以下几种方法。

(1)严格按照时间顺序:确保在回测中只使用过去的数据,避免使用未来数据。在编写回测代码时,要注意数据的输入顺序,严格按照时间顺序处理数据。

(2)按时间拆分为训练集和测试集:将历史数据划分为训练集和测试集,只使用训练集进行模型训练和参数优化,使用测试集进行模型评估和验证。这样可以模拟实际交易中的情况,避免未来数据的使用。

(3)使用滚动窗口回测:将回测窗口向前滚动,每次只使用固定长度的历史数据进行回测。这样可以确保在每个时间点上,回测只使用过去的数据进行决策,避免使用未来的数据。

(4)验证外部数据:使用未参与回测的外部数据对策略进行验证。这些外部数据可以是实时数据或者其他来源的数据,用于验证策略在未知市场环境下的表现。

(5)监控实时表现:在实盘交易中,以及时监控策略的实时表现,与回测结果进行对比。如果实盘表现与回测结果存在明显偏差,则可能是因为使用了未来函数,需要及时修正策略。

在量化金融中,财务数据等公告数据按照PIT原则整理,PIT是Point-In-Time的缩写,指的是在特定时间点上收集的公司财务信息。例如上市公司会修复之前的财报数据,那么研究员在回测使用数据时只能按照PIT原则,在修复时间点只能使用修复前的数据。

9.7.6 风险控制与资金管理

在量化回测中,需要关注风险控制和资金管理,这样才能提高策略的稳定性和长期盈利能力。

1．风险控制

风险控制是量化回测中非常重要的一环,确定适当的风险控制措施是至关重要的。可以分为事前风控、事中风控和事后风控 3 个阶段。

1) 事前风控

在策略执行之前,事前风控主要通过设定一些预先确定的规则和限制来避免潜在的风险。这些规则和限制可以包括以下几点。

(1) 止损和止盈点:设定合理的止损和止盈水平,一旦达到设定的止损或止盈点,立即平仓,避免进一步的损失或错失利润。

(2) 仓位控制:设定适当的仓位控制规则,限制单个交易或整体仓位的大小,以降低风险。

(3) 杠杆限制:设定最大杠杆比例,避免过度使用杠杆导致的风险。

(4) 黑名单限制:设定交易标的黑名单,例如股票多头策略常设置 ST、新股、低于 1 元的标的不做买入。

(5) 市场条件限制:设置适当的市场条件限制,如价格波动性、流动性等,以确保策略在合适的市场环境中运行。

2) 事中风控

事中风控是在策略执行过程中进行监控和管理,确保策略的稳定性和风险可控性,主要包括以下几点。

(1) 实时监控:持续监测策略的运行情况,包括交易执行情况、仓位控制、市场行情等,以及时发现异常情况并采取相应措施。

(2) 风险管理决策:根据实时监控的结果,进行风险管理决策,如调整止损和止盈点、调整仓位控制规则等,以保持策略的风险可控性。

3) 事后风控

事后风控是对策略执行结果进行评估和分析,从中总结经验教训,并进行相应的优化和改进,主要包括以下几点。

(1) 回测分析:对回测结果进行深入分析,评估策略的盈亏情况、最大回撤、风险指标等,从中发现问题和改进空间。

(2) 策略优化:根据回测分析的结果,对策略进行优化和改进,如调整参数、改进信号生成逻辑、加入新的过滤条件等,以提高策略的稳定性和盈利能力。

2. 资金管理

考虑资金管理策略也是必不可少的。它涉及如何有效地分配资金来控制风险。以下是一些常见的资金管理措施。

(1) 仓位控制:在每次交易中分配的资金比例,需要合理设置仓位控制,避免过度集中在某个交易品种、某个行业或者某个策略上。

(2) 分散投资:将资金分配到多个不同的交易策略或资产类别,以降低单一交易或资产的风险。这可以通过多策略组合或多资产分散实现。

(3) 单利或复利设置:复利是盈利再投资,单利则是将盈利转换为利润。在量化回测中,很多策略或因子分析若采用复利模式,则会受制于波动性影响,因此面临较大的最大回撤和较长的回撤时间。

（4）动态仓位控制：根据市场波动性和交易信号的可靠性，调整仓位大小。在市场波动性较高时减少仓位，在市场波动性较低时增加仓位。

此外，还须避免过度使用杠杆和过早增大投资规模。

过度使用杠杆会使投资组合的波动性增加，一旦市场出现大幅波动，可能会导致巨大的损失，因此，需要谨慎使用杠杆，确保在合理的范围内进行投资。不少刚刚开始接触量化策略的交易者会在做完基础策略测试和优化，以及在得到了看似不错的交易表现之后，就迫不及待地将策略投入真金白银的实盘交易中去，并且快速地将交易资金的规模扩大，以至于自己初期所面临的交易风险在几何级地增加。

事实上，哪怕一套量化策略已经通过了历史回测、策略优化、前向测试等步骤，交易者依然需要谨慎地使用，毕竟在实盘中每一笔亏损都代表着真实的资金流失，所以从小资金开始启动量化策略的实盘交易，不断地在交易过程中去监督和把控交易表现数据并及时弥补和完善期间发现的策略运行问题。当初期交易表现符合预期时，在考虑增加实盘资金量之前，需要让交易者自身做一些安全压力测试。

第 10 章

实 盘 准 备

10.1 了解交易市场

20min

交易市场是指各种金融资产(如股票、债券、商品、外汇等)进行买卖和交易的场所或平台。它是投资者和交易者进行买卖交易、价格发现和风险管理的重要场所。交易市场通常分为证券市场、商品市场和外汇市场等多个类别。

(1) 证券市场:证券市场是指股票、债券、期权等证券类金融产品的交易市场。它包括股票交易所和债券市场,投资者可以在证券市场上买卖股票、债券等证券产品。

(2) 商品市场:商品市场是指各种实物商品(如原油、黄金、农产品等)的交易市场。商品市场分为现货市场和期货市场。现货市场是指即期交易,即交易双方立即交付商品和支付款项。期货市场是指通过期货合约进行交易,即在未来的某个约定日期交付商品。

(3) 外汇市场:外汇市场是指各国货币之间进行兑换和交易的市场。外汇市场是全球最大、最活跃的金融市场之一,每天交易规模巨大。投资者可以通过外汇市场进行货币买卖和投机交易。

交易市场的运作通常依赖于交易所、经纪商和交易平台等中介机构。交易所是负责管理和监管市场的机构,确保交易的公平、公正和透明。经纪商是连接投资者和市场的中介,提供交易执行和结算服务。交易平台是投资者进行交易的电子平台,提供交易订单提交、撮合和交易结算等功能。交易市场的特点主要包括以下几点。

(1) 流动性:交易市场提供了丰富的买卖双方,使投资者可以较容易地买入和卖出资产。

(2) 价格发现:交易市场通过供求关系和市场参与者的交易行为,形成资产的市场价格。

(3) 风险管理:交易市场提供了各种工具和机制,帮助投资者管理和对冲风险,如期货合约、期权等。

(4) 交易规则和监管:交易市场有一套严格的交易规则和监管机制,以确保市场的公平、透明和稳定。

另外加密货币市场也属于金融市场的一部分。加密货币是指利用密码学技术确保安全性,并且独立于传统金融机构运作的数字或虚拟货币。加密货币市场的运作是通过区块链技术实现的。区块链是一种去中心化的分布式账本,记录了所有加密货币的交易和持有人的信息。加密货币市场提供了一个平台,让投资者可以买入、卖出和交易加密货币,以追求投资收益。虽然加密货币市场与传统金融市场的运作方式不同,但由于其在促进数字资产的交换和投资方面发挥作用,因此仍属于金融市场的范畴,但加密货币市场价格大起大落,并且目前暂时不受国家管理及法律保护,风险巨大,因此不建议新手进入此市场。

无论在哪个交易市场中进行实盘交易都需要提前了解该市场的交易标的及交易规则,再选择进入该市场进行实盘交易。各个国家金融市场的交易规则及监管法律存在差异。本书上文介绍的策略主要是在股票市场和期货市场。本章介绍我国的股票市场和期货市场交易规则及实盘准备。

10.2 了解交易所的规则

在资本市场进行交易,我们必须首先熟悉并理解交易所的相关规则与规定,严格遵守这些规则,这样才能在激烈的市场竞争中立足并获得长期发展。要对监管部门对关键交易规则的修改保持警惕,例如印花税税率的调整、手续费收取方式的改变、报单与撤单频率的限制、期货合约平今和平昨的手续费差异、资本市场监管制度的调整等。曾有报道称,一位期货投资者由于交易程序频繁提交订单,导致其需向期货公司支付高达数百万元的信息费,这很可能是由于该投资者交易程序的风控机制存在漏洞所导致的。可以针对不同的资本市场,具体分析相关的关键交易规则与规定。在遵守规则的前提下,通过持续学习,可以在这个竞争激烈的市场取得长期稳定的发展。下面从不同的资本市场来介绍重要的交易规则。

10.2.1 中国股票市场交易规则

1. 我国证券交易所介绍

中国上市公司的股票有 A 股、B 股、H 股等,而国内股市称为 A 股并没有其他特殊的原因,只是因为在中国股市成立之初,为了区分股票上市地点和所面向投资者的不同,只好给予一个统称:中国 A 股市场。A 股,即人民币普通股,是由中国公司发行的,供境内机构、组织或个人(从 2013 年 4 月 1 日起,境内港、澳、台居民可开立 A 股账户)以人民币认购和交易的普通股股票。B 股是指人民币特种股票,投资人是国外的自然人和机构。

中国股票市场如今有 3 个交易所:上海证券交易所(简称:上交所)、深圳证券交易所(简称:深交所)、北京证券交易所(简称:北交所)。

上海证券交易所成立于 1990 年 11 月 26 日,同年 12 月 19 日开业,受中国证监会监督和管理,是为证券集中交易提供场所和设施、组织和监督证券交易及实行自律管理的会员制法人。2022 年 10 月 21 日,经中国证监会批准,上交所主板标的股票数量由现有的 800 只扩大到 1000 只。

深圳证券交易所成立于1990年12月1日,是经国务院批准设立的全国性证券交易场所,是为证券集中交易提供场所和设施、组织和监督证券交易及实行自律管理的法人,由中国证券监督管理委员会监督管理。2022年10月24日起,经中国证监会批准,深交所进一步扩大融资融券标的股票范围。

北交所即北京证券交易所有限责任公司,是全国中小企业股份转让系统有限责任公司的全资子公司,是经国务院批准设立的中国第一家公司制证券交易所,是一个股票交易场所。于2021年9月3日注册成立,在2021年11月15日正式开市。北交所是新三板的全资子公司,由以前新三板中的精选层为基础又超越了精选层,以前精选层的公司是未上市的公众公司,现在北交所的公司是上市公司、公众公司。

2.主要板块介绍

根据定位不同,分为主板(上海主板、深圳主板)、创业板、新三板、科创板、北交所五大板块。下面介绍各个板块的定位和特点。

主板:也称一板市场,上海证券交易所和深圳证券交易所是我国的主板市场;主板定位:突出"大盘蓝筹"特色,准入门槛最高,传统行业偏多,重点支持业务模式成熟、经营业绩稳定、规模较大、具有行业代表性的优质企业,例如贵州茅台、四大行等。这些企业都是各行各业的中流砥柱。主板也被视为"中国经济的晴雨表"。1990年12月,上海证券交易所正式营业,1991年7月,深圳证券交易所正式营业。在上海证券交易所上市的主板企业股票代码一般以600、601、603、605开头。在深圳证券交易所上市的主板企业股票代码一般以000、001、002、003开头。中小板属于主板市场的一部分,是深圳证券交易所主板市场中单独设立的一个板块,发行规模相对主板较小,企业均在深圳证券交易所上市,也属于一板市场,股票代码一般以002开头。

创业板:又称二板市场,是深圳证券交易所专属的板块,相较主板和中小板更看重企业的成长性,其设立的目的在于为具有高成长性的中小企业和高科技企业提供融资服务,深入贯彻创新驱动发展战略,创业板适应发展更多依靠创新、创造、创意的大趋势,支持传统产业与新技术、新产业、新业态、新模式深度融合("三创四新"),股票代码一般以300开头。

新三板:全国中小企业股份转让系统,俗称新三板,是经国务院批准设立的全国性证券交易场所,主要为创新型、创业型和成长型中小微企业提供融资服务。新三板审核制度较为简单、审核周期较短,但也存在估值低、流动性相对不足的缺陷。新三板是全国中小企业股份转让系统,属于场外市场。新三板不是上市,在新三板的企业被称为挂牌。挂牌是证券公司为非上市公司提供股份转让服务业务,公司股份并没有在证券交易所挂牌,而是通过证券公司进行交易的。

科创板:2018年11月,在首届中国国际进口博览会开幕式上,上海证券交易所将设立科创板并试点注册制的消息首次释放。在上海证券交易所设立科创板并试点注册制,是中国资本市场的重大改革,对于完善我国多层次资本市场体系具有重要意义。2019年6月13日,科创板正式开板;7月22日,科创板首批公司上市;相较于其他板块,科创板具有以下重大突破:第一,允许尚未盈利的公司上市;第二,允许不同投票权架构的公司上市;第三,允许红筹和 VIE 架构企业上市。更重要的是更包容,优先支持符合国家战略、拥有关键核心技术、科技创新能力突出、具有较强成长性的企业。科创板以"支持和鼓励'硬科技'企业上市"为核心目标,专注服务"硬科技"。面向世界科技前沿、面向经济主战场、面向国家重大需求。优先支持符合国家战略,拥有关键核心技术、科技创新能力突出,主要依靠核心技术开展生产经营、具有稳定的商业模式、市场认可度高、社会形象良好、具有较强成长性的企业。

北交所:全称北京证券交易所,于 2021 年 9 月 3 日注册成立,北交所主要服务创新型中小企业,重点支持先进制造业和现代服务业,推动传统产业转型升级,培育经济发展新动能,促进经济高质量发展。

3. 各主要板块股票代码

(1) 沪市主板:以 600、601、603、605 开头。

(2) 深市主板:以 000、001、002、003 开头。

(3) 创业板:以 300 开头,属于深交所。

(4) 科创板:以 688 开头,属于上交所。

(5) 北交所:以 8 开头。

(6) 新三板:以 400、430、830 开头。

4. 各个板块开通权限

以上板块中,主板股票是开立股票账户后即可买卖的股票,其他板块均需要单独开通权限才能买卖,各个板块开通权限所需条件如下:

(1) 创业板:20 个交易日日均资产 10 万元以上;满 2 年股票交易经验。

(2) 科创板:20 个交易日日均资产 50 万元以上;满 2 年股票交易经验。

(3) 北交所:20 个交易日日均资产 50 万元以上;满 2 年股票交易经验。

(4) 新三板(二类权限):10 个交易日日均资产 100 万元以上;满 2 年股票交易经验。

(5) 新三板(一类权限):10 个交易日日均资产 200 万元以上;满 2 年股票交易经验。

(6) 北交所:2023 年 9 月 1 日北交所晚间发布政策"已开通科创板交易权限的投资者,可以直接开通北交所交易权限",对已具有科创板交易权限的投资者开通北交所权限,在风险等级匹配的情况下,直接签订风险揭示书,即可开通北交所权限。

5. 交易时间

①除法定节假日外的周一——周五;②早盘集合竞价:9:15—9:25(决定开盘价格);③正式交易时间:9:30—11:30;13:00—14:57;④收盘集合竞价:14:57—15:00。

6. 基本的交易规则

交易规则(仅 A 股):①交易制度:T+1,即今天买的股票,最快明天才能卖(有底舱可先买后卖同一只股票,从而实现变相 T+0);②单笔交易:最少 1 手,1 手为 100 股,数量为 1 手的整数倍;③提现规则:股票卖出之后,资金第 2 天可以转出。

7. 涨跌停制度

①主板单日涨跌幅限制:10%;②创业板、科创板单日涨跌幅限制:20%;③主板新股

上市首日涨跌幅限制：44％；④创业板、科创板上市首日涨跌幅限制：不限。

8. 委托成交规则

①委托买单：价格低于或等于委托价格才能成交；②委托卖单：价格高于或低于委托价格才能成交（交易系统默认以更低价格买，更高价格卖）。

股票交易顺序规则一般依次遵守以下3个原则：时间优先、价格优先、数量优先。证券交易所内的双边拍销售商主要有3种方式：口头竞价交易、板牌竞价交易、计算机终端申报竞价。

成交的先后顺序：①较高买进限价申报优先于较低买进限价申报；较低卖出限价申报优先于较高卖出限价申报；②同价位申报，依照申报时序决定优先顺序；③同价位申报，客户委托申报优先于证券商自营买卖申报。成交价格的决定原则：最高买入申报与最低卖出申报优先成交，见表10-1。

表 10-1 各版块交易规则梳理

规则要点	主板	创业板	新三板	科创板	北交所
交易机制	T+1	T+1	T+1	T+1	T+1
交易方式	竞价交易、大宗交易	竞价交易、大宗交易、盘后固定价格交易	竞价交易、大宗交易、盘后固定价格交易	竞价交易、大宗交易、盘后固定价格交易	竞价交易、大宗交易
交易数量	100股或其整数倍，单笔申报数量≤100万股。卖出时，金额不足100股的部分，应当一次性申报卖出	100股或其整数倍，单笔申报数量：限价申报≤30万股；市价申报≤15万股；盘后定价申报≤100万股。卖出时，余额不足100股的部分，应当一次性申报卖出	100股或其整数倍，单笔申报数量≤100万股。卖出时，金额不足100股的部分，应当一次性申报卖出	单笔申报数量≥200股，以1股为单位递增。限价申报≤10万股；市价申报≤5万股。卖出时，余额不足200股的部分，应当一次性申报卖出	单笔申报数量最低为100股，每笔申报可以1股为单位递增，申报上限为100万股，卖出股票时余额不足100股的部分应当一次性申报卖出
涨跌幅限制	新股上市首日，涨幅限制是44％，跌幅限制是36％。上市第1天后，涨跌幅限制是10％	新股前5个交易日不设涨跌幅限制；5个交易日后涨跌幅限制为20％	新股上市首日，不设涨跌幅限制；此后竞价交易涨跌幅限制放宽为30％	新股前5个交易日不设涨跌幅限制；5个交易日后涨跌幅限制为20％	新股上市首日不设涨跌幅限制，次日起涨跌幅限制为30％
融资融券制度	融资融券标的有严格限制，包括上市时间、流通股份、行情指标、股东人数、无风险提示	上市首日即可作为融资标的	—	上市首日即可作为融资标的	上市首日即可作为融资融券标的

续表

规则要点	主板	创业板	新三板	科创板	北交所
临时停牌机制	新股上市首日交易过程中,当日开盘首次上涨或下跌超10%,停牌30min	无价格涨跌幅限制的股票,盘中临时停盘设置30%、60%两档停牌指标,各停牌10min	无价格涨跌幅限制的股票,盘中临时停盘设置30%、60%两档停牌指标,各停牌10min	无价格涨跌幅限制的股票,盘中临时停盘设置30%、60%两档停牌指标,各停牌10min	上市首日,当盘中成交价首次较开盘价上涨或下跌30%或60%时,将触发临时停牌机制。暂停时间为10min。复牌时进行集合竞价,复牌后继续当日交易

10.2.2　中国期货市场交易规则

1.交易所介绍

中国目前的六大期货交易所分别是中国金融期货交易所、上海期货交易所、大连商品交易所、郑州商品交易所、上海国际能源交易中心和广州期货交易所。

中国金融期货交易所:成立于1990年,是中国第一家金融期货交易所。主要交易金融衍生品,如股指期货、国债期货等。

上海期货交易所:成立于1990年,主要交易农产品、金属和化工品期货,如黄金、白银、铜、天然橡胶、豆粕、玉米等。

大连商品交易所:成立于1993年,主要交易农产品、化工品、有色金属等期货,如大豆、豆油、豆粕、聚丙烯、玻璃、铝等。

郑州商品交易所:成立于1990年,主要交易农产品期货,如棉花、白糖、苹果、郑棉等。

上海国际能源交易中心:成立于2015年,主要交易原油、天然气等能源期货,同时也开展金融期货交易。

广州期货交易所:成立于2015年,主要交易碳酸锂和工业硅期货。

这些期货交易所在中国的经济发展和市场运行中扮演着重要角色,为投资者提供了丰富的投资选择,也反映了市场供需和价格走势的情况,具有重要的经济意义。各个期货交易所的交易标的及手续费,见表10-2。

表10-2　手续费标准速算表 20230915

交易所	合约	品种	乘数	收取方式	交易所标准	今仓	倍数报价			
							5.00	3.00	1.10	1.01
郑商所	苹果	AP	10	元/手	5.00	平今四倍	25.00	15.00	5.50	5.05
	棉花	CF	5	元/手	4.30	平今免	21.50	12.90	4.73	4.34
	棉花 2309	CF	5	元/手	8.00		40.00	24.00	8.80	8.08

续表

交易所	合约	品种	乘数	收取方式	交易所标准	今仓	倍数报价			
							5.00	3.00	1.10	1.01
郑商所	棉花 2311\2401	CF	5	元/手	4.30	增平今	21.50	12.90	4.73	4.34
	红枣	CJ	5	元/手	3.00		15.00	9.00	3.30	3.03
	棉纱	CY	5	元/手	4.00	平今免	20.00	12.00	4.40	4.04
	玻璃	FG	20	元/手	6.00		30.00	18.00	6.60	6.06
	粳稻	JR	20	元/手	3.00		15.00	9.00	3.30	3.03
	晚籼稻	LR	20	元/手	3.00		15.00	9.00	3.30	3.03
	甲醇	MA	10	‰/手	1.00		5.00	3.00	1.10	1.01
	菜籽油	OI	10	元/手	2.00		10.00	6.00	2.20	2.02
	短纤	PF	5	元/手	3.00		15.00	9.00	3.30	3.03
	花生	PK	5	元/手	4.00		20.00	12.00	4.40	4.04
	普麦	PM	50	元/手	30.00		150.00	90.00	33.00	30.30
	早籼稻	RI	20	元/手	2.50		12.50	7.50	2.75	2.53
	菜籽粕	RM	10	元/手	1.50		7.50	4.50	1.65	1.52
	油菜籽	RS	10	元/手	2.00		10.00	6.00	2.20	2.02
	纯碱	SA	20	‰/手	2.00		10.00	6.00	2.20	2.02
	纯碱 2310\2311\2312\2401	SA	20	‰/手	4.00		20.00	12.00	4.40	4.04
	硅铁	SF	5	元/手	3.00	平今免	15.00	9.00	3.30	3.03
	锰硅	SM	5	元/手	3.00	平今免	15.00	9.00	3.30	3.03
	白糖	SR	10	元/手	3.00	平今免	15.00	9.00	3.30	3.03
	PTA	TA	5	元/手	3.00	平今免	15.00	9.00	3.30	3.03
	尿素	UR	20	‰/手	1.00		5.00	3.00	1.10	1.01
	尿素 2309\2310\2311\2312	UR	20	‰/手	2.00		10.00	6.00	2.20	2.02
	尿素 2401	UR	20	‰/手	2.00		10.00	6.00	2.20	2.02
	强麦 WH	WH	20	元/手	30.00		150.00	90.00	33.00	30.30
	烧碱	SH	30	‰/手	1.00		5.00	3.00	1.10	1.01
	对二甲苯	PX	5	‰/手	1.00		5.00	3.00	1.10	1.01
	动力煤	ZC	100	元/手	150.00		750.00	450.00	165.00	151.50
	棉花期权(交易、行权/履约)	CF-C/P		元/手	1.50	平今免	7.50	4.50	1.65	1.52
	甲醇期权(交易、行权/履约)	MA-C/P		元/手	0.50	平今免	2.50	1.50	0.55	0.51
	菜粕期权(交易、行权/履约)	RM-C/P		元/手	0.80	平今免	4.00	2.40	0.88	0.81
	白糖期权(交易、行权/履约)	SR-C/P		元/手	1.50	平今免	7.50	4.50	1.65	1.52

续表

交易所	合约	品种	乘数	收取方式	交易所标准	今仓	倍数报价			
							5.00	3.00	1.10	1.01
郑商所	PTA期权(交易、行权/履约)	TA-C/P		元/手	0.50	平今免	2.50	1.50	0.55	0.51
	菜籽油期权(交易、行权/履约)	OI-C/P		元/手	1.50	平今免	7.50	4.50	1.65	1.52
	花生期权(交易、行权/履约)	PK-C/P		元/手	0.80	平今免	4.00	2.40	0.88	0.81
	动力煤期权(交易、行权/履约)	ZC-C/P		元/手	150.00		750.00	450.00	165.00	151.50
大商所	黄大豆	A	10	元/手	2.00		10.00	6.00	2.20	2.02
	豆二	B	10	元/手	1.00		5.00	3.00	1.10	1.01
	胶合板	BB	500	‰‰/手	1.00		5.00	3.00	1.10	1.01
	玉米	C	10	元/手	1.20		6.00	3.60	1.32	1.21
	玉米淀粉	CS	10	元/手	1.50		7.50	4.50	1.65	1.52
	苯乙烯	EB	5	元/手	3.00		15.00	9.00	3.30	3.03
	乙二醇	EG	10	元/手	3.00		15.00	9.00	3.30	3.03
	纤维板	FB	10	‰‰/手	1.00		5.00	3.00	1.10	1.01
	铁矿石	I	100	‰‰/手	1.00		5.00	3.00	1.10	1.01
	焦炭	J	100	‰‰/手	1.00		5.00	3.00	1.10	1.01
	焦炭今仓	J	100	‰‰/手	1.40		7.00	4.20	1.54	1.41
	鸡蛋	JD	10	‰‰/手	1.50		7.50	4.50	1.65	1.52
	焦煤	JM	60	‰‰/手	1.00		5.00	3.00	1.10	1.01
	焦煤今仓	JM	60	‰‰/手	3.00		15.00	9.00	3.30	3.03
	聚乙烯	L	5	元/手	1.00		5.00	3.00	1.10	1.01
	生猪	LH	16	‰‰/手	1.00		5.00	3.00	1.10	1.01
	生猪今仓	LH	16	‰‰/手	2.00		10.00	6.00	2.20	2.02
	豆粕	M	10	元/手	1.50		7.50	4.50	1.65	1.52
	棕榈油	P	10	元/手	2.50		12.50	7.50	2.75	2.53
	液化石油气	PG	20	元/手	6.00		30.00	18.00	6.60	6.06
	聚丙烯	PP	5	元/手	1.00		5.00	3.00	1.10	1.01
	粳米	RR	10	元/手	1.00		5.00	3.00	1.10	1.01
	聚氯乙烯	V	5	元/手	1.00		5.00	3.00	1.10	1.01
	豆油	Y	10	元/手	2.50		12.50	7.50	2.75	2.53
	玉米期权(交易、行权/履约)	C-C/P		元/手	0.60		3.00	1.80	0.66	0.61
	铁矿石期权(交易、行权/履约)	I-C/P		元/手	2.00		10.00	6.00	2.20	2.02

续表

交易所	合约	品种	乘数	收取方式	交易所标准	今仓	倍数报价			
							5.00	3.00	1.10	1.01
大商所	聚乙烯期权（交易）	L-C/P		元/手	0.50		2.50	1.50	0.55	0.51
	聚乙烯期权（行权/履约）	L-C/P		元/手	1.00		5.00	3.00	1.10	1.01
	豆粕期权（交易、行权/履约）	M-C/P		元/手	1.00	今仓开平减半	5.00	3.00	1.10	1.01
	棕榈油期权（交易）	P-C/P		元/手	0.50		2.50	1.50	0.55	0.51
	棕榈油期权（行权/履约）	P-C/P		元/手	1.00		5.00	3.00	1.10	1.01
	液化石油气期权（交易、行权/履约）	PG-C/P		元/手	1.00		5.00	3.00	1.10	1.01
	聚丙烯期权（交易）	PP-C/P		元/手	0.50		2.50	1.50	0.55	0.51
	聚丙烯期权（行权/履约）	PP-C/P		元/手	1.00		5.00	3.00	1.10	1.01
	聚氯乙烯期权（交易）	V-C/P		元/手	0.50		2.50	1.50	0.55	0.51
	聚氯乙烯期权（行权/履约）	V-C/P		元/手	1.00		5.00	3.00	1.10	1.01
	黄大豆1号期权	A-C/P		元/手	0.50		2.50	1.50	0.55	0.51
	黄大豆1号期权（行权/履约）	A-C/P		元/手	1.00		5.00	3.00	1.10	1.01
	黄大豆2号期权	B-C/P		元/手	0.20		1.00	0.60	0.22	0.20
	黄大豆2号期权（行权/履约）	B-C/P		元/手	0.50		2.50	1.50	0.55	0.51
	豆油期权	Y-C/P		元/手	0.20		1.00	0.60	0.22	0.20
	豆油期权（行权/履约）	Y-C/P		元/手	0.50		2.50	1.50	0.55	0.51
上期所	白银	AG	15	‰/手	0.10		0.50	0.30	0.11	0.10
	AG2311	AG	15	‰/手	0.50		2.50	1.50	0.55	0.51
	AG2312	AG	15	‰/手	0.50		2.50	1.50	0.55	0.51
	AG2310	AG	15	‰/手	0.50		2.50	1.50	0.55	0.51
	AG2309	AG	15	‰/手	0.50		2.50	1.50	0.55	0.51
	白银，交割月前第二月的第1个交易日起	AG	15	‰/手	0.50		2.50	1.50	0.55	0.51

续表

交易所	合约	品种	乘数	收取方式	交易所标准	今仓	倍数报价			
							5.00	3.00	1.10	1.01
上期所	铝	AL	5	元/手	3.00		15.00	9.00	3.30	3.03
	黄金	AU	1000	元/手	2.00	平今免	10.00	6.00	2.20	2.02
	AU2310	AU	1000	元/手	10.00	平今免	50.00	30.00	11.00	10.10
	黄金12月合约	AU	1000	元/手	10.00	平今免	50.00	30.00	11.00	10.10
	黄金，交割月前第2个月的第1个交易日起	AU	1000	元/手	10.00	平今免	50.00	30.00	11.00	10.10
	石油沥青	BU	10	‰/手	1.00		5.00	3.00	1.10	1.01
	铜	CU	5	‰/手	0.50	平今双倍	2.50	1.50	0.55	0.51
	燃料油	FU	10	‰/手	0.10	平今免	0.50	0.30	0.11	0.10
	燃料油，交割月前第2个月的第10个交易日起	FU	10	‰/手	0.50	平今免	2.50	1.50	0.55	0.51
	FU2309平今	FU	10	‰/手	1.00	增平今	5.00	3.00	1.10	1.01
	FU2310	FU	10	‰/手	0.50	平今免	2.50	1.50	0.55	0.51
	FU2311	FU	10	‰/手	0.50	平今免	2.50	1.50	0.55	0.51
	FU2401	FU	10	‰/手	0.50	平今免	2.50	1.50	0.55	0.51
	FU2406	FU	10	‰/手	0.10	平今免	0.50	0.30	0.11	0.10
	FU2409	FU	10	‰/手	0.50	平今免	2.50	1.50	0.55	0.51
	热轧卷板	HC	10	‰/手	1.00		5.00	3.00	1.10	1.01
	镍	NI	1	元/手	3.00		15.00	9.00	3.30	3.03
	NI2309	NI	1	元/手	18.00	增平今	90.00	54.00	19.80	18.18
	铅	PB	5	‰/手	0.40	平今免	2.00	1.20	0.44	0.40
	螺纹	RB	10	‰/手	1.00		5.00	3.00	1.10	1.01
	RB2310	RB	10	‰/手	1.00		5.00	3.00	1.10	1.01
	RB2401	RB	10	‰/手	1.00		5.00	3.00	1.10	1.01
	RB2405	RB	10	‰/手	3.00		15.00	9.00	3.30	3.03
	橡胶	RU	10	元/手	3.00	平今免	15.00	9.00	3.30	3.03
	锡	SN	1	元/手	3.00		15.00	9.00	3.30	3.03
	SN2309	SN	1	元/手	3.00	21				
	纸浆	SP	10	‰/手	0.50	平今免	2.50	1.50	0.55	0.51
	不锈钢	SS	5	元/手	2.00	平今免	10.00	6.00	2.20	2.02
	线材	WR	10	‰/手	0.40		2.00	1.20	0.44	0.40
	氧化铝	AO	20	‰/手	1.00		5.00	3.00	1.10	1.01
	锌	ZN	5	元/手	3.00	平今免	15.00	9.00	3.30	3.03
	丁二烯橡胶期货	BR	5	‰/手	1.00		5.00	3.00	1.10	1.01
	丁二烯橡胶期权	BR_O		元/手	0.50	平今免	2.50	1.50	0.55	0.51

续表

交易所	合约	品种	乘数	收取方式	交易所标准	今仓	倍数报价			
							5.00	3.00	1.10	1.01
上期所	铝期权（交易、行权/履约）	AL-C/P		元/手	1.50	平今免	7.50	4.50	1.65	1.52
	黄金期权（交易、行权/履约）	AU-C/P		元/手	2.00	平今免	10.00	6.00	2.20	2.02
	铜期权（交易、行权/履约）	CU-C/P		元/手	5.00	平今免	25.00	15.00	5.50	5.05
	橡胶期权（交易、行权/履约）	RB-C/P		元/手	3.00	平今免	15.00	9.00	3.30	3.03
	锌期权（交易、行权/履约）	ZN-C/P		元/手	1.50	平今免	7.50	4.50	1.65	1.52
能源	20号胶	NR	10	‱/手	0.20	平今免	1.00	0.60	0.22	0.20
	原油	SC	1000	元/手	20.00	平今免	100.00	60.00	22.00	20.20
	低硫燃料油	LU	10	‱/手	0.10		0.50	0.30	0.11	0.10
	国际铜	BC	5	‱/手	0.10	平今免	0.50	0.30	0.11	0.10
	集运指数（欧线）期货	EC	50	‱/手	0.50		2.50	1.50	0.55	0.51
	原油期权（交易、行权/履约）	SC-C/P		元/手	10.00	平今免	50.00	30.00	11.00	10.10
中金所	中证500	IC	200	‱/手	0.23		1.15	0.69	0.25	0.23
	中证500平今	IC	200	‱/手	2.30		11.50	6.90	2.53	2.32
	沪深300	IF	300	‱/手	0.23		1.15	0.69	0.25	0.23
	沪深300平今	IF	300	‱/手	2.30		11.50	6.90	2.53	2.32
	上证50	IH	300	‱/手	0.23		1.15	0.69	0.25	0.23
	上证50平今	IH	300	‱/手	2.30		11.50	6.90	2.53	2.32
	国债10年期	T	10 000	元/手	3.00	平今免	15.00	9.00	3.30	3.03
	国债5年期	TF	10 000	元/手	3.00	平今免	15.00	9.00	3.30	3.03
	国债2年期	TS	20 000	元/手	3.00	平今免	15.00	9.00	3.30	3.03
	中证1000股指期货	IM	200	‱/手	0.23		1.15	0.69	0.25	0.23
	中证1000股指期货平今	IM	200	‱/手	2.30		11.50	6.90	2.53	2.32
	沪深300期权（交易）	IO-C/P		元/手	15.00		75.00	45.00	16.50	15.15
	沪深300期权（行权/履约）	IO-C/P		元/手	2.00		10.00	6.00	2.20	2.02
	中证1000股指期权	MO-C/P		元/手	15.00		75.00	45.00	16.50	15.15

续表

交易所	合约	品种	乘数	收取方式	交易所标准	今仓	倍数报价			
							5.00	3.00	1.10	1.01
中金所	中证 1000 股指期权（行权/履约）	MO-C/P		元/手	2.00		10.00	6.00	2.20	2.02
广期所	碳酸锂	LC	1	%%/手	0.80	平今免	4.00	2.40	0.88	0.81
	碳酸锂期权	LC_O	1	元/手	3.00	平今免	15.00	9.00	3.30	3.03
	工业硅	SI	5	%%/手	1	平今免	5.00	3.00	1.10	1.01
	工业硅期权	SI-C/P	5	元/手	2	平今免	10.00	6.00	2.20	2.02

2. 交易制度和规则

中国期货市场有以下基本交易制度和规则。

(1) 保证金制度：交易者在交易期货时需要交纳一定比例的保证金,用于保证交易者在市场波动下能够承担损失。保证金是期货交易的重要风险管理手段。

(2) 当日无负债结算制度：当日无负债结算制度是指期货市场每天进行结算,交易者每天结算完毕后不能有未结算的仓位,即"零结算"原则。

(3) 涨跌停板制度：期货市场上交易品种有涨跌停板限制,当价格涨跌幅度达到限制时,交易将被暂停,以避免市场过度波动。

(4) 持仓限额及大户报告制度：期货市场对交易者的持仓量有一定的限制,例如最大持仓量和最大净持仓量。大户报告制度是指交易者需要向交易所报告持仓量达到一定规模的情况,以保障市场透明度。

(5) 强行平仓制度：当交易者的保证金账户资金不足以支付亏损或保证金要求时,交易所有权强制平仓。

(6) T+0 交易制度：国内外都是一样的,也就是当天可以随时买卖,不限次数。

(7) 双向交易制度：既允许做空,又允许做多,不论行情是涨是跌都有机会。

(8) 信息披露制度：在交易软件上可以看到的各个期货品种的成交量信息、持仓量信息,以及开盘价和收盘价等,这些信息都是需要公开披露的,帮助投资者更好地了解市场。

3. 交易时间

(1) 上海期货交易所：各上市品种的交易时间(北京时间)为周一至周五,上午的交易时间为 09：00—10：15,10：30—11：30(分两个时间段交易),下午的交易时间为 13：30—15：00,夜间的交易时间为 21：00—02：30。

(2) 中国金融股指期货交易所：周一至周五上午的交易时间为 9：30—11：30,下午的交易时间为 13：00—15：00。

(3) 郑州商品期货交易所：集合竞价时间为 8：55—9：00,撮合时间为 8：59—9：00,连续交易时间为 9：00—10：15,10：30—11：30(分两个时间段交易),下午的交易时间为 13：30—15：00,夜盘交易时间为 21：00—23：30。

（4）大连商品交易所：上午的交易时间为 9:00—11:30,下午的交易时间为 13:30—15:00。

4. 保证金比例

期货的保证金交易制度是期货市场较股票市场独特的交易制度,期货交易结算是每天进行的,而不是到期一次性进行的,买卖双方在交易之前都必须在经纪公司开立专门的保证金账户。期货保证金交易制度具有一定的杠杆性,投资者不需要支付合约价值的全额资金,只需支付一定比例的保证金就可以交易。保证金制度的杠杆效应在放大收益的同时也成倍地放大风险,在发生极端行情时,投资者的亏损额甚至有可能超过所投入的本金。简而言之,保证金制度成就了期货市场的杠杆效应,同时放大了收益与风险。

期货市场震荡起伏,期货价格也在时时变动,而期货交易所为了控制风险,期货杠杆也偶有变动,期货保证金也随之变化,期货保证金计算公式：期货保证金＝期货价格×交易单位×保证金比例(杠杆)。

以螺纹钢 2305 合约为例,螺纹钢 2305 的价格为每吨 4170 元,一手螺纹钢是 10 吨,目前交易所杠杆率是 13%,那么交易一手螺纹钢需要的保证金＝4170×10×13%＝5421 元。

各期货交易所交易标的保证金比例：

（1）上海期货交易所保证金比例,见表 10-3。

表 10-3　上海期货交易所保证金比例

交易所	期货品种	交易代码	交易单位	最小变动价位	波动一个最小变动价位的盈亏值(1手)/元	保证金比例/%	期货价格/元	保证金/元
上海交易所	铜	CU	5	10 元/吨	50	12	69 150	41 490
	铝	AL	5	5 元/吨	25	12	18 515	11 109
	锌	ZN	5	5 元/吨	25	14	22 870	16 009
	铅	PB	5	5 元/吨	25	14	15 100	10 570
	橡胶	RU	10	5 元/吨	50	10	12 585	12 585
	黄金	AU	1000	0.02 元/克	20	10	410.98	41 098
	燃料油	FU	10	1 元/吨	10	15	2910	4365
	螺纹钢	RB	10	1 元/吨	10	13	4170	5421
	白银	AG	15	1 元/克	15	12	4911	8839.8
	石油沥青	BU	10	2 元/吨	20	15	3862	5793
	热轧卷板	HC	10	1 元/吨	10	10	4254	4254
	镍	NI	1	10 元/吨	10	19	205 850	39 112
	锡	SN	1	10 元/吨	10	14	215 310	30 143
	漂针浆	SP	10	2 元/吨	20	15	6554	9831
	不锈钢	SS	5	5 元/吨	25	14	16 680	11 676

（2）大连商品交易所保证金比例，见表10-4。

表10-4 大连商品交易所保证金比例

交易所	期货品种	交易代码	交易单位	最小变动价位	波动一个最小变动价位的盈亏值(1手)/元	保证金比例/%	期货价格/元	保证金/元
大连商品交易所	黄大豆1号	A	10	1元/吨	10	12	5583	6699.6
	黄大豆2号	B	10	1元/吨	10	9	4665	4198.5
	豆粕	M	10	1元/吨	10	10	3833	3833
	豆油	Y	10	2元/吨	10	9	8848	7963.2
	玉米	C	10	1元/吨	10	12	2853	3423.6
	玉米淀粉	CS	10	1元/吨	10	9	3044	2739.6
	聚乙烯	L	5	1元/吨	5	11	9023	4962.65
	棕榈油	P	10	2元/吨	20	12	8124	9748.8
	聚氯乙烯	V	5	1元/吨	5	11	6331	3482.05
	冶金焦炭	J	100	0.5元/吨	50	20	2809	56 180
	焦煤	JM	60	0.5元/吨	30	20	1883.5	22 602
	铁矿石	I	100	0.5元/吨	50	13	884	11 492
	鲜鸡蛋	JD	5	1元/500kg	10	9	4263	1918.35
	纤维板	FB	10	0.5元/立方米	5	10	1283.5	1283.5
	聚丙烯	PP	5	1元/吨	5	11	7825	4303.75
	乙二醇	EG	10	1元/吨	10	12	4256	5107.2
	粳米	RR	10	1元/吨	10	6	3373	2023.8
	苯乙烯	EB	5	1元/吨	5	12	8395	5037
	液化石油气	PG	20	1元/吨	20	13	4628	12 032.8
	生猪	LH	16	5元/吨	80	15	17 190	41 256

（3）郑州商品交易所保证金比例，见表10-5。

表10-5 郑州商品交易所保证金比例

交易所	期货品种	交易代码	交易单位	最小变动价位/(元/吨)	波动一个最小变动价位的盈亏值(1手)/元	保证金比例/%	期货价格/元	保证金/元
郑商所	棉花	CF	5	5	25	7	14 255	4989.25
	白糖	SR	10	1	10	7	5915	4140.5
	PTA	TA	5	2	10	7	5498	1924.3
	新菜籽油	OI	10	1	10	20	10 010	20 020
	菜粕	RM	10	1	10	9	3167	2850.3
	平板玻璃	FG	20	1	20	9	1540	2772
	动力煤	ZC	100	0.2	20	50	836.6	41 830
	新甲醇	MA	10	1	10	8	2577	2061.6
	硅铁	SF	5	2	10	12	7910	4746
	锰硅	SM	5	2	10	12	7504	4502.4

续表

交易所	期货品种	交易代码	交易单位	最小变动价位/(元/吨)	波动一个最小变动价位的盈亏值(1手)/元	保证金比例/%	期货价格/元	保证金/元
郑商所	棉纱	CY	5	5	25	7	21 220	7427
	苹果	AP	10	1	10	10	8824	8824
	红枣	CJ	5	5	25	12	10 390	6234
	尿素	UR	20	1	20	8	2493	3988.8
	纯碱	SA	20	1	20	9	2941	5293.8
	短纤	PF	5	2	10	8	7112	2844.8
	花生	PK	5	2	10	8	11 106	4442.4
	普麦	PM	50	1	50	5	3122	7805

（4）中国金融期货交易所保证金比例，见表10-6。

表 10-6　中国金融期货交易所保证金比例

交易所	期货品种	交易代码	交易单位	最小变动价位	波动一个最小变动价位的盈亏值(1手)/元	保证金比例/%	期货价格/元	保证金/元
中金所	沪深300	IF	300	0.2 点	60	12	4104.8	147 772.8
	上证50	IH	300	0.2 点	60	12	2754.6	99 165.6
	中证500	IC	200	0.2 点	40	14	6305	176 540
	中证1000	IM	200	0.2 点	40	15	6919	207 570
	2年期国债	TS	20000	0.005 元	100	0.50	100.94	10 094
	5年期国债	TF	10000	0.005 元	50	1.20	101.17	12 140.4
	10年期国债	T	10000	0.005 元	50	2	100.53	20 106
	30年期国债	TL	10000	0.01 元	100	3.50	99.2	34 720

（5）上海国际能源交易中心保证金比例，见表10-7。

表 10-7　上海国际能源交易中心保证金比例

交易所	期货品种	交易代码	交易单位	最小变动价位	波动一个最小变动价位的盈亏值(1手)/元	保证金比例/%	期货价格/元	保证金/元
能源中心	原油	SC	1000	0.1 元/桶	100	15	570.9	85 635
	20号胶	NR	10	5 元/吨	50	10	10 065	10 065
	低硫燃料油	LU	10	1 元/吨	10	15	4051	6076.5
	国际铜	BC	5	10 元/吨	50	12	61 840	37 104
	SCFIS欧线	EC	50	0.1 点	5	12	877.8	5266.8

(6) 广州期货交易所保证金比例,见表10-8。

表10-8　广州期货交易所保证金比例

交易所	期货品种	交易代码	交易单位	最小变动价位/(元/吨)	波动一个最小变动价位的盈亏值(1手)/元	保证金比例/%	期货价格/元	保证金/元
广期所	工业硅	SI	5	5	25	10	14 515	7257.5
	碳酸锂	LC	1	50	50	10	156 150	15 615

5. 频繁挂单和撤单处理方案

期货交易所对于频繁挂单和撤单的处理方案和程序,见表10-9。

表10-9　期货交易所对于频繁挂单和撤单的处理方案和程序

类　别	上海期货交易所	大连商品交易所	郑州商品交易所	中国金融期货交易所
成交行为	客户单日在某一合约上的自成交次数超过5次(含5次),构成"以自己为交易对象,多次进行自买自卖"的	客户或非期货公司会员单日在某一合约上的自成交次数达到5次(含5次)以上的,构成"以自己为交易对象,多次进行自买自卖"的异常交易行为	自成交行为客户单日在某一合约自我成交5次以上(含本数)	客户单日在某一合约上的自成交次数达到或者超过5次的,构成"以自己为交易对象,大量或者多次进行自买自卖"的异常交易行为
自成交行为	交易所认定的一组实际控制关系账户之间发生成交的,参照自成交行为进行处理	交易所认定的实际控制关系账户之间发生成交的,按照自成交行为进行处理	一组客户已被交易所认定为实际控制关系账户的,视为同一客户,其自成交行为按照上述认定标准管理	交易所认定的实际控制关系账户之间发生的自成交行为,视为同一客户的异常交易行为,按照上述规定处理
频繁报撤单行为	客户单日在某一合约上的撤单次数超过500次(含500次),构成"日内出现频繁申报并撤销申报,可能影响期货交易价格或误导其他客户进行期货交易的行为"的	客户或非期货公司会员单日在某一合约上的撤单次数达到500次(含500次)以上的,构成"频繁报撤单"的异常交易行为	频繁报撤单行为客户单日在某一合约撤销订单笔数500笔以上	客户单日在某一合约上的撤单次数达到或者超过500次的,构成"日内撤单次数过多"的异常交易行为

续表

类　　别	上海期货交易所	大连商品交易所	郑州商品交易所	中国金融期货交易所
大额报撤单行为	客户单日在某一合约上的大额撤单次数超过 50 次（含 50 次），构成"日内出现多次大额申报并撤销申报，可能影响期货交易价格或误导其他客户进行期货交易的行为"的 单笔撤单的撤单量达到 300 手以上（含 300 手），视作大额报撤单	客户或非期货公司会员单日在某一合约上的撤单次数达到 400 次（含 400 次）以上的，并且单笔撤单的撤单量超过合约最大下单手数的 80%，构成"大额报撤单"的异常交易行为	大额报撤单行为客户单日在某一合约撤单笔数 50 笔以上且每笔撤单量 800 手以上	客户单日在某一合约上的撤单次数超过 100 次（含），并且单笔撤单量达到或者超过交易所规定的限价指令每次最大下单数量 80% 的，构成"大量或者多次申报并撤销申报"的异常交易行为
自成交、频繁报撤单、大额报撤单异常交易处理程序	客户第 1 次达到交易所处理标准的，交易所于当日对客户所在会员的首席风险官进行电话提示，要求会员及时将交易所提示转达客户，责令其对客户进行教育、引导、劝阻及制止	第 1 次达到交易所处理标准的，交易所于当日对客户所在会员的首席风险官进行电话提示	客户第 1 次达到处理标准的，交易所于当日对客户所在会员的首席风险官进行电话提示，要求会员及时将交易所提示转达客户，对客户进行教育、引导、劝阻及制止，并报送书面报告	第 1 次达到交易所处理标准的，交易所于当日对客户所在会员的首席风险官进行电话提示
自成交、频繁报撤单、大额报撤单异常交易处理程序	客户第 2 次达到交易所处理标准的，交易所将该客户列入重点监管名单，同时将客户异常交易行为向会员通报 客户第 3 次达到交易所处理标准的，交易所于当日闭市后对客户采取限制开仓的监管措施，限制开仓的时间原则上不低于 1 个月	第 2 次达到交易所处理标准的，交易所将该客户列入重点监管名单，同时向客户所在期货公司会员通报 第 3 次达到交易所处理标准的，交易所于当日闭市后对客户采取限制开仓的监管措施，限制开仓的时间不低于 1 个月	客户第 2 次达到处理标准的，交易所将该客户列入重点监管名单 客户第 3 次达到处理标准的，交易所于当日闭市后对该客户给予暂停开仓交易不低于 1 个月的纪律处分	第 2 次达到交易所处理标准的，交易所将该客户列入重点监管名单 第 3 次达到交易所处理标准的，交易所于当日收市后对客户采取限制开仓的监管措施，限制开仓的时间原则上不低于 1 个月

6. 期货申报费

自 2020 年 12 月 22 日夜盘交易时起,各商品期货交易所陆续对部分期货、期权品种收取申报费。根据交易所收取申报费的相关规定,交易所会对部分期货和期权合约当日报单、撤单或询价笔数超过一定标准的客户收取申报费,部分交易所对该类费用采取梯度的收取方式。提示:勿频繁报撤单,如正在使用程序化交易软件,须严格控制报撤单笔数,避免产生大额申报费用支出。为帮助大家进一步了解申报费收取规则,特此将相关收费标准整理如下:申报费是指投资者在对期货和期权合约进行报单、撤单、询价等交易指令时所产生的费用。适用对象,每日单合约信息量达到一定标准的客户或非期货公司会员,做市商做市交易免收申报费。收取方式,对于具有实际控制关系的客户或非期货公司会员,根据申报费计算方法合并计算申报费,并按照实际控制关系账户组下各客户或非期货公司会员的信息量按比例确定相应的申报费;若客户或非期货公司会员隶属于多个实际控制关系账户组,则先计算其在各实际控制关系账户组下应付的申报费,最后按最大值原则确定其应付的申报费;对于同一客户在不同期货公司会员处开有多个交易编码的,按照客户在不同期货公司会员下产生的信息量按比例确定相应的申报费。收费标准,申报费=∑(客户或非期货公司会员在该合约上各挡位的信息量×相应费率)信息量计算信息量=报单、撤单、询价(仅针对期权)等交易指令笔数之和。哪些交易指令被纳入信息量统计。①郑商所的规定:对于 FAK/FOK 订单,若全部成交,则仅计 1 笔报单笔数,若未成交或未全部成交而产生撤单,则计 1 笔报单笔数和 1 笔撤单笔数;市价单:若全部成交,则仅计 1 笔报单笔数,若未成交或未全部成交而产生撤单,则计 1 笔报单笔数和 1 笔撤单笔数;组合订单:组合订单的各腿合约信息量分别计入各腿合约上;强行平仓订单:均计入信息量;强制减仓订单:均不计入信息量。②上期所、能源中心的规定:信息量包括 FAK 和 FOK 产生的报单和撤单笔数;如相关合约有 TAS 指令的,TAS 指令的信息量和标的合约信息量合并计算。③大商所的规定:大商所市价(限价)止盈(止损)指令下单后,即使不触发价格条件也计算下单笔数和下单手数。OTR、有成交的订单笔数分别如何计算?报单成交比(OTR)=(信息量/有成交的报单笔数)−1 有成交的订单笔数:若某笔订单部分或全部成交,则该笔订单计为 1 笔成交,若 1 笔订单分多次成交,则不重复统计。当客户某日在某合约上有信息量,但有成交的订单笔数为 0 时,OTR 的计算各家交易所有不同的规定:①郑商所:如果客户当日有信息量但无成交,则 OTR>2。②大商所:如果客户当日有信息量但无成交,则 OTR 为极大值(最大值)。③能源中心:如果客户当日有信息量但无成交,则 OTR=1。在计算申报费时直接根据 OTR 所在的区间和信息量对应的挡位分段计算即可。各交易所的申报费收取标准:

(1) 上海期货交易所申报费,见表 10-10。

表 10-10　上海期货交易所申报费

报单成交比 OTR 信息量	OTR≤2	OTR>2
1 笔≤信息量≤4000 笔	0	0
4001 笔≤信息量≤8000 笔	A 组品种 0.25 元/笔	A 组品种 0.5 元/笔
	B 组品种 0.01 元/笔	B 组品种 0.02 元/笔

报单成交比 OTR 信息量	OTR≤2	OTR＞2
8001 笔≤信息量≤40 000 笔	A 组品种 1.25 元/笔	A 组品种 2.5 元/笔
	B 组品种 0.05 元/笔	B 组品种 0.1 元/笔
40 001 笔≤信息量	A 组品种 25 元/笔	A 组品种 50 元/笔
	B 组品种 1 元/笔	B 组品种 2 元/笔

（2）上海国际能源交易中心申报费，见表 10-11。

表 10-11　上海国际能源交易中心申报费

报单成交比 OTR 信息量	OTR≤2	OTR＞2
1 笔≤信息量≤4000 笔	0	0
4001 笔≤信息量≤8000 笔	原油 0.25 元/笔	原油 0.5 元/笔
	低硫燃料油 0.25 元/笔	低硫燃料油 0.5 元/笔
	20 号胶 0.01 元/笔	20 号胶 0.02 元/笔
	国际铜 0.01 元/笔	国际铜 0.02 元/笔
	原油期权 0.01 元/笔	原油期权 0.02 元/笔
8001 笔≤信息量≤40 000 笔	原油 2 元/笔	原油 4 元/笔
	低硫燃料油 1.25 元/笔	低硫燃料油 2.5 元/笔
	20 号胶 0.05 元/笔	20 号胶 0.1 元/笔
	国际铜 0.05 元/笔	国际铜 0.1 元/笔
	原油期权 0.05 元/笔	原油期权 0.1 元/笔
40 001 笔≤信息量	原油 40 元/笔	原油 80 元/笔
	低硫燃料油 25 元/笔	低硫燃料油 50 元/笔
	20 号胶 1 元/笔	20 号胶 2 元/笔
	国际铜 1 元/笔	国际铜 2 元/笔
	原油期权 1 元/笔	原油期权 2 元/笔

（3）大连商品交易所申报费，见表 10-12。

表 10-12　大连商品交易所申报费

品　　种	收费标准：元/笔				
	信息量≤4000	4000 笔＜信息量≤8000 笔；OTR≤2	4000 笔＜信息量≤8000 笔；OTR＞2	信息量＞8000 笔；OTR≤2	信息量＞8000 笔；OTR＞2
棕榈油	0	0	0.4	0.8	2
铁矿石	0	0	0.1	0.2	0.5
豆粕	0	0	0.6	1.2	3
豆油	0	0	0.3	0.6	1.5
黄大豆 1 号	0	0	0.05	0.1	0.25
黄大豆 2 号	0	0	0.1	0.2	0.5
玉米	0	0	1.6	3.2	8
生猪	0	0	0.1	0.2	0.5
线型低密度聚乙烯	0	0	0.6	1.2	3

（4）郑州商品交易所申报费，见表 10-13。

表 10-13　郑州商品交易所申报费

品种	信息量	OTR≤2	OTR＞2
甲醇期货	信息量≤4000 笔	0 元/笔	0 元/笔
	4000 笔＜信息量≤8000 笔	0 元/笔	0.10 元/笔
	信息量＞8000 笔	1.00 元/笔	2.00 元/笔
白糖期货	信息量≤4000 笔	0 元/笔	0 元/笔
	4000 笔＜信息量≤8000 笔	0 元/笔	0.10 元/笔
	信息量＞8000 笔	1.00 元/笔	2.50 元/笔
菜油期货	信息量≤4000 笔	0 元/笔	0 元/笔
	4000 笔＜信息量≤8000 笔	0 元/笔	0.10 元/笔
	信息量＞8000 笔	0.25 元/笔	0.75 元/笔
菜粕期货	信息量≤4000 笔	0 元/笔	0 元/笔
	4000 笔＜信息量≤8000 笔	0 元/笔	0.10 元/笔
	信息量＞8000 笔	1.00 元/笔	3.00 元/笔
短纤期货	信息量≤4000 笔	0 元/笔	0 元/笔
	4000 笔＜信息量≤8000 笔	0 元/笔	0.10 元/笔
	信息量＞8000 笔	1.00 元/笔	2.00 元/笔
花生期货	信息量≤4000 笔	0 元/笔	0 元/笔
	4000 笔＜信息量≤8000 笔	0 元/笔	0.10 元/笔
	信息量＞8000 笔	1.00 元/笔	4.50 元/笔
PTA 期货	信息量≤4000 笔	0 元/笔	0 元/笔
	4000 笔＜信息量≤8000 笔	0 元/笔	0.10 元/笔
	8000 笔＜信息量≤20 000 笔	1.00 元/笔	4.00 元/笔
	信息量＞20 000 笔	10.00 元/笔	40.00 元/笔

10.3　经纪商的选择

选择股票和期货经纪商的方法有很多，但主要需要考虑以下几方面。

（1）监管合规性：确保经纪商在中国证监会或期货监管机构注册并合规运营，以保障你的权益。

（2）声誉和信誉：选择有良好声誉和长期稳定经营记录的经纪商。可以通过媒体报道、行业排名等了解经纪商的声誉。

（3）交易费用：比较不同经纪商的佣金、手续费等交易费用。了解所有可能的费用，避免不必要的费用负担。

（4）交易平台：经纪商应提供易于使用、稳定、功能齐全的交易平台。可以试用不同平台，选择最适合的。

（5）市场覆盖：确保经纪商提供感兴趣的股票和期货市场的交易服务。

（6）客户支持：选择提供专业及时客户支持的经纪商，以便获得帮助。

（7）研究和教育资源：一些经纪商提供市场研究、交易策略、培训等资源。

（8）账户类型和要求：了解不同账户的要求，选择符合需求的账户。

（9）安全性和隐私：确保经纪商有严格的安全和隐私保护措施。

（10）朋友推荐：咨询有经验的朋友，获得有价值的建议。

综合考虑各因素后，选择最适合你的经纪商，做好风险管理，谨慎投资。

10.3.1 股票经纪商

对于量化人来讲，选择一个交易费用低、交易速度快、声誉卓著、提供行业研报及金工研报、提供量化交易软件等的经纪商。

交易费用低要从各个品种来看，经常交易的品种有普通 A 股、基金、可转债、期权、大宗交易等。目前市场上普通 A 股交易费量大可谈万一免五，也就是免除最低 5 元佣金，一般的交易费是交易金额的万分之一。

交易速度由交易链路、交易柜台、交易算法等方面决定。在交易所和证券公司的共同努力下，交易全链路时延方面近年来优化提升效果明显。第 1 代证券交易系统进入完善的集中交易系统时代，第 2 代集中交易系统链路延时在 10ms 左右，第 3 代快速交易系统延迟达到 $100\mu s$ 以内。

量化客户作为证券公司日益重要的客户群体，对金融各业务条线具有重要意义，而量化交易系统是量化交易的重要保障。随着量化私募规模的扩大，券商不断强化量化交易服务，迭代升级交易系统，开启"毫秒级"竞争，谋求转型先机。在券商转型角逐的过程中，量化交易系统的迭代升级速度也是对证券公司业务转型的一场压力测试，毋庸置疑，这是一场金融科技的"军备竞赛"。使用场景主要包括自营资管、机构业务。

在机构经纪需求不断增长、量化机构迅速扩张的今天，已经有 70 多家券商布局了自己的量化交易服务，并通过自主研发或第三方供应商推出相关系统。截至目前，卡方科技、恒生电子、华锐技术、宽睿科技、顶点软件、金证股份、盛立科技、金仕达等是较为主流的量化交易系统供应商。对于系统的稳定性、速度、吞吐量等，量化私募机构都提出了进一步要求，传统 IT 厂商开始研发极速柜台系统，而券商机构也在传统系统服务商的加持下搭建起自己的极速交易系统，赋能量化客群。

完整的量化私募服务体系由"策略端＋柜台端＋极速行情"共同构成，而市场上统称的极速系统分两部分：柜台端和交易（策略）端。极速交易柜台端厂商包含恒生电子、金证股份、顶点软件、华锐金融技术等厂商。极速交易（策略）端则蓬勃发展，包括 4 种类型，一是具有国际背景的系统，如 TS 系统、Apama 系统；二是国内券商自行研发的系统，如中信证券 CATS 系统、华泰证券 MATIC 系统；三是由一些创新型公司开发的新型系统，如卡方科技的 ATX 系统，开源社区的 VN. PY 量化交易平台等；四是由传统系统转型而来的，如丽海弘金、迅投 QMT 系统。目前，整个资本市场机构化趋势明显，极速交易系统已经成为券商私募机构服务的基础设施。

10.3.2　期货经纪商

期货作为典型的 T+0 的交易品种,在交易速度上量化交易机构提出了更为严苛的对低延迟的需求。在策略执行阶段低延迟优化手段有以下几种。

1. 低延迟技术

1) 低延迟软件技术

(1) 软件加速库(Math Kernel Library,MKL)是英特尔公司提供的一套经过高度优化和广泛线程化的数学库,专为需要极致性能的科学、工程及金融等领域的应用而设计。核心数学函数包括基础线性代数子程序库(Basic Linear Algebra Subprograms,BLAS)、线性代数程序包(Linear Algebra PACKage,LAPACK)、可扩展线性代数库(Scalable Linear Algebra PACKage,ScaLAPACK)、稀疏矩阵解算器、快速傅里叶转换、向量数学及其他函数。在量化交易中,MKL库的应用主要体现在优化算法和高性能计算方面,广泛应用于量化风险模型、量化数据分析、量化交易计算等领域。

(2) 增强向量扩展指令集(Advanced Vector Extensions,AVX):是英特尔公司推出的一种单指令多数据(Single Instruction Multiple Data,SIMD)的指令集架构,用于加速向量计算。AVX 指令集可以同时处理多个相同数据类型的元素,提高计算效率,特别适用于需要进行大量向量计算的应用程序。在量化交易中,AVX 指令集的应用主要体现在矩阵计算和向量化计算上。

(3) 数据平面开发套件(Data Plane Development Kit,DPDK):是一个开源的数据平面开发工具集,旨在提供高性能、低延迟的数据包处理能力,适用于网络、存储和云计算等场景。在量化交易领域,DPDK 可以应用于高频交易、网络传输和数据处理等场景。在高频交易中,DPDK 可以实现快速收发交易数据和实时监控市场行情;在网络传输中,DPDK 可以实现高速数据包的转发和过滤;在数据处理中,DPDK 可以实现高效的数据压缩和加速度计算等。

(4) 操作系统内核优化:操作系统是计算机系统的核心组成部分,负责管理计算机硬件资源和协调应用程序之间的交互。优化操作系统内核可以显著地提高计算机系统的性能和稳定性。在量化交易领域中,操作系统内核优化可以帮助提高交易系统的响应速度和稳定性,从而实现更高效的交易操作。例如,高频交易通常会采用高性能服务器,如高主频CPU、高速内存和固态硬盘等,以提高计算能力和降低数据处理延迟。为了使高频交易服务器达到最佳性能,需要对操作系统进行调优。主要的调优手段包括关闭节能功能、保持CPU 工作在固定频率、关闭中断和隔离 CPU 内核等。经过调优后,系统性能达到极致,使用 TCP 收发数据的延迟(1/2 网络往返时间)可以降到 1~2 微秒。

(5) 内存加速优化:内存加速优化是一种提高计算机系统性能的技术手段,其基本思想是尽可能地减少内存访问延迟,提高内存访问速度,从而加快系统运行速度。在量化交易领域,内存加速优化可以帮助降低交易系统的延迟,提高交易速度和执行效率,从而提高交易策略的成功率和盈利能力。

2）硬件加速技术

量化领域硬件加速技术的应用，主要体现在智能芯片、低延迟网卡和专用交换机等方面。智能芯片包括以下几种。

（1）加速 CPU：随着计算机硬件技术的发展，普通 CPU 无论是在计算能力，还是资源成本上相对于一些专用硬件已经没有绝对优势。为了更充分地应用 CPU 性能，业界发展出了一些 CPU 加速技术。超频技术：通过超频技术，提高 CPU、内存等硬件设备的工作时钟频率，从而达到改善服务器性能的目的。搭载了超频技术 CPU 的服务器，在量化交易中可以提高交易策略的执行速度，从而更快地完成交易，减少因为市场变化而导致的交易失败或成本上涨风险。多核并行处理：现代计算机系统的核心处理器 CPU 有几十个处理核心，每个处理器核心可以独立地执行任务。充分利用每个 CPU 的核心，可以大幅提高程序的处理性能，使其能够处理更复杂的计算任务和更大规模的数据集。多核并行处理则可以提高运算效率和处理速度，从而提高交易的执行速度和准确性。在量化交易中，多核并行处理主要用于数据处理、策略计算、交易执行、高频交易。

（2）图形处理器（Graphics Processing Unit，GPU）是一种专门用于图形处理的微处理器。GPU 最初被用于计算机游戏等图形处理密集型任务，但随着 GPU 架构的不断升级和发展，其在其他领域也得到了广泛的应用，特别是在科学计算、深度学习和加密货币挖掘等方面。在量化领域，GPU 被广泛地应用于加速复杂计算，如高频交易中的量化分析和算法交易、风险管理、投资组合优化等。目前，GPU 服务器市场上的主要厂家包括英伟达、AMD 和英特尔等，其中，英伟达是 GPU 服务器市场的领导者，其 GPU 服务器市场份额占据了 70% 以上，而 AMD 则在市场份额方面表现出了快速增长的趋势。根据 Verified Market Research 的数据，2021 年全球 GPU 市场规模为 334.7 亿美元，预计到 2030 年将达到 4473.7 亿美元，期间年均复合增长率达 33.3%。根据 Jon Peddie Research 的数据，2022Q4 独立 GPU 市场中，英伟达、AMD 和英特尔三家的份额分别为 85%、9% 和 6%。

（3）现场可编程门阵列（Field Programmable Gate Array，FPGA）是一种可编程逻辑器件，可以通过编程实现特定的电路功能。与 CPU 和 GPU 等通用处理器相比，FPGA 是专用硬件，可以提供极高的性能和灵活性，同时具有很低的功耗和延迟。FPGA 硬件加速技术在量化交易中得到了广泛应用，主要分为两方面：低延时处理和科学计算加速。低延时处理，最常见的场景是高频交易和市场行情数据处理。科学计算方面，主要用于加速金融算法中的计算密集型任务，例如期权计算、金融衍生品定价和人工智能等。在高频交易中，FPGA 可以用于实现低延迟的算法交易策略，例如订单簿处理、行情数据处理等。由于 FPGA 直接在硬件层面实现策略逻辑，因此具有极低的延迟和高度并行性能。

（4）专用集成电路（Application Specific Integrated Circuit，ASIC）是一种专门用于实现特定功能的集成电路。在人工智能领域，ASIC 的作用是加速神经网络的训练和推理。谷歌公司专为深度学习框架 TensorFlow 设计的张量处理器（Tensor Processing Unit，TPU）即是一款 ASIC。TPU 采用低精度（8 位）计算，以大幅降低功耗，采用脉动阵列设计以优化矩阵乘法与卷积运算，以减少 I/O 操作，采用更大的片上内存，以减少对动态随机存取内存的访问。与 FPGA 相比,ASIC 根据特定使用者的要求和特定电子系统的需要而设计和制造,具有更高的性能和更低的功耗,但缺点是成本高昂,难以进行修改和升级。

低延迟网卡是指在数据中心和高性能计算领域中广泛应用的一种高性能网卡,其主要特点是具有极低的网络延迟和高带宽。在量化交易中,低延迟网卡可用于优化交易系统的网络通信,减少交易指令和市场行情数据的传输延迟,从而提高交易的执行效率和准确性。低延迟网卡普遍具备内核旁路模式及用户空间协议栈,避免了内核带来的处理延迟,可以大幅降低系统延迟,如图 10-1 所示。

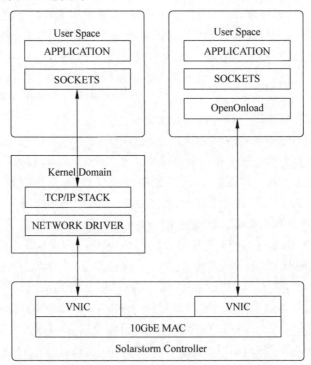

图 10-1　低延迟网卡示意图(资料来源于卡方嘉年华)

专用交换机技术包括以下几种。

(1) 可编程交换机(Programmable Switch)是一种具有可编程能力的网络交换机。它与传统交换机不同,传统交换机的功能是固定的,提供基本的层二、层三网络通信功能,而可编程交换机可以根据需要进行编程,实现各种不同的网络功能。在量化交易中,可编程交换机可以提供更快的数据包处理速度和更低的延迟,从而为交易算法提供更加实时的数据支持。

(2) 低延迟交换机:交换机在转发数据帧时存在三种模式,按传输效率从高到低排名,分别是直接转发(Cut-Through)、免碎片转发(Fragment-Free)和存储转发(Store-and-Forward)。存储转发模式需要等到整个数据包全部收到后才开始发送,这样虽然可靠性高,但是增大了延时。低延迟交换机使用直接转发模式,当收到数据包的部分字节时就可以开始转发,相对于存储转发模式,大大减少了数据缓存时间,转发延迟可以降低至 500ns 以内。

网络传输协议和加速技术在低延迟网络技术中扮演着重要角色。以下是一些常用的协议和技术。

(1)UDP 协议:相较于 TCP 协议,用户数据报协议(User Datagram Protocol,UDP)具有更低的传输延迟。UDP 不需要建立连接、确认数据包的到达及重新发送丢失的数据包,因此具有更高的传输速度和更低的传输延迟。在行情分发中,交易所和证券公司大量使用了 UDP 组播协议,避免了重复发送相同数据的开销。对于高频交易者来讲,基于 UDP 组播的协议还有一个关键优势,即公平性——它可在路由器层面保证同时对所有市场参与者发送消息,而不像 TCP 协议那样会受软件影响,从而导致某些用户比另一些用户先收到消息。

(2)应用层协议优化:针对金融领域的特点,可以采用专门设计的应用层协议,如 FIX11/FAST 协议、STEP 协议和 Binary 协议。FIX/FAST 协议在金融领域广泛应用,其简洁的格式和灵活性使数据传输更加高效。

(3)FIX 协议:是由国际 FIX 协会组织提供的一个开放式协议,其目的是推动国际贸易电子化进程,在各类参与者之间,包括投资经理、经纪人、买方、卖方,建立起实时的电子化通信协议。

(4)STEP 协议:是基于 FIX 4.4 版本制定出来的中国本地化 FIX 协议版本,是中国国家金融行业标准,已成为事实上的证券数据标准,其语法简单,定义灵活,易扩展,数据相对冗余。

(5)FAST 协议:协议的核心是一个压缩算法,将按照 FIX 规范定义的数据经过压缩以后,给出一个一个 Key 的模板文件,然后在传输过程中只传输 Value,很大程度上降低了行情传输的带宽,减少了行情延迟。

(6)Binary 协议:即二进制协议,目前被用在深交所和上交所的行情中。在 10Gb/s 及以上局域网内,网络传输延迟大大降低,协议处理延迟变得更为重要,采用 Binary 协议可以获得整体的低延迟。

(7)数据压缩技术:为了减少传输时间,可使用数据压缩技术来降低数据包的大小。由于压缩也需要一定的耗时,因此需要根据实际情况选择是否压缩及压缩算法,见表 10-14。

表 10-14 常用压缩算法性能参考(资料来源于卡方嘉年华)

压缩算法	压缩率	压缩速度(MB/s)	解压缩速度(MB/s)
lz4	2.10	444.69	2165.93
zstd	3.14	136.18	536.36
zlib	3.11	23.21	281.52
Xz	4.31	2.37	62.97

2. 极速柜台

极速柜台作为大集中柜台的补充,能够更好地为高频量化交易客户服务,柜台作为全链路的穿透部分,更低的柜台穿透能有效地提升策略的收益。极速柜台分为软件方案和硬件方案。软件方案一般采用全内存,数据缓存(Cache)加速、低延时总线、组播传输、线程绑核等技术,硬件方案一般采用 FPGA 技术、软硬结合、组播传输等技术来加速硬件柜台内的穿透延时。为了全链路的调优,与极速柜台上下游相关的模块也需要进行调优,例如低延时交换机的使用、低延时网卡的使用、机房物理位置调整、网络防火墙调整、API 启动和穿透调优、报盘机绑核、JVM 性能优化等。

3. 极速行情

极速行情的核心是快,更快的行情信息能有效地提升策略的收益,更好地为高频量化交易客户服务。极速行情主要分为解码和分发。解码将 STEP 或 Binary 编码解出,分为 FPGA 硬件方案和软件方案。分发则是将解出的行情数据按照定义格式发送给客户,主要有 UDP 组播和 TCP。为了降低传输延时,还可以进行多路合并和行情分隔传输,多路合并可以在不同的阶段接收多路不同的行情数据,根据规则选取最快的行情。行情分隔传输是将不同类的数据通过不同的组播地址或 TCP 连接传输,达到传输加速的目的。

10.4　选择交易标的

10.4.1　股票交易标的选择

孟子曰:"君子不立危墙之下",股民选择投资标的时应该避免一些雷区,具有下列特征的股票应该尽力避开操作。

在中国 A 股市场,投资者应该避开以下类型的股票。

(1) 高风险股票:这些股票通常是高负债、亏损、盈利不稳定或经营不善的公司的股票。投资这类股票可能面临较高的风险,有的 ST 带帽股票有退市风险。

(2) 停牌股票:停牌股票是指暂停交易的股票,通常是由于公司内部重大事项或财务问题等原因导致的。投资者无法在停牌期间买卖这些股票,而这一时间窗口短则数天,长则数年,有较大的变数,因此应该避免投资停牌股票。

(3) 涉及违规行为的股票:一些公司可能涉及违规行为,如虚假宣传、内幕交易或财务造假等。投资这类股票可能会带来法律风险和财务损失。

(4) 无竞争力的行业股票:某些行业可能面临严重的过剩产能、低利润率或技术落后等问题。投资这些行业的股票可能会面临较大的竞争风险。

(5) 不透明的公司股票:一些公司可能缺乏透明度,如不公开财务报表、内部管理混乱或信息披露不及时等。投资这类公司的股票可能会导致信息不对称和投资风险。

投资者在选择股票时应进行充分的研究和尽职调查,了解公司的财务状况、经营业绩、行业前景及公司治理等方面的信息,以避免投资风险和损失。

10.4.2 期货交易标的选择

针对高频交易的投资者来讲,手续费一定要低,要一个(Tick)的变动可以覆盖手续费。商品期货中的一些品种,由于合约设置较小的最小变动价位(Tick),所以可以通过捕捉一个 Tick 的价格变动来覆盖手续费并产生盈利。

较为典型的品种包括以下几种。

(1)黄金期货:最小 Tick 为 0.02 元/克。若手续费为 6 元/手,则一个 Tick 可覆盖手续费。

(2)白银期货:最小 Tick 为 1 元/千克。考虑到白银合约面值为 15kg,则一个 Tick 的价格变动为 15 元,可覆盖手续费。

(3)铜期货:最小 Tick 为 10 元/吨。合约面值为 5 吨,一个 Tick 价值 50 元,可覆盖手续费。

(4)天然橡胶期货:最小 Tick 为 5 元/吨。合约面值为 10 吨,一个 Tick 价值 50 元,可覆盖手续费。

(5)螺纹钢期货:最小 Tick 为 1 元/吨。合约面值为 10 吨,一个 Tick 价值 10 元,基本可覆盖手续费。

除上述品种外,像豆粕、豆油、棉花、PTA 等期货品种的最小变动价位也较小,操作时可着重关注,以争取在较小的行情波动中覆盖手续费而获利,但交易时还需考虑变动范围的合理性,避免过于频繁地进行交易,从而增加交易成本。

其他策略选择期货品种进行交易时,期货投资者可以考虑以下几个因素。

(1)研究市场需求和趋势:了解不同期货品种的市场需求和趋势,包括该品种的供需状况、周期性因素、季节性特征等。投资者可以根据市场需求的变化和趋势,选择有潜力的期货品种进行交易。

(2)分析基本面和技术面:通过基本面和技术面分析,了解不同期货品种的价格走势和波动因素。基本面分析包括了解该品种的供应、需求、政策和宏观经济因素等,而技术面分析则涉及价格图表、技术指标等。综合这些分析结果,可以判断不同期货品种的投资机会和风险。

(3)考虑风险和收益:评估不同期货品种的风险和收益比。不同期货品种的波动性、流动性、杠杆效应等因素会影响投资的风险水平和预期收益。投资者应根据自身的风险承受能力和投资目标,选择合适的期货品种进行交易。

(4)了解交易所和合约:不同期货品种在不同的交易所上市交易,并且有不同的合约规格和交易机制。投资者应了解不同交易所的声誉、交易费用、交易品种等因素,并熟悉所选择期货品种的合约规格和交易规则。

(5)考虑资金和杠杆:不同期货品种的交易规模和杠杆比例不同,投资者应根据自身的资金实力和风险承受能力,选择合适的期货品种进行交易。同时,投资者应合理地控制杠杆比例,避免过度地使用杠杆带来的风险。

最后,选择期货品种进行交易需要投资者具备一定的市场分析能力和投资经验。建议投资者在进行期货交易前,充分了解相关知识,进行充分的市场研究和风险评估,并严格遵守相关法规和规定。

10.5　交易平台的选择

1. 量化交易平台服务商

交易平台是量化投资者策略服务接入交易所进行交易的通道,在量化平台中需要实现事前风险控制、看穿式监管等要求。投资者对于交易平台的核心需求是合规、高速、稳定。量化交易平台服务商主要分以下几类:交易所交易平台服务商、经营机构自研平台服务商、市场化交易平台服务商。目前交易平台服务商呈百花齐放的发展态势,厂商众多,各有特色。

交易所交易平台服务商:各期货交易所都有自己的科技子公司,开发了适合于量化交易的平台产品,提供给量化投资者使用。这些产品一般属于通用产品,不做个性化开发,能够及时支持期货行业各交易所的业务创新,由于熟悉本交易所要求,在本交易所交易中的性能表现尤佳。他们在对外提供交易平台时,也采用市场化策略,参与市场竞争。

券商、期货公司等经营机构自研平台:有实力的经营机构会自行研发适于本机构的个性化量化交易平台,以此来服务本机构量化投资者,克服了外购产品在个性化服务等方面的短板。

市场化交易平台服务商:是服务提供商的主体,证券期货行业发展三十多年,也孕育了一批优秀的技术服务商,为行业提供服务。他们在业务和技术方面积累了丰富的经验,市场反应敏锐,能够快速抓住行业机遇。在量化交易发展过程中,软件开发商大多推出了适合于量化交易的平台产品,同时孵化了众多具有自身特色的小型交易平台公司。各厂商在经营模式、产品竞争力等方面具有较大差别,也使各家公司的生存状态各不相同。

2. 主流量化交易平台技术路线

各厂商在交易平台上所采用的技术路线大致可以分为两类,一类是传统上用 C/C++开发的交易系统,另一类是利用 FPGA 硬件开发的交易系统。这两种模式各有利弊,并且都不具备压倒性优势,从而造就了这个市场竞争激烈、百家争鸣的状态。出于对交易平台性能的极致追求,各厂商基本上采用了低时延网卡、交换机、用户态网络协议栈、CPU 内核绑定等技术。

10.6　交易柜台的选择

国内证券行业第一家自研极速交易系统的券商是华宝证券。2015 年开始,华宝证券就已打造 LTS 量化交易系统,其延时行情、低延时交易的订单系统,可以确保客户及时获得更好的行情、更好的发送委托和获取订单信息,满足客户稳定预期的需求。2016 年 10 月,中泰证券全自主研发的 XTP 极速交易系统上线,上线以来 XTP 凭借优秀的性能及极速的服务能力,吸纳了众多优秀的量化客群。华鑫证券奇点交易系统 2017 年投入市场,其速度、定制化终端及利用人工智能、大数据挖掘市场上潜在规律和趋势的优势极大地满足了客户的需求；围绕量化交易自研极速交易系统的券商还包括东方证券、申万宏源、国泰君安、海通证券、华泰证券、东吴证券、国联证券、天风证券等，主要通过自主研发极速交易系统以差异化路线抢占量化私募机构，以图实现"弯道超车"。众多头部券商也通过搭建各种机构业务系统，助力机构业务和量化服务提升，见表10-15。

表 10-15　部分上市券商机构服务平台建设情况

国泰君安	持续优化以 Matrix-道合 App 为核心的机构客户服务平台，深入推进各业务线重要系统建设和管理数字化，截至 2021 年末道合平台机构用户累计超过 5.5 万户，覆盖机构和企业客户 9047 家。提升机构与交易业务，全面升级机构客户的数字化服务水平，在保持托管业务，领先的同时，加快补齐机构客户基础薄弱短板，提高对重点客户的综合服务能力
中泰证券	针对私募机构打造量化交易平台 XTP 系统，截至 2021 年末 XTP 系统聚集了 300 多家私募机构，主流量化服务覆盖率达到 90%，2021 年交易量超过 8.9 万亿元
海通证券	统一机构客户服务平台"e 海通达"整合集团业务链资源及服务优势，围绕机构客户研究、投行、信用、托管等业务需求，提供全面、快捷、个性化的一站式综合金融服务
申万宏源	聚集公募、保险、私募、银行和大型机构客户，为其提供研究、产品和交易等一站式综合金融服务，打造机构业务全业务链。同发布极速交易平台 SWHYMatrix，2022 年上半年接入产品规模达人民币 262.68 亿元
兴业证券	布局"托管＋互联网"机构生态圈建设，完善体系搭建，拓宽服务客群
招商证券	打造"机构＋"服务体系并上线"机构＋"小程序，有效地提升了机构客户营销服务能力和客户满意度
天风证券	发布 QuanTas 机构交易平台，作为"1＋1＋N"机构客户服务体系中的重要一环，其产品矩阵包括标准 PB 服务、极速交易服务、量化终端服务、公募券结服务和算法交易服务，可满足各类专业机构投资者的差异化交易需求
方正证券	搭建"数智财通"数字化生态平台
东方证券	发布全业务链机构服务体系，重点在新一代交易系统、量化生态圈、投研大数据、大自营平台建设等几个方向，落实金融科技专项小组安排，促进跨团队高效协同与融合，推动业务转型与核心竞争力构建

传统的券商需要建设统一的集中交易柜台，但是由于不同的量化私募机构对交易速度有不同的要求，因此通常会采购不同的极速柜台来满足自己的需求。极速柜台的主要目的是保证交易速度更快，而随着量化交易行业对于速度的要求不断提高，市场上的极速柜台竞争也越来越激烈。

目前，我国的极速交易柜台产品众多，主要分为三类：一类是传统的系统厂商进行创新，例如恒生、金证和顶点等公司；另一类是券商自主研发的产品，例如中泰证券、华鑫证券等。三是新兴起的系统提供商，例如华锐、盛立、艾科朗克、宽睿等。

为了满足不断增长的交易需求，各大软件厂商也开始寻求新的低延迟交易系统解决方案，其中一些解决方案基于 GPU、FPGA 硬件并行加速技术，以进一步提高交易速度。目前，银河证券、华泰证券、国泰君安证券等多家券商已经开始在 FPGA 柜台上进行实盘交易，以满足量化私募机构的高速交易需求。值得一提的是，极速柜台的使用需要注意风险控制,因为在快速交易的同时,也需要保证交易的准确性和可靠性,避免出现因为速度而导致的交易失误。

10.7　交易网络的选择

散户投资者在选择匹配的交易网络时,可以考虑以下几个因素。

(1)交易网络的稳定性和可靠性:交易网络的稳定性和可靠性对于职业投资者来讲非常重要。投资者可以了解交易网络的历史表现、技术支持和服务质量等方面的信息,选择稳定可靠的交易网络。

(2)交易网络的低延迟性:低延迟是高频交易中非常重要的因素,可以影响交易执行的速度和效果。投资者可以了解交易网络的延迟情况,选择具有低延迟的交易网络。

(3)交易网络的安全性:交易网络的安全性对于职业投资者来讲至关重要。投资者可以了解交易网络的安全措施和防护机制,确保交易数据和资金的安全。

(4)交易网络的适配性:不同的职业投资者可能有不同的交易策略和需求,需要选择适合自己交易方式和需求的交易网络。投资者可以了解交易网络的功能和特点,选择适合自己的交易网络。

机构投资者在选择机房时,可以考虑以下几个常见的机房。

(1)交易所自建机房:一些交易所会自行建设机房,为机构投资者提供机房托管服务。这些机房通常位于交易所附近,提供稳定的网络连接和低延迟的交易环境。

(2)商业化数据中心:商业化数据中心是专门为机构投资者提供机房托管服务的机构。它们通常位于交易所附近或金融中心地区,提供高性能的网络连接和安全的机房环境。

(3)专线连接:机构投资者可以通过专线连接到交易所或数据中心,以确保稳定的网络传输和低延迟的交易执行。专线连接通常由持牌运营商提供,可以根据机构投资者的需求进行定制。

(4)多地机房布局:一些机构投资者会选择在不同地区建设多个机房,以实现分布式的交易系统和冗余备份。这样可以提高系统的可靠性和容错性,确保交易的连续性。

(5)自建机房:一些大型机构投资者可能会选择自行建设机房,以满足特定的需求和要求。自建机房可以根据机构投资者的具体需求进行定制,但需要投入较大的资金和资源。

需要注意的是,机构投资者在选择机房时,除了需要考虑机房的位置、网络连接和设施条件外,还需要考虑机房的安全性、稳定性和可靠性等因素,以确保交易系统的正常运行和资金的安全。

10.8　服务器的选择

高频交易通常会采用高性能服务器实现快速的数据处理和交易执行。以下是一些常见的高频服务器的配件与性能描述。

（1）高主频 CPU：高频交易服务器通常会采用高主频的 CPU，如 Intel Xeon 系列的高频处理器，以提供更快的计算能力。

（2）高速内存：高频交易服务器通常会配置大容量、高速的内存，如 DDR5 内存，以提供更快的数据读写速度。

（3）固态硬盘（SSD）：固态硬盘具有更快的数据读写速度和更低的访问延迟，因此在高频交易服务器中常用于存储和处理大量的交易数据。

（4）网络加速卡：网络加速卡可以提供更快的网络传输速度和更低的延迟，以确保高频交易的快速执行和数据传输。

（5）FPGA（现场可编程门阵列）：FPGA 是一种可编程的硬件设备，可以实现高速的并行计算和数据处理，因此在高频交易中常用于加速算法计算和交易执行。

（6）GPU（图形处理器）：GPU 具有多个芯片核心和强大的并行计算能力，可以用于加速复杂的计算任务和数据处理。

需要注意的是，高频交易服务器的配置和选择应根据具体的交易策略和需求进行，以满足快速执行和低延迟的要求。同时，服务器的稳定性、可靠性和安全性也是非常重要的因素。

10.9　高频交易的终极选择

高频交易解决方案是为了满足高频交易的快速执行和低延迟需求而设计的一套综合性解决方案。以下是一些常见的高频交易解决方案。

（1）高性能服务器：高频交易通常会采用高性能服务器，如高主频 CPU、高速内存和固态硬盘等，以提高计算能力和降低数据处理延迟。

（2）低延迟网络技术：低延迟网络技术通过优化网络传输、协议和硬件设备，降低数据传输延迟，提高数据传输速度。例如，选择就近的服务器位置、使用专线连接、优化网络设备等。

（3）极速行情：极速行情是通过解码和分发行情数据来提高交易速度的技术。通过FPGA 硬件解码和分发行情数据，以及优化的网络传输方式，可以实现更快速的行情数据传输和处理。

（4）算法交易：算法交易是一种程序化交易方式，通过对市场数据的高效分析和预测，对市场做出快速有效的反应。通过高性能计算和优化的算法交易策略，可以实现高频交易的自动化和快速执行。

（5）数据中心和机房托管：为了保证交易系统的稳定性和可靠性，高频交易通常会选择在数据中心或机房进行托管。数据中心和机房提供高速网络连接、稳定的电力供应和安全的环境，以确保交易系统的正常运行。

需要注意的是，高频交易解决方案的选择应根据具体的需求和策略进行，以满足快速执行和低延迟的要求。同时，解决方案的稳定性、可靠性和安全性也是非常重要的因素。

以上的方案的是高频交易常见的解决方案，终极解决方案应该是在交易所撮合引擎最近的机房放置 FPGA 芯片＋CPU,直接对行情报文进行解码,无须经过操作系统和 PCIE 总线,解码后的数据直接经过 CPU 运算,产生信号后送到高速柜台。

集成网络接口芯片 FPGA 和 CPU 的 SoC 方案较多,主要有以下几种。

(1) Xilinx Zynq 系列:这是 Xilinx 推出的处理器系统 SoC 芯片,内置 ARM Cortex-A 系列 CPU 核和 Xilinx 7 系列 FPGA 逻辑 Fabric,如 Zynq-7000 等型号。

(2) Intel(ALTERA)Cyclone V SoC:Intel 收购 Altera 后,提供的 Cyclone V SoC 系列芯片,集成 ARM Cortex-A 核心和 Intel(Altera)FPGA 逻辑资源。

(3) Microsemi SmartFusion 2:内置 ARM Cortex-M3 核心和 Microsemi 的 Flash * FPGA 逻辑模块,是 Microsemi 的主流 SoC 解决方案。

(4) Lattice MachXO3D:用于组网和安防领域,集成 RISC-V 处理器和 Lattice FPGA 逻辑芯片。

(5) 力发科技(UNISOC) Tiger B710:面向 5G 和人工智能应用的 SoC,内置 ARM CPU 和力发科技自主研发的 FPGA IP 核。

(6) 全志科技多核处理器芯片:部分型号内置 RISC-V 或 MIPS 处理器及全志科技的 FPGA IP 核。

(7) 天钥半导体 HardCopy ASIC:提供 ASIC 到 FPGA 的转换和集成服务,可将自定义 ASIC 芯片集成到 FPGA 框架中。

在高频交易中,FPGA 负责大量数据的并行处理和超低延迟交易,CPU 负责交易策略和软件控制逻辑。业界主要 FPGA 厂商提供了各种 CPU＋FPGA 集成的 SoC 解决方案,用户可以根据应用需求进行选择。采用上述方案替代传统的高频机有以下优势,提升速度节省机房空间和节省能源,见表 10-16。

表 10-16　高频交易解决方案

	传统方案	SoC 方案
速度	Linux 和 PCIE 总线传输速度消耗时间	并行方案,无须经过系统
空间	2U 标准机箱	2U 机箱可以放 10 个
耗电	全速 300W	全速 30W
成熟度	很成熟高频机加 C++	探索期

采用 SoC 方案的缺点是懂 FPGA 开发的人员不懂高频交易,懂高频交易的人员不懂 FPGA 开发,而且只要是盈利的高频策略都不会公开给 FPGA 硬件厂商。本书第一作者目前在开发一个最可行的方案就是带领 FPGA 工程师读懂经典高频交易的论文,在 C++平台下形成可盈利的策略,然后对程序进行改写,烧录到 FPGA 的平台。

10.10　交易中的风险控制

在交易中如何强调风控的重要性都不为过,我们针对个人、机构、交易软件 3 方面设置各种风控手段和方法。

1．交易者自身的风险控制

（1）设置止损止盈点，控制单笔损益。

（2）采取分批建仓，分散投资品种，降低风险。

（3）评估并控制头寸规模。

（4）使用期权或其他工具进行对冲。

（5）跟踪行情变化，以及时调整。

（6）做好现金流管理。

（7）制订交易计划，进行风险管理。

（8）保持理性心态。

2．私募基金的风险控制

（1）设置止损止盈点。

（2）控制杠杆比例。

（3）分散投资品种。

（4）分批建仓。

（5）进行风险评估和压力测试。

（6）采取对冲措施。

（7）现金流管理。

（8）建立风险管理制度。

3．交易软件的风险控制功能

（1）止损止盈设置。

（2）杠杆和仓位控制。

（3）风险预警和提示。

（4）自动止损。

（5）强制平仓设置。

（6）模拟交易功能。

（7）隔夜留仓提示。

（8）追加保证金预警。

（9）风险报告生成。

综上所述，交易风险控制需要交易者自身作好全面的风险管理，同时选择提供良好风控功能的交易软件作为辅助。

10.11　了解你自己

在交易中如何完全审视自己，主要可以从以下几方面来做。

（1）认识并接受自身的弱点：每个交易者或多或少会有一些缺点及弱项，例如容易冲动、缺乏定力等。认清并接受这一点，而不是直接回避。

（2）记录并反思自己的交易行为，保存完整的交易记录，并认真反思及分析自己做出每个决策的思路和情绪。找出常犯的错误模式。

（3）构建交易计划与规则：根据自己的特点制订系统化的交易计划和条款规则，规范自己的交易行为。

（4）进行模拟交易的测试：在模拟环境中测试策略和心态控制，检查自身的弱点。

（5）请教其他成功交易者：向成功的交易者请教自己存在的不足和应对方法。善于倾听。

（6）保持交易日记：记录每天的思考和感受，日复一日地审视自己的内心态度的变化。

（7）及时总结检讨：每个交易周期结束后，认真总结并检查自己的失误和优势表现。

（8）定期自我评估：每月或每季度进行自我评估，检视是否存在新的问题需要调整。

（9）构建积极的心态：要保持积极主动的心态，培养自信并从每个错误中汲取教训。

（10）适时寻求心理辅导：必要时可以寻求专业的心理辅导，帮助调整心态，克服自身的心理障碍。

10.12 总结与展望

10.12.1 总结

至此，本书内容也接近尾声，本书深入探讨了人工智能算法在量化投资中的应用，旨在帮助读者了解和应用人工智能 AI 算法在量化投资中的价值。本书的第 1 章介绍了量化投资的定义、特点、优势及人工智能技术在金融领域的应用。为了确保读者能够顺利地阅读本书，我们还提供了相应的视频教程和代码。第 2 章介绍了如何搭建投研平台，从数据库和数据获取开始，到策略构建模块、策略回测模块和交易执行模块。介绍了一些常见的投研平台和开源框架。第 3 章探讨了人工智能时代下量化策略开发与传统方法的优劣势，并介绍了如何搭建 Langchain＋ChatGLM 平台，以此来建立私人知识库的论文阅读体系。

第 4 章详细介绍了常见的量化策略分类和来源，包括高频交易、做市策略、CTA 策略、多因子策略和套利策略等。在接下来的第 5、第 6、第 7、第 8 章中，依次介绍了做市策略、套利策略、CTA 策略、多因子策略，以及 AI 算法在该类策略中的前沿应用。第 5 章讨论了两种经典的做市商策略，即 AS 模型和 GP 模型，并介绍了利用强化学习改进做市策略信号的方法，以及利用订单簿泊松过程建模的高频交易方法。第 6 章系统介绍了套利策略的多种方法，包括距离法、协整法、时间序列法、随机控制法、机器学习法等。我们涵盖了近 20 年来主流的套利策略和学术前沿的方法，并讨论了选择标的和择时两种方法。第 7 章全面阐述了 CTA 策略的实施过程，包括 CTA 的简介、重要性、业绩表现、回测评估、调优系统和案例分析。第 8 章详细介绍了因子投资的发展历程，从资产定价模型到三因子模型，再到多因子组合和实战案例。我们系统阐述了多因子选股的实际流程。

第 9 章具体介绍了如何使用 BigQuant 进行平台回测，为读者提供了实践的指导。最后一章提醒投资者在进行实盘交易前要了解证券交易和期货交易的规则，包括如何选择标的、交易柜台、交易平台、交易网络、经纪商和服务器等。我们强调了风险控制和仓位控制的重要性,并提醒投资者要了解自己和所采用的策略。

10.12.2 展望

从市场来看,"在成熟市场,量化交易、高频交易比较普遍,在增强市场流动性、提升定价效率的同时,也容易引发交易趋同、波动加剧、有违市场公平等问题"。——2021 年 9 月 6 日,证监会主席易会满在第 60 届世界交易所联合会会员大会暨年会上讲话几乎能为量化行业的争议性定调,量化行业空间巨大,未来政策边界将更为明晰,行业将较快发展。

由于量化基金的风控、分散投资优势,在逆周期中的卓越表现,同时对标美国股票算法交易及量化交易占比,预期量化私募基金在大资管行业中地位有望提升。在全球 Top 100 的对冲基金中,美国占比 82%,欧洲占比 16%,大洋洲占比 2%,国内量化行业集中度预期进一步提升。

总体来看,量化会朝着规范化、主流化、平台化、国际化、智能化、战略化方向发展,见表 10-17。

表 10-17　未来展望

推动因素	大趋势	未来图景
科技发展	智能化	人工智能各类算法大面积应用于量化投资各个环节
制度变革	规范化	量化交易监管措施出台,行业规范化、监管常态化
资本流动	国际化	国际机构积极布局中国市场,同时国内大型量化机构出海
行业发展	主流化	量化机构增多,资产管理规模增大,进入投资主流
	战略化	量化在买方机构中投资比例提升,内外部重视程度增强
	平台化	机构运用统一平台进行工业化、流程化量化开发,从简仓式向平台式转型
	基本面化	量化投资与主动投资、基本面投资融合,在基本面、行业轮动中获取收益

从策略和技术来看:人工智能的应用、高频因子、另类数据是市场较为关注的 3 个方向。

人工智能方面,主要应用于因子及模型阶段,海外则应用范围更广,包括风险管理等。越复杂的模型对数据要求越高,数据样本数量、时间上的跨度、横截面品种数量、历史数据分布稳定性等都有一定要求。随着 AIGC 的发展,将会进一步解放生产力,同时在策略生成、数据挖掘、因子模型方面带来更多变化。

另类数据方面,海外另类数据分为个人活动、公司业务及传感器数据三大类别 9 大子项,近 1000 家厂商,形成了非常庞杂的系统。A 股市场有大量的个人投资者,不断壮大的分析师队伍,不断规范的信息披露,以及完整的线上数据,这些对于量化来讲都是获取超额收益的机会,能获得与传统量价、财务数据相比相对独立及时的数据。中国作为一个人口大国、互联网大国天然能累积更大的一个数据量。目前部分机构已经在另类数据中跑马圈地,与部分数据机构签署独家合作协议,获取另类 Alpha,预期未来将会有更多类型数据产生,策略方向也会发生变化。

高频因子方面,市场加工 Level2/3 高频行情数据为高频因子,包括分钟 K 线、委托队列、盘口快照、逐笔委托、逐笔成交等,合成高速切片信息进行订单重建,可以合成任意时间级别的数据,从最细颗粒度的数据中把有价值的信息释放出来,更为深度地刻画投资者的意愿,寻找有逻辑支撑的 Alpha 因子,最后降频到分钟或者日频级别驱动交易。同时增加数据量对抗人工智能过拟合,但高频数据量大,字段、信息含量更多,伴随着的特点就是噪声很强,包含了大量无用信息,对工程、技术、数据并发的处理能力要求也会提高。

10.12.3 寄语

我们见证了量化投资领域的快速发展和智能技术的巨大潜力。通过运用人工智能 AI 算法,可以以前所未有的速度和准确性分析市场数据,发现隐藏的投资机会,并制定更具优势的交易策略,然而,尽管人工智能 AI 算法在量化投资中的应用带来了许多潜在的好处,我们也要明确一点:成功投资仍然需要深入的研究、扎实的基础知识和对市场的深刻洞察力。人工智能 AI 算法只是一个辅助工具,目前还不具有取代人类投资者的能力,因此,鼓励每位读者在使用人工智能 AI 算法进行量化投资时要保持谨慎和理性。了解算法的优势和局限性,并将其作为决策过程中的参考。同时,不要忽视人类的直觉和经验,这些因素在投资决策中同样至关重要。

最重要的是,鼓励每位读者勇于实践。将所学知识付诸实践是成为一名优秀投资者的关键。通过实盘投资,可以将理论转换为实际操作,并从中获得宝贵的经验教训。无论是成功还是失败,每次投资都是我们成长和进步的机会。在这个快速变化的投资环境中,人工智能 AI 算法为我们提供了巨大的机遇。它们可以帮助我们更好地理解市场、优化投资组合并提高交易效率,但需要记住,投资需要投资者长期学习和持续努力。只有通过不断学习和实践,我们才能不断地提升自己的投资技能,并取得更好的投资成果。

因此,让我们勇敢地迈出第 1 步,积极运用人工智能 AI 算法去做量化投资,并不断探索和创新。愿每位读者都能在投资的道路上取得成功,并实现自己的财务目标。祝各位读者投资顺利!

参 考 文 献

扫描下方的二维码获取参考文献。

图 书 推 荐

书　名	作　者
HuggingFace 自然语言处理详解——基于 BERT 中文模型的任务实战	李福林
动手学推荐系统——基于 PyTorch 的算法实现(微课视频版)	於方仁
轻松学数字图像处理——基于 Python 语言和 NumPy 库(微课视频版)	侯伟、马燕芹
自然语言处理——基于深度学习的理论和实践(微课视频版)	杨华 等
Diffusion AI 绘图模型构造与训练实战	李福林
全解深度学习——九大核心算法	于浩文
图像识别——深度学习模型理论与实战	于浩文
深度学习——从零基础快速入门到项目实践	文青山
仓颉 AI 学习之旅——人工智能与深度学习实战	董昱
LangChain 与新时代生产力——AI 应用开发之路	陆梦阳、朱剑、孙罗庚 等
自然语言处理——原理、方法与应用	王志立、雷鹏斌、吴宇凡
人工智能算法——原理、技巧及应用	韩龙、张娜、汝洪芳
ChatGPT 应用解析	崔世杰
跟我一起学机器学习	王成、黄晓辉
深度强化学习理论与实践	龙强、章胜
Java＋OpenCV 高效入门	姚利民
Java＋OpenCV 案例佳作选	姚利民
计算机视觉——基于 OpenCV 与 TensorFlow 的深度学习方法	余海林、翟中华
量子人工智能	金贤敏、胡俊杰
Flink 原理深入与编程实战——Scala＋Java(微课视频版)	辛立伟
Spark 原理深入与编程实战(微课视频版)	辛立伟、张帆、张会娟
PySpark 原理深入与编程实战(微课视频版)	辛立伟、辛雨桐
ChatGPT 实践——智能聊天助手的探索与应用	戈帅
Python 人工智能——原理、实践及应用	杨博雄 等
Python 深度学习	王志立
AI 芯片开发核心技术详解	吴建明、吴一昊
编程改变生活——用 Python 提升你的能力(基础篇 · 微课视频版)	邢世通
编程改变生活——用 Python 提升你的能力(进阶篇 · 微课视频版)	邢世通
编程改变生活——用 PySide6/PyQt6 创建 GUI 程序(基础篇 · 微课视频版)	邢世通
编程改变生活——用 PySide6/PyQt6 创建 GUI 程序(进阶篇 · 微课视频版)	邢世通
Python 语言实训教程(微课视频版)	董运成 等
Python 量化交易实战——使用 vn. py 构建交易系统	欧阳鹏程
Python 从入门到全栈开发	钱超
Python 全栈开发——基础入门	夏正东
Python 全栈开发——高阶编程	夏正东
Python 全栈开发——数据分析	夏正东
Python 编程与科学计算(微课视频版)	李志远、黄化人、姚明菊 等
Python 游戏编程项目开发实战	李志远
Python 概率统计	李爽
Python 区块链量化交易	陈林仙
Python 玩转数学问题——轻松学习 NumPy、SciPy 和 Matplotlib	张骞
仓颉语言实战(微课视频版)	张磊

书　名	作　者
仓颉语言核心编程——入门、进阶与实战	徐礼文
仓颉语言程序设计	董昱
仓颉程序设计语言	刘安战
仓颉语言元编程	张磊
仓颉语言极速入门——UI 全场景实战	张云波
HarmonyOS 移动应用开发（ArkTS 版）	刘安战、余雨萍、陈争艳 等
openEuler 操作系统管理入门	陈争艳、刘安战、贾玉祥 等
AR Foundation 增强现实开发实战（ARKit 版）	汪祥春
AR Foundation 增强现实开发实战（ARCore 版）	汪祥春
后台管理系统实践——Vue. js＋Express. js(微课视频版)	王鸿盛
HoloLens 2 开发入门精要——基于 Unity 和 MRTK	汪祥春
Octave AR 应用实战	于红博
Octave GUI 开发实战	于红博
公有云安全实践（AWS 版·微课视频版）	陈涛、陈庭暄
虚拟化 KVM 极速入门	陈涛
虚拟化 KVM 进阶实践	陈涛
Kubernetes API Server 源码分析与扩展开发（微课视频版）	张海龙
编译器之旅——打造自己的编程语言（微课视频版）	于东亮
JavaScript 修炼之路	张云鹏、戚爱斌
深度探索 Vue. js——原理剖析与实战应用	张云鹏
前端三剑客——HTML5＋CSS3＋JavaScript 从入门到实战	贾志杰
剑指大前端全栈工程师	贾志杰、史广、赵东彦
从数据科学看懂数字化转型——数据如何改变世界	刘通
5G 核心网原理与实践	易飞、何宇、刘子琦
恶意代码逆向分析基础详解	刘晓阳
深度探索 Go 语言——对象模型与 runtime 的原理、特性及应用	封幼林
深入理解 Go 语言	刘丹冰
Vue＋Spring Boot 前后端分离开发实战（第 2 版·微课视频版）	贾志杰
Spring Boot 3.0 开发实战	李西明、陈立为
Spring Boot＋Vue. js＋uni-app 全栈开发	夏运虎、姚晓峰
Dart 语言实战——基于 Flutter 框架的程序开发（第 2 版）	亢少军
Dart 语言实战——基于 Angular 框架的 Web 开发	刘仕文
Power Query M 函数应用技巧与实战	邹慧
Pandas 通关实战	黄福星
深入浅出 Power Query M 语言	黄福星
深入浅出 DAX——Excel Power Pivot 和 Power BI 高效数据分析	黄福星
从 Excel 到 Python 数据分析：Pandas、xlwings、openpyxl、Matplotlib 的交互与应用	黄福星
云原生开发实践	高尚衡
云计算管理配置与实战	杨昌家
移动 GIS 开发与应用——基于 ArcGIS Maps SDK for Kotlin	董昱